JN418718

벡터해석

송영권 · 송형수 · 이종우 · 이흥수 · 지은숙 · 허민 지음

Vector Analysis

教友社

머리말

이 책은 일변수함수의 미분과 적분을 배운 대학 이공계열 학생을 위한 다변수함수와 벡터함수의 미분과 적분학 과정을 이수하기 위한 한 학기용 교재이다.

다변수함수와 벡터함수의 미분과 적분은 자연과학, 공학, 사회과학을 포함하는 광범위한 분야에서 응용되고 있다. 그 응용의 폭을 한정하여 말하기가 어려우며, 그 모든 것을 이 책에 소개하는 것도 불가능하다. 따라서 이 책에서는 이공계 학문을 전공하는 데 필수적인 주제인 원주 및 구면좌표계, 벡터, 벡터함수와 곡선, 다변수함수의 편미분과 그 응용, 중적분과 그 응용, 벡터장의 선적분과 면적분, 그린정리, 스토크스 정리와 발산정리 등을 다룬다. 그리고 각 주제와 관련된 기본적인 개념과 결과 및 간단한 응용을 소개한다.

일변수함수의 미분과 적분을 배운 학생이면 누구나 이 책의 모든 내용을 큰 어려움이 없이 이해할 수 있도록 많은 예제와 그림을 수록하였다. 그리고 되도록이면 평이한 문장을 사용하여 본문의 내용을 설명하였으며, 몇가지 중요한 정리에 대해서는 정확한 이해를 돕기 위해서 그 증명을 실었다. 부록으로 행렬의 연산과 행력식에 관한 기초이론과 유용한 수학공식, 그리고 연습문제 일부의 해답을 실었다.

이 책의 출판에 도움을 주신 교우사 사장님, 그리고 조판에 사용한 한글LATEX과 그림을 그리는 데 사용한 프로그램인 Gnuplot과 Xfig를 개발한 분들에게 깊은 감사를 드린다.

2006년 8월

저자 씀

그리스 문자

대 문 자	소 문 자	명 칭
A	α	alpha
B	β	beta
Γ	γ	gamma
Δ	δ	delta
E	$\epsilon(\varepsilon)$	epsilon
Z	ζ	zeta
H	η	eta
Θ	$\theta(\vartheta)$	theta
I	ι	iota
K	κ	kappa
Λ	λ	lambda
M	μ	mu
N	ν	nu
Ξ	ξ	xi
O	o	omicron
Π	π	pi
P	$\rho(\varrho)$	rho
Σ	$\sigma(\varsigma)$	sigma
T	τ	tau
Υ	υ	upsilon
Φ	$\phi(\varphi)$	phi
X	χ	chi
Ψ	ψ	psi
Ω	ω	omega

차 례

1 벡터와 해석기하

공간에서 위치를 나타내는 데 널리 쓰이는 직교좌표계, 원주좌표계와 구면좌표계에 대하여 살펴보고, 벡터의 개념과 그의 여러 가지 성질, 그리고 직선의 방정식, 평면의 방정식과 이차곡면에 대해 다룬다.

1.1 좌표공간

직선에서는 한 개의 실수로 위치를 나타내고, 평면에서는 두 실수의 순서쌍으로 위치를 나타낸다. 비슷하게 삼차원 공간에서도 세 실수의 순서쌍을 이용하여 위치를 나타낼 수 있다. 이 절에서는 삼차원 공간에서 위치를 나타내는 데 널리 이용하는 세 가지 좌표계에 대해 살펴본다. 흔히 좌표가 도입된 공간을 **좌표공간**이라고 한다.

1.1.1 직교좌표계

공간에서 한 점 O에서 만나고 각각 반직선 Ox, Oy와 Oz를 포함하는 서로 직교하는 세 개의 직선을 생각하자 (그림 1.1-1 참조). 이때 반직선 Ox, Oy, Oz를 포함하는 직선을 각각 x축, y축, z축이라 한다. 이들은 점 O에 실수 0, 반직선 Ox, Oy, Oz의 방향으로 양의 실수, 그 반대 방향으로는 음의 실수를 각각 대응시킨 실직선[1)]이다.

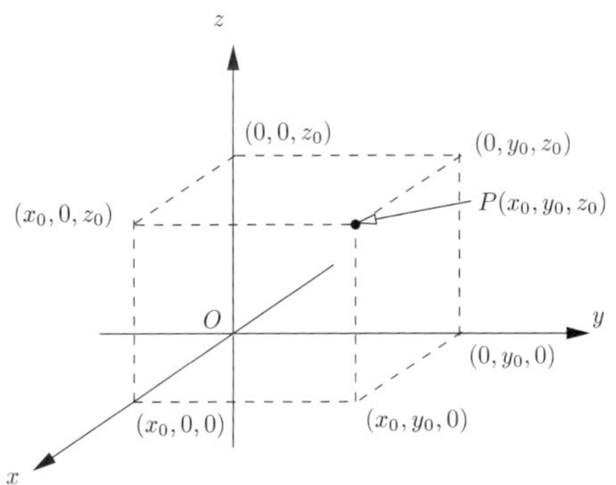

그림 1.1-1 오른손 좌표계

공간의 한 점 P에 대하여 그림 1.1-1과 같이 점 P를 지나고 각 축에 수직인 평면과 각 축과의 교점을 생각하자. 이때 x축, y축, z축 위의 교점에 대응되는 실수를 각각 x_0, y_0, z_0라고 하면, 점 P에 세 실수의 순서쌍 (x_0, y_0, z_0)를 대응시킬 수 있다. 역으로 세 실수의 순서쌍 (x_0, y_0, z_0)에 x, y, z축 위의 점 x_0, y_0, z_0을 지나며 각 축에 수직인 세 평면의 교점 P가 유일하게 대응한다. 따라서 공간의 점을 세 실수의 순서쌍으로 또 세 실수의 순서쌍을 공간의 점으로 생각할 수 있다.

[1)]각 점에 실수를 일대일로 대응시킨 직선을 실직선(real line) 또는 수직선이라고 한다.

이와 같이 공간의 점 P에 유일하게 대응되는 세 실수의 순서쌍 (x_0, y_0, z_0)을 점 P의 **직교좌표**(rectangular coordinate) 또는 **좌표**라고 하며, 실수 x_0, y_0, z_0를 각각 점 P의 x**성분**, y**성분**, z**성분**이라고 한다. 특히, 각 성분이 0인 점 O를 **원점**(origin)이라고 한다. 이러한 직교좌표를 이용하여 공간의 점을 나타내는 좌표계를 **직교좌표계**[2](rectangular coordinate system)라고 한다.

그림 1.1-1과 같이 공간의 한 점에서 서로 직교하는 세 개의 직선으로 구성된 좌표계는 오른손의 엄지 손가락을 세우고 나머지 손가락을 반직선 Ox방향을 향하게 하여 Oy방향으로 감아 쥐면 엄지 손가락이 반직선 Oz방향으로 향하게 되므로 **오른손 좌표계**라고 한다.

한편, x축, y축, z축을 통틀어 **좌표축**(coordinate axis)이라고 한다. 특히, 반직선 Ox, Oy, Oz 방향을 각 좌표축의 **양의 방향**, 그 반대 방향을 각 좌표축의 **음의 방향**이라고 한다. 또 x축과 y축을 포함하는 평면을 xy**평면**이라고 하고 비슷하게 yz**평면**과 xz**평면**을 정의한다. 이러한 평면을 통틀어 **좌표평면**이라고 하며 세 개의 좌표평면을 각각 방정식 $z = 0, x = 0, y = 0$으로 나타내기도 한다.[3]

세 개의 좌표평면은 공간을 여덟 개의 부분으로 분할한다. 이때 각 부분을 **팔분공간**(octant)이라고 하며, 특히 좌표의 각 성분이 모두 양수인 부분을 **제1 팔분공간**이라고 한다. 그러나 나머지 팔분공간에 대해서는 순서를 매겨 부르지 않는다.

[예제 1.1-1] (1) z축에 수직인 평면 위의 점은 모두 같은 z좌표를 가진다. 예를 들어 xy평면으로부터 z축의 양의 방향으로 단위 길이의 네 배만큼 떨어져 있고 z축에 수직인 평면 위의 점의 좌표는 모두 $(x, y, 4)$와 같은 꼴이다 (x, y는 임의의 실수이다). 따라서 이 평면을 방정식 $z = 4$로 표현한다.
(2) 세 개의 평면 $x = 1, y = 2, z = 3$의 교점의 좌표는 $(1, 2, 3)$이다.

공간에서 점을 나타낼 때, '점 (x_0, y_0, z_0)'라는 표현은 좌표가 (x_0, y_0, z_0)인 점을 뜻하고, '점 $P(x_0, y_0, z_0)$'는 좌표가 (x_0, y_0, z_0)이며 P라는 이름을 가진 점를 의미하는 것으로 한다.

---

[2] 데카르트좌표계(cartesian coordinate system)라고도 한다.
[3] 엄밀히 말하면 공간에서 각각 일차방정식 $x = 0, y = 0, z = 0$의 해집합이다.

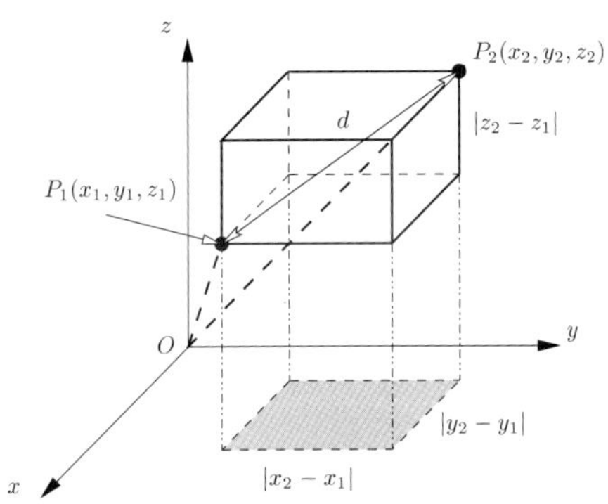

그림 1.1-2 공간의 두 점 P_1과 P_2 사이의 거리 d

좌표공간에서 두 점 $P_1(x_1, y_1, z_1)$과 $P_2(x_2, y_2, z_2)$ 사이의 **거리** d를 다음 식으로 정의한다.

$$d(P_1, P_2) = \sqrt{(x_2 - x_1)^2 + (y_2 - y_1)^2 + (z_2 - z_1)^2} \tag{1.1-1}$$

여기서 거리 d는 그림 1.1-2와 같이 각 변의 길이가 $|x_2 - x_1|$, $|y_2 - y_1|$, $|z_2 - z_1|$이고 점 P_1과 P_2를 대각선의 양 끝점으로 가지는 직육면체의 대각선 $\overline{P_1P_2}$의 길이이다.

[예제 1.1-2] 다음 물음에 답하라.

(1) 방정식 $(x-1)^2 + (y-3)^2 + (z-2)^2 = 9$의 해집합은 무엇인가?

(2) 연립방정식 $x^2 + y^2 = 1,\ z = 3$를 해집합은 무엇인가?

(3) 두 점 $P(0,0,0)$과 $Q(1,1,1)$에서 같은 거리에 있는 점 $X(x,y,z)$의 집합은 무엇인가?

풀이 (1) 점 (1, 3, 2)에서 거리가 3인 점 (x, y, z)의 집합, 즉 중심이 점 $(1,3,2)$이고 반지름이 3인 구면이다.

(2) 방정식 $x^2 + y^2 = 1$의 해집합은 대칭축이 z축이고 반지름이 1인 원기둥면이고, 방정식 $z = 3$의 해집합은 xy평면과 평행하고 z축의 점 $(0,0,3)$을 지나는 평면이다. 따라서 평면 $z = 3$ 위에 있는 단위원 $x^2 + y^2 = 1$ 위의 점들이 주어진 연립방정식의 해집합이다.

(3) 조건에서 $d(P,X) = d(Q,X)$이므로 다음을 얻는다.

$$(x-0)^2 + (y-0)^2 + (z-0)^2 = (x-1)^2 + (y-1)^2 + (z-1)^2$$

이를 정리하면 구하는 점의 집합은 $\{(x,y,z) \mid x+y+z = \frac{3}{2}\}$이다. 이는 공간에서 평면을 나타낸다 (1.3.2절 참조). ✠

1.1.2 원주좌표계

공간에서 대칭축을 지니는 대상, 예를 들어 원기둥면 등을 표현하는 경우에 **원주좌표**[4](cylindrical coordinate)를 이용하는 것이 편리할 때가 많다.

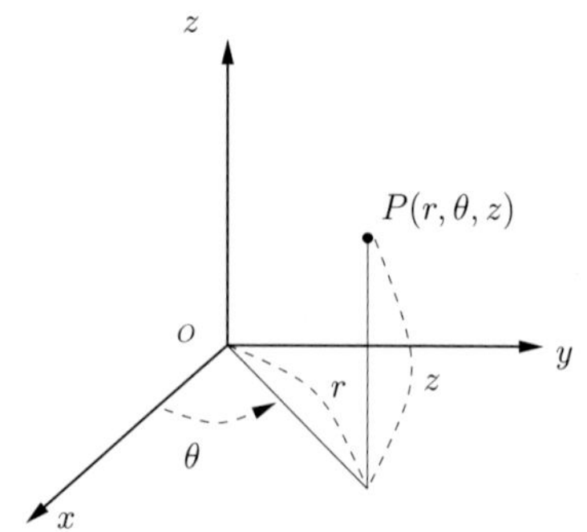

그림 1.1-3 원주좌표계

공간의 점 $P(x,y,z)$를 xy 평면으로 정사영하여 얻어지는 점 $(x,y,0)$을 생각하자. 점 $(x,y,0)$을 평면의 극좌표의 변수 r과 θ를 이용하여 나타내면 $(r,\theta,0)$이다. 그런데 $P(x,y,z)$는 점 $(r,\theta,0)$을 z축 방향으로 z만큼 평행이동한 것과 같으므로 점 $P(x,y,z)$를 $P(r,\theta,z)$로 나타낼 수 있다 (그림 1.1-3 참조). 이때 점 P는 대칭축이 z축, 반지름이 $r = \sqrt{x^2+y^2}$인 원기둥면 위의 점이므로 순서쌍 (r,θ,z)를 점 P의 원주좌표라고 한다. 그림 1.1-3에서 원점 O를 **극**(pole), r을 점 P의 **동경**(radius), θ를 점 P의 **방위각**(azimuthal angle)이라고 한다.

[4] 주면좌표라고도 한다.

공간의 점 P의 원주좌표 (r,θ,z)와 직교좌표 (x,y,z)의 관계는 다음과 같다.

$$\begin{array}{cc} r=\sqrt{x^2+y^2} & x=r\cos\theta \\ \tan\theta=y/x & y=r\sin\theta \\ z & = \quad z \end{array} \tag{1.1-2}$$

변수 r,θ,z의 범위가 다음과 같으면 공간의 점과 원주좌표 (r,θ,z)는 일대일 대응관계를 가진다.

$$r\geq 0, \quad 0\leq\theta<2\pi, \quad -\infty<z<\infty$$

[예제 1.1-3] 방정식 $r=c$(c는 상수)는 z축을 축으로 갖는 반경이 c인 원기둥면을 나타내고, $r=0$은 z축을 나타낸다. 방정식 $\theta=c$는 방위각이 θ인 z축을 포함하는 반평면을 나타낸다 (그림 1.1-4 참조).

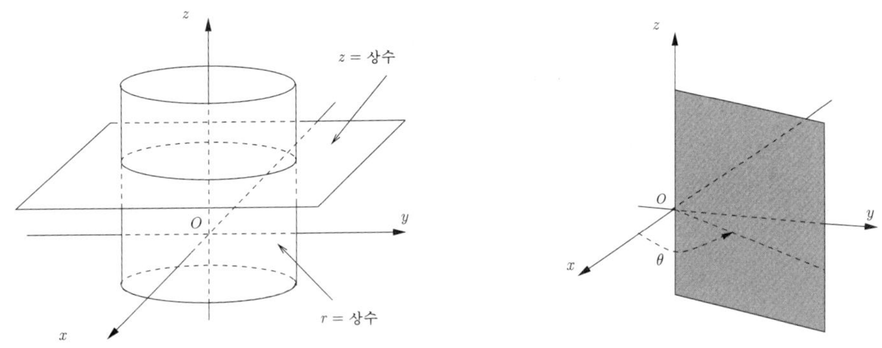

그림 1.1-4 원주좌표계에서 $r=$ 상수, $z=$ 상수와 $\theta=$ 상수의 그래프

[예제 1.1-4] 공간에서 원주좌표 (r,θ,z)로 나타낸 다음 연립방정식을 만족시키는 점의 집합은 무엇인가?

$$r=2, \quad \theta=\frac{\pi}{4}$$

풀이 대칭축이 z축이고 반지름이 2인 원기둥면과 반평면 $\theta=\frac{\pi}{4}$ 위에 있는 점의 집합이므로 점 $(2,\frac{\pi}{4},0)$을 지나는 z축에 평행한 직선이다. ✠

1.1.3 구면좌표계

공간에서 직교좌표가 (x,y,z)인 점 P의 **구면좌표**(spherical coordinates) (ρ,θ,ϕ)는 그림 1.1-5와 같이 중심이 원점이고 반지름이 $|\overline{OP}|$인 구면을 생각하여 얻는다.

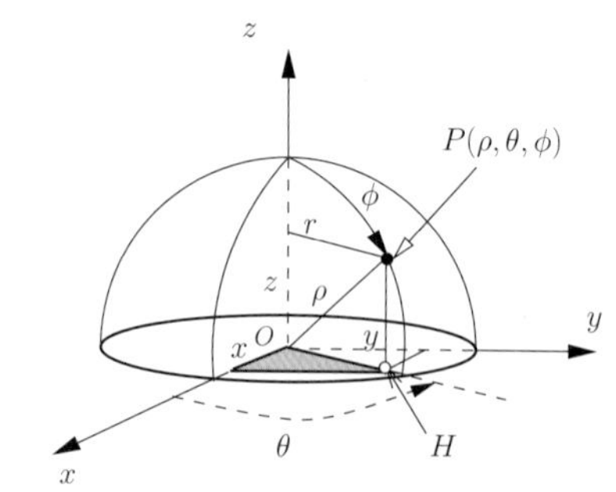

그림 1.1-5 구면좌표계

구면좌표의 첫째 좌표 ρ는 원점 O에서 점 P까지의 거리이고, **방위각** θ는 반직선 Ox에서 원점 O와 점 P의 xy평면 위로의 정사영 H를 잇는 반직선 OH가 이루는 각을 반시계방향[5]으로 잰 각이며, **천정각** ϕ는 반직선 Oz와 반직선 OP가 이루는 각을 시계방향으로 잰 각이다.

직교좌표 (x,y,z)와 구면좌표 (ρ,θ,ϕ) 사이에 다음이 성립한다.

$$\boxed{\begin{array}{rl} \rho = \sqrt{x^2+y^2+z^2} & x = \rho\sin\phi\cos\theta \\ \tan\theta = y/x & y = \rho\sin\phi\sin\theta \\ \tan\phi = \sqrt{x^2+y^2}/z & z = \rho\cos\phi \end{array}} \tag{1.1-3}$$

변수 ρ,θ,ϕ의 범위가 다음과 같으면 공간의 점과 구면좌표 (ρ,θ,ϕ)는 일대일로 대응한다.

$$\rho \geq 0, \quad 0 \leq \theta < 2\pi, \quad 0 \leq \phi \leq \pi$$

구면좌표를 이용하는 **구면좌표계**[6](spherical coordinate system)는 점대칭인 대

[5] 시계바늘이 도는 방향과 같은 방향을 시계방향이라고 하고, 시계바늘이 도는 방향과 반대 방향을 반시계방향 또는 역시계방향이라고 한다.

[6] 공간에서 극좌표계라고도 한다.

상을 다루는 데 편리하다.

[예제 1.1-5] 방정식 $\rho = c$ (c는 상수)는 중심이 원점이며 반지름이 ρ인 구면을 나타낸다. 방정식 $\phi = c$는 천정각이 c인 원점을 시점으로 하는 반직선의 집합인 '원뿔면'이다. 여기서 $\phi = \frac{\pi}{2}$는 xy평면이고, ϕ가 $\frac{\pi}{2}$와 π 사이에 있는 값일 경우는 천정각이 $\frac{\pi}{2}$보다 큰 원뿔면이다.

[예제 1.1-6] 다음 연립방정식을 만족시키는 구면좌표 (ρ, θ, ϕ)의 집합은 무엇인가?

$$\rho = 3, \qquad \phi = \frac{\pi}{3}$$

풀이 방정식 $\rho = 3$의 해집합은 중심이 원점이고 반지름이 3인 구면, 방정식 $\phi = \frac{\pi}{3}$의 해집합은 양의 z축에서 잰 천정각이 $\frac{\pi}{3}$이며 z축을 대칭축으로 하고 원점을 꼭지점으로 갖는 원뿔면이다. 따라서 두 곡면의 교점의 z 좌표는 $z = 3\cos\left(\frac{\pi}{3}\right) = \frac{3}{2}$이다. 따라서 구하는 점의 집합은 평면 $z = \frac{3}{2}$ 위에 있는 직교좌표 $(0, 0, \frac{3}{2})$에 중심을 둔 반지름이 $3\sin(\frac{\pi}{3}) = 3\frac{\sqrt{3}}{2}$인 원이다 (그림 1.1-6 참조). ✠

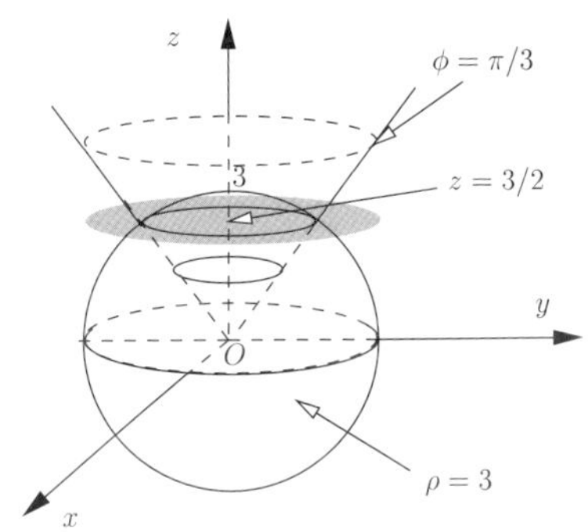

그림 1.1-6 $\rho = 3$과 $\phi = \frac{\pi}{3}$의 그래프

[예제 1.1-7] 구면좌표가 $(2, \frac{1}{6}\pi, \frac{1}{3}\pi)$인 점 P의 직교좌표 (x, y, z)를 구하라.

풀이 식 (1.1-3)을 이용하여 다음과 같이 계산하면 점 P의 직교좌표는 $(\frac{3}{2}, \frac{\sqrt{3}}{2}, 1)$이다.

$$x = 2\sin(\tfrac{\pi}{3})\cos(\tfrac{\pi}{6}) = \tfrac{3}{2},\ y = 2\sin(\tfrac{\pi}{3})\sin(\tfrac{\pi}{6}) = \tfrac{\sqrt{3}}{2},\ z = 2\cos(\tfrac{\pi}{3}) = 1$$ ✠

연습 문제 1.1

1. 공간에서 다음 연립방정식을 만족하는 직교좌표의 집합은 무엇인가?

   (1) $x = z, y = 3$ (2) $x^2 + z^2 = 4, y = 3$ (3) $x = 1, z = 1$
   (4) $x = y^2, z = 0$ (5) $x^2 + \frac{1}{4}y^2 = 1, z = 1$ (6) $y^2 - z^2 = 1, x = 5$

2. 공간에서 다음 연립방정식을 만족하는 원주좌표의 집합은 무엇인가?

   (1) $r = 1, z = 2$ (2) $\theta = \frac{\pi}{3}, z = r$ (3) $r = 3, z = \theta,\ 0 \le \theta \le 2\pi$

3. 공간에서 다음 연립방정식을 만족하는 구면좌표의 집합은 무엇인가?

   (1) $\rho = 1, \theta = \frac{\pi}{4}$ (2) $\rho = 3, \phi = \frac{\pi}{3}$ (3) $\theta = \frac{\pi}{3}, \phi = \frac{\pi}{3}$
   (4) $\rho = 1, \theta = \phi,\ 0 \le \theta \le \frac{\pi}{2}$ (5) $\theta = \frac{\pi}{2}, \rho = \cos\phi$ (6) $1 \le \rho \le 2$

4. 원주좌표 (r, θ, z)와 구면좌표 (ρ, θ, ϕ)는 다음 관계식을 만족시킴을 보여라.

$$\boxed{\begin{array}{lll} r = \rho\sin\phi, & \theta = \theta, & z = \rho\cos\phi \\ \rho^2 = z^2 + r^2, & \theta = \theta, & \tan\phi = \frac{r}{z} \end{array}} \tag{1.1-4}$$

5. 본문의 관계식 (1.1-2), (1.1-3)과 (1.1-4)를 이용하여 주어진 좌표계로 표현된 점을 다른 두 좌표계의 좌표를 써서 나타내라.

   (1) $(1, \sqrt{3}, 2)$, 직교 (2) $(1, \frac{1}{2}\pi, 1)$, 원주 (3) $(2\sqrt{2}, \frac{3}{2}\pi, \frac{1}{2}\pi)$, 구면

6. 본문의 관계식 (1.1-2), (1.1-3)과 (1.1-4)를 이용하여 주어진 방정식을 다른 두 좌표계의 방정식으로 변환하라.

   (1) $x^2 + y^2 + z^2 = 1$ (2) $\rho = 4\cos\phi$ (3) $\theta = 0$
   (4) $z = -3$ (5) $\phi = 0$ (6) $x = y$

7. 구면좌표계로 주어진 다음 방정식을 직교좌표계로 나타내라.

   (1) $\rho = \sec\phi$ (2) $\rho\sin^2\phi = \cos\phi$

8. 공간에서 다음 부등식을 만족시키는 점의 집합에 대하여 설명하라.

   (1) $r \ge 2,\ 0 \le \rho \le 5$
   (2) $0 \le \theta \le \frac{\pi}{4},\ 0 \le \phi \le \frac{\pi}{4},\ \rho \ge 0$
   (3) $4x^2 + 9y^2 \le 36$
   (4) $0 \le \rho \le 1, 0 \le \phi \le \frac{1}{6}\pi, 0 \le \theta \le 2\pi$

1.2 벡터

선분의 길이, 도형의 면적, 입체의 체적, 질량, 온도 등과 같이 크기만으로 나타내어지는 양을 **스칼라**라고 한다. 흔히 스칼라는 실수를 써서 나타낼 수 있으므로 실수를 스칼라라고도 한다.[7] 한편, 물체의 속도(velocity), 힘(force) 등과 같이 크기와 방향으로 표현되는 양을 벡터(vector)라고 한다. 여기서는 이러한 벡터의 정의와 벡터의 연산에 대해 알아본다.

1.2.1 벡터의 정의

평면이나 공간에서 한 점을 A의 위치에서 B의 위치로 이동시키는 것은 나타내려면 점 A에서 점 B로 향하는 방향과 두 점 사이의 거리를 함께 생각하여야 한다 (그림 1.2-1 참조). 이러한 점의 이동을 **유향선분**(directed line segment) $\overrightarrow{AB}$로 나타낸다.

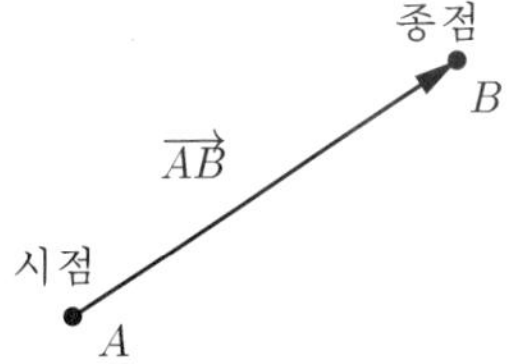

그림 1.2-1 평면벡터

일반적으로 크기와 방향을 함께 갖는 양을 **벡터**라고 하고, 이를 점의 이동과 같이 유향선분을 써서 나타낸다. 한 벡터를 $\overrightarrow{AB}$로 나타낼 때 A와 B를 각각 벡터 $\overrightarrow{AB}$의 **시점**(initial point)과 **종점**(terminal point)이라고 한다. 이러한 벡터의 예로는 힘, 속도, 가속도 등이 있다.

벡터 $\overrightarrow{AB}$의 **크기**는 두 점 A와 B 사이의 거리, 즉 선분 $\overline{AB}$의 길이 $|\overline{AB}|$로 정의한다. 특히, 길이가 단위길이, 즉 1인 벡터를 **단위벡터**(unit vector), 크기가 0인 벡터, 즉 시점과 종점이 같은 벡터를 **영벡터**(zero vector)라고 부르고 **0**으로 나타낸다. 영벡터에 대하여는 방향을 생각하지 않는다. 흔히 영벡터가 아닌 벡터를 **영이 아닌 벡터**라고도 한다.

[7] 경우에 따라서는 복소수를 스칼라라고도 한다. 여기서 스칼라는 실수인 것으로 한다.

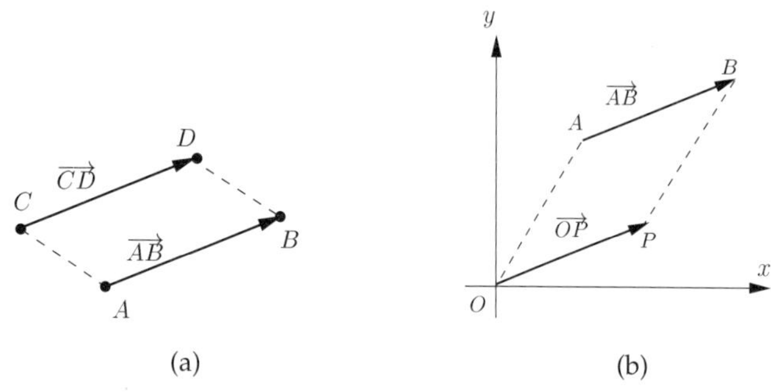

그림 1.2-2 벡터의 평행이동: 같은 벡터

두 벡터 $\overrightarrow{AB}$와 $\overrightarrow{CD}$의 크기와 방향이 같으면, 다시 말하면 한 벡터를 평행이동시켜 다른 벡터와 일치하게 할 수 있으면 두 벡터는 **같다**고 하고, $\overrightarrow{AB} = \overrightarrow{CD}$로 나타낸다 (그림 1.2-2(a) 참조). 따라서 벡터는 시점과 종점에 관계없이 크기와 방향만으로 결정된다.

한편, 그림 1.2-2(b)와 같이 시점이 원점 O가 아닌 벡터 $\overrightarrow{AB}$를 평행이동시켜 시점이 원점 O이고 벡터 $\overrightarrow{AB}$와 크기가 같은 벡터 $\overrightarrow{OP}$로 옮길 수 있다. 또한 그 역도 성립한다. 따라서 좌표평면이나 좌표공간의 벡터는 그와 크기가 같고 평행하며 시점이 원점인 벡터의 종점의 직교좌표로 유일하게 표현할 수 있다. 앞으로 달리 말하지 않으면 모든 벡터는 시점이 원점인 벡터인 것으로 한다. 이로부터 종점의 직교좌표가 같은 두 벡터는 서로 같다는 것을 알 수 있다

벡터를 한 문자를 써서 나타낼 경우에는 $\mathbf{u}, \mathbf{v}, \mathbf{w}$ 등과 같이 두꺼운 글자로 나타내기로 한다.[8] 그리고 평면에서의 벡터를 **평면벡터**, 공간에서의 벡터를 **공간벡터**라고 한다. 일반적으로 벡터라고 할 때는 평면 또는 공간벡터를 말하는 것으로 한다.

1.2.2 벡터의 상등과 연산

그림 1.2-3(a)와 같이 종점의 직교좌표가 (a_1, a_2)인 평면벡터 $\mathbf{u}$를 $\mathbf{u} = (a_1, a_2)$로 나타내며, 두 실수 a_1과 a_2를 각각 벡터 $\mathbf{u}$의 x**성분**과 y**성분**이라고 한다.

[8] 또는 $\vec{u}$, $\vec{v}$, $\vec{w}$와 같이 나타내기도 한다.

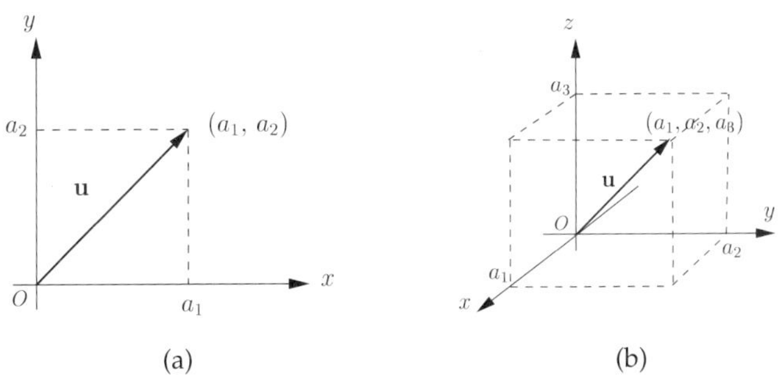

그림 1.2-3 (a) 평면벡터 (b) 공간벡터

두 평면벡터 $\mathbf{u} = (a_1, a_2)$와 $\mathbf{v} = (b_1, b_2)$의 **상등**을 다음과 같이 정의한다.[9)]

$$\mathbf{u} = \mathbf{v} \iff a_1 = b_1,\ a_2 = b_2$$

그리고 벡터 $\mathbf{u} = (a_1, a_2)$의 **크기** $|\mathbf{u}|$는 다음 식으로 정의한다.[10)]

$$|\,\mathbf{u}\,| = \sqrt{a_1^2 + a_2^2}$$

평면벡터의 경우와 같이 종점의 좌표가 (a_1, a_2, a_3)인 공간벡터 $\mathbf{u}$를 $\mathbf{u} = (a_1, a_2, a_3)$로 나타내고, a_1, a_2, a_3를 각각 $\mathbf{u}$의 x성분, y성분, z성분이라고 한다 (그림 1.2-3(b) 참조). 또 두 개의 공간벡터 $\mathbf{u} = (a_1, a_2, a_3)$와 $\mathbf{v} = (b_1, b_2, b_3)$의 **상등**을 다음과 같이 정의한다.

$$\mathbf{u} = \mathbf{v} \iff a_1 = b_1,\ a_2 = b_2,\ a_3 = b_3$$

그리고 공간벡터 $\mathbf{u} = (a_1, a_2, a_3)$의 크기 $|\mathbf{u}|$를 다음 식으로 정의한다.

$$|\,\mathbf{u}\,| = \sqrt{a_1^2 + a_2^2 + a_3^2}$$

벡터의 상등의 정의에 의해 영벡터 $\mathbf{0}$는 크기가 0인 벡터이므로 각 성분이 모두

9) 진술(statement) '$A \iff B$'는 'A와 B는 동치이다' 또는 'A는 B이며 B는 A이다'를 의미한다.

10) 길이(length)라고도 한다. 흔히, 벡터 $\mathbf{u}$의 크기를 $\|\mathbf{u}\|$로 나타내기도 하지만 벡터와 스칼라를 나타내는 방법에 혼란이 없으므로 $|\mathbf{u}|$를 사용하기로 한다. 실수 α에 대하여 $|\alpha|$는 실수 α의 절대값을 의미한다.

0인 벡터이다.

[예제 1.2-1] 평면벡터 $\mathbf{u} = (1, -\sqrt{3})$와 공간벡터 $\mathbf{v} = (-2, 5, \sqrt{7})$의 크기를 구하라.

풀이 정의에 따라 주어진 두 벡터의 크기를 구하면 다음과 같다.

$$|\mathbf{u}| = \sqrt{1^2 + (-\sqrt{3})^2} = 2, \qquad |\mathbf{v}| = \sqrt{-2^2 + 5^2 + (\sqrt{7})^2} = 6$$ ✠

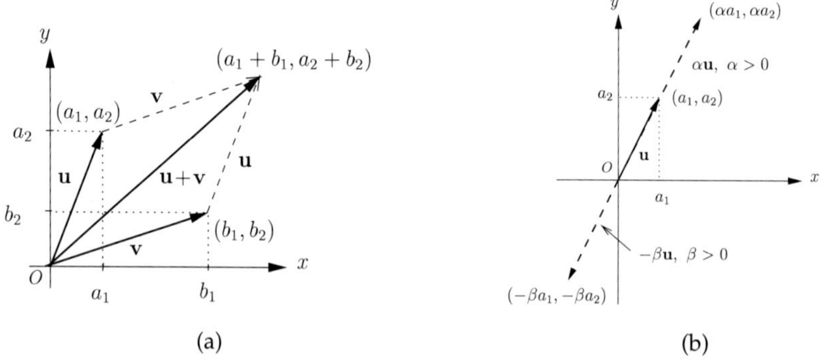

그림 1.2-4 (a) 평면벡터의 덧셈 (b) 평면벡터의 스칼라곱

두 개의 평면벡터 $\mathbf{u} = (a_1, a_2)$와 $\mathbf{v} = (b_1, b_2)$의 **덧셈**(vector addition) $\mathbf{u} + \mathbf{v}$와 스칼라(실수) α와 벡터 $\mathbf{u}$의 **스칼라곱**(scalar multiplication) $\alpha\mathbf{u}$를 각각 다음과 같이 정의한다 (그림 1.2-4 참조).

$$\mathbf{u} + \mathbf{v} = (a_1 + b_1, a_2 + b_2) \qquad \text{[평면벡터의 덧셈]}$$

$$\alpha\mathbf{u} = (\alpha a_1, \alpha a_2) \qquad \text{[평면벡터의 스칼라 곱]}$$

평면벡터와 마찬가지로 두 공간벡터 $\mathbf{u} = (a_1, a_2, a_3)$, $\mathbf{v} = (b_1, b_2, b_3)$의 덧셈 $\mathbf{u} + \mathbf{v}$와 실수(스칼라) α와 벡터 $\mathbf{u}$의 스칼라곱 $\alpha\mathbf{u}$를 다음과 같이 정의한다.

$$\mathbf{u} + \mathbf{v} = (a_1 + b_1, a_2 + b_2, a_3 + b_3) \qquad \text{[공간벡터의 덧셈]}$$

$$\alpha\mathbf{u} = (\alpha a_1, \alpha a_2, \alpha a_3) \qquad \text{[공간벡터의 스칼라곱]}$$

영이 아닌 두 벡터 $\mathbf{u}$와 $\mathbf{v}$에 대하여 다음 식을 만족시키는 0이 아닌 스칼라 α가 존재하면 두 벡터 $\mathbf{u}$와 $\mathbf{v}$가 서로 **평행(parallel)하다**고 한다.

$$\mathbf{u} = \alpha\mathbf{v}, \quad \alpha \neq 0$$

이때 $\alpha > 0$이면 두 벡터는 서로 **같은 방향의 벡터**, $\alpha < 0$이면 두 벡터는 서로 **반대 방향의 벡터**라고 한다 (그림 1.2-4(b) 참조).

실수 -1과 벡터 $\mathbf{u}$의 스칼라곱 $(-1)\mathbf{u}$를 $-\mathbf{u}$로 나타내고, 이를 벡터 $\mathbf{u}$의 **역벡터** 또는 **덧셈에 대한 역원**이라고 한다. 또 0이 아닌 실수 α에 대하여 벡터 $\mathbf{u}$의 스칼라곱 $\frac{1}{\alpha}\mathbf{u}$를 $\frac{\mathbf{u}}{\alpha}$ 또는 $\mathbf{u}/\alpha$와 같이 나타내기도 한다.

[예제 1.2-2] 평면벡터 $\mathbf{u} = (2,0), \mathbf{v} = (-7,5)$에 대해 $2\mathbf{u} + \mathbf{v}$를 성분으로 나타내라.

풀이 $2\mathbf{u} + \mathbf{v} = 2(2,0) + (-7,5) = (4 + (-7), 0 + 5) = (-3,5)$ ✠

평면벡터와 공간벡터의 덧셈과 스칼라곱에 대한 성질을 정리하면 다음과 같다. 증명은 연습문제로 남긴다.

[정리 1.2-1] 평면 또는 공간의 임의의 벡터 $\mathbf{u}, \mathbf{v}, \mathbf{w}$와 스칼라 α와 β에 대하여 다음이 성립한다.

(1) $\mathbf{u} + \mathbf{v} = \mathbf{v} + \mathbf{u}$

(2) $(\mathbf{u} + \mathbf{v}) + \mathbf{w} = \mathbf{u} + (\mathbf{v} + \mathbf{w})$

(3) 모든 벡터 $\mathbf{u}$에 대하여, $\mathbf{u} + \mathbf{0} = \mathbf{u}$가 성립한다.

(4) 임의의 주어진 벡터 $\mathbf{u}$에 대하여 $\mathbf{u} + (-\mathbf{u}) = \mathbf{0}$가 성립한다.

(5) $\alpha(\mathbf{u} + \mathbf{v}) = \alpha\mathbf{u} + \alpha\mathbf{v}$

(6) $(\alpha + \beta)\mathbf{u} = \alpha\mathbf{u} + \beta\mathbf{u}$

(7) $\alpha(\beta\mathbf{u}) = (\alpha\beta)\mathbf{u}$

(8) 임의의 벡터 $\mathbf{u}$에 대하여 $1\mathbf{u} = \mathbf{u}$이다.

영이 아닌 평면벡터 $\mathbf{v}$에 대하여 $\mathbf{u} = \frac{1}{|\mathbf{v}|}\mathbf{v}$라고 하자. 그러면 벡터 $\mathbf{u}$는 $\mathbf{v}$와 같은 방향의 단위벡터이며 종점이 단위원[11] 위에 있는 벡터이다. 또 영벡터가 아닌 공간벡터 $\mathbf{v}$와 단위구면[12]에 종점을 가지는 단위벡터 $\frac{1}{|\mathbf{v}|}\mathbf{v}$는 방향이 같은 벡터이다. 따라서 영이 아닌 평면벡터 또는 공간벡터 $\mathbf{v}$와 방향이 같은 모든 벡터에 유일한 단위벡터 $\frac{1}{|\mathbf{v}|}\mathbf{v}$를 대응시킬 수 있다. 그러므로 평면 또는 공간에서 영이 아닌 **벡터 v의 방향**을 다음의 단위벡터로 정의한다.

$$\text{벡터 } \mathbf{v}\text{의 방향} = \frac{1}{|\mathbf{v}|}\mathbf{v}, \quad \mathbf{v} \neq \mathbf{0}$$

영벡터에 대하여는 방향을 생각하지 않으므로 방향을 정의하지 않는다.

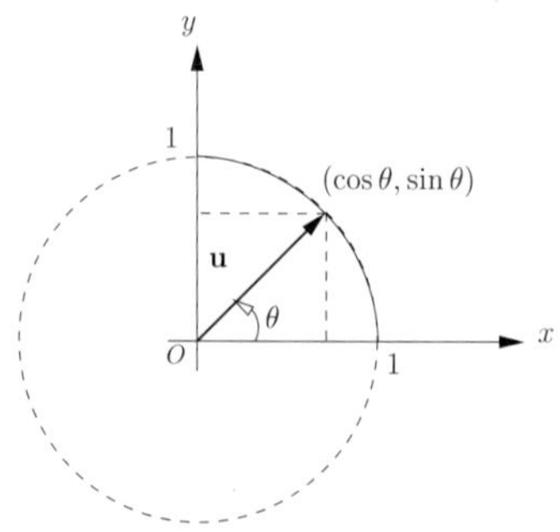

그림 1.2-5 좌표평면의 단위벡터

참고 그림 1.2-5와 같이 양의 x축으로부터 단위벡터 $\mathbf{u}$까지 반시계방향으로 잰 각 θ를 이용하여 벡터 $\mathbf{u}$를 다음과 같이 나타낼 수 있다.

$$\mathbf{u} = (\cos\theta, \sin\theta), \qquad 0 \le \theta < 2\pi \tag{1.2-1}$$

평면의 경우에 식 (1.2-1)의 각 θ를 벡터 $\mathbf{u}$의 방향으로 정의하기도 한다. 그러나 공간에서는 한 개의 각을 이용하여 벡터의 방향을 말할 수 없다. 연습문제 1.2의 15번을 참조하라.

[예제 1.2-3] 평면벡터 $\mathbf{u} = (3, 1)$과 공간벡터 $\mathbf{v} = (0, -2, 7)$의 방향을 구하라.

[11] 평면에서 반지름이 1인 원 중에 중심이 원점인 원을 말한다.
[12] 반지름이 1인 구면 중에 중심이 원점인 구면을 말한다.

풀이 $|\mathbf{u}| = \sqrt{3^2+1^2} = \sqrt{10}$이고 $|\mathbf{v}| = \sqrt{0^2+(-2)^2+7^2} = \sqrt{53}$이므로 정의에 의해 각 벡터의 방향은 다음과 같다.

$$\frac{1}{|\mathbf{u}|}\mathbf{u} = \left(\frac{3}{\sqrt{10}}, \frac{1}{\sqrt{10}}\right), \qquad \frac{1}{|\mathbf{v}|}\mathbf{v} = \left(0, \frac{-2}{\sqrt{53}}, \frac{7}{\sqrt{53}}\right)$$ ✠

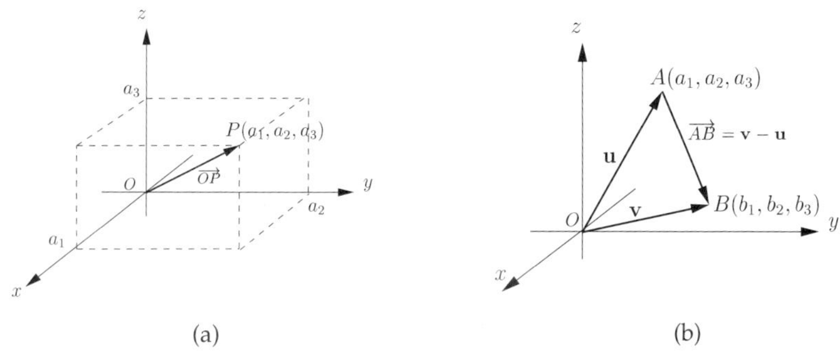

그림 1.2-6 (a) 좌표공간에서의 위치벡터 (b) 위치벡터와 벡터

그림 1.2-6(a)와 같이 공간의 점 $P(a_1, a_2, a_3)$에 시점이 원점 O이고 종점이 P인 벡터 $\overrightarrow{OP} = (a_1, a_2, a_3)$를 대응시킬 수 있다. 역으로 벡터 $\overrightarrow{OP} = (a_1, a_2, a_3)$에 점 $P(a_1, a_2, a_3)$를 대응시킬 수 있다. 이러한 대응관계는 좌표평면의 점과 평면벡터에 대해서도 성립한다. 따라서 평면 또는 공간의 점을 벡터로, 역으로 시점이 원점인 벡터를 점으로 볼 수 있다. 이와 같이 평면 또는 공간의 점 P에 대응하는 벡터 $\overrightarrow{OP}$를 점 P의 **위치벡터**(position vector)라고 한다.

평면이나 공간의 점을 그에 대응하는 위치벡터로 나타내기도 한다. 예를 들어 점 $P(a_1, a_2, a_3)$를 그에 대응하는 위치벡터 $\mathbf{p}$를 써서 점 $\mathbf{p} = (a_1, a_2, a_3)$라고도 한다.

[예제 1.2-4] 공간의 두 점 $A(a_1, a_2, a_3)$와 $B(b_1, b_2, b_3)$에 대하여 벡터 $\overrightarrow{AB}$를 성분을 써서 나타내라.

풀이 $A(a_1, a_2, a_3)$, $B(b_1, b_2, b_3)$의 위치벡터는 각각 $\mathbf{u} = (a_1, a_2, a_3)$, $\mathbf{v} = (b_1, b_2, b_3)$이다. 벡터의 덧셈으로부터 식 $\mathbf{v} = \mathbf{u} + \overrightarrow{AB}$이 성립한다 (그림 1.2-6(b) 참조). 따라서 시점이 A, 종점이 B인 벡터 $\overrightarrow{AB}$를 성분을 써서 나타내면 다음과 같다.

$$\overrightarrow{AB} = \mathbf{v} - \mathbf{u} = (b_1 - a_1, b_2 - a_2, b_3 - a_3)$$ ✠

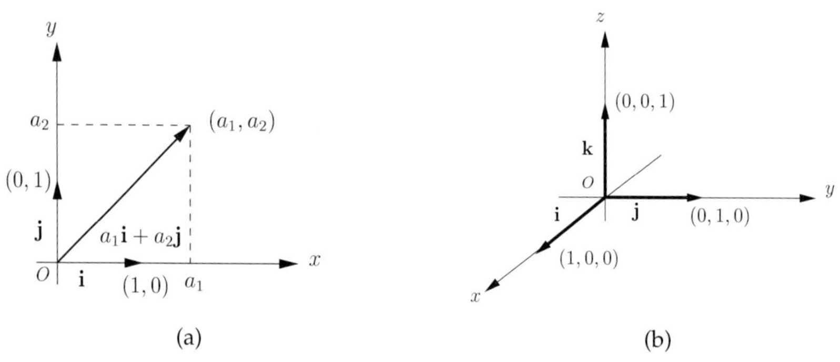

그림 1.2-7 (a) 평면벡터의 분해 (b) 공간벡터: $\mathbf{i}, \mathbf{j}, \mathbf{k}$

임의의 평면벡터 $\mathbf{u} = (a_1, a_2)$는 양의 x축 위의 단위벡터 $\mathbf{i} = (1, 0)$과 양의 y축 위의 단위벡터 $\mathbf{j} = (0, 1)$을 써서 다음과 같이 쓸 수 있다 (그림 1.2-7(a) 참조).

$$\mathbf{u} = a_1(1,\ 0) + a_2(0,\ 1) = a_1\mathbf{i} + a_2\mathbf{j}$$

이때 벡터 $\mathbf{u}$는 **수평성분** (또는 벡터 $\mathbf{i}$**성분**) a_1과 **수직성분** (또는 벡터 $\mathbf{j}$**성분**) a_2로 **분해된다**고 한다.

평면벡터와 같은 방법으로 임의의 공간벡터 $\mathbf{u} = (a_1, a_2, a_3)$를 양의 x축, 양의 y축과 양의 z축 위의 단위벡터 $\mathbf{i} = (1, 0, 0)$, $\mathbf{j} = (0, 1, 0)$, $\mathbf{k} = (0, 0, 1)$을 이용하여 다음과 같이 나타낼 수 있다 (그림 1.2-7(b) 참조).

$$\mathbf{u} = a_1\mathbf{i} + a_2\mathbf{j} + a_3\mathbf{k}$$

1.2.3 벡터의 내적

두 개의 평면벡터 $\mathbf{u} = (a_1, a_2)$와 $\mathbf{v} = (b_1, b_2)$의 **내적**(dot product, inner product 또는 scalar product)을 $\mathbf{u} \bullet \mathbf{v}$로 나타내고 다음 식으로 정의한다.

$$\mathbf{u} \bullet \mathbf{v} = a_1 b_1 + a_2 b_2$$

같은 방법으로 공간벡터 $\mathbf{u} = a_1\mathbf{i} + a_2\mathbf{j} + a_3\mathbf{k}$와 $\mathbf{v} = b_1\mathbf{i} + b_2\mathbf{j} + b_3\mathbf{k}$의 내적 $\mathbf{u} \bullet \mathbf{v}$를 다음과 같이 정의한다.

$$\mathbf{u} \bullet \mathbf{v} = a_1 b_1 + a_2 b_2 + a_3 b_3$$

여기서 내적의 결과는 실수라는 사실에 주의하라.

[예제 1.2-5] 두 개의 공간벡터 $\mathbf{u} = 3\mathbf{i} + \mathbf{j} - 5\mathbf{k}, \mathbf{v} = \mathbf{i} + 4\mathbf{j} + 3\mathbf{k}$의 내적을 구하라.

풀이 $\mathbf{u} \bullet \mathbf{v} = (3)(1) + (1)(4) + (-5)(3) = -8$ ✠

벡터의 내적에 관한 성질을 정리하면 다음과 같다. 증명은 연습문제로 남긴다.

[정리 1.2-2] 평면 또는 공간의 임의의 벡터 $\mathbf{u}, \mathbf{v}, \mathbf{w}$와 스칼라 α에 대하여 다음이 성립한다.

(1) $\mathbf{u} \bullet \mathbf{v} = \mathbf{v} \bullet \mathbf{u}$ (2) $(\mathbf{u} + \mathbf{v}) \bullet \mathbf{w} = \mathbf{u} \bullet \mathbf{w} + \mathbf{v} \bullet \mathbf{w}$

(3) $(\alpha\mathbf{u}) \bullet \mathbf{v} = \alpha(\mathbf{u} \bullet \mathbf{v})$ (4) $|\mathbf{u}| = \sqrt{\mathbf{u} \bullet \mathbf{u}}$ 또는 $|\mathbf{u}|^2 = \mathbf{u} \bullet \mathbf{u}$

(5) $|\mathbf{u}| \geq 0$ (단, 등호는 $\mathbf{u} = \mathbf{0}$일 때에만 성립한다.)

영벡터가 아닌 두 벡터 $\mathbf{u}$와 $\mathbf{v}$가 만드는 각 중에서 그 크기가 작은 각 θ의 크기(절대값)를 두 벡터의 **사잇각**이라고 한다. 그러면 벡터 $\mathbf{u}$와 $\mathbf{v}$의 사잇각 θ가 취하는 값의 범위는 $0 \leq \theta \leq \pi$이다. 이때 $\theta = 0$ 또는 π이면 두 벡터는 서로 평행하다. 특히, $\theta = \frac{1}{2}\pi$인 경우에 두 벡터는 서로 **수직**이다 또는 **직교**(perpendicular 또는 orthogonal)한다고 한다.

영벡터가 아닌 두 벡터 $\mathbf{u}$와 $\mathbf{v}$의 사잇각에 대하여 다음 정리가 성립한다.

[정리 1.2-3] 영벡터가 아닌 평면 또는 공간의 두 벡터 $\mathbf{u}$와 $\mathbf{v}$의 사잇각이 θ이면 다음이 성립한다.

$$\cos\theta = \frac{\mathbf{u} \bullet \mathbf{v}}{|\mathbf{u}|\,|\mathbf{v}|} \tag{1.2-2}$$

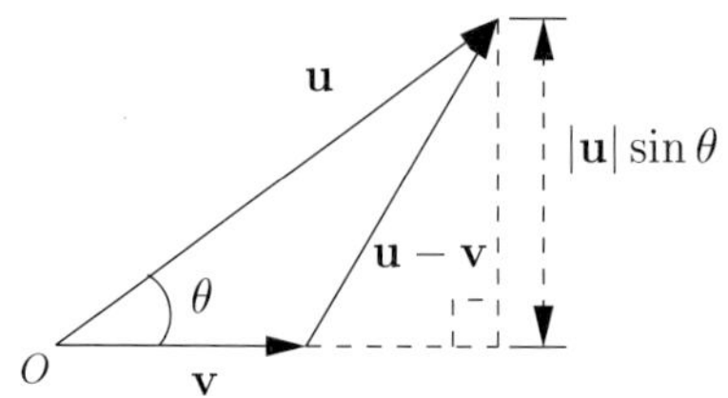

그림 1.2-8 두 벡터의 사잇각

증명 다음의 삼각형의 코사인법칙을 이용한다 (그림 1.2-8 참조).

$$|\mathbf{u}-\mathbf{v}|^2 = |\mathbf{u}|^2 + |\mathbf{v}|^2 - 2|\mathbf{u}|\ |\mathbf{v}|\cos\theta$$

주어진 두 벡터가 영벡터가 아니므로 다음을 얻는다.

$$\cos\theta = \frac{|\mathbf{u}|^2 + |\mathbf{v}|^2 - |\mathbf{u}-\mathbf{v}|^2}{2|\mathbf{u}|\,|\mathbf{v}|}$$

위 식의 분자를 간단히 하면 다음과 같다.

$$\begin{aligned}|\mathbf{u}|^2 + |\mathbf{v}|^2 - |\mathbf{u}-\mathbf{v}|^2 &= \mathbf{u}\cdot\mathbf{u} + \mathbf{v}\cdot\mathbf{v} - (\mathbf{u}-\mathbf{v})\cdot(\mathbf{u}-\mathbf{v})\\ &= \mathbf{u}\cdot\mathbf{u} + \mathbf{v}\cdot\mathbf{v} - (\mathbf{u}\cdot\mathbf{u} - 2\mathbf{u}\cdot\mathbf{v} + \mathbf{v}\cdot\mathbf{v})\\ &= 2\mathbf{u}\cdot\mathbf{v}\end{aligned}$$

그러므로 식 (1.2-2)가 성립한다. ■

정리 1.2-3으로부터 영벡터가 아닌 두 벡터 **u**와 **v**가 서로 직교하기 위한 필요충분조건은 두 벡터의 내적이 0인 것임을 알 수 있다.

[예제 1.2-6] 두 벡터 $\mathbf{u} = (-1, 0)$과 $\mathbf{v} = (0, 1)$의 사잇각 θ를 구하라.

풀이 식 (1.2-2)에 의하여 $\cos\theta = \frac{\mathbf{u}\cdot\mathbf{v}}{|\mathbf{u}||\mathbf{v}|} = 0$이므로 두 벡터의 사잇각 θ는 $\frac{\pi}{2}$이다. ✠

임의의 θ에 대해 $|\cos\theta| \leq 1$이므로 식 (1.2-2)에서 다음 부등식을 얻는다.

$$|\mathbf{u} \cdot \mathbf{v}| \leq |\mathbf{u}|\,|\mathbf{v}|$$

이는 매우 유용한 부등식으로 코시[13]–슈바르쯔[14] 부등식으로 알려져 있다. 여기서는 정리 1.2-3의 증명에서 사용한 기하학적인 방법과는 다른 대수적인 방법으로 증명한다.

[정리 1.2-4] (코시–슈바르쯔 부등식) 평면 또는 공간의 임의의 두 벡터 $\mathbf{u}$와 $\mathbf{v}$에 대하여 다음이 성립한다.

$$|\mathbf{u} \cdot \mathbf{v}| \leq |\mathbf{u}|\,|\mathbf{v}| \tag{1.2-3}$$

단, 등호가 성립할 필요충분조건은 두 벡터 $\mathbf{u}$와 $\mathbf{v}$가 서로 평행한 것이다.

증명 벡터 $\mathbf{u}$ 또는 $\mathbf{v}$가 영벡터인 경우는 자명하다. 이제 영벡터가 아닌 벡터 $\mathbf{u}$와 $\mathbf{v}$, 스칼라 t에 대하여 $|\mathbf{u} - t\mathbf{v}|^2$을 생각하면 다음의 t에 관한 이차다항식을 얻는다.

$$|\mathbf{u} - t\mathbf{v}|^2 = (\mathbf{u} - t\mathbf{v}) \cdot (\mathbf{u} - t\mathbf{v}) = |\mathbf{u}|^2 - 2(\mathbf{u} \cdot \mathbf{v})t + |\mathbf{v}|^2 t^2$$

그런데 모든 실수 t에 대하여 $|\mathbf{u} - t\mathbf{v}|^2 \geq 0$이므로 다음 부등식이 성립하여야 하므로 부등식 (1.2-3)이 성립한다.

$$(\mathbf{u} \cdot \mathbf{v})^2 - |\mathbf{u}|^2|\mathbf{v}|^2 \leq 0$$

한편, 부등식 (1.2-3)의 등호가 성립하면 $t_0 = \frac{\mathbf{u} \cdot \mathbf{v}}{|\mathbf{v}|^2}$는 방정식 $|\mathbf{u} - t\mathbf{v}|^2 = 0$의 중근이다. 그런데 크기가 0인 벡터는 영벡터뿐이므로 $\mathbf{u} = t_0\mathbf{v}$이다. 그러므로 두 벡터 $\mathbf{u}$와 $\mathbf{v}$는 서로 평행하다. 역으로 두 벡터 $\mathbf{u}$와 $\mathbf{v}$가 서로 평행하면, 즉 적당한 스칼라 α에 대하여 $\mathbf{u} = \alpha\mathbf{v}$이면 부등식 (1.2-3)에서 등호가 명백히 성립한다. ■

[13] Augustin–Louis Cauchy (1789-1857): 프랑스의 수학자.
[14] Herman Amandus Schwarz (1843-1921): 폴란드에서 태어나 독일에서 공부하고 연구한 수학자.

다음은 삼각형의 세 변의 길이에 관한 성질이다.

[정리 1.2-5] (삼각부등식) 평면 또는 공간의 임의의 두 벡터 $\mathbf{u}$와 $\mathbf{v}$에 대하여 다음이 성립한다.

$$|\mathbf{u}+\mathbf{v}| \leq |\mathbf{u}|+|\mathbf{v}| \tag{1.2-4}$$

증명 코시–슈바르츠 부등식 (1.2-3)을 이용하면 다음을 얻는다.

$$\begin{aligned} |\mathbf{u}+\mathbf{v}|^2 &= (\mathbf{u}+\mathbf{v})\bullet(\mathbf{u}+\mathbf{v}) = |\mathbf{u}|^2 + 2\mathbf{u}\bullet\mathbf{v} + |\mathbf{v}|^2 \\ &\leq |\mathbf{u}|^2 + 2|\mathbf{u}|\,|\mathbf{v}| + |\mathbf{v}|^2 = (|\mathbf{u}|+|\mathbf{v}|)^2 \end{aligned}$$

따라서 부등식 $|\mathbf{u}+\mathbf{v}| \leq |\mathbf{u}|+|\mathbf{v}|$이 성립한다. ■

1.2.4 정사영

두 벡터의 내적을 이용하면 한 벡터의 다른 벡터 방향의 성분을 구할 수 있다.

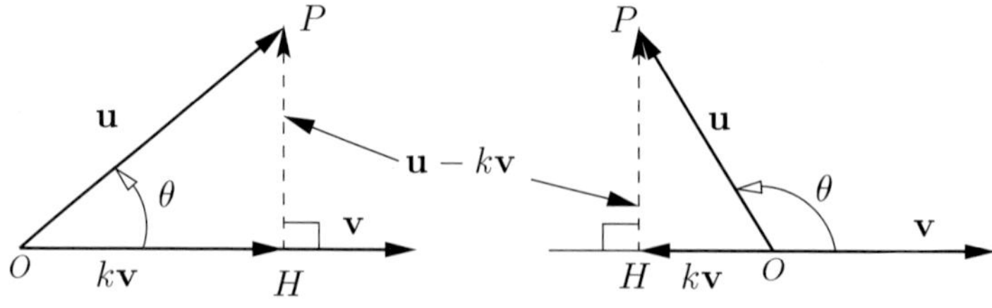

그림 1.2-9 벡터의 정사영

평면 또는 공간에서 영벡터가 아닌 두 벡터 $\mathbf{u}$와 $\mathbf{v}$를 품는 평면에서 그림 1.2-9와 같이 벡터 $\mathbf{u}$의 종점 P에서 벡터 $\mathbf{v}$를 포함하는 직선에 수선을 그어 얻어지는 직각삼각형 $\triangle OPH$를 생각하자. 그러면 벡터 $\overrightarrow{OH}$는 벡터 $\mathbf{v}$와 평행하므로 적당한 스칼라 k에 대해 $\overrightarrow{OH} = k\mathbf{v}$이다. 여기서 스칼라 k를 구하여 보자.

직각삼각형 $\triangle OPH$에서 $\overrightarrow{HP} = \mathbf{u} - k\mathbf{v}$이다. 또 벡터 $\mathbf{u} - k\mathbf{v}$와 $\mathbf{v}$는 서로 직교하

므로 $(\mathbf{u}-k\mathbf{v})\bullet\mathbf{v}=0$이다. 따라서 $k=(\mathbf{u}\bullet\mathbf{v})/|\mathbf{v}|^2$이다.

이로부터 영벡터가 아닌 두 벡터 $\mathbf{u}$와 $\mathbf{v}$에 대하여 **벡터 u의 벡터 v 위로의 정사영**(projection) $\mathrm{Proj}_{\mathbf{v}}\mathbf{u}$를 다음과 같이 정의한다.

$$\mathrm{Proj}_{\mathbf{v}}\mathbf{u}=\frac{\mathbf{u}\bullet\mathbf{v}}{|\mathbf{v}|^2}\,\mathbf{v}=\left(\frac{\mathbf{u}\bullet\mathbf{v}}{|\mathbf{v}|}\right)\frac{\mathbf{v}}{|\mathbf{v}|} \tag{1.2-5}$$

즉, 벡터 $\mathbf{u}$의 $\mathbf{v}$ 위로의 정사영 $\mathrm{Proj}_{\mathbf{v}}\mathbf{u}$는 크기가 $|\mathbf{u}\bullet\mathbf{v}|/|\mathbf{v}|$이고 벡터 $\mathbf{v}$와 평행한 벡터이다. 이때 $(\mathbf{u}\bullet\mathbf{v})/|\mathbf{v}|$를 **벡터 v 방향의 벡터 u의 성분**이라고 한다.

[예제 1.2-7] 두 벡터 $\mathbf{u}=-2\mathbf{i}+\mathbf{j}$와 $\mathbf{v}=3\mathbf{j}$에 대하여 $\mathrm{Proj}_{\mathbf{v}}\mathbf{u}$를 구하라.

풀이 식 (1.2-5)로부터 $\mathrm{Proj}_{\mathbf{v}}\mathbf{u}=(\mathbf{u}\bullet\mathbf{v})\mathbf{v}/|\mathbf{v}|^2=\left(\frac{3}{9}\right)3\mathbf{j}=\mathbf{j}$를 얻는다. ✠

1.2.5 외적

이제 공간의 두 벡터 $\mathbf{u}$와 $\mathbf{v}$에 벡터를 대응시키는 연산에 대하여 살펴보자.

두 개의 공간벡터 $\mathbf{u}=a_1\mathbf{i}+a_2\mathbf{j}+a_3\mathbf{k}$와 $\mathbf{v}=b_1\mathbf{i}+b_2\mathbf{j}+b_3\mathbf{k}$에 다음 식으로 정의되는 벡터 $\mathbf{u}\times\mathbf{v}$를 대응시키는 연산을 벡터 $\mathbf{u}$와 $\mathbf{v}$의 **외적**(cross product) 또는 **벡터곱**(vector product)이라고 한다.

$$\mathbf{u}\times\mathbf{v}=(a_2b_3-a_3b_2)\mathbf{i}+(a_3b_1-a_1b_3)\mathbf{j}+(a_1b_2-a_2b_1)\mathbf{k} \tag{1.2-6}$$

공간벡터 $\mathbf{u}$와 $\mathbf{v}$의 외적 $\mathbf{u}\times\mathbf{v}$를 다음과 같이 나타내면 편리하다.

$$\mathbf{u}\times\mathbf{v}=\begin{vmatrix}\mathbf{i}&\mathbf{j}&\mathbf{k}\\a_1&a_2&a_3\\b_1&b_2&b_3\end{vmatrix}=\begin{vmatrix}a_2&a_3\\b_2&b_3\end{vmatrix}\mathbf{i}-\begin{vmatrix}a_1&a_3\\b_1&b_3\end{vmatrix}\mathbf{j}+\begin{vmatrix}a_1&a_2\\b_1&b_2\end{vmatrix}\mathbf{k} \tag{1.2-7}$$

단, 식 (1.2-7)에서 $\begin{vmatrix}a&b\\c&d\end{vmatrix}$는 $ad-bc$를 나타내는 기호이다.

[예제 1.2-8] 공간의 두 벡터 $\mathbf{u} = -2\mathbf{i} + 3\mathbf{j}$와 $\mathbf{v} = \mathbf{i} + 5\mathbf{k}$의 외적 $\mathbf{u} \times \mathbf{v}$를 구하라.

풀이 외적의 정의 (1.2-6)을 이용하여 직접 계산하면 다음을 얻는다.

$$\mathbf{u} \times \mathbf{v} = \{(3)(5) - (0)(0)\}\,\mathbf{i} + \{(0)(1) - (-2)(5)\}\mathbf{j} + \{(-2)(0) - (3)(1)\}\mathbf{k}$$

따라서 $\mathbf{u} \times \mathbf{v} = 15\mathbf{i} + 10\mathbf{j} - 3\mathbf{k}$이다. ✠

벡터의 외적에 관한 성질을 정리하면 다음과 같다.

[정리 1.2-6] 공간의 세 벡터 $\mathbf{u}, \mathbf{v}, \mathbf{w}$와 스칼라 α에 대하여 다음이 성립한다.

(1) $\mathbf{u} \times \mathbf{0} = \mathbf{0} \times \mathbf{u} = \mathbf{0}$ (2) $\mathbf{u} \times \mathbf{v} = -(\mathbf{v} \times \mathbf{u})$

(3) $(\alpha\mathbf{u}) \times \mathbf{v} = \alpha(\mathbf{u} \times \mathbf{v})$ (4) $(\mathbf{u} \times \mathbf{v}) \bullet \mathbf{w} = \mathbf{u} \bullet (\mathbf{v} \times \mathbf{w})$

(5) $\mathbf{u} \times (\mathbf{v} + \mathbf{w}) = (\mathbf{u} \times \mathbf{v}) + (\mathbf{u} \times \mathbf{w})$ (6) $\mathbf{u} \bullet (\mathbf{u} \times \mathbf{v}) = \mathbf{v} \bullet (\mathbf{u} \times \mathbf{v}) = 0$

증명 두 벡터 $\mathbf{u} = a_1\mathbf{i} + a_2\mathbf{j} + a_3\mathbf{k}$와 $\mathbf{v} = b_1\mathbf{i} + b_2\mathbf{j} + b_3\mathbf{k}$에 대하여 다음을 얻는다.

$$\begin{aligned}\mathbf{u} \times \mathbf{v} &= (a_2b_3 - a_3b_2)\mathbf{i} + (a_3b_1 - a_1b_3)\mathbf{j} + (a_1b_2 - a_2b_1)\mathbf{k}\\ &= -(b_2a_3 - b_3a_2)\mathbf{i} - (b_3a_1 - b_1a_3)\mathbf{j} - (b_1a_2 - b_2a_1)\mathbf{k}\\ &= -(\mathbf{v} \times \mathbf{u})\end{aligned}$$

따라서 (2)가 성립한다. 나머지도 벡터의 성분을 써서 증명할 수 있다. ■

정리 1.2-6의 (6)에 의하면 두 벡터 $\mathbf{u}$와 $\mathbf{v}$를 외적 $\mathbf{u} \times \mathbf{v}$는 벡터 $\mathbf{u}$와 $\mathbf{v}$가 결정하는 평면에 수직인 벡터이다.

[예제 1.2-9] 벡터 $\mathbf{u} = -2\mathbf{i} + 3\mathbf{j}$와 $\mathbf{v} = \mathbf{i} + \mathbf{j} - \mathbf{k}$에 모두 수직인 단위벡터를 구하라.

풀이 정리 1.2-6의 (6)에 의하면 벡터 $\mathbf{w} = \mathbf{u} \times \mathbf{v}$는 벡터 $\mathbf{u}$와 $\mathbf{v}$에 수직이고, 정의에 따

라 계산하면 다음과 같다.

$$\begin{aligned}\mathbf{w} &= \{(3)(-1)-(0)(1)\}\mathbf{i}+\{(0)(1)-(-2)(-1)\}\mathbf{j}+\{(-2)(1)-(3)(1)\}\mathbf{k}\\ &= -3\mathbf{i}-2\mathbf{j}-5\mathbf{k}\end{aligned}$$

한편, $|\mathbf{w}| = \sqrt{(-3)^2+(-2)^2+(-5)^2} = \sqrt{38}$이므로 두 벡터 $\mathbf{u}$와 $\mathbf{v}$에 수직인 단위벡터는 $\pm\left(\frac{3}{\sqrt{38}}\mathbf{i}+\frac{2}{\sqrt{38}}\mathbf{j}+\frac{5}{\sqrt{38}}\mathbf{k}\right)$이다. ✠

[정리 1.2-7] 영벡터가 아닌 두 벡터 $\mathbf{u}$와 $\mathbf{v}$의 사잇각이 θ이면 다음이 성립한다.

$$|\mathbf{u}\times\mathbf{v}|^2 = |\mathbf{u}|^2|\mathbf{v}|^2-(\mathbf{u}\cdot\mathbf{v})^2 = |\mathbf{u}|^2|\mathbf{v}|^2\sin^2\theta$$

증명 실제로 $\mathbf{u}=(a_1,a_2,a_3), \mathbf{v}=(b_1,b_2,b_3)$로 놓고 직접 계산하면 다음을 얻는다.

$$\begin{aligned}|\mathbf{u}\times\mathbf{v}|^2 &= (a_2b_3-a_3b_2)^2+(a_3b_1-a_1b_3)^2+(a_1b_2-a_2b_1)^2\\ &= (a_1^2+a_2^2+a_3^2)(b_1^2+b_2^2+b_3^2)-(a_1b_1+a_2b_2+a_3b_3)^2\\ &= |\mathbf{u}|^2|\mathbf{v}|^2-(\mathbf{u}\cdot\mathbf{v})^2\\ &= |\mathbf{u}|^2|\mathbf{v}|^2(1-\cos^2\theta)\\ &= |\mathbf{u}|^2|\mathbf{v}|^2\sin^2\theta\end{aligned}$$ ■

정리 1.2-7에서 $|\mathbf{u}\times\mathbf{v}| = |\mathbf{u}|\,|\mathbf{v}|\sin\theta$이므로 $|\mathbf{u}\times\mathbf{v}|$는 벡터 $\mathbf{u}$와 $\mathbf{v}$를 두 변으로 하는 평행사변형의 넓이를 나타낸다 (그림 1.2-10 참조).

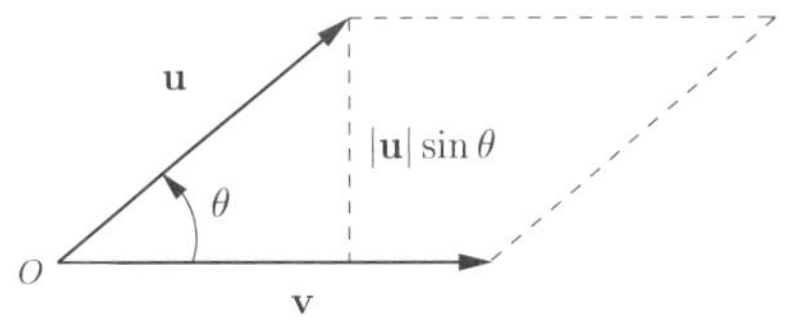

그림 1.2-10 두 벡터의 외적과 평행사변형의 넓이

[예제 1.2-10] 세 꼭지점이 각각 $A(2,-1,0)$, $B(3,0,1)$, $C(0,2,-1)$인 평행사변형의 넓이를 구하라.

풀이 평행사변형을 이루는 두 벡터는 $\overrightarrow{AB} = (1,1,1)$, $\overrightarrow{AC} = (-2,3,-1)$이므로 구하는 넓이는 다음 식으로부터 $\sqrt{42}$이다.

$$|\overrightarrow{AB} \times \overrightarrow{AC}| = |-4\mathbf{i} - \mathbf{j} + 5\mathbf{k}| = \sqrt{42}$$ ✠

1.2.6 삼중곱과 삼중적

정리 1.2-3에 의해 동일한 평면에 있지 않은 영이 아닌 세 개의 공간벡터 $\mathbf{u}$, $\mathbf{v}$, $\mathbf{w}$의 **삼중곱**(triple scalar product) $(\mathbf{u} \times \mathbf{v}) \cdot \mathbf{w}$는 다음과 같다.

$$(\mathbf{u} \times \mathbf{v}) \cdot \mathbf{w} = |\mathbf{u} \times \mathbf{v}|\,|\mathbf{w}| \cos\theta$$

여기서 $|\mathbf{u} \times \mathbf{v}|$는 두 벡터 $\mathbf{u}$와 $\mathbf{v}$로 결정되는 평행사변형의 면적이고 $|\mathbf{w}| \cos\theta$는 세 벡터 $\mathbf{u}, \mathbf{v}, \mathbf{w}$로 결정되는 평행육면체의 높이다 (그림 1.2-11 참조). 그러므로 삼중곱 $(\mathbf{u} \times \mathbf{v}) \cdot \mathbf{w}$는 그림 1.2-11의 세 벡터 $\mathbf{u}, \mathbf{v}, \mathbf{w}$로 결정되는 평행육면체의 체적이다.

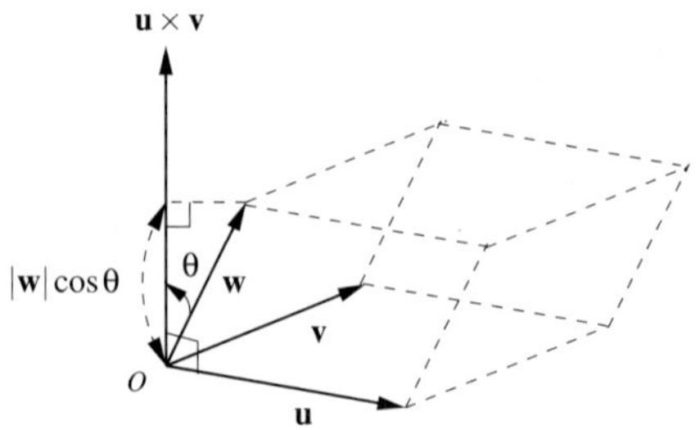

그림 1.2-11 평행육면체의 체적과 벡터의 삼중곱

같은 방법으로 $(\mathbf{v} \times \mathbf{w}) \cdot \mathbf{u}$와 $(\mathbf{w} \times \mathbf{u}) \cdot \mathbf{v}$를 생각하면 다음이 성립함을 알 수 있다.

$$(\mathbf{u} \times \mathbf{v}) \cdot \mathbf{w} = (\mathbf{v} \times \mathbf{w}) \cdot \mathbf{u} = (\mathbf{w} \times \mathbf{u}) \cdot \mathbf{v}$$

한편 $\mathbf{u} \times (\mathbf{v} \times \mathbf{w})$를 공간벡터 $\mathbf{u}, \mathbf{v}, \mathbf{w}$의 **삼중적**(triple cross product)이라고 한다. 그런데 $(\mathbf{i} \times \mathbf{j}) \times \mathbf{j} = \mathbf{k} \times \mathbf{j} = -\mathbf{i}$이고 $\mathbf{i} \times (\mathbf{j} \times \mathbf{j}) = \mathbf{i} \times \mathbf{0} = \mathbf{0}$이다. 따라서 $(\mathbf{i} \times \mathbf{j}) \times \mathbf{j} \neq \mathbf{i} \times (\mathbf{j} \times \mathbf{j})$이므로 삼중적에 대해 결합법칙이 성립하지 않는다.

1.2.7 n차원공간

여기서는 평면벡터 또는 공간벡터와 그에 관한 여러 개념을 일반화하고 확장한다.

다음과 같이 n개 실수의 순서쌍의 집합[15] $\mathbb{R}^n$을 **n차원공간**이라고 한다.

$$\mathbb{R}^n = \mathbb{R} \times \mathbb{R} \times \cdots \times \mathbb{R} = \{(x_1, x_2, \ldots, x_n) \mid x_i \in \mathbb{R},\ i = 1, 2, \ldots, n\}$$

이때 집합 $\mathbb{R}^n$의 원소 $(x_1, x_2, \ldots, x_n)$을 n차원 공간의 점이라고 하며, 흔히 $\mathbf{x}$ 또는 $\mathbf{x} = (x_1, x_2, \ldots, x_n)$와 같이 나타낸다. 여기서 $x_i\ (i = 1, \ldots, n)$를 점 $\mathbf{x}$의 **i번째 성분**(i-th component)이라고 하며, 이러한 성분을 통틀어 점 $\mathbf{x}$의 성분이라고 한다. 특히, 모든 성분이 모두 0인 원소, 즉 $(0, \ldots, 0)$을 $\mathbf{0}$으로 나타낸다.

일차원공간 $\mathbb{R}$, 이차원공간 $\mathbb{R}^2$, 삼차원공간 $\mathbb{R}^3$은 기하학적으로 각각 직선, 평면, 공간(우리가 경험하는 공간)이다. 사차원 이상의 공간 $\mathbb{R}^n (n \geq 4)$은 직관적인 의미를 부여할 수 없어 **초공간**(hyperspace)이라고 부르기도 한다.

집합 $\mathbb{R}^n$의 두 원소 $\mathbf{x} = (x_1, x_2, \ldots, x_n)$와 $\mathbf{y} = (y_1, y_2, \ldots, y_n)$가 다음을 만족시키면 두 원소 $\mathbf{x}$와 $\mathbf{y}$는 **서로 같다**고 하고 $\mathbf{x} = \mathbf{y}$로 나타낸다.

$$x_1 = y_1,\ x_2 = y_2,\ \ldots\ ,\ x_n = y_n \qquad \text{[상등]}$$

집합 $\mathbb{R}^n$의 두 원소 $\mathbf{x} = (x_1, x_2, \ldots, x_n)$와 $\mathbf{y} = (y_1, y_2, \ldots, y_n)$의 덧셈 $\mathbf{x} + \mathbf{y}$와 원소 $\mathbf{x} = (x_1, x_2, \ldots, x_n)$와 실수 α의 스칼라곱 $\alpha\mathbf{x}$를 각각 다음과 같이 정의한다.

$$\mathbf{x} + \mathbf{y} = (x_1 + y_1, x_2 + y_2, \ldots, x_n + y_n) \qquad \text{[덧셈]}$$

$$\alpha\mathbf{x} = (\alpha x_1, \alpha x_2, \ldots, \alpha x_n) \qquad \text{[스칼라곱]}$$

[15] 데카르트곱이라고도 한다.

집합 $\mathbb{R}^n$에서 벡터의 덧셈과 스칼라곱에 대하여 다음 정리가 성립한다. 증명은 연습문제로 남긴다.

[정리 1.2-8] 임의의 $\mathbf{x}, \mathbf{y}, \mathbf{z} \in \mathbb{R}^n$와 실수 α, β에 대하여 다음이 성립한다.

(1) $\mathbf{x} + \mathbf{y} \in \mathbb{R}^n$

(2) [결합법칙] $(\mathbf{x} + \mathbf{y}) + \mathbf{z} = \mathbf{x} + (\mathbf{y} + \mathbf{z})$

(3) [교환법칙] $\mathbf{x} + \mathbf{y} = \mathbf{y} + \mathbf{x}$

(4) [항등원의 존재] 집합 $\mathbb{R}^n$의 모든 원소 $\mathbf{x}$에 대하여 다음 등식을 만족시키는 원소 $\mathbf{0} \in \mathbb{R}^n$가 존재한다.

$$\mathbf{x} + \mathbf{0} = \mathbf{x} = \mathbf{0} + \mathbf{x}$$

(5) [역원의 존재] 집합 $\mathbb{R}^n$의 각 원소 $\mathbf{x}$에 대하여 다음 등식을 만족시키는 원소 $-\mathbf{x} \in \mathbb{R}^n$가 존재한다.

$$\mathbf{x} + (-\mathbf{x}) = \mathbf{0} = (-\mathbf{x}) + \mathbf{x}$$

(6) $\alpha\mathbf{x} \in \mathbb{R}^n$

(7) $\alpha(\mathbf{x} + \mathbf{y}) = \alpha\mathbf{x} + \alpha\mathbf{y}$

(8) $(\alpha + \beta)\mathbf{x} = \alpha\mathbf{x} + \beta\mathbf{x}$

(9) $(\alpha\beta)\mathbf{x} = \alpha(\beta\mathbf{x})$

(10) $1\mathbf{x} = \mathbf{x}$

위의 정리 1.2-8을 이용하여 집합 $\mathbb{R}^n$의 두 원소 $\mathbf{x}$와 $\mathbf{y}$의 뺄셈 $\mathbf{x} - \mathbf{y}$를 다음 식으로 정의한다.

$$\mathbf{x} - \mathbf{y} = \mathbf{x} + (-\mathbf{y})$$

일반적으로 '덧셈'과 '스칼라곱'이 정의되어 있는 집합 V가 정리 1.2-8의 열가지 성질을 만족시키면 집합 V는 실수 집합 $\mathbb{R}$ 위의 **벡터공간**[16](vector space), 그의 각 원소를 **벡터**(vector)라고 한다.

[16] 선형공간(linear space)이라고도 한다.

따라서 집합 $\mathbb{R}^n$은 실수 집합 $\mathbb{R}$ 위의 벡터공간이다. 이때 집합 $\mathbb{R}^n$을 n**차원 벡터 공간**(n-dimensional vector space), 그의 각 원소를 n**차원 벡터**(vector), 실수를 **스칼라**(scalar)라고 한다. 또 덧셈에 대한 항등원 $\mathbf{0}$을 **영벡터**(zero vector)라고 한다.

[정리 1.2-9] 벡터공간 $\mathbb{R}^n$의 벡터 $\mathbf{x} = (x_1, x_2, \ldots, x_n)$와 스칼라 α에 대하여 다음이 성립한다.

(1) $\alpha\mathbf{0} = \mathbf{0}$

(2) $0\mathbf{x} = \mathbf{0}$

(3) $\alpha\mathbf{x} = \mathbf{0}$이면, $\alpha = 0$ 또는 $\mathbf{x} = \mathbf{0}$이다.

(4) $(-1)\mathbf{x} = -\mathbf{x}$

두 개의 n차원 벡터 $\mathbf{x} = (x_1, x_2, \ldots, x_n)$과 $\mathbf{y} = (y_1, y_2, \ldots, y_n)$의 **내적** $\mathbf{x} \bullet \mathbf{y}$를 다음과 같이 정의한다.

$$\mathbf{x} \bullet \mathbf{y} = x_1 y_1 + \cdots + x_n y_n$$

특히, 두 벡터 $\mathbf{x}$와 $\mathbf{y}$의 내적 $\mathbf{x} \bullet \mathbf{y}$이 0이면 두 벡터는 서로 **직교**(perpedicular 또는 orthogonal)한다고 한다.

또 n차원 벡터 $\mathbf{x} = (x_1, \ldots, x_n)$의 **크기** $|\mathbf{x}|$를 다음과 같이 정의한다.

$$|\mathbf{x}| = \sqrt{\mathbf{x} \bullet \mathbf{x}} = \sqrt{x_1^2 + x_2^2 + \cdots + x_n^2}$$

벡터의 크기에 대하여 다음 정리가 성립한다. 증명은 연습문제로 남긴다.

[정리 1.2-10] 임의의 $\mathbf{x} = (x_1, \ldots, x_n) \in \mathbb{R}^n$과 $\alpha \in \mathbb{R}$에 대하여 다음이 성립한다.

(1) $|\mathbf{x}|^2 = \mathbf{x} \bullet \mathbf{x}$

(2) $|\mathbf{x}| \geq 0$ (단, 등호가 성립할 필요충분조건은 $\mathbf{x} = \mathbf{0}$이다)

(3) $|a\mathbf{x}| = |a|\,|\mathbf{x}|$

벡터공간 $\mathbb{R}^n$에서도 코시–슈바르쯔 부등식과 삼각부등식이 성립한다. 증명은 연습문제로 남긴다.

[정리 1.2-11] 임의의 $\mathbf{x}, \mathbf{y} \in \mathbb{R}^n$ 에 대하여 다음 부등식이 성립한다.

(1) (코시–슈바르쯔부등식) $|\mathbf{x} \cdot \mathbf{y}| \le |\mathbf{x}|\,|\mathbf{y}|$

(2) (삼각부등식) $|\mathbf{x} + \mathbf{y}| \le |\mathbf{x}| + |\mathbf{y}|$

또 영벡터가 아닌 두 개의 n차원 벡터 $\mathbf{u}$와 $\mathbf{v}$에 대하여 **벡터 $\mathbf{u}$의 벡터 $\mathbf{v}$ 위로의 정사영** $\mathrm{Proj}_{\mathbf{v}}\mathbf{u}$를 식 (1.2-5)와 같이 정의한다.

연습 문제 1.2

1. 벡터 $\mathbf{u} = (\sqrt{3}, 1), \mathbf{v} = (0, 2)$에 대하여 다음을 구하라.

   (1) $2\mathbf{u} - 3\mathbf{v}$ (2) $|\mathbf{u}|$ (3) $\mathbf{u} \cdot \mathbf{v}$

   (4) $\mathbf{u}$와 $\mathbf{v}$의 사잇각 (5) $\mathrm{Proj}_{\mathbf{v}}\mathbf{u}$

2. 벡터 $\mathbf{u} = (1, -3, 2)$와 $\mathbf{v} = (0, 1, 5)$에 대하여 다음을 구하라.

   (1) $\mathbf{u} \cdot \mathbf{v}$ (2) $\mathbf{u} \times \mathbf{v}$ (3) $(\mathbf{u} \times \mathbf{v}) \cdot \mathbf{v}$

   (4) $(\mathbf{u} \times \mathbf{v}) \times \mathbf{v}$ (5) $\mathbf{u}$의 크기 (6) $\mathbf{v}$의 방향

3. 정리 1.2-1을 증명하라.

4. 두 벡터 $\mathbf{u} = a\mathbf{i} + 3\mathbf{j}$와 $\mathbf{v} = -\mathbf{i} + 2\mathbf{j}$에 대하여 다음 각 경우를 만족시키는 실수 a의 값을 구하라.

   (1) $\mathbf{u}$와 $\mathbf{v}$는 서로 평행이다.

   (2) $\mathbf{u}$와 $\mathbf{v}$는 서로 직교한다.

   (3) $\mathbf{u}$와 $\mathbf{v}$의 사잇각은 $\frac{\pi}{4}$이다.

5. 두 벡터 $\mathbf{u} = 3\mathbf{i} - \mathbf{j} + 5\mathbf{k}$와 $\mathbf{v} = 2\mathbf{i} + \mathbf{j} + 2\mathbf{k}$에 대하여 다음을 구하라.

   (1) $\mathbf{u} \cdot \mathbf{v}$ (2) $\mathbf{u} \times \mathbf{v}$ (3) $\mathrm{Proj}_{\mathbf{u}}\mathbf{v}$

6. 평면의 세 점 $A(2, 7)$, $B(1, 2)$, $C(5, 3)$에 대하여 다음 물음에 답하라.

(1) 점 A에서 선분 $\overline{BC}$에 내린 수선의 발을 D라 할 때 벡터 $\overrightarrow{BD}$와 $\overrightarrow{BA}-\overrightarrow{BD}$를 구하라.

(2) $\triangle ABC$의 넓이를 구하라.

7. 공간의 두 점 A와 B을 잇는 선분 $\overline{AB}$를 $m:n$으로 내분하는 점 P의 위치벡터 $\overrightarrow{OP}$와 외분하는 점 Q의 위치벡터 $\overrightarrow{OQ}$는 위치벡터 $\overrightarrow{OA}$와 $\overrightarrow{OB}$로 각각 다음과 같이 표현됨을 보여라.

$$\overrightarrow{OP}=\frac{m\overrightarrow{OB}+n\overrightarrow{OA}}{m+n},\qquad \overrightarrow{OQ}=\frac{m\overrightarrow{OB}-n\overrightarrow{OA}}{m+n}$$

8. 평행사변형의 두 대각선은 서로를 이등분함을 보여라.

9. 공간벡터 $\mathbf{u},\mathbf{v},\mathbf{w},\mathbf{z}$에 대하여 다음 각 식이 성립함을 보여라.

(1) $\mathbf{u}\times(\mathbf{v}\times\mathbf{w})=(\mathbf{u}\bullet\mathbf{w})\mathbf{v}-(\mathbf{u}\bullet\mathbf{v})\mathbf{w}$

(2) $(\mathbf{u}\times\mathbf{v})\bullet(\mathbf{w}\times\mathbf{z})=(\mathbf{u}\bullet\mathbf{w})(\mathbf{v}\bullet\mathbf{z})-(\mathbf{u}\bullet\mathbf{z})(\mathbf{v}\bullet\mathbf{w})$

(3) $(\mathbf{u}\times\mathbf{v})\times(\mathbf{w}\times\mathbf{z})=\{\mathbf{u}\bullet(\mathbf{v}\times\mathbf{z})\}\,\mathbf{w}-\{\mathbf{u}\bullet(\mathbf{v}\times\mathbf{w})\}\,\mathbf{z}$

10. 정리 1.2-8과 정리 1.2-9을 증명하라.

11. 정리 1.2-10과 정리 1.2-11을 증명하라.

12. (피타고라스의 정리) 직교하는 두 벡터 $\mathbf{x},\mathbf{y}\in\mathbb{R}^n$는 다음을 만족시킴을 보여라.

$$|\mathbf{x}+\mathbf{y}|^2 \;=\; |\mathbf{x}|^2+|\mathbf{y}|^2$$

13. 두 벡터 $\mathbf{u},\ \mathbf{v}\in\mathbb{R}^n$에 대하여 다음이 성립함을 보여라.

$$\big||\mathbf{u}|-|\mathbf{v}|\big|\le|\mathbf{u}|+|\mathbf{v}|$$

14. (평행사변형의 법칙) 두 벡터 $\mathbf{u},\ \mathbf{v}\in\mathbb{R}^n$에 대하여 다음이 성립함을 보여라.

$$|\mathbf{u}-\mathbf{v}|^2+|\mathbf{u}+\mathbf{v}|^2=2|\mathbf{u}|^2+2|\mathbf{v}|^2$$

15. 벡터 $\mathbf{v}=(l,m,n)\neq\mathbf{0}$가 양의 x축, y축, z축과 이루는 각을 각각 α,β,γ라고 할 때 다음을 보여라 (단, $v=|\mathbf{v}|=\sqrt{l^2+m^2+n^2}$).

(1) $\cos\alpha=\frac{l}{v},\quad \cos\beta=\frac{m}{v},\quad \cos\gamma=\frac{n}{v}$

(2) $\cos^2\alpha+\cos^2\beta+\cos^2\gamma=1$

(3) 벡터 $\cos\alpha\mathbf{i}+\cos\beta\mathbf{j}+\cos\gamma\mathbf{k}$는 $\mathbf{v}$의 방향이다.

이때 α,β,γ를 벡터 $\mathbf{v}$의 **방향각**(direction angle)이라고 하고 $\cos\alpha,\cos\beta,\cos\gamma$를 벡터 $\mathbf{v}$의 **방향코사인**(direction cosine)이라고 한다.

1.3 해석기하

이 절에서는 공간에서 직선의 방정식, 평면의 방정식 그리고 이차곡면 등에 대해 살펴본다.

1.3.1 직선의 방정식

평면 또는 공간에 놓인 직선 L 위의 서로 다른 두 점을 P와 Q라고 하자. 이때 벡터 $\overrightarrow{PQ}$ 또는 $\overrightarrow{QP}$와 벡터 $\mathbf{v} \neq \mathbf{0}$가 서로 평행하면 L은 벡터 $\mathbf{v}$와 평행한 직선이라고 한다. 만일 $X(x, y, z)$이 공간에서 점 $P_0(x_0, y_0, z_0)$를 지나고 영이 아닌 벡터 $\mathbf{v}$와 평행한 직선 L 위의 점이라면 다음의 벡터방정식이 성립한다 (그림 1.3-1 참조).

$$\overrightarrow{P_0X} = t\mathbf{v} \quad (\mathbf{v} \neq \mathbf{0}, \quad t \in \mathbb{R}) \tag{1.3-1}$$

이를 **직선의 벡터방정식**이라고 하며, 변수 t를 **매개변수**, 벡터 $\mathbf{v}$를 **직선 L의 방향벡터**(direction vector), 벡터 $\mathbf{v}$의 방향 $\frac{\mathbf{v}}{|\mathbf{v}|}$를 **직선 L의 방향**이라고 한다. 따라서 직선

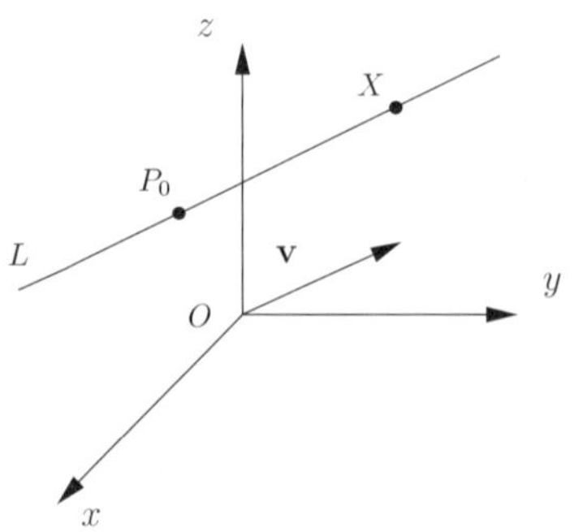

그림 1.3-1 벡터 $\mathbf{v}$방향으로 점 P_0를 지나는 직선

의 방향벡터를 $\mathbf{v} = (l, m, n)$이라고 하고 직선의 방정식 (1.3-1)을 성분을 써서 나타내면 다음과 같다.

$$x = x_0 + tl, \quad y = y_0 + tm, \quad z = z_0 + tn \qquad (t \in \mathbb{R}) \tag{1.3-2}$$

식 (1.3-2)를 **직선의 매개방정식**(parametric equation)이라고 한다.

한편, 식 (1.3-2)에서 매개변수 t를 소거하면 다음을 얻는다.

$$\frac{x-x_0}{l}=\frac{y-y_0}{m}=\frac{z-z_0}{n} \tag{1.3-3}$$

식 (1.3-3)을 **직선의 대칭방정식** (symmetric equation)이라고 한다. 이 경우에 분모가 0인 항은 분자도 0인 것으로 약속한다.

한편 직선의 방향벡터와 수직인 영이 아닌 벡터를 그 **직선에 수직인 벡터**, 그 벡터의 방향을 **직선에 수직인 방향**이라고 한다.

[예제 1.3-1] (1) 두 점 $P(1,1,1)$과 $Q(2,3,4)$를 지나는 직선의 방정식을 구하라.

(2) 점 $P(1,2,3)$을 지나고 방향벡터가 $\mathbf{v}=(0,1,2)$인 직선의 방정식을 구하라.

풀이 (1) 직선의 방향벡터는 $\mathbf{v}=(2,3,4)-(1,1,1)=(1,2,3)$이므로 직선의 방정식은 다음과 같다.

$$(x-1,y-1,z-1)=t(1,2,3)$$

식 (1.3-3)을 이용하면 다음을 얻는다.

$$\frac{x-1}{1}=\frac{y-1}{2}=\frac{z-1}{3}$$

(2) 식 (1.3-2)를 이용하면 다음과 같다.

$$x=1,\quad y=2+t,\quad z=3+2t \qquad (t\in\mathbb{R})$$

이를 대칭방정식으로 나타내면 다음과 같다.

$$\frac{x-1}{0}=\frac{y-2}{1}=\frac{z-3}{2} \quad \text{또는} \quad x=1,\quad y-2=\frac{z-3}{2}$$ ✠

1.3.2 평면의 방정식

평면에서 직선은 직선 위의 한 점과 그 직선에 수직인 벡터에 의해서 유일하게 결정된다. 만일 점 $P_0(x_0, y_0)$을 지나는 직선 L 위의 점을 $X(x, y)$, 직선 L에 수직인 벡터를 $\mathbf{n} = (l, m)$라고 하면 직선 L의 방정식은 다음과 같다 (그림 1.3-2 (a) 참조).

$$\overrightarrow{P_0X} \cdot \mathbf{n} = 0, \quad \mathbf{n} \neq \mathbf{0}$$

이를 벡터의 성분을 써서 나타내면 다음과 같다.

$$l(x - x_0) + m(y - y_0) = 0 \quad \text{또는} \quad lx + my = lx_0 + my_0$$

역으로 일차방정식 $lx + my = d$는 벡터 $\mathbf{n} = (l, m)$에 수직인 직선의 방정식을 나타낸다.

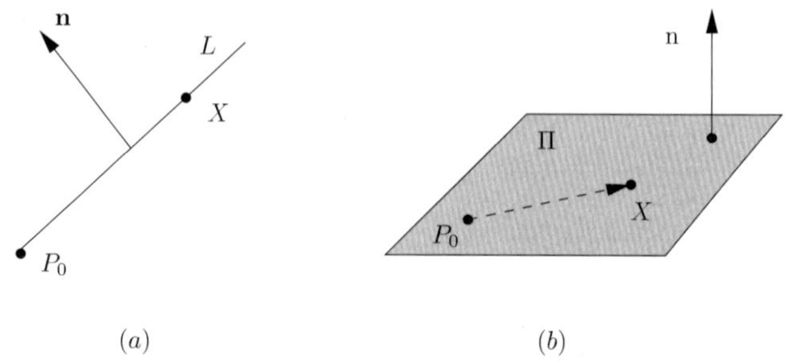

그림 1.3-2 (*a*) 평면에서의 직선 (*b*) 공간에서의 평면

공간에서 한 점 $P_0(x_0, y_0, z_0)$를 포함하는 평면은 무한히 많지만 점 P_0를 포함하고 영이 아닌 하나의 벡터 $\mathbf{n}$에 수직인 평면 Π는 유일하다 (그림 1.3-2 (b) 참조). 이때 평면 Π 위의 점을 $X(x, y, z)$라고 하면 다음 방정식을 얻는다.

$$\overrightarrow{P_0X} \cdot \mathbf{n} = 0 \tag{1.3-4}$$

여기서 $\mathbf{n} = (a, b, c) \neq \mathbf{0}$이라면 평면의 방정식 (1.3-4)는 다음과 같이 쓸 수 있다.

$$a(x - x_0) + b(y - y_0) + c(z - z_0) = 0, \quad a^2 + b^2 + c^2 \neq 0 \tag{1.3-5}$$

[예제 1.3-2] 점 $P(3, -1, 4)$를 포함하고 벡터 $\mathbf{n} = (-2, 8, 2)$에 수직인 평면의 방정식을 구하라.

풀이 식 (1.3-5)로부터 구하는 평면의 방정식은 다음과 같다.

$$-2(x-3) + 8(y+1) + 2(z-4) = 0 \quad \text{또는} \quad -2x + 8y + 2z = 6$$ ✠

평면의 방정식 (1.3-5)는 일차방정식 $ax + by + cz = d$ $(d = ax_0 + by_0 + cz_0)$이다. 역으로 일차방정식 $ax + by + cz = d$ $(a^2 + b^2 + c^2 \neq 0)$은 평면의 방정식이다. 왜냐하면 점 $P(x_0, y_0, z_0)$가 일차방정식 $ax + by + cz = d$를 만족시키는 점이라면 $d = ax_0 + by_0 + cz_0$이고, 이를 방정식에 대입하여 정리하면 방정식 (1.3-5)와 같은 형태인 다음 일차방정식을 얻기 때문이다.

$$a(x - x_0) + b(y - y_0) + c(z - z_0) = 0$$

이는 점 $P(x_0, y_0, z_0)$를 포함하고 벡터 $\mathbf{n} = (a, b, c)$에 수직인 평면의 방정식이다. 이상의 논의를 정리하면 다음과 같다.

[정리 1.3-1] 공간벡터 $\mathbf{n} = (a, b, c)$이 영벡터가 아니라고 하자. 그러면 일차방정식 $ax + by + cz = d$는 벡터 $\mathbf{n}$에 수직인 평면의 방정식이다. 역으로 벡터 $\mathbf{n}$에 수직인 평면의 방정식은 일차방정식 $ax + by + cz = d$이다.

[예제 1.3-3] 벡터 $\mathbf{n} = (8, -3, 4)$는 평면 $8x - 3y + 4z = 5$에 수직이다.

한편, 평행하지 않은 두 평면은 반드시 만나서 하나의 직선을 만든다. 또한, 한 평면과 그 평면과 평행하지 않은 평면에 포함되어 있는 직선은 반드시 한 점에서 만난다. 다음의 두 예제를 통하여 각각의 경우에 해당하는 직선과 교점을 찾는 방법을 알아보자.

[예제 1.3-4] 다음 두 평면이 만나서 이루는 직선의 방정식을 구하라.

$$2x - 3y + 4z = 1, \quad x - y - z = 5$$

풀이 먼저 $(2, -3, 4) \times (1, -1, -1) \neq \mathbf{0}$이므로 두 평면은 한 직선에서 만난다. 주어진 연립방정식은 두 개의 방정식으로 이루어졌는데 세 개의 미지수가 있으므로 $z = t$로 놓고 x와 y를 t로 나타내면 다음과 같은 직선의 매개방정식을 얻는다.

$$x = 14 + 7t, \ y = 9 + 6t, \ z = t \quad (t \in \mathbb{R})$$ ✠

[예제 1.3-5] 평면 $3x - 2y + z = -5$와 직선 $x = 1 + t$, $y = -2 + 2t$, $z = 4t$의 교점이 있으면 구하라.

풀이 먼저, $(3, -2, 1) \bullet (1, 2, 4) = 3 \neq 0$이므로 평면과 직선은 한 점에서 만난다. 교점을 $P(x_0, y_0, z_0)$라고 하면 이는 주어진 평면 위의 점이고 동시에 직선 위의 점이므로 적당한 실수 t_0에 대해 다음이 성립한다.

$$3x_0 - 2y_0 + z_0 = -5$$
$$x_0 = 1 + t_0, \ y_0 = -2 + 2t_0, \ z_0 = 4t_0$$

여기서 둘째 식의 x_0, y_0, z_0를 첫째 식에 대입하여 t_0를 구하면 $t_0 = -4$이다. 이를 둘째 식에 대입하여 교점 $P(-3, -10, -16)$을 얻는다. ✠

1.3.3 이차곡면

방정식 $f(x, y, z) = 0$을 만족시키는 점의 집합을 **방정식 $f(x, y, z) = 0$의 그래프**라고 한다. 이는 일반적으로 공간에 있는 곡면[17]을 나타낸다. 방정식 $f(x, y, z) = 0$의 그래프로 표현되는 곡면을 간단히 곡면 $f(x, y, z) = 0$이라고 한다.

[17] 넓은 의미에서 평면도 곡면이라고 한다.

[예제 1.3-6] 방정식 $f(x,y,z) = x^2+y^2+z^2-1 = 0$, 즉 방정식 $x^2+y^2+z^2 = 1$의 그래프는 중심이 원점이고 반지름이 1인 구면이다.

이제 공간에서 세 변수 x, y, z에 관한 다음 방정식의 그래프의 개형에 대하여 알아 보자.

$$ax^2 + by^2 + cz^2 + \alpha xy + \beta yz + \gamma xz + Ax + By + Cz + D = 0 \qquad (1.3\text{-}6)$$

특히, 방정식 (1.3-6)에서 $a^2+b^2+c^2+\alpha^2+\beta^2+\gamma^2 \neq 0$인 이차방정식의 그래프를 **이차곡면**(quadratic surface)이라고 한다. 이차곡면은 다음과 같은 사항을 고려하면 그 모양의 대강을 알 수 있다.

- **범위:** 곡면의 범위(extent)는 곡면 위의 점의 x, y, z 성분이 취하는 값의 범위를 말한다. 예를 들어 이차곡면 $x^2+4y^2+z^2 = 1$의 범위는 $-1 \le x \le 1$, $-\frac{1}{2} \le y \le \frac{1}{2}$, $-1 \le z \le 1$이다.
- **절편:** 곡면이 x축과 만나는 점의 x성분을 곡면의 x절편(intercept)이라고 하며 같은 방법으로 곡면의 y절편과 z절편을 정의한다. 곡면 $x+y^2-z^2 = 4$의 x절편은 4, y절편은 ± 2이고 z절편은 없다.
- **교적:** 교적(trace)은 좌표평면과 곡면이 만나서 만드는 곡선을 말한다. 이차곡면 $x^2+y^2+z = 4$과 xy평면, yz평면, xz평면과의 교적은 각각 원 $x^2+y^2 = 4$, 포물선 $y^2+z = 4$, 포물선 $x^2+z = 4$이다.
- **단면:** 곡면의 단면(section)은 특정한 평면과의 교선을 말한다. 예를 들면 곡면 $z = xy$의 평면 $x = y$와의 단면은 $z = x^2$이다.
- **대칭성:** 다음과 같은 대칭성을 알면 곡면의 대강을 이해하는 데 도움이 된다.
    - **좌표 평면:** 곡면의 방정식에 x 대신에 $-x$를 대입해도 방정식이 변하지 않는 곡면은 yz평면에 대해 대칭이다. 다른 좌표평면에 대한 대칭성도 같은 방법으로 조사할 수 있다. 예를 들면 곡면 $x+y^2+z^2 = 1$은 xz평면과 xy평면에 대해 대칭이다.

- **좌표축**: 곡면의 방정식에 x와 y 대신에 각각 $-x$와 $-y$를 대입하여도 방정식이 변하지 않는 곡면은 z축에 대하여 대칭이다. 이는 다른 좌표축에 대하여도 그대로 적용된다. 예를 들면 곡면 $x + y^2 + z^2 = y^4$은 x축에 대해 대칭이다.
- **원점**: 곡면의 방정식에 x, y, z 대신에 각각 $-x, -y, -z$를 대입하여도 방정식이 변하지 않는 곡면은 원점에 대하여 대칭이다. 예를 들면 이차곡면 $xy + yz + zx = 4$은 원점에 대하여 대칭이다.

[예제 1.3-7] 평면의 방정식 $2x + 3y + 4z = 12$의 그래프를 그려라.

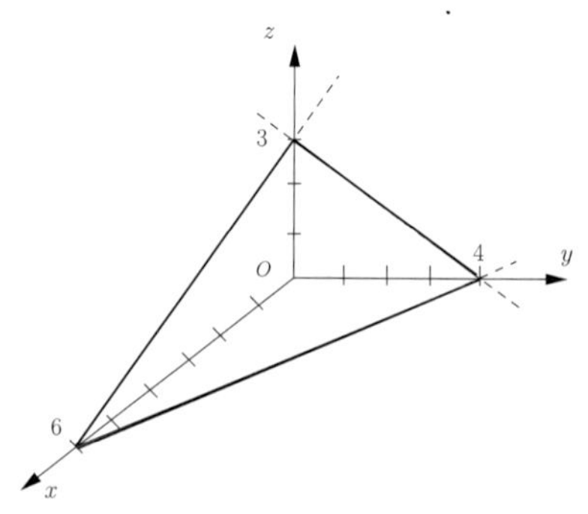

그림 1.3-3 $2x + 3y + 4z = 12$의 그래프

풀이 주어진 방정식에 $x = 0, y = 0$; $y = 0, z = 0$; $z = 0, x = 0$을 차례로 대입하여 절편을 구하면 각각 $z = 3$, $x = 6$, $y = 4$이다. 이를 이용하여 제1 팔분공간에 주어진 방정식의 그래프를 그리면 그림 1.3-3과 같다. ✠

[예제 1.3-8] 곡면 $\frac{x^2}{16} + \frac{y^2}{9} + \frac{z^2}{4} = 1$의 그래프를 그려라.

풀이 이 곡면의 범위는 $-4 \leq x \leq 4$, $-3 \leq y \leq 3$, $-2 \leq z \leq 2$이다. 또 절편을 구하기 위해 $x = 0, y = 0$; $y = 0, z = 0$; $z = 0, x = 0$을 차례로 주어진 방정식에 대입하여 각각 $z = \pm 2$, $x = \pm 4$, $y = \pm 3$을 얻는다. 변수 x, y, z에 차례로 0을 대입하여

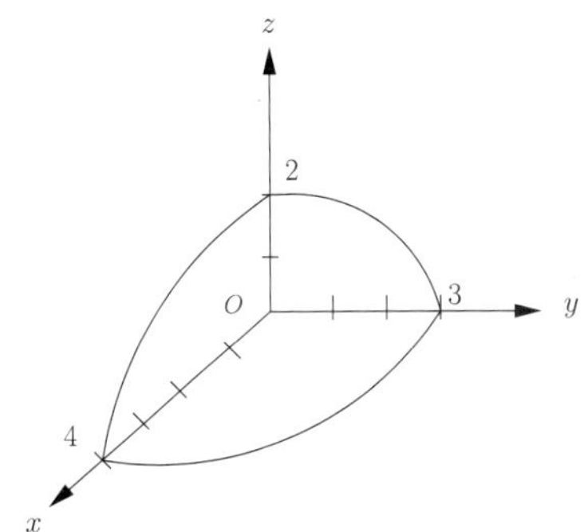

그림 1.3-4 $\frac{x^2}{16}+\frac{y^2}{9}+\frac{z^2}{4}=1$의 그래프

yz, xz, xy 평면과의 교적을 구하면 각각 다음과 같다.

$$\frac{y^2}{9}+\frac{z^2}{4}=1,\ \ \frac{x^2}{16}+\frac{z^2}{4}=1,\ \ \frac{x^2}{16}+\frac{y^2}{9}=1$$

이 곡면은 원점, 각 좌표축, 그리고 각 좌표평면에 대하여 대칭이므로 제1 팔분공간 내의 그림만으로 그 모양을 알기에 충분하다 (그림 1.3-4 참조). ✠

[예제 1.3-9] 곡면 $z^2=x^2+y^2$의 그래프를 그려라.

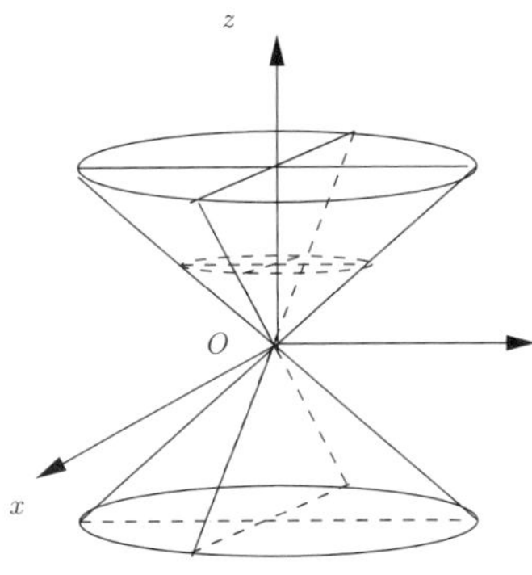

그림 1.3-5 $z^2=x^2+y^2$의 그래프의 개형

풀이 곡면의 각 좌표축 위의 절편이 모두 0이라는 것과 주어진 곡면과 xz평면과 yz평면과의 교적이 각각 $z=\pm x$, $z=\pm y$라는 것만으로는 곡면의 모양을 알기에는 충분하지

못하다. 이러한 경우에 xy평면에 평행한 평면에 대한 단면을 생각하자. 예를 들어 평면 $z = \pm 2$ 위의 단면은 $x^2 + y^2 = 4$이다. 이 단면과 좌표평면과의 교적을 이용하여 그래프를 그리면 그림 1.3-5와 같다. ✠

흔히 이차곡면은 그 형태에 따라 다음과 같이 크게 일곱 가지로 분류한다. 아래에서 a, b, c는 모두 0이 아닌 실수이다.

1. **타원면**(ellipsoid): $\dfrac{x^2}{a^2} + \dfrac{y^2}{b^2} + \dfrac{z^2}{c^2} = 1$
2. **단엽 쌍곡면**(hyperboloid of one sheet): $\dfrac{x^2}{a^2} + \dfrac{y^2}{b^2} - \dfrac{z^2}{c^2} = 1$
3. **이엽 쌍곡면**(hyperboloid of two sheets): $\dfrac{x^2}{a^2} - \dfrac{y^2}{b^2} - \dfrac{z^2}{c^2} = 1$
4. **타원 포물면**(elliptic paraboloid): $\dfrac{x^2}{a^2} + \dfrac{y^2}{b^2} = \dfrac{z}{c}$
5. **쌍곡 포물면**(hyperbolic paraboloid): $\dfrac{x^2}{a^2} - \dfrac{y^2}{b^2} = \dfrac{z}{c}$
6. **타원 추면**(elliptic cone): $\dfrac{x^2}{a^2} + \dfrac{y^2}{b^2} = \dfrac{z^2}{c^2}$
7. **타원 주면, 포물 주면, 쌍곡 주면:** 다음에 주어진 방정식의 그래프로 정의되는 곡면을 각각 타원 주면(elliptic cylinder), 포물 주면(parabolic cylinder), 쌍곡 주면(hyperbolic cylinder)라고 한다.

$$\frac{x^2}{a^2} + \frac{y^2}{b^2} = 1, \quad \frac{x^2}{a^2} = \frac{y}{b}, \quad \frac{x^2}{a^2} - \frac{y^2}{b^2} = 1$$

이차곡면의 명칭은 좌표평면과 평행한 적당한 평면과의 곡면의 단면과 이차곡선의 모양과의 유사성, 그리고 전체적인 곡면의 형태에 따라 붙여진 것이다. 이차곡면의 그래프의 예는 그림 1.3-6과 1.3-7을 참고하라.

일반적으로 공간에서 함수 또는 방정식의 그래프로 주어지는 곡면의 모양을 아는 것은 쉽지 않다. 그러나 함수 또는 방정식의 그래프를 그리는 기능을 가진 컴퓨터 소프트웨어를 이용하면 그 모양을 대강 알 수 있다.

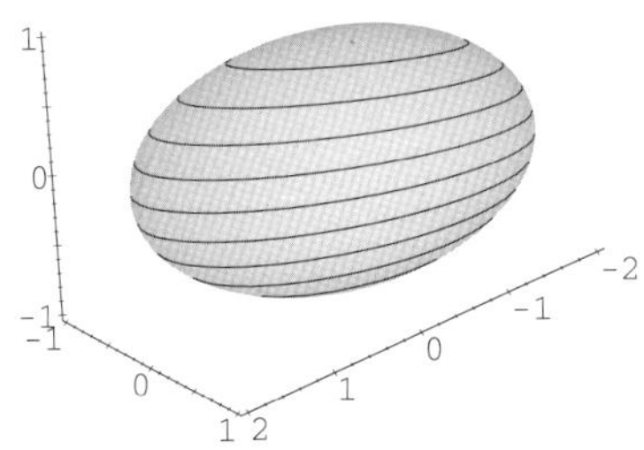

타원면 $\frac{x^2}{4} + y^2 + z^2 = 1$

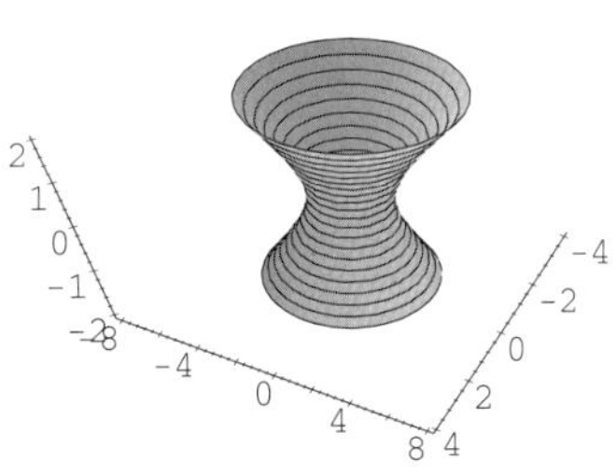

단엽 쌍곡선 $x^2 + \frac{y^2}{4} - z^2 = 1$

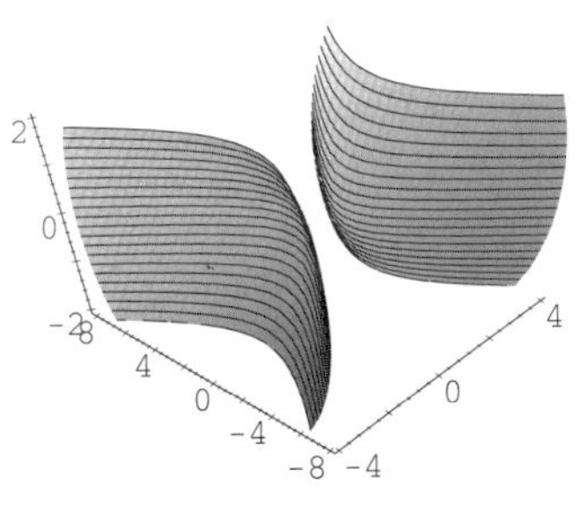

이엽 쌍곡면 $x^2 - \frac{y^2}{4} - z^2 = 1$

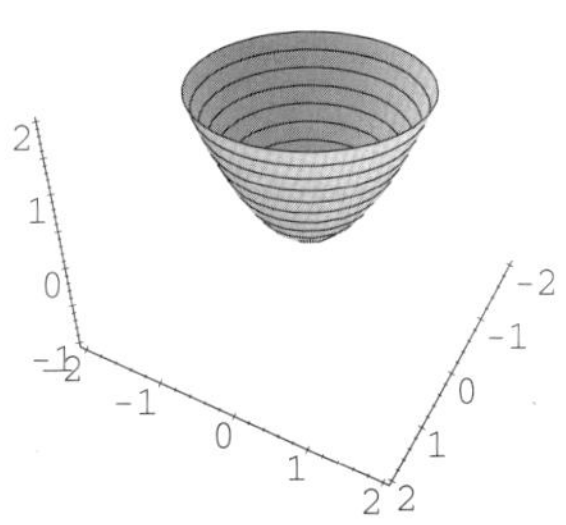

타원 포물면 $\frac{x^2}{4} + y^2 = z$

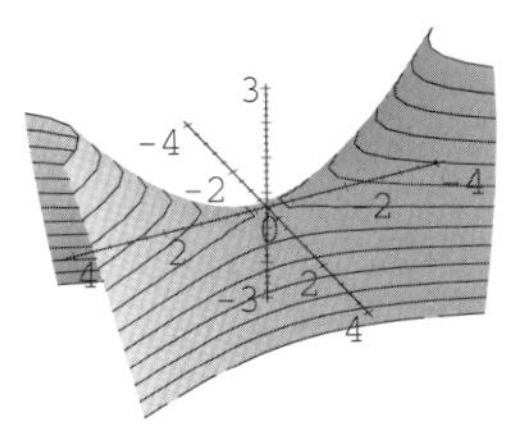

쌍곡 포물면 $\frac{x^2}{4} - y^2 = z$

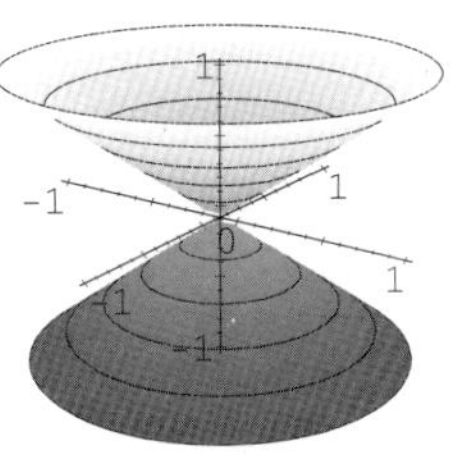

타원 추면 $x^2 + y^2 = z^2$

그림 1.3-6 이차곡면의 그래프 (I)

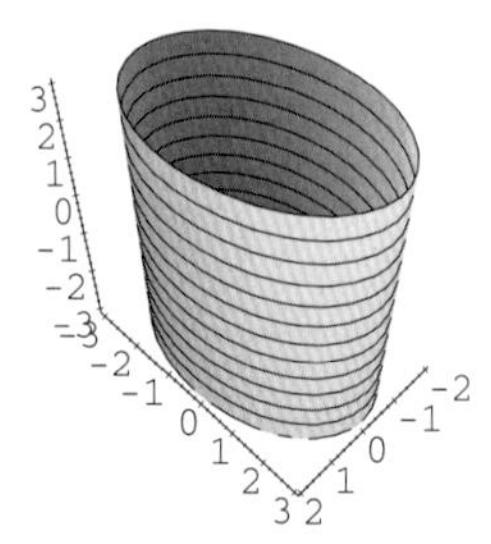

타원 주면 $\frac{x^2}{4} + \frac{y^2}{9} = 1$

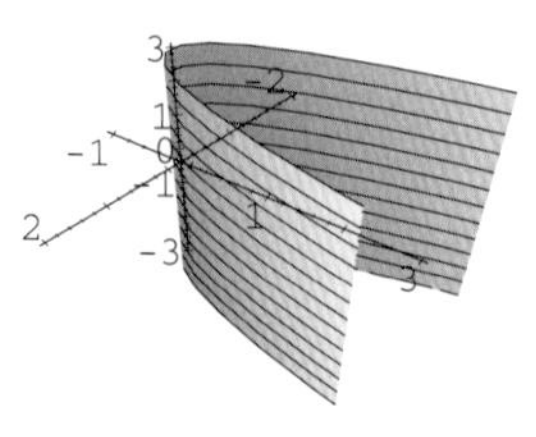

포물 주면 $x^2 = \frac{y}{2}$

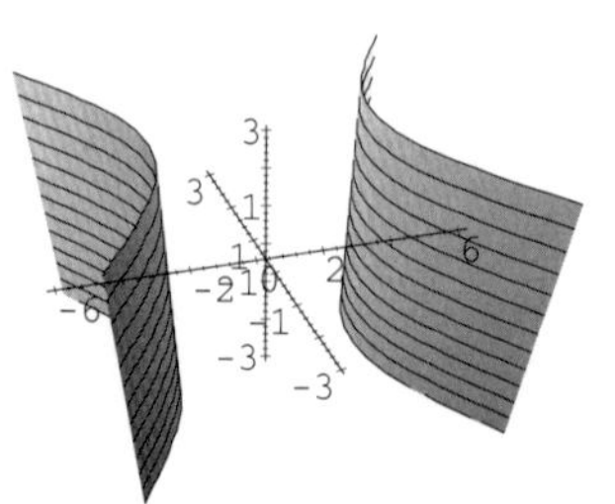

쌍곡 주면 $\frac{x^2}{9} - \frac{y^2}{4} = 1$

그림 1.3-7 이차곡면의 그래프 (II)

연습 문제 1.3

1. 두 점 $P(1,2,0)$과 $Q(-1,0,1)$을 지나는 직선의 방정식을 구하라.
2. 다음 두 직선의 교점이 있으면 그 좌표를 구하라.

$$x = \frac{y}{3} = \frac{z}{2}, \quad x-2 = \frac{y-3}{4} = \frac{z-4}{2}$$

3. 점 $P(3,2,-1)$을 지나고 직선 $\frac{x}{2} = \frac{1-y}{3} = \frac{z-5}{6}$와 같은 방향을 가지는 직선의 방정식을 구하라.
4. 평면 $x+y-4z=1$과 평행하고 점 $P(2,3,-5)$를 포함하는 평면의 방정식을 구하라.
5. 점 $P(4,0,-6)$과 직선 $x=3t, y=2t, z=-2t$를 포함하는 평면의 방정식을 구하라.
6. 세 점 $P(1,1,-1)$, $Q(-2,-2,2)$, $R(1,-1,2)$를 포함하는 평면의 방정식을 구하라.
7. 점 $P(1,1,1)$을 포함하고 두 점 $Q(2,6,3)$과 $R(1,0,-2)$를 잇는 직선에 수직인 평면의 방정식을 구하라.
8. 점 $P(1,0,-2)$를 포함하고 두 평면 $2x+y-z=2$과 $x-y-z=3$에 동시에 수직인 평면의 방정식을 구하라.
9. 두 평면 $x-2y+2z=6$, $3x-6y+6z=2$ 사이의 거리를 구하라.
10. (1) 두 평면 $x+2y-2z=5$과 $5x-2y-z=0$이 만나서 이루는 직선의 방정식을 구하라.
    (2) (1)에서 구한 직선은 직선 $x=-3+2t$, $y=3t, z=1+4t$와 같은 방향을 가짐을 보여라.
    (3) (1)과 (2)의 두 직선을 포함하는 평면의 방정식을 구하라.
11. 평면의 방정식 $2x+3y+6z=18$의 그래프를 그려라.
12. 평면 $6x+6y+7z=22$에 접하고 원점에 중심을 둔 구면의 방정식을 구하라.
13. 다음 이차방정식은 어떠한 이차곡면을 나타내는지를 말하고 스케치하라.
    (1) $x^2+4y^2+16z^2=64$ (2) $x+4y^2+z^2=0$
    (3) $x^2+y^2=2(x+y)$ (4) $x^2-4y^2+9z^2=4x$
14. 공간에서 다음 방정식이 나타내는 곡면을 스케치하라.
    (1) $z^2-2z-3=0$ (2) $x^2z+y^2z=0$ (3) $yz+1=y+z$
15. (1) 두 직선의 방향벡터가 각각 $\mathbf{u}=(a,b,c)$, $\mathbf{v}=(p,q,r)$일 때 두 직선의 교각 ϕ는 다음 식을 만족시킴을 보여라.

$$\cos\phi = \frac{ap+bq+cr}{\sqrt{a^2+b^2+c^2}\sqrt{p^2+q^2+r^2}}$$

(2) 두 개의 평면 $ax + by + cz = d_1$, $px + qy + rz = d_2$ 사이의 교각 φ는 다음 식을 만족시킴을 보여라.

$$\cos\varphi = \frac{ap + bq + cr}{\sqrt{a^2 + b^2 + c^2}\sqrt{p^2 + q^2 + r^2}}$$

16. (1) xy평면의 점 $P(p,q)$와 직선 $ax + by + d = 0$ 사이의 거리가 다음과 같음을 보여라.

$$\frac{|ap + bq + d|}{\sqrt{a^2 + b^2}}$$

(2) 공간의 점 $P(p,q,r)$과 평면 $ax + by + cz + d = 0$ 사이의 거리가 다음과 같음을 보여라.

$$\frac{|ap + bq + cr + d|}{\sqrt{a^2 + b^2 + c^2}}$$

17. 평행한 두 평면 $ax + by + cz = d_1$, $ax + by + cz = d_2$ 사이의 거리가 다음과 같음을 보여라.

$$\frac{|d_1 - d_2|}{\sqrt{a^2 + b^2 + c^2}}$$

18. 다음 방정식은 평면 $ax + by + cz + d = 0$과 $\alpha x + \beta y + \gamma z + \delta = 0$이 만나서 생기는 직선을 포함하는 평면임을 보여라. 단, $(a,b,c) \times (\alpha,\beta,\gamma) \neq \mathbf{0}$이고 $\ell^2 + k^2 \neq 0$이다.

$$\ell(ax + by + cz + d) + k(\alpha x + \beta y + \gamma z + \delta) = 0$$

19. 다음 두 평면이 만나서 생기는 직선을 포함하고 원점 $(0,0,0)$을 포함하는 평면의 방정식을 구하라.

$$2x - 3y + 4z = 1, \quad x - y - z = 5$$

20. 평면의 세 점 $O(0,0)$, $A(a_1,b_1)$, $B(a_2,b_2)$를 세 꼭지점으로 가지는 평행사변형의 넓이가 $|\,a_1b_2 - a_2b_1\,|$ 임을 보여라.

2 벡터함수와 곡선

평면이나 공간에서 운동하는 물체를 벡터함수로 나타낼 수 있다. 또한 운동하는 물체의 궤적을 곡선으로 나타낼 수 있다. 여기서는 물체의 운동을 나타내고 이해하는 데 유용한 개념인 벡터함수의 도함수, 곡선의 길이, 곡률, 비틀림률 등에 대하여 살펴본다.

2.1 벡터함수

실수집합 $\mathbb{R}$의 부분집합 I의 각 점 $t \in I$에 공간 $\mathbb{R}^n$ $(n > 1)$의 벡터 $\mathbf{f}(t)$를 대응시키는 함수 $\mathbf{f}: I \to \mathbb{R}^n$를 **일변수벡터함수** 또는 간단히 **벡터함수**라고 한다. 이때 집합 I를 벡터함수 $\mathbf{f}$의 정의역, 집합 $\{\mathbf{f}(t) \in \mathbb{R}^n \mid t \in I\}$를 $\mathbf{f}$의 치역이라고 한다.

벡터함수 $\mathbf{f}$의 정의역 I의 각 원소 $t \in I$에 대응하는 $\mathbf{f}(t)$는 공간 $\mathbb{R}^n$의 벡터이다. 따라서 벡터 $\mathbf{f}(t)$의 성분을 차례로 $f_1(t), \ldots, f_n(t)$라고 하면 벡터함수 $\mathbf{f}$를 다음과 같이 나타낼 수 있다.

$$\mathbf{f}(t) = (f_1(t), f_2(t), \ldots, f_n(t)), \quad t \in I$$

이때 집합 I에서 정의된 실함수 $f_1, f_2, \ldots, f_n$을 벡터함수 $\mathbf{f}$의 **성분** 또는 **성분함수**라고 한다. 성분를 이용하여 벡터함수 $\mathbf{f}$와 $\mathbf{g}$의 합 $\mathbf{f}+\mathbf{g}$, 내적 $\mathbf{f}\bullet\mathbf{g}$, 외적[1] $\mathbf{f}\times\mathbf{g}$, 그리고 벡터함수 $\mathbf{f}$와 스칼라함수 h와의 스칼라곱 $h\mathbf{f}$를 다음과 같이 정의한다.

$$(\mathbf{f}+\mathbf{g})(t) = \mathbf{f}(t)+\mathbf{g}(t), \qquad (\mathbf{f}\bullet\mathbf{g})(t) = \mathbf{f}(t)\bullet\mathbf{g}(t)$$
$$(\mathbf{f}\times\mathbf{g})(t) = \mathbf{f}(t)\times\mathbf{g}(t), \qquad (h\mathbf{f})(t) = h(t)\,\mathbf{f}(t)$$

이제 이러한 벡터함수의 연속, 미분과 적분 등에 대하여 알아보자.

2.1.1 벡터함수의 극한과 연속

점 $t = t_0 \in \mathbb{R}$의 근방 또는 빠진근방[2]에서 정의되어 있는 벡터함수 $\mathbf{f}$의 각 성분함수 f_i $(i = 1, \ldots, n)$가 점 $t = t_0$에서 극한을 가지면 벡터함수 $\mathbf{f}$가 $t = t_0$에서 극한을 가진다고 한다. 따라서 벡터함수 $\mathbf{f}$의 $t = t_0$에서의 **극한**(limit)은 다음과 같다.

$$\lim_{t\to t_0} \mathbf{f}(t) = \left(\lim_{t\to t_0} f_1(t), \ldots, \lim_{t\to t_0} f_n(t)\right)$$

[1] 벡터함수의 외적은 공변역이 삼차원 공간인 벡터함수에 대하여만 정의한다 (1.2.5절 참조).

[2] 실수 t_0의 근방이란 열린구간 $J = (t_0 - \epsilon, t_0 + \epsilon)$을 의미한다. 여기서 ϵ은 임의의 양수이다. 점 t_0의 빠진근방이란 열린구간 J에서 t_0를 제외한 집합이다.

[예제 2.1-1] 벡터함수 $\mathbf{f}(t) = \left(\frac{\sin t}{t},\ \ln(3+t)\right)$에 대하여 $\lim_{t\to 0}\mathbf{f}(t)$를 구하라.

풀이 $\lim_{t\to 0}\frac{\sin t}{t} = 1,\ \lim_{t\to 0}\ln(3+t) = \ln 3$이므로 $\lim_{t\to 0}\mathbf{f}(t) = (1, \ln 3)$이다. ✠

벡터함수 $\mathbf{f}$의 각 성분함수 f_i $(i = 1, \ldots, n)$가 점 $t = t_0$에서 연속이면, 즉 다음 식이 성립하면 함수 $\mathbf{f}$는 점 $t = t_0$에서 **연속**이라고 한다.

$$\lim_{t\to t_0}\mathbf{f}(t) = \left(\lim_{t\to t_0} f_1(t), \ldots, \lim_{t\to t_0} f_n(t)\right) = \mathbf{f}(t_0)$$

함수 $\mathbf{f}$가 점 t_0에서 연속이 아니면 함수 $\mathbf{f}$는 점 t_0에서 불연속, 또는 t_0를 함수 $\mathbf{f}$의 불연속인 점이라고 한다. 한편 벡터함수 $\mathbf{f}$가 집합 I의 모든 점에서 연속이면 함수 $\mathbf{f}$는 집합 I에서 연속이라고 한다.

[예제 2.1-2] 벡터함수 $\mathbf{f}(t) = \frac{1}{\sqrt{t}}\mathbf{i} + \sin t\mathbf{j} + \ln(3+t^2)\mathbf{k}$에 대하여 연속인 점과 불연속인 점에 대하여 말하라.

풀이 벡터함수 $\mathbf{f}$의 성분함수는 $t > 0$인 점에서 모두 연속이므로 함수 $\mathbf{f}$는 $t > 0$인 점에서 연속이다. 그러나 $t \le 0$인 점에서는 함수 $\mathbf{f}$의 첫번째 성분함수 $\frac{1}{\sqrt{t}}$가 정의되지 않으므로 함수 $\mathbf{f}$는 $t \le 0$인 점에서는 연속이 아니다. ✠

[예제 2.1-3] 벡터함수 $\mathbf{f}(t) = \left(\frac{\sin t}{t},\ \ln(3+t)\right)$가 $t = 0$에서 연속이 되도록 $\mathbf{f}(0)$의 값을 정하라.

풀이 예제 2.1-1에서 $\lim_{t\to 0}\mathbf{f}(t) = (1, \ln 3)$이므로 $\mathbf{f}(0) = (1, \ln 3)$로 정의하면 주어진 함수는 $t = 0$에서 연속이다. ✠

2.1.2 벡터함수의 미분

점 t의 근방에서 정의되어 있는 벡터함수 $\mathbf{f}$에 대해 다음의 극한이 존재하면 함수 $\mathbf{f}$는 점 t에서 **미분가능**하다고 하고 그 극한을 $\mathbf{f}'(t)$ 또는 $\frac{d\mathbf{f}(t)}{dt}$로 나타낸다.

$$\lim_{\Delta t\to 0}\frac{\mathbf{f}(t+\Delta t) - \mathbf{f}(t)}{\Delta t} \tag{2.1-1}$$

벡터함수 $\mathbf{f}$가 집합 I의 모든 점에서 미분가능하면 함수 $\mathbf{f}$는 집합 I에서 **미분가능**하다고 한다.

식 (2.1-1)의 극한이 존재하는 실수 $\mathbb{R}$의 부분집합의 각 점 t에 유일한 벡터 $\mathbf{f}'(t)$가 대응된다. 이러한 대응관계에 의해 유도(derive)되는 벡터함수를 $\mathbf{f}'$로 나타내고, 이를 벡터함수 $\mathbf{f}$의 **도함수**(derivative)라고 한다.

벡터함수의 도함수를 다음과 같은 기호로 나타내기도 한다.

$$\mathbf{f}'(t), \quad \frac{d}{dt}\mathbf{f}(t), \quad \frac{d\mathbf{f}(t)}{dt}, \quad \frac{d}{dt}\mathbf{f}, \quad \frac{d\mathbf{f}}{dt}, \quad d\mathbf{f}(t)/dt, \quad d\mathbf{f}/dt$$

[정리 2.1-1] 벡터함수 $\mathbf{f} = (f_1, \ldots, f_n)$가 점 t에서 미분가능할 필요충분조건은 성분함수 $f_1, \ldots, f_n$이 모두 t에서 미분가능한 것이다. 이때 $\mathbf{f}'(t) = (f_1'(t), \ldots, f_n'(t))$이 성립한다.

증명 점 t에서 미분가능성의 정의와 함수 $\mathbf{f}$의 성분을 이용하면 다음을 얻는다.

$$\begin{aligned}\mathbf{f}'(t) &= \frac{d\mathbf{f}(t)}{dt} = \lim_{\Delta t \to 0} \frac{\mathbf{f}(t+\Delta t) - \mathbf{f}(t)}{\Delta t} \\ &= \left(\lim_{\Delta t \to 0} \frac{f_1(t+\Delta t) - f_1(t)}{\Delta t}, \ldots, \lim_{\Delta t \to 0} \frac{f_n(t+\Delta t) - f_n(t)}{\Delta t} \right) \qquad (2.1\text{-}2)\end{aligned}$$

따라서 $\mathbf{f}'(t)$가 존재하면 식 (2.1-2)의 각 성분함수의 극한 $f_1'(t), \ldots, f_n'(t)$가 존재한다. 역으로 식 (2.1-2)에서 각 성분함수의 극한이 존재하면 $\mathbf{f}'(t)$가 존재한다. ■

벡터함수의 **고계도함수**는 일변수함수의 경우와 같은 방법으로 정의한다. 즉 $\mathbf{f}$의 **이계도함수** $\mathbf{f}''$은 $\mathbf{f}'$의 도함수, 즉 $\mathbf{f}'' = \{\mathbf{f}'\}'$이며, 일반적으로 벡터함수 $\mathbf{f}$의 n계도함수 $\mathbf{f}^{(n)}$를 $\mathbf{f}^{(n)} = \left\{\mathbf{f}^{(n-1)}\right\}'$, $(n = 1, 2, \ldots)$과 같이 정의한다.

[예제 2.1-4] 벡터함수 $\mathbf{f}(t) = \left(\cos t,\ e^{2t}\right)$의 도함수와 이계도함수를 구하라.

풀이 $\{\cos t\}' = -\sin t$, $\{\cos t\}'' = -\cos t$이고 $\{e^{2t}\}' = 2e^{2t}$, $\{e^{2t}\}'' = 4e^{2t}$이므로 $\mathbf{f}'(t) = (-\sin t, 2e^{2t})$이고 $\mathbf{f}''(t) = (-\cos t, 4e^{2t})$이다. ✠

일변수실함수의 미분법을 벡터함수의 각 성분에 적용하면 다음 정리를 얻는다. 증명은 연습문제로 남긴다.

[정리 2.1-2] (벡터함수의 미분법) 벡터함수 **f**, **g**, **p**와 실함수 h가 점 t에서 미분가능하다고 하면 다음이 성립한다.

(1) $\frac{d}{dt}(\mathbf{c}) = \mathbf{0}$ ($\mathbf{c}$는 상수벡터)

(2) $\frac{d}{dt}(\mathbf{f}+\mathbf{g})(t) = \mathbf{f}'(t) + \mathbf{g}'(t)$

(3) $\frac{d}{dt}(\alpha\mathbf{f})(t) = \alpha\mathbf{f}'(t),\ \alpha \in \mathbb{R}$

(4) $\frac{d}{dt}(h\mathbf{f})(t) = h(t)\,\mathbf{f}'(t) + h'(t)\,\mathbf{f}(t)$

(5) $\frac{d}{dt}(\mathbf{f}\cdot\mathbf{g})(t) = \mathbf{f}'(t)\cdot\mathbf{g}(t) + \mathbf{f}(t)\cdot\mathbf{g}'(t)$

(6) $\frac{d}{dt}(\mathbf{f}\times\mathbf{g})(t) = \mathbf{f}'(t)\times\mathbf{g}(t) + \mathbf{f}(t)\times\mathbf{g}'(t)$

(7) $\frac{d}{dt}\{\mathbf{p}\cdot(\mathbf{f}\times\mathbf{g})\}(t) = \mathbf{p}'(t)\cdot(\mathbf{f}\times\mathbf{g})(t) + \mathbf{p}(t)\cdot(\mathbf{f}'\times\mathbf{g})(t) + \mathbf{p}(t)\cdot(\mathbf{f}\times\mathbf{g}')(t)$

다음은 벡터함수의 연쇄법칙이다.

[정리 2.1-3] (연쇄법칙) 벡터함수 **f**가 구간 (a,b)에서 미분가능하고, 미분가능한 실함수 $\phi:(c,d)\to(a,b)$에 대하여 $t=\phi(s)$이라고 하면 다음이 성립한다.

$$\mathbf{f}'(s) = \frac{d\mathbf{f}}{ds} = \frac{dt}{ds}\frac{d\mathbf{f}}{dt} = \frac{d\phi}{ds}\frac{d\mathbf{f}}{dt}$$

[예제 2.1-5] 벡터함수 $\mathbf{f}(t) = (1, \sin(t+1), e^{t+1})$에 대하여 $t = s^2 - 1$이라고 할 때 벡터 $\frac{d\mathbf{f}(t)}{ds}$를 변수 s로 나타내라.

풀이 연쇄법칙을 이용하여 다음을 얻는다.

$$\frac{d\mathbf{f}(t)}{ds} = \frac{dt}{ds}\frac{d\mathbf{f}(t)}{dt} = (0, \cos(t+1), e^{t+1})(2s) = (0, 2s\cos(s^2), 2se^{s^2})$$

이는 함수 $\mathbf{f}(t)$에 $t = s^2 - 1$을 대입한 후에 s에 관해 미분하여 얻을 수도 있다. ✠

2.1.3 벡터함수의 적분

실수 집합의 부분집합 I에서 정의된 벡터함수 $\mathbf{f} : I \to \mathbb{R}^n$에 대하여 다음 식을 만족시키는 벡터함수 $\mathbf{F} : I \to \mathbb{R}^n$를 함수 $\mathbf{f}$의 **부정적분**이라고 한다.

$$\frac{d\mathbf{F}(t)}{dt} = \mathbf{f}(t), \quad t \in I$$

이때 벡터함수 $\mathbf{f}$의 부정적분 $\mathbf{F}$를 다음과 같이 나타낸다.

$$\mathbf{F}(t) = \int \mathbf{f}(t)\, dt = \int \mathbf{f}\, dt$$

함수 f_1, …, f_n이 벡터함수 $\mathbf{f}$의 성분함수라면 다음이 성립한다.

$$\int \mathbf{f}(t)\, dt = \left(\int f_1(t)\, dt, \ldots, \int f_n(t)\, dt \right)$$

부정적분의 정의와 정리 2.1-2를 이용하여 다음을 얻는다.

[정리 2.1-4] (벡터함수의 적분법) 벡터함수 $\mathbf{f}$, $\mathbf{g}$와 실함수 h의 부정적분이 존재하면 다음이 성립한다.

(1) $\int (\mathbf{f}+\mathbf{g})(t)\, dt = \int \mathbf{f}(t)\, dt + \int \mathbf{g}(t)\, dt$

(2) $\int (\alpha\mathbf{f})(t)\, dt = \alpha \int \mathbf{f}(t)\, dt$ (단, α는 임의의 실수)

(3) $\int \mathbf{c} \bullet \mathbf{f}(t)\, dt = \mathbf{c} \bullet \int \mathbf{f}(t)\, dt$ (단, $\mathbf{c} \in \mathbb{R}^n$은 임의의 벡터)

(4) $\int h(t)\, \mathbf{f}'(t)\, dt = h(t)\, \mathbf{f}(t) - \int h'(t)\, \mathbf{f}(t)\, dt$

(5) $\int h'(t)\, \mathbf{f}(t)\, dt = h(t)\, \mathbf{f}(t) - \int h(t)\, \mathbf{f}'(t)\, dt$

(6) $\int \mathbf{f}(t) \bullet \mathbf{g}'(t)\, dt = \mathbf{f}(t) \bullet \mathbf{g}(t) - \int \mathbf{f}'(t) \bullet \mathbf{g}(t)\, dt$

(7) $\int \mathbf{f}(t) \times \mathbf{g}'(t)\, dt = \mathbf{f}(t) \times \mathbf{g}(t) - \int \mathbf{f}'(t) \times \mathbf{g}(t)\, dt$

[예제 2.1-6] $\int \mathbf{v}(t) \cdot \frac{d\mathbf{v}(t)}{dt}\, dt$를 구하라.

풀이 $\frac{d(\mathbf{v}\cdot\mathbf{v})}{dt} = 2\mathbf{v}\cdot\frac{d\mathbf{v}}{dt}$이므로 $\int \mathbf{v}(t)\cdot\frac{d\mathbf{v}(t)}{dt}\, dt = \frac{1}{2}|\mathbf{v}|^2 + C$이다 (C는 적분 상수). ✠

벡터함수의 정적분을 일변수실함수인 성분함수의 정적분을 이용하여 정의한다. 즉, 구간 $[a, b]$에서 모든 성분함수가 적분가능한 벡터함수 $\mathbf{f}$의 부정적분이 $\mathbf{F}$이면 구간 $[a, b]$에서 함수 $\mathbf{f}$의 **정적분**은 다음과 같다.

$$\int_a^b \mathbf{f}(t)\, dt = \left(\int_a^b f_1(t)\, dt, \ldots, \int_a^b f_n(t)\, dt\right) = [\mathbf{F}(t)]_a^b = \mathbf{F}(b) - \mathbf{F}(a) \qquad (2.1\text{-}3)$$

벡터함수의 특이적분도 일변수함수인 성분함수의 특이적분[3]을 이용하여 정의한다.

[예제 2.1-7] 벡터함수 $\mathbf{f}(t) = (-3t^2 + 2t,\ t^3,\ 7)$의 정적분 $\int_1^2 \mathbf{f}(t)\, dt$를 구하라.

풀이 다음과 같이 직접 계산하여 구한다.

$$\int_1^2 \mathbf{f}(t)\, dt = \left(\int_1^2 (-3t^2 + 2t)\, dt, \int_1^2 t^3\, dt, \int_1^2 7\, dt\right) = \left(-4, \tfrac{15}{4}, 7\right)$$ ✠

연습 문제 2.1

1. 다음의 벡터함수 $\mathbf{f}(t)$에 대하여 $\lim_{t\to 0}\mathbf{f}(t)$를 구하라.

   (1) $\mathbf{f}(t) = \left(\frac{t}{\sin t}, \frac{1-\cos t}{t}\right)$ (2) $\mathbf{f}(t) = \left(\frac{t}{\cos t}, t\left(1 + \frac{1}{t}\right), 2 + \sin t\right)$

   (3) $\mathbf{f}(t) = (e^t, te^2)$ (4) $\mathbf{f}(t) = (e^t \sin t, e^t \cos t, -e^t)$

2. 다음 극한을 구하라.

   (1) $\lim_{t\to 1}\mathbf{f}(t),\ \mathbf{f}(t) = (t - 1,\ 3, 7)$

   (2) $\lim_{t\to -3}\mathbf{f}(t),\ \mathbf{f}(t) = \left(0, \frac{t^2+4t+3}{t+3}, \ln(t+4)\right)$

3. 다음에 주어진 벡터함수가 연속인 점 t의 집합을 구하라.

[3] 적분구간의 길이가 유한하지 않거나 적분구간 내의 한 점 또는 구간의 끝점에서 피적분 함수의 좌극한 또는 우극한이 양 또는 음의 무한대로 발산하는 경우의 정적분을 말한다.

(1) $\mathbf{f}(t) = (\tan^{-1} t,\ 0,\ t^2)$ (2) $\mathbf{f}(t) = \left(e^t,\ \cos\frac{1}{1+t},\ \ln|1+t|\right)$

(3) $\mathbf{f}(t) = \left(\sqrt{1-t^2},\ 3t,\ -7\right)$ (4) $\mathbf{f}(t) = \left(\frac{1}{t-1},\ \frac{1}{t-2},\ \frac{1}{t-3}\right)$

4. 다음 벡터함수의 도함수와 도함수가 정의되는 t의 집합을 구하라.

(1) $\mathbf{f}(t) = \left(\ln\sqrt{1+t},\ \sqrt{1-t^2}\right)$ (2) $\mathbf{f}(t) = \left(\sin^{-1}(2t),\ \tan^{-1}(3t),\ \frac{1}{t}\right)$

(3) $\mathbf{f}(t) = \left(\frac{2t-1}{2t+1},\ \ln(1-4t^2)\right)$ (4) $\mathbf{f}(t) = \left(\sec^{-1}(3t),\ \cosh(2t),\ \tanh(4t)\right)$

5. 함수 $s(t)$가 아래와 같을 때 벡터함수 $\mathbf{f}(s) = (se^s,\ \ln(3s))$에 대하여 $\mathbf{f}'(t)$를 구하라.

(1) $s(t) = \ln t$ (2) $s(t) = e^t$

6. 다음 벡터함수 $\mathbf{f}(t)$와 함수 $t(s)$에 대하여 $\mathbf{f}'(s)$를 구하라.

(1) $\mathbf{f}(t) = \left(\frac{1}{\sqrt{t}},\ \sin t,\ \ln(1+t^2)\right),\quad t = \sqrt{s-1}$

(2) $\mathbf{f}(t) = \left(\cos t, \tan^{-1} t, -\frac{1}{1+\sqrt{t}}\right),\quad t = s^2+2s+1,\ s+1>0$

7. 변수 s와 t가 $\frac{dt}{ds} = t$를 만족시킨다고 할 때, 다음 함수 $\mathbf{f}$에 대하여 $\mathbf{f}'(s) = \frac{d\mathbf{f}(s)}{ds}$를 변수 t에 관한 함수로 나타내라.

$$\mathbf{f}(t) = (t\sin t + \cos t)\mathbf{i} - (t\cos t - \sin t)\mathbf{j}$$

8. 다음에 주어진 벡터함수의 이계도함수를 구하라.

(1) $\mathbf{f}(t) = (t,\ t^5)$ $\mathbf{f}(t) = (\ln t,\ e^{3t})$

9. 정리 2.1-2와 2.1-3을 증명하라.

10. 다음 적분을 계산하라 (단, $\mathbf{p}$와 $\mathbf{q}$는 상수 벡터이다).

(1) $\int (\cos t\,\mathbf{p} + \sin t\,\mathbf{q})\,dt$ (2) $\int_0^1 \left(\frac{1}{1+t^2}\mathbf{p} + \frac{1}{\sqrt{1-t^2}}\mathbf{q}\right)dt$

11. 정리 2.1-4를 증명하라.

2.2 곡선

평면 또는 공간에서 운동하는 물체의 위치벡터의 궤적이 나타내는 곡선을 일변수벡터함수로 나태낼 수 있다. 이 절에서는 벡터함수를 이용하여 곡선의 접선벡터, 길이와 곡률 등 곡선의 기하학적 성질과 응용에 대해 다룬다.

2.2.1 곡선과 매개곡선

집합 C를 n차원공간 $\mathbb{R}^n$ $(n > 1)$의 부분집합이라고 하자. 이때 다음을 만족시키는 구간 $I \subset \mathbb{R}$에서 연속인 벡터함수 $\mathbf{X} : I \to \mathbb{R}^n$가 존재하면 집합 C를 공간 $\mathbb{R}^n$의 **곡선**(curve) 또는 **매개곡선**(parametric curve)이라고 한다.

$$C = \{\mathbf{X}(t) \in \mathbb{R}^n \mid t \in I\}$$

여기서 변수 t를 **매개변수**(parameter), 벡터함수 $\mathbf{X} : I \to \mathbb{R}^n$를 곡선 C의 **매개화**(parametrization)라고 한다. 흔히 벡터함수 $\mathbf{X} : I \to \mathbb{R}^n$가 매개화인 곡선 C를 다음과 같이 나타낸다.

$$C : \mathbf{X}(t),\ t \in I \quad 또는 \quad C : \mathbf{X}(t) = (x_1(t), \ldots, x_n(t)),\ t \in I$$

따라서 구간 $I \subset \mathbb{R}$에서 연속인 벡터함수 $\mathbf{X} : I \to \mathbb{R}^n$의 치역 $\{\mathbf{X}(t) \in \mathbb{R}^n \mid t \in I\}$는 공간 $\mathbb{R}^n$의 곡선이 된다. 앞으로 연속인 벡터함수 $\mathbf{X}$의 치역으로 주어지는 곡선을 간단히 곡선 $\mathbf{X}$ 또는 곡선 $\mathbf{X}(t)$로 나타내기로 한다.

일반적으로 한 곡선의 매개화는 여러 가지가 있다. 예를 들면, 평면에서 중심이 원점인 단위원의 매개화는 다음과 같이 적어도 세 가지가 있다.

$$\begin{aligned}
\mathbf{X}(t) &= (\cos t, \sin t), \quad t \in [0, 2\pi] \\
\mathbf{Y}(t) &= (\cos 2\pi t, \sin 2\pi t), \quad t \in [0, 1] \\
\mathbf{Z}(t) &= \left(\frac{1-t^2}{1+t^2}, \frac{2t}{1+t^2}\right), \quad t \in \mathbb{R}
\end{aligned}$$

2.2.2 곡선의 접선벡터

매개화가 미분가능한 곡선 $\mathbf{X}$를 **미분가능한 곡선**(differentiable curve)이라고 한다. 이때 함수 $\mathbf{X}(t)$의 도함수 $\mathbf{X}'(t)$를 곡선의 **속도벡터** 또는 **속도**(velocity)라고 하고 $\mathbf{v}(t)$로 나타낸다. 특히, 모든 점 t에서 속도벡터 $\mathbf{v}(t)$가 영벡터가 아닌 미분가능한 곡선을 **정규곡선**(normal curve)이라고 한다.

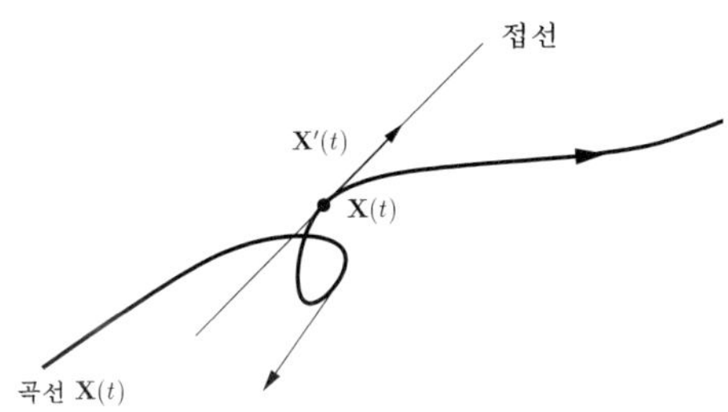

그림 2.2-1 곡선의 접선벡터와 접선

미분가능한 곡선 $\mathbf{X}$의 속도 $\mathbf{v}(t)$가 영벡터가 아니고 시점이 $\mathbf{X}(t)$이면, $\mathbf{v}(t)$는 그림 2.2-1에서와 같이 곡선 위의 점 $\mathbf{X}(t)$에서 곡선에 접하므로 벡터 $\mathbf{v}(t)$를 점 $\mathbf{X}(t)$에서 곡선 $\mathbf{X}$의 **접선벡터**(tangent vector)라고도 한다. 이때 점 $\mathbf{X}(t)$를 지나고 벡터 $\mathbf{X}'(t)$를 방향벡터로 가지는 직선을 점 $\mathbf{X}(t)$에서의 곡선 $\mathbf{X}$의 **접선**이라고 한다.

크기가 1인 접선벡터를 **단위접선벡터**(unit tangent vector)라고 하고, $\mathbf{T}(t)$로 나타낸다. 따라서 정규곡선 $\mathbf{X}(t)$의 단위접선벡터 $\mathbf{T}(t)$는 다음과 같다.

$$\mathbf{T}(t) = \frac{\mathbf{X}'(t)}{|\mathbf{X}'(t)|}, \quad t \in I \tag{2.2-1}$$

한편, 두 번 미분가능한 함수 $\mathbf{X}$로 주어지는 곡선에서 $\mathbf{X}''(t)$를 곡선의 **가속도벡터** 또는 **가속도**(acceleration)라고 하며 $\mathbf{a}(t)$로 나타낸다.

[예제 2.2-1] 그림 2.2-2의 원형나선(circular helix) $\mathbf{X}(t) = (\cos t,\ \sin t,\ t),\ \ t \in \mathbb{R}$의 단위접선벡터 $\mathbf{T}(t)$와 곡선 위의 점 $\mathbf{X}(\frac{\pi}{2})$에서의 접선의 방정식을 구하라.

풀이 먼저 $\mathbf{X}'(t) = (-\sin t,\ \cos t, 1)$이므로 $|\mathbf{X}'(t)| = \sqrt{\sin^2 t + \cos^2 t + 1} = \sqrt{2}$이다. 그리고 임의의 $t \in \mathbb{R}$에 대하여 $\mathbf{X}'(t) \neq 0$이므로 곡선 위의 모든 점에서 단위접선벡

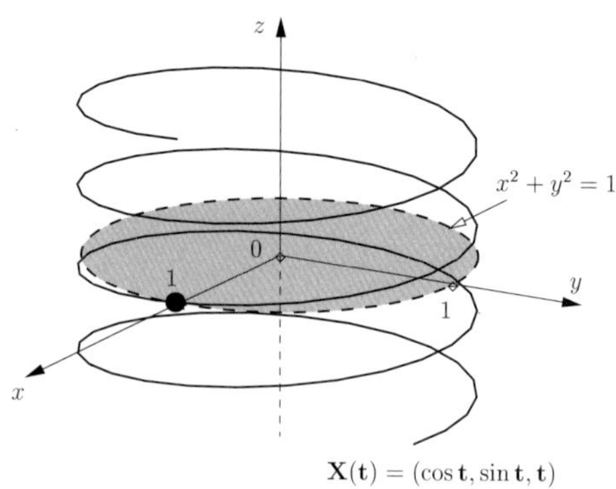

그림 2.2-2 원형나선(circular helix)

터가 정의된다. 식 (2.2-1)을 이용하면 구하는 단위접선벡터 $\mathbf{T}(t)$는 다음과 같다.

$$\mathbf{T}(t) = \frac{\mathbf{X}'(t)}{|\mathbf{X}'(t)|} = \left(-\frac{\sin t}{\sqrt{2}}, \frac{\cos t}{\sqrt{2}}, \frac{1}{\sqrt{2}}\right)$$

또 $\mathbf{X}(\frac{\pi}{2}) = (0, 1, \frac{\pi}{2})$이고 $\mathbf{T}(\frac{\pi}{2}) = \left(-\frac{1}{2}, 0, \frac{1}{2}\right)$이므로 접선의 방정식은 제1장의 식 (1.3-3)을 이용하여 구하면 다음과 같다.

$$-x = z - \frac{\pi}{2}, \ y = 1$$ ✠

[예제 2.2-2] 질량 m인 질점 $P(x, y)$가 쌍곡선 $x^2 - y^2 = r^2$ 위를 다음과 같이 운동한다고 하자 (단, r과 ω는 양의 상수).

$$x(t) = r\cosh\omega t, \ y(t) = r\sinh\omega t \quad (t \geq 0)$$

이때 질점 P의 속도벡터 $\mathbf{v}(t)$, 가속도벡터 $\mathbf{a}(t)$와 힘 $\mathbf{F}(t)$를 구하라.

풀이 점 $P(x, y)$의 운동곡선을 $\mathbf{X}(t)$라 하면 $\mathbf{X}(t) = (r\cosh\omega t, r\sinh\omega t)$이다. 따라서 $\mathbf{v}(t) = \omega(r\sinh\omega t, r\cosh\omega t)$, $\mathbf{a}(t) = \omega^2(r\cosh\omega t, r\sinh\omega t) = \omega^2\mathbf{X}(t)$이다. 그리고 뉴튼의 제2 법칙 $\mathbf{F}(t) = m\,\mathbf{a}(t)$로부터 힘 $\mathbf{F}(t)$는 $m\omega^2\mathbf{X}(t)$이므로 힘의 크기는 $m\omega^2\,|\mathbf{X}(t)|$이다. 즉, 힘의 크기는 원점과 질점 사이의 거리에 비례한다. 또 힘의 방향은 벡터 $\mathbf{X}(t)$의 방향과 같다 (그림 2.2-3 참조). ✠

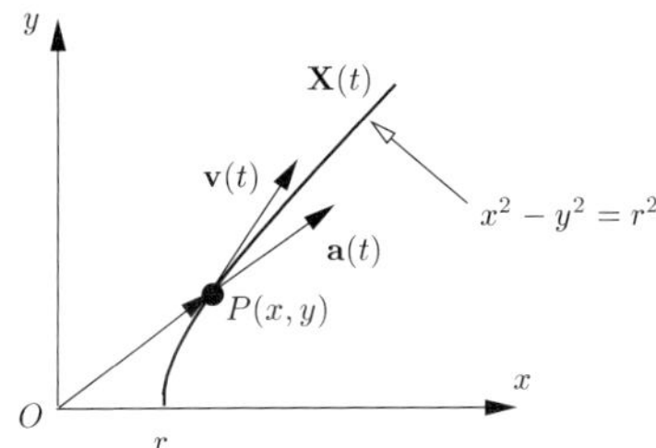

그림 2.2-3 쌍곡선 $x^2 - y^2 = r^2$ 위를 운동하는 질점의 위치, 속도, 가속도벡터

2.2.3 곡선의 길이

폐구간 $I = [a, b]$에 대하여 다음과 같은 유한 개의 점 $t_0, t_1, \ldots, t_k$를 생각하자.

$$a = t_0 < t_1 < \cdots < t_{i-1} < t_i < \cdots < t_{k-1} < t_k = b$$

여기서 집합 $P = \{t_0, t_1, \ldots, t_k\}$를 폐구간 I의 **분할**(partition)이라고 한다. 이때 소구간 $[t_{i-1}, t_i]$, $i = 1, \ldots, k$ 중에서 그 길이가 가장 큰 값을 **분할 P의 크기**라고 하며 $\|P\|$로 나타낸다. 즉, $\|P\| = \max_{1 \le i \le k} |t_i - t_{i-1}|$이다.

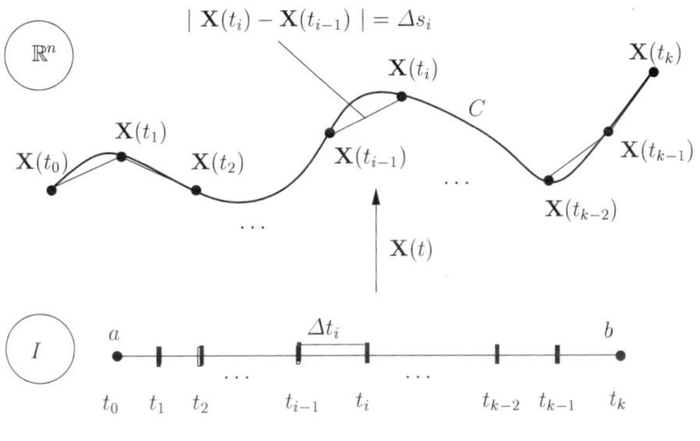

그림 2.2-4 곡선의 길이

곡선 $C : \mathbf{X}(t)$, $t \in I = [a, b]$에 대하여 집합 $P = \{t_0, t_1, \ldots, t_k\}$를 구간 I의 분할이라고 하고, 각 소구간 $[t_{i-1}, t_i]$에 대응하는 곡선 C 위의 두 점 $\mathbf{X}(t_{i-1})$과 $\mathbf{X}(t_i)$ 사이의 거리 $\Delta s_i = |\mathbf{X}(t_i) - \mathbf{X}(t_{i-1})|$를 생각하자 (그림 2.2-4 참조). 이때 k가 충분히

큰 자연수라고 하면 곡선 C의 길이의 근사값을 다음과 같이 쓸 수 있다.

$$\text{곡선 } C\text{의 길이} \approx \sum_{i=1}^{k} \Delta s_i = \sum_{i=1}^{k} |\mathbf{X}(t_i) - \mathbf{X}(t_{i-1})| \tag{2.2-2}$$

이제 구간 I의 분할 P의 크기 $\|P\|$가 0이 되도록 구간 I를 더욱 분할하면 각 분할 P에 대응하는 식 (2.2-2)의 우변의 합은 점점 곡선 C의 길이에 가까워질 것이다. 만일 $\|P\| \to 0$일 때 식 (2.2-2)의 우변의 합의 극한이 존재하면 그 극한을 **곡선 C의 길이**(arc length)라고 하고 다음과 같이 나타낸다.

$$\text{곡선 } C\text{의 길이} = \int_C ds$$

한편, $\mathbf{X}(t)$의 도함수가 연속이고 분할의 크기가 충분히 작다면 벡터함수의 미분의 정의로부터 식 (2.2-2)를 다음과 같이 쓸 수 있다 (단, $\Delta t_i = t_i - t_{i-1}$, $i = 1, \ldots, k$).

$$\sum_{i=1}^{k} \Delta s_i = \sum_{i=1}^{k} |\mathbf{X}(t_i) - \mathbf{X}(t_{i-1})| \approx \sum_{i=1}^{k} |\mathbf{X}'(t_{i-1})|\, \Delta t_i$$

이제 $\|P\| \to 0$일 때의 극한을 생각하면 다음을 얻는다.

$$\int_C ds = \int_a^b |\mathbf{X}'(t)|\, dt = \int_a^b \sqrt{\{x_1'(t)\}^2 + \cdots + \{x_n'(t)\}^2}\, dt \tag{2.2-3}$$

곡선의 도함수 $\mathbf{X}'(t)$가 연속이므로 식 (2.2-3)의 우변의 두 적분은 존재한다.

참고 식 (2.2-3)에서 $ds = |\mathbf{X}'(t)|\, dt$로 나타내고 ds를 곡선 $\mathbf{X}$의 **선소**(line element)라고 부른다. 또 $|\mathbf{X}(t_k) - \mathbf{X}(t_{k-1})| = \Delta s_k$이므로 $\Delta s_k = \sqrt{\sum_{m=1}^{n} |x_m(t_k) - x_m(t_{k-1})|^2}$ 이다. 이로부터 $\Delta x_m = |x_m(t_k) - x_m(t_{k-1})|$로 놓아 $ds = \sqrt{dx_1^2 + \cdots + dx_n^2}$와 같이 쓰기도 한다.

식 (2.2-3)으로부터 곡선 $\mathbf{X}$ 위의 두 점 $\mathbf{X}(t_0)$와 $\mathbf{X}(t)$ 사이의 길이 $s(t)$는 다음과 같다.

$$s(t) = \int_{t_0}^{t} |\mathbf{X}'(\tau)|\, d\tau = \int_{t_0}^{t} \sqrt{\{x_1'(\tau)\}^2 + \cdots + \{x_n'(\tau)\}^2}\, d\tau \tag{2.2-4}$$

한편 함수 $|\mathbf{X}'(t)|$가 연속이므로, 미적분학의 제1 기본정리[4]로부터 함수 $s(t)$는 미분가능한 함수이고 도함수 $s'(t)$는 다음과 같다.

$$s'(t) = \frac{ds}{dt} = |\mathbf{X}'(t)| = \left|\frac{d\mathbf{X}(t)}{dt}\right| = |\mathbf{v}(t)|$$

속도의 크기 $|\mathbf{v}(t)|$를 곡선 $\mathbf{X}(t)$의 **속력**(speed)이라 하고 $v(t) = |\mathbf{v}(t)|$로 나타낸다. 따라서 $s'(t) = v(t)$이다.

[예제 2.2-3] 그림 2.2-2의 원형나선 $\mathbf{X}(t) = (\cos t, \sin t, t)$ 위의 두 점 $\mathbf{X}(0)$와 $\mathbf{X}(2\pi)$ 사이의 길이를 구하라.

풀이 예제 2.2-1에서 $v(t) = \sqrt{2}$이므로 구하는 길이는 다음과 같다.

$$s(2\pi) = \int_0^{2\pi} v(t)\, dt = 2\pi\sqrt{2}$$ ✠

2.2.4 곡선의 길이로 매개화

예제 2.2-2에서 서로 다른 ω에 대한 벡터함수는 쌍곡선 $x^2 - y^2 = r^2$에 대한 서로 다른 매개화이다. 따라서 곡선을 질점의 운동 궤적으로 생각하면, 곡선의 매개화는 힘과 속력 등과 같은 질점의 운동 특성과 밀접한 관련이 있다. 이제 매개화에 의존하지 않는 곡률, 비틀림률 등과 같은 곡선의 기하학적 특성에 대해 알아본다. 이를 위해 먼저 곡선을 곡선의 길이로 매개화하는 것에 대해 알아보자.

곡선 $\mathbf{X}$를 도함수가 연속인 정규곡선이라고 하자. 그러면 $\frac{ds}{dt} = v(t) \neq 0$이므로 일변수실함수의 역함수정리[5]에 의해 곡선의 길이를 나타내는 함수 $s(t)$는 도함수가 연속이며 다음을 만족시키는 역함수 $t(s)$를 가진다.

$$\frac{dt}{ds} = \frac{1}{v(t)}$$

---

[4] 구간에서 연속인 함수는 부정적분을 가진다.

[5] 미분가능한 함수 f가 구간 I의 모든 점 x에서 $f'(x) \neq 0$을 만족시키면 함수 $y = f(x)$는 미분가능한 역함수 $x = g(y)$를 가진다. 이때 $\frac{dg}{dy} = 1/\frac{df}{dx}$ 또는 $\frac{dx}{dy} = 1/\frac{dy}{dx}$ 가 성립한다.

이제 $t = t(s)$는 s에 관해 미분가능한 함수이고 $\mathbf{X}(t) = \mathbf{X}(t(s)) = \mathbf{X}(s)$이므로 벡터 함수 $\mathbf{X}$는 변수 s에 관해 미분가능한 함수이다. 이때 곡선 $\mathbf{X}$의 길이 s를 매개변수로 한 벡터함수 $\mathbf{X}(s)$를 **곡선의 길이를 이용한 곡선 X의 매개화**라고 하며, 이 경우에 곡선 $\mathbf{X}$는 **곡선의 길이로 매개화**되었다고 하고 곡선 $\mathbf{X}(s)$로 나타낸다.

이제 곡선의 길이로 매개화된 곡선 $\mathbf{X}(s)$에 성질에 대하여 알아보자. 먼저 정리 2.1-2의 연쇄법칙에 의하면 다음이 성립한다.

$$\frac{d\mathbf{X}}{ds} = \frac{dt}{ds}\frac{d\mathbf{X}}{dt} = \frac{dt}{ds}\mathbf{v}$$

여기서 $|\frac{d\mathbf{X}}{ds}| = |\mathbf{v}||\frac{dt}{ds}| = \frac{v(t)}{v(t)} = 1$이므로 $\frac{d\mathbf{X}}{ds}$는 단위벡터이다. 또한 $\frac{dt}{ds} = \frac{1}{v(t)}$는 스칼라함수이므로 벡터 $\frac{d\mathbf{X}(s)}{ds}$는 곡선 $\mathbf{X}(t)$의 접선벡터 $\mathbf{X}'(t)$와 같은 방향을 가진다. 따라서 $\mathbf{T}(t) = \frac{d\mathbf{X}}{ds}$이다. 즉, 벡터 $\frac{d\mathbf{X}}{ds}$는 단위접선벡터이다. 만일 $\mathbf{X}(s)$가 두 번 미분가능하면, 식 $|\frac{d\mathbf{X}(s)}{ds}|^2 = |\mathbf{X}'(s)|^2 = 1$의 양변을 s에 관해 미분하여 $2\mathbf{X}'(s) \bullet \mathbf{X}''(s) = 0$을 얻는다. 즉, 곡선의 길이로 매개화된 곡선의 속도와 가속도는 항상 직교한다. 이를 정리하면 다음과 같다.

[정리 2.2-1] (1) 도함수가 연속인 정규곡선은 곡선의 길이로 매개화할 수 있다.
(2) 곡선의 길이로 매개화된 곡선의 속력은 항상 1이다. $v(t) = 1$인 곡선은 곡선의 길이로 매개화된 곡선이다.
(3) 곡선의 길이로 매개화된 곡선이 두 번 미분가능하면 속도와 가속도는 직교한다.

[예제 2.2-4] 원형나선 $\mathbf{X}(t) = (\cos t,\ \sin t,\ t)$를 곡선의 길이로 매개화하라.

풀이 $\mathbf{X}'(t) = (-\sin t,\ \cos t, 1)$이므로 $v(t) = |\mathbf{X}(t)| = \sqrt{2}$, 즉 $\frac{ds}{dt} = v(t) = \sqrt{2}$이다. 적분구간을 구간 $[0, t]$으로 택하여 속력 $v(t)$를 t에 대해 적분하면 $s(t) = \sqrt{2}t$이다. 따라서 $t = \frac{1}{\sqrt{2}}s$를 이용하여 곡선 $\mathbf{X}$를 곡선의 길이로 매개화하면 다음과 같다.

$$\mathbf{X}(s) = \mathbf{X}(t(s)) = \left(\cos\frac{s}{\sqrt{2}}, \sin\frac{s}{\sqrt{2}}, \frac{s}{\sqrt{2}}\right)$$ ✠

2.2.5 곡선의 곡률

곡선 $\mathbf{X}$를 두 번 미분가능한 정규곡선이라고 하고 $\mathbf{X}(s)$를 곡선의 길이를 이용한 매개화라고 하자. 이때 단위접선벡터의 도함수 $\frac{d\mathbf{T}(s)}{ds}$를 곡선 $\mathbf{X}$의 **곡률벡터**(curvature vector), 그 크기를 곡선 $\mathbf{X}$의 **곡률**(curvature)이라고 하고 $\kappa(s)$로 나타낸다. 따라서 곡선 $\mathbf{X}$의 곡률 $\kappa(s)$는 다음과 같다.

$$\kappa(s) = \left|\frac{d\mathbf{T}(s)}{ds}\right| \qquad (2.2\text{-}5)$$

참고 곡선 $\mathbf{X}$의 곡률벡터 $\frac{d\mathbf{T}(s)}{ds}$는 곡선을 따라 진행할 때 접선벡터 $\mathbf{T}(s)$의 곡선의 길이 s에 관한 미분, 즉 곡선의 길이 s의 변화에 대한 접선벡터 $\mathbf{T}$의 순간 변화율을 뜻한다. 곡선 $\mathbf{X}$ 위를 진행할 때 단위접선벡터 $\mathbf{T}(s)$의 크기가 상수이므로 크기는 변하지 않고 방향만 변한다. 따라서 곡선의 곡률은 곡선 위를 진행할 때 곡선의 단위접선벡터의 방향의 변화율의 크기, 즉 곡선의 휜 정도를 나타낸다.

[예제 2.2-5] 평면에서 원 $(x-p)^2+(y-q)^2=r^2$ $(r>0)$의 곡률을 구하라.

풀이 주어진 원의 매개화로 다음과 같은 벡터함수를 생각하자.

$$\mathbf{X}(t) = (r\cos t + p,\ r\sin t + q) \quad (0 \le t \le 2\pi)$$

그러면 $\mathbf{X}'(t) = (-r\sin t,\ r\cos t)$이므로 $s(t) = \int_0^t |\mathbf{X}'(\tau)|\,d\tau = \int_0^t r\,d\tau = rt$이다. 따라서 곡선 $\mathbf{X}(t)$를 곡선의 길이 s로 매개화하여 나타내면 다음과 같다.

$$\mathbf{X}(s) = \left(r\cos\frac{s}{r} + p,\ r\sin\frac{s}{r} + q\right) \quad (0 \le s \le 2\pi r)$$

그러므로 주어진 원의 단위접선벡터 $\mathbf{T}(s)$와 곡률벡터 $\frac{d\mathbf{T}(s)}{ds}$는 다음과 같다.

$$\mathbf{T}(s) = \frac{d\mathbf{X}}{ds} = \left(-\sin\frac{s}{r},\ \cos\frac{s}{r}\right), \quad \frac{d\mathbf{T}(s)}{ds} = -\frac{1}{r}\left(\cos\frac{s}{r},\ \sin\frac{s}{r}\right)$$

따라서 반지름이 r인 원의 곡률은 $\frac{1}{r}$이다. ✠

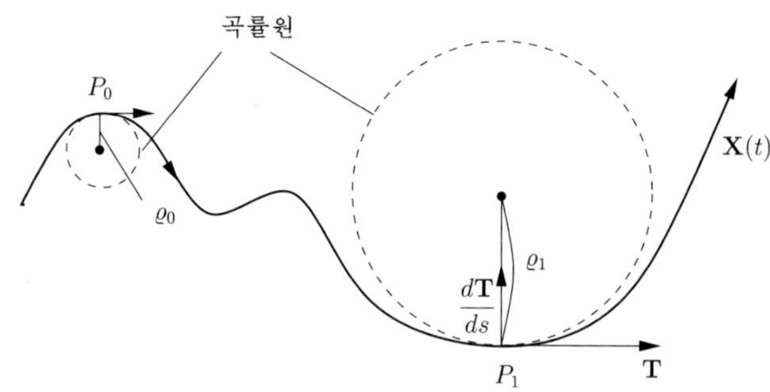

그림 2.2-5 곡률과 곡률원: ϱ_0과 ϱ_1은 각각 점 P_0과 P_1에서의 곡률반경

만일 곡선 $\mathbf{X}$ 위의 점 $\mathbf{X}(s)$에서 $\kappa(s) > 0$이면 곡률의 역수 $\varrho(s) = \frac{1}{\kappa(s)}$를 점 $\mathbf{X}(s)$에서의 곡선 $\mathbf{X}$의 **곡률반경**(radius of curvature)이라고 한다. 특히, $\kappa(s) = 0$인 경우는 곡률반경 $\varrho(s)$를 무한대(∞)로 정의한다.

예제 2.2-5에서 반지름이 r인 원의 곡률은 $\frac{1}{r}$이고 곡률반경은 r이다. 일반적으로 곡선 위의 점 P에서 곡선의 곡률이 $\frac{1}{r}$이면 그림 2.2-5에 보인 것과 같이 점 P에서 곡선에 접하는 반지름이 r인 원을 생각할 수 있다. 이러한 원을 점 P에서의 곡선의 **곡률원**(circle of curvature 또는 osculating circle)이라고 한다.

참고 곡률이 크면 그 점에서 곡선이 많이 휘어 있다는 것이고, 곡률벡터의 방향은 곡선이 휘는 방향을 나타낸다. 곡률이 0인 점에서는 곡률벡터가 영벡터이므로 곡선의 단위접선벡터의 방향이 일정하다는 것, 즉 휘지 않았음을 말한다. 이 경우에 반지름이 무한대인 원, 즉 직선을 그 점에서의 곡률원으로 생각할 수 있다.

평면 $\mathbb{R}^2$의 경우에 영이 아닌 벡터에 수직인 단위벡터는 방향을 무시하면 한 개이다. 따라서 두 번 미분가능하고 곡선의 길이로 매개화된 정규곡선의 가속도 방향의 단위벡터가 주어진 곡선의 유일한 단위법선벡터이다 (정리 2.2-1의 (3) 참조).

삼차원공간 $\mathbb{R}^3$의 경우에는 정리 2.2-1의 (3)을 이용하여 단위접선벡터 $\mathbf{T}(s)$와 직교하는 단위벡터 $\mathbf{N}(s)$를 다음과 같이 정의하고 **주단위법선벡터**(principal unit normal vector)라고 부른다.

$$\mathbf{N}(s) = \frac{d\mathbf{T}/ds}{|d\mathbf{T}/ds|} = \frac{1}{\kappa(s)}\frac{d\mathbf{T}(s)}{ds} \tag{2.2-6}$$

곡선 상의 점 P에서의 **주법선의 방정식**(principal normal line)을 점 P를 지나고 방향벡터가 주단위법선벡터 $\mathbf{N}(s)$와 평행한 직선으로 정의한다.

곡선의 길이로 매개화하기 힘든 경우에 식 (2.2-5)를 이용하여 곡선의 곡률을 구하는 것은 쉽지 않다. 그러므로 다음은 유용한 정리이다.

[정리 2.2-2] 두 번 미분가능한 정규곡선 $\mathbf{X}(t)$에 대하여 다음이 성립한다.

(1) $$\kappa(t) = \frac{1}{|\mathbf{X}'(t)|}\left|\frac{d}{dt}\left(\frac{\mathbf{X}'(t)}{|\mathbf{X}'(t)|}\right)\right| \tag{2.2-7}$$

(2) $$\kappa(t) = \frac{|\mathbf{X}'(t) \times \mathbf{X}''(t)|}{|\mathbf{X}'(t)|^3} \tag{2.2-8}$$

증명 (1) $\frac{ds}{dt} = v(t)$이므로 $\mathbf{X}(s) = \mathbf{X}(s(t))$에 연쇄법칙을 적용하여 다음을 얻는다.

$$\mathbf{T}(s) = \frac{d\mathbf{X}(s)}{ds} = \frac{dt}{ds}\frac{d\mathbf{X}(t)}{dt} = \frac{\mathbf{X}'(t)}{v(t)} \tag{2.2-9}$$

이 식을 s에 대해 한 번 더 미분하여 다음을 얻는다.

$$\frac{d\mathbf{T}(s)}{ds} = \frac{dt}{ds}\frac{d}{dt}\left(\frac{\mathbf{X}'(t)}{v(t)}\right) = \frac{1}{v(t)}\frac{d}{dt}\left(\frac{\mathbf{X}'(t)}{v(t)}\right)$$

따라서 곡률의 정의로부터 다음을 얻는다.

$$\kappa(t) = \kappa(s(t)) = \left|\frac{d\mathbf{T}(s)}{ds}\right| = \frac{1}{v(t)}\left|\frac{d}{dt}\left(\frac{\mathbf{X}'(t)}{v(t)}\right)\right|$$

(2) 식 (2.2-9)로부터 $\mathbf{X}'(t) = \frac{ds}{dt}\mathbf{T}(s)$이다. 이 식의 양변을 t에 관해 미분하면 다

음을 얻는다.

$$\mathbf{X}''(t) = \frac{d^2s}{dt^2}\mathbf{T}(s) + \left(\frac{ds}{dt}\right)^2 \frac{d\mathbf{T}(s)}{ds} = \frac{d^2s}{dt^2}\mathbf{T}(s) + \kappa\left(\frac{ds}{dt}\right)^2 \mathbf{N}(s) \tag{2.2-10}$$

위 식의 양변에 $\mathbf{T}$를 외적하고, 외적의 성질과 $\mathbf{T}(s) = \mathbf{X}'(t)/\,|\mathbf{X}'(t)|$, $\mathbf{T}\times\mathbf{T} = \mathbf{0}$임을 이용하여 다음 식을 얻는다.

$$\mathbf{T}\times\mathbf{X}'' = \mathbf{T}\times\left\{\frac{d^2s}{dt^2}\mathbf{T} + \kappa\left(\frac{ds}{dt}\right)^2\mathbf{N}\right\}$$

$$\frac{\mathbf{X}'}{|\mathbf{X}'|}\times\mathbf{X}'' = \mathbf{T}\times\left(\frac{d^2s}{dt^2}\mathbf{T}\right) + \mathbf{T}\times\left\{\kappa\left(\frac{ds}{dt}\right)^2\mathbf{N}\right\}$$

$$\frac{1}{ds/dt}\left(\mathbf{X}'\times\mathbf{X}''\right) = \frac{d^2s}{dt^2}\left(\mathbf{T}\times\mathbf{T}\right) + \kappa\left(\frac{ds}{dt}\right)^2\left(\mathbf{T}\times\mathbf{N}\right) = \kappa\left(\frac{ds}{dt}\right)^2\left(\mathbf{T}\times\mathbf{N}\right)$$

$$\mathbf{X}'\times\mathbf{X}'' = \kappa\left(\frac{ds}{dt}\right)^3\left(\mathbf{T}\times\mathbf{N}\right) \tag{2.2-11}$$

이제 식 (2.2-11)에서 $\frac{ds}{dt} = |\mathbf{X}'(t)|$와 $|\mathbf{T}\times\mathbf{N}| = 1$임을 이용하면 다음을 얻는다.

$$\kappa(t) = \frac{|\mathbf{X}'\times\mathbf{X}''|}{|\mathbf{X}'|^3}$$ ■

[예제 2.2-6] 원형나선 $\mathbf{X}(t) = (\cos t,\ \sin t,\ t)$의 곡률을 구하라.

풀이 먼저 $\mathbf{X}'(t) = (-\sin t, \cos t, 1)$이고 $\mathbf{X}''(t) = -(\cos t, \sin t, 0)$이므로 $\mathbf{X}'\times\mathbf{X}''$은 다음과 같다.

$$\mathbf{X}'\times\mathbf{X}'' = \begin{vmatrix} \mathbf{i} & \mathbf{j} & \mathbf{k} \\ -\sin t & \cos t & 1 \\ -\cos t & -\sin t & 0 \end{vmatrix} = (\sin t,\ -\cos t,\ 1)$$

그런데 $|\mathbf{X}'(t)| = \sqrt{2}$이고 $|\mathbf{X}'\times\mathbf{X}''| = \sqrt{\sin^2 t + \cos^2 t + 1} = \sqrt{2}$ 이므로 구하는 곡률은 식 (2.2-8)에 의하여 다음과 같다.

$$\kappa = \frac{|\mathbf{X}'\times\mathbf{X}''|}{|\mathbf{X}'|^3} = \frac{\sqrt{2}}{2\sqrt{2}} = \frac{1}{2}$$ ✠

정리 2.2-2의 증명에서 식 (2.2-10)은 곡선 **X**의 가속도벡터 $\mathbf{X}''(t)$를 단위접선벡터 **T**와 주단위법선벡터 **N**으로 분해하여 표현할 수 있다는 것을 말하고 있다. 따라서 식 (2.2-10)에서 단위접선벡터 **T**의 계수 $\frac{d^2s}{dt^2}$를 가속도벡터 $\mathbf{X}''(t)$의 **접선성분**, 단위법선벡터 **N**의 계수 $\kappa(\frac{ds}{dt})^2$을 가속도 벡터 $\mathbf{X}''(t)$의 **법선성분**이라고 하고 각각 $\mathrm{a_T}$와 $\mathrm{a_N}$으로 나타낸다 (그림 2.2-6 참조).

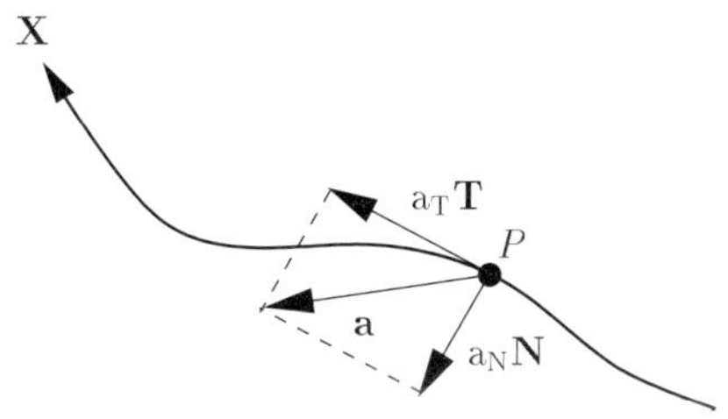

그림 2.2-6 가속도벡터의 분해

두 번 미분가능한 곡선의 길이로 매개화된 정규곡선 **X** 위의 점 P에서 접선과 법선을 포함하는 평면은 **T**와 **N**에 의해 결정된다. 이 평면은 $\mathbf{X}(t) = P$이 되는 순간에 곡선이 접촉하는 평면이다. 이러한 의미에서 곡선 **X** 위의 점 P에서 두 벡터 **T**와 **N**에 의해 결정되는 평면을 곡선 **X**의 점 P에서의 **접촉평면**(osculating plane 또는 kissing plane)이라 한다. 이 접촉평면은 점 P에 접하는 곡률원을 포함하는 평면이며, 곡선의 '비틀림'이 없다면 곡선은 항상 이 평면 위에 있게 된다.

2.2.6 곡선의 비틀림률

공간 $\mathbb{R}^3$에서 곡선의 접촉평면은 방향을 바꿀 수 있다. 따라서 '접촉평면의 변화율'을 이용하여 곡선이 얼마나 '비틀렸는지'를 다음과 같은 방법으로 알 수 있다.

벡터 $\mathbf{B} = \mathbf{T} \times \mathbf{N}$는 서로 직교하는 두 벡터 **T**와 **N**에 의하여 결정되는 접촉평면에 수직인 단위벡터이다. 이때 벡터 **B**를 **단위종법선벡터**(unit binormal vector)라고 부르고 접촉평면의 **방향**으로 정의한다.

단위종법선벡터 **B**는 크기가 1이므로 방향만 바꿀 수 있다. 그러므로 곡선 위를 진행할 때 접촉평면의 방향의 변화율(곡선의 비틀림)을 $\frac{d\mathbf{B}}{ds}$를 이용하여 측정할 수 있을 것이다. 이에 대해 자세히 알아보자.

먼저 $\mathbf{B} \bullet \mathbf{T} = 0$이므로 이 식의 양변을 s에 관해 미분하고 $\mathbf{N} = \frac{1}{\kappa}\mathbf{T}$임을 이용하면 다음을 얻는다.

$$\mathbf{B}' \bullet \mathbf{T} + \mathbf{B} \bullet \mathbf{T} = \mathbf{B}' \bullet \mathbf{T} + \kappa \mathbf{B} \bullet \mathbf{N} = 0$$

그런데 $\mathbf{B} \bullet \mathbf{N} = 0$이므로 $\mathbf{B}' \bullet \mathbf{T} = 0$이다. 또 $\mathbf{B} \bullet \mathbf{B} = 1$이므로 $\mathbf{B}' \bullet \mathbf{B} = 0$이다. 즉, 벡터 $\mathbf{B}'$은 벡터 $\mathbf{T}$와 $\mathbf{B}$가 결정하는 평면에 수직이다. 따라서 $\mathbf{B}'$는 주단위법선벡터 $\mathbf{N}$과 평행하므로 다음 식을 만족시키는 적당한 실함수 $\tau(s)$가 존재한다.

$$\frac{d\mathbf{B}}{ds} = -\tau(s)\mathbf{N}(s) \tag{2.2-12}$$

이때 실함수 $\tau(s)$를 곡선 $\mathbf{X}$의 **비틀림률**(torsion)이라고 한다.

곡선의 곡률 $\kappa = |\frac{d\mathbf{T}}{ds}|$은 단위접선벡터 $\mathbf{T}$의 방향의 변화율을 나타낸다. 비틀림률의 크기 $|\tau(s)| = |\frac{d\mathbf{B}}{ds}|$는 단위종법선벡터 $\mathbf{B}$, 즉 접촉평면이 방향을 바꾸는(turning) 정도를 나타낸다. 여기서 곡률은 항상 양의 값을 갖지만, 비틀림률은 임의의 실수값을 가질 수 있음에 주의하라.

곡선 $\mathbf{X}$가 곡선의 길이 s로 매개화되어 있는 경우에 식 (2.2-12)의 양변에 $\mathbf{N}$을 내적하여 얻는 다음 식을 이용하여 곡선 $\mathbf{X}$의 비틀림률 τ를 구할 수 있다.

$$\tau(s) = \tau(s)\mathbf{N}(s) \bullet \mathbf{N}(s) = -\frac{d\mathbf{B}}{ds} \bullet \mathbf{N}(s) \tag{2.2-13}$$

일반적으로 곡선의 길이로 매개화되어 있지 않은 곡선의 비틀림률은 다음을 이용하여 구할 수 있다. 증명은 연습문제로 남긴다.

[정리 2.2-3] 세 번 미분가능한 정규곡선 $\mathbf{X}(t)$에 대하여 다음이 성립한다.

$$\tau(t) = \frac{(\mathbf{X}' \times \mathbf{X}'') \bullet \mathbf{X}'''}{|\mathbf{X}' \times \mathbf{X}''|^2} \tag{2.2-14}$$

[예제 2.2-7] 원형나선 $\mathbf{X}(t) = (\cos t, \sin t, t)$의 비틀림률을 구하라.

풀이 예제 2.2-6의 풀이에서 $\mathbf{X}'(t) \times \mathbf{X}''(t) = (\sin t, -\cos t, 1)$임을 알고 있다. 그리고 $\mathbf{X}'''(t) = (\sin t, -\cos t, 0)$이므로 $\mathbf{X}'(t) \times \mathbf{X}''(t) \bullet \mathbf{X}'''(t) = \sin^2 t + \cos^2 t = 1$이다. 또 $|\mathbf{X}'(t) \times \mathbf{X}''(t)| = \sqrt{2}$이므로 식 (2.2-14)를 이용하면 $\tau = \frac{1}{2}$이다. ✠

2.2.7 움직이는 삼면

공간에서 두 번 미분가능한 정규곡선 $\mathbf{X}$ 위의 한 점 P에 세 개의 단위벡터 $\mathbf{T}, \mathbf{N}, \mathbf{B}$가 대응된다. 이는 점 P에서 오른손 직교좌표계를 이루는데 벡터 $\mathbf{T}$와 $\mathbf{N}$이 만드는 평면을 접촉평면, 벡터 $\mathbf{N}$과 $\mathbf{B}$가 만드는 평면을 **법평면**(normal plane), 그리고 벡터 $\mathbf{B}$와 $\mathbf{T}$가 만드는 평면을 **전직평면**(rectifying plane)이라고 한다 (그림 2.2-7 참조). 이 세 평면은 곡선 위의 점의 위치에 따라 변하므로 **움직이는 삼면**(moving trihedral)이라고 부른다.

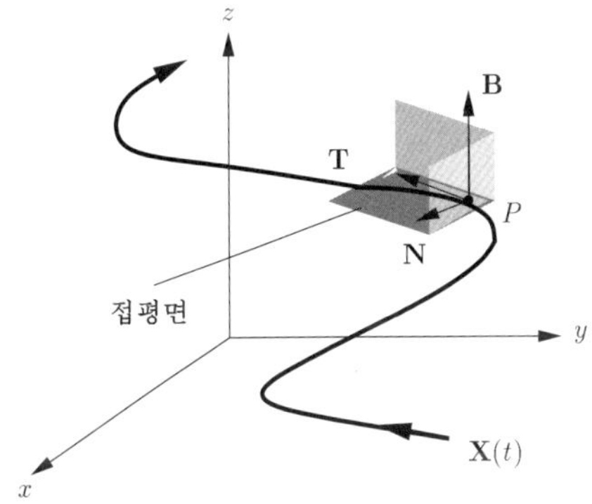

그림 **2.2-7** 접평면과 **T**, **N**과 **B**

[예제 2.2-8] 공간의 원점에서 시작한 질점의 운동곡선이 다음과 같이 원주좌표계의 매개방정식으로 주어졌다.

$$\rho = t, \ \theta = t, \ \phi = \frac{\pi}{6} \ (t \geq 0)$$

시각 $t = 0$일 때 질점의 운동곡선과 그의 운동에 대하여 논하라 (그림 2.2-8 참조).

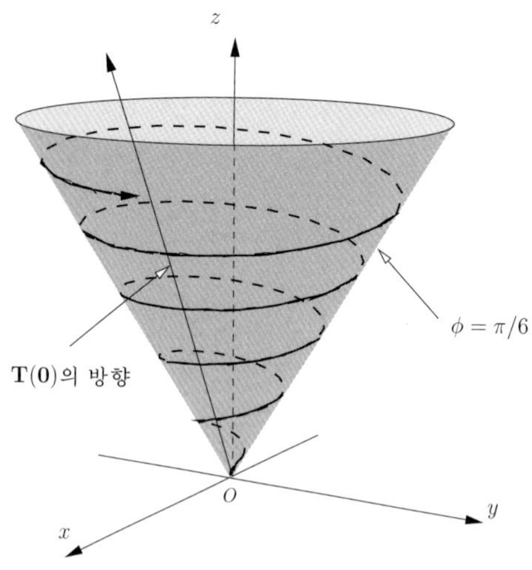

그림 2.2-8 원추나선(conical helix): $\rho = t,\ \theta = t,\ \phi = \frac{\pi}{6}\ (t \geq 0)$

풀이 원점에서, 즉 $t = 0$일 때 운동곡선의 성질을 접선의 방정식, 곡률 $\kappa(0)$, 비틀림률 $\tau(0)$, 가속도벡터 $\mathbf{a}(0)$, 주단위법선벡터 $\mathbf{N}(0)$, 단위종법선벡터 $\mathbf{B}(0)$와 접촉평면의 방정식을 구하여 살펴보기로 한다. 먼저, 질점의 운동을 나타내는 곡선 $\mathbf{X}$를 직교좌표로 쓰면 다음과 같다.

$$\mathbf{X}(t) = (x, y, z) = (\rho \sin\phi \cos\theta, \rho \sin\phi \sin\theta, \rho \cos\phi) = \tfrac{1}{2}(t\cos t, t\sin t, \sqrt{3}t)$$

이로부터 $\mathbf{X}'$, $\mathbf{X}''$, $\mathbf{X}'''$를 구하면 각각 다음과 같다.

$$\mathbf{X}'(t) = \tfrac{1}{2}(\cos t - t\sin t, \sin t + t\cos t, \sqrt{3})$$
$$\mathbf{X}''(t) = \tfrac{1}{2}(-2\sin t - t\cos t, 2\cos t - t\sin t, 0)$$
$$\mathbf{X}'''(t) = \tfrac{1}{2}(-3\cos t + t\sin t, -3\sin t - t\cos t, 0)$$

따라서 $t = 0$ 일 때 다음을 얻는다.

$$\mathbf{X} = (0,0,0),\ \mathbf{X}' = \tfrac{1}{2}(1, 0, \sqrt{3}),\ \mathbf{X}'' = \tfrac{1}{2}(0,2,0),\ \mathbf{X}''' = \tfrac{1}{2}(-3,0,0)$$

벡터 $\mathbf{X}'(0)$은 $t=0$일 때 곡선의 접선벡터이므로 접선의 방정식은 다음과 같다.

$$\frac{x}{1/2}=\frac{z}{\sqrt{3}/2},\ y=0$$

질점이 원점에서 운동을 시작할 때의 속력 $v(0)$은 $|\mathbf{X}'(0)|=1$이고, θ가 t와 같이 증가하므로 곧 반시계방향으로 움직인다. 또한, $t=0$이면 $|\mathbf{X}'\times\mathbf{X}''|=1$이므로, 식 (2.2-8)로부터 $t=0$일 때 곡선의 곡률 $\kappa(0)$은 1이다.

그리고 $(\mathbf{X}'\times\mathbf{X}'')\bullet\mathbf{X}'''=\frac{3}{4}\sqrt{3}$이므로 식 (2.2-14)를 이용하면 $t=0$일 때 곡선의 비틀림률 $\tau(0)$은 $\frac{3}{4}\sqrt{3}$이다.

임의의 시각 t에서의 질점의 속력은 $v(t)=\frac{ds}{dt}=|\mathbf{X}'(t)|=\frac{1}{2}\sqrt{4+t^2}$이고, 또한 시각 $t=0$일 때 $\frac{d^2s}{dt^2}=\frac{t}{2\sqrt{4+t^2}}=0$이다. 따라서 식 (2.2-10)으로부터 시각 $t=0$에서 가속도벡터 $\mathbf{a}(0)$는 다음 식과 같이 주단위법선벡터 $\mathbf{N}(0)$이다.

$$\mathbf{a}=\frac{d^2s}{dt^2}\mathbf{T}+\kappa\left(\frac{ds}{dt}\right)^2\mathbf{N}=(0)\mathbf{T}+(1)(1)^2\mathbf{N}=\mathbf{N}$$

그런데 $\mathbf{a}(0)=\mathbf{X}''(0)=\frac{1}{2}(0,2,0)=\mathbf{j}$이므로 주단위법선벡터 $\mathbf{N}(0)$은 $\mathbf{j}$이다.

따라서 $t=0$일 때 접촉평면은 직선 $z=\sqrt{3}x$와 y축을 포함하는 평면이다. 그런데 $\mathbf{T}(0)=(\frac{1}{2},0,\frac{1}{2}\sqrt{3})$이고 접촉평면의 방향인 종법선벡터는 $\mathbf{B}(0)=\mathbf{T}(0)\times\mathbf{N}(0)$이므로 $(-\frac{1}{2}\sqrt{3},0,\frac{1}{2})$이다. 그러므로 원점에서 접촉평면의 방정식은 $z=\sqrt{3}x$이다. ✠

연습 문제 2.2

1. 다음 곡선에 대하여 주어진 시각에서 접선의 방정식을 구하라.

   (1) $\mathbf{X}(t)=(t,2t,t^2),\ t=1$ (2) $\mathbf{X}(t)=\left(e^{3t},e^{-3t},3\sqrt{2}t\right),\ t=1$

2. 다음 두 곡선은 점 $(1,1,0)$에서 만남을 보이고 그 점에서 두 접선의 교각을 구하라.

$$\mathbf{X}(t)=\left(e^t,e^{2t},1-e^{-t}\right),\ \mathbf{Y}(t)=(1-t,\cos t,\sin t)$$

3. 곡선 $\mathbf{X}(t) = (2t^2, 1-t, 3+t^2)$과 평면 $3x - 14y + z = 10$의 교점을 구하라.

4. 다음에 주어진 곡선이 운동하는 질점의 궤적을 나타낸다고 할 때 주어진 시각 t에서 속도벡터 $\mathbf{v}$, 가속도벡터 $\mathbf{a}$와 속력 v를 구하라.

   (1) $\mathbf{X}(t) = (a\cos\omega t, a\sin\omega t),\ t = \frac{\pi}{3\omega}$ (2) $\mathbf{X}(t) = (t+1, t^2-1),\ t = 2$
   (3) $\mathbf{X}(t) = (\sec t, \tan t),\ t = \frac{1}{6}\pi$ (4) $\mathbf{X}(t) = (\cosh 3t, 2\sinh t),\ t = 0$
   (5) $\mathbf{X}(t) = (2\cos t, \sin 2t),\ t = 0$ (6) $\mathbf{X}(t) = (\ln(t+1), t^2),\ t = 1$

5. 질점의 운동을 나타내는 다음 곡선에서 속도벡터와 가속도벡터가 직교하는 시각 $t > 0$을 구하라.

   (1) $\mathbf{X}(t) = (\frac{1}{2}t^5 + 3, 5\ln t, -5t)$ (2) $\mathbf{X}(t) = (\sin t, \cos t, t)$

6. 미분가능한 곡선 $\mathbf{X}$가 $|\mathbf{X}(t)| = a\ (a > 0)$를 만족시킨다면 위치벡터 $\mathbf{X}(t)$와 접선벡터 $\mathbf{X}'(t)$는 직교함을 보여라.

7. 평면 곡선 $\mathbf{X}$ 위의 점 $\mathbf{x}_0 = (x_0, y_0)$가 원점으로부터 가장 가까운 점이라 할 때 점 $\mathbf{x}_0$의 위치벡터 $\mathbf{X}$와 접선벡터 $\mathbf{X}'$이 직교함을 보여라.

8. 공간에서 정규곡선 $\mathbf{X}$가 원점을 중심으로 하는 구면 위에 있을 필요충분한 조건은 $\mathbf{X}(t)$와 $\mathbf{X}'(t)$가 직교한다는 것임을 보여라.

9. 다음에 주어진 곡선에 대하여 주어진 구간에서 곡선의 길이를 구하라.

   (1) $\mathbf{X}(t) = (t\sin t + \cos t, t\cos t - \sin t)$, $0 \le t \le 2$
   (2) $\mathbf{X}(t) = (\cos t, \sin t, t^2)$, $0 \le t \le 1$
   (3) $\mathbf{X}(t) = (2\cos 3t, 2\sin 3t, t^2)$, $0 \le t \le 10$
   (4) $\mathbf{X}(t) = (t, t, 4-t^2)$, $0 \le t \le 1$
   (5) $\mathbf{X}(t) = (6t^3, -2t^3, -3t^3)$, $0 \le t \le \alpha$
   (6) $\mathbf{X}(t) = (2t, \ln t, t^2)$, $0 \le t \le e$
   (7) $\mathbf{X}(t) = (e^t\cos t, e^t\sin t, e^t)$, $0 \le t \le \beta$
   (8) $\mathbf{X}(t) = (2\sin t, 2\cos t, 3t)$, $0 \le t \le \pi$

10. 직선의 곡률 κ는 0임을 증명하라.

11. 다음 곡선의 곡률 κ를 구하라.

   (1) $\mathbf{X}(t) = (a\cos t, b\sin t, ct)$, $a, b, c > 0$: 타원나선(elliptical helix)
   (2) $\mathbf{X}(t) = (a\cos t, b\sin t, c)$, $a, b, c > 0$: 타원궤도
   (3) $\mathbf{X}(t) = (t, t^2, t^3)$

12. 다음에 주어진 평면 곡선에 대하여 $\mathbf{T}$, $\mathbf{N}$과 κ를 구하라.

   (1) $\mathbf{X}(t) = (\cos t + t\sin t, \sin t - t\cos t)$ (2) $\mathbf{X}(t) = (e^t\cos t, e^t\sin t)$
   (3) $\mathbf{X}(t) = (a(t - \sin t), a(1 - \cos t))$ (4) $\mathbf{X}(t) = (\cos^3 t, \sin^3 t)$

13. 다음에 주어진 공간곡선에 대하여 **T**, **N**, **B**와 κ를 구하라.

(1) $\mathbf{X}(t) = \left(\frac{1}{3}(1+t)^{3/2}, \frac{1}{3}(1-t)^{3/2}, \frac{1}{2}t\right), \ -1 < t < 1$

(2) $\mathbf{X}(t) = (3\cosh 2t, 3\sinh 2t, 6t)$

(3) $\mathbf{X}(t) = (\sin 2t, \cos 2t, 2t)$

(4) $\mathbf{X}(t) = (\cos 3t, \sin 3t, t)$

(5) $\mathbf{X}(t) = (2\sin t, 2\cos t, 3t)$

(6) $\mathbf{X}(t) = (e^t \cos t, e^t \sin t, e^t)$

14. 다음에 주어진 곡선 **X**에 대하여 주어진 시각 t에서 속도벡터와 속력 그리고 가속도 벡터의 접선성분 $a_{\mathbf{T}}$와 법선성분 $a_{\mathbf{N}}$을 구하라.

(1) $\mathbf{X}(t) = (1 - \sin t, 1 - \sqrt{2}\cos t), \ t = \frac{\pi}{6}$

(2) $\mathbf{X}(t) = (t+1, 2t, t^2), \ t = 1$

(3) $\mathbf{X}(t) = \left(e^t \cos t, e^t \sin t, \sqrt{2}e^t\right), \ t = 0$

(4) $\mathbf{X}(t) = (t\cos t, t\sin t, t), \ t = 0$

(5) $\mathbf{X}(t) = (\cos(t^2), \sin(t^2)), \ t = 1$

(6) $\mathbf{X}(t) = (a\cos^3 t, a\sin^3 t, t), \ t = \frac{\pi}{4}$

15. 다음 원형나선(circular helix)에 대하여 **T**, **N**, κ, **B**와 τ를 구하라.

$$\mathbf{X}(t) = (a\cos t, a\sin t, bt), \quad a, b > 0$$

16. 공간에 있는 한 평면 위에 놓이는 곡선의 비틀림률 τ는 0임을 보여라.

17. 정리 2.2-3을 증명하라.

18. (**프레네공식**: Frenet's formula) 곡선 **X**의 단위종법선벡터 $\mathbf{N}(s)$에 대하여 다음이 성립함을 보여라.

$$\frac{d\mathbf{N}(s)}{ds} = \tau\mathbf{T}(s) - \kappa\mathbf{B}(s)$$

따라서 식 (2.2-6)과 (2.2-12)로부터 벡터 $\mathbf{T}, \mathbf{N}, \mathbf{B}$에 대하여 다음이 성립한다.

$$\frac{d}{ds}\begin{pmatrix} \mathbf{T}(s) \\ \mathbf{N}(s) \\ \mathbf{B}(s) \end{pmatrix} = \begin{pmatrix} 0 & \kappa & 0 \\ -\kappa & 0 & \tau \\ 0 & -\tau & 0 \end{pmatrix}\begin{pmatrix} \mathbf{T}(s) \\ \mathbf{N}(s) \\ \mathbf{B}(s) \end{pmatrix}$$

19. 시각 $t \geq 0$일 때 공간을 운동하는 물체의 위치벡터 **X**가 다음과 같다고 한다.

$$\mathbf{X}(t) = (e^{-t}\cos t, e^{-t}\sin t, e^{-t}), \quad t \geq 0$$

(1) 물체의 속력이 $\frac{ds}{dt} = \sqrt{3}e^{-t}$임을 보여라.

(2) 물체가 만드는 곡선의 길이가 $\sqrt{3}$임을 보여라.

(3) $\kappa = \frac{\sqrt{2}}{3}e^t$이고 $\tau = -\frac{1}{3}e^t$임을 보여라.

20. 곡선 $\mathbf{X}(t) = (\sin(2t), \cos(2t), t)$에 대하여 다음 물음에 답하라.

(1) 단위접선 벡터 $\mathbf{T}(0)$를 구하라.

(2) 곡률 $\kappa(0)$를 구하여라.

(3) 단위주법선 벡터 $\mathbf{N}(0)$을 구하라.

(4) 단위종법선 벡터 $\mathbf{B}(0)$를 구하라.

21. 시각 t일 때 한 물체의 위치가 구면좌표로 다음과 같이 주어진다고 한다. 이 물체가 만드는 곡선의 곡률 κ와 비틀림율 τ를 구하라.

$$\rho = 2, \quad \phi = \frac{1}{3}\pi, \quad \theta = t$$

3 다변수함수

일반적으로 자연 현상을 나타내는 데는 여러 개의 변수가 필요하다. 예를 들어 지구의 대기온도는 지역과 고도에 따라 다르고, 또 시각에 따라 변하므로 온도를 나타내기 위해서는 위치를 나타내는 세 개의 공간변수와 시간을 나타내는 변수를 포함하여 네 개의 변수가 필요하다. 즉, 지구상의 온도분포를 나타내는 함수는 네 개의 변수를 가지는 다변수함수이다. 이러한 자연현상뿐만 아니라 경제학에서의 여러 대상을 다변수함수로 생각할 수 있다. 예를 들어 상품을 만들어 판매한다고 하면 원자재의 가격, 인건비, 유통비 등이 상품의 가격을 결정짓는 변수가 된다. 즉, 상품의 가격은 다변수함수이다. 이 장에서는 이와 같이 독립변수가 두 개 이상인 함수의 연속성, 편미분 등의 개념과 그의 응용에 대해 다룬다.

3.1 다변수함수의 정의

n차원 공간 $\mathbb{R}^n(n \geq 2)$의 부분집합 Ω의 각 점 $\mathbf{x} = (x_1, x_2, \ldots, x_n)$에 오직 하나의 실수 w를 대응시키는 규칙 $f : \Omega \to \mathbb{R}$을 n**변수실함수** 또는 n**변수함수**라고 하며, 흔히 다음과 같이 나타낸다.

$$w = \mathbf{f}(\mathbf{x}), \ \mathbf{x} \in \Omega \quad \text{또는} \quad w = f(x_1, x_2, \ldots, x_n), \ \mathbf{x} \in \Omega$$

여기서 집합 Ω를 함수 f의 **정의역**, 집합 $\{f(\mathbf{x}) \in \mathbb{R} \,|\, \mathbf{x} \in \Omega\}$를 **치역**이라고 한다. 또 변수 $x_1, \ldots, x_n$를 함수 f의 **독립변수**, w를 **종속변수**라고 한다. 흔히, $\Omega \subset \mathbb{R}^2$일 때 독립변수를 x와 y, $\Omega \subset \mathbb{R}^3$일 때 독립변수를 x, y, z로 나타낸다. 독립변수가 두 개 이상인 실함수를 통틀어 **다변수실함수**(function of several variables) 또는 **다변수함수**라고 한다.

함수 f의 정의역이 주어져 있지 않을 경우에는 식 $f(\mathbf{x})$가 의미를 가질 수 있도록 하는, 즉 $f(\mathbf{x})$가 정의되는 $\mathbb{R}^n$의 최대 부분집합을 f의 정의역으로 약속한다. 이를 **최대 정의역의 법칙**이라고 한다.

[예제 3.1-1] 식 $f(x,y) = \sqrt{4 - x^2 - y^2}$로 정의된 함수 f의 정의역과 치역을 구하고 $f(0,1)$과 $f(-1,1)$을 구하라.

풀이 함수 f는 근호 안의 식이 음수가 아닐 때 정의되므로 f의 정의역 Ω는 다음과 같다.

$$\Omega = \{(x,y) \in \mathbb{R}^2 \,|\, x^2 + y^2 \leq 4\}$$

이것은 중심을 원점에 둔 반지름이 2인 닫힌 원판이다. 그리고 x^2과 y^2은 음수가 아니므로 식 $4 - x^2 - y^2$은 $x = 0, y = 0$일 때 가장 크다. 따라서 함수값은 2보다 크지 않다. 또한 $f(x,y) \geq 0$이며, 특히 $x^2 + y^2 = 4$인 x, y에 대하여 $f(x,y) = 0$이므로 함수 f의 치역은 폐구간 $[0,2]$이다. 그리고 $f(0,1)$, $f(-1,1)$은 각각 다음과 같다.

$$f(0,1) = \sqrt{4 - 0^2 - 1^2} = \sqrt{3}, \quad f(-1,1) = \sqrt{4 - (-1)^2 - 1^2} = \sqrt{2} \ ✠$$

[예제 3.1-2] $\mathbb{R}^4$에서 다음과 같이 정의된 함수 f의 정의역과 치역을 구하라.

$$f(\mathbf{x}) = \frac{1}{{x_1}^2 + {x_2}^2 + {x_3}^2 + {x_4}^2 - 1}, \quad \mathbf{x} = (x_1, x_2, x_3, x_4)$$

풀이 식 $f(\mathbf{x})$는 ${x_1}^2 + {x_2}^2 + {x_3}^2 + {x_4}^2 \neq 1$일 때만 정의되므로 정의역은 다음과 같다.

$$\Omega = \{(x_1, x_2, x_3, x_4) \in \mathbb{R}^4 \mid {x_1}^2 + {x_2}^2 + {x_3}^2 + {x_4}^2 \neq 1\}$$

이제 함수 f의 치역을 구하자. 먼저 네 개의 실수 x_1, x_2, x_3, x_4의 값을 적절히 조합하여 ${x_1}^2 + {x_2}^2 + {x_3}^2 + {x_4}^2$의 값을 원하는 만큼 ± 1에 가깝게 만들 수 있으므로 $|f(\mathbf{x})|$는 임의로 큰 값을 취할 수 있다. 그런데 ${x_1}^2 + {x_2}^2 + {x_3}^2 + {x_4}^2 \geq 0$이므로 $f(\mathbf{x})$는 -1 보다 큰 음수를 값으로 취할 수 없다. 또한 임의의 점 $\mathbf{x} \in \Omega$에 대해서 $f(\mathbf{x}) \neq 0$이다. 마지막으로 $|\mathbf{x}| = \sqrt{{x_1}^2 + {x_2}^2 + {x_3}^2 + {x_4}^2}$를 크게 하여 $f(\mathbf{x})$를 얼마든지 0에 가깝게 할 수 있다. 이를 종합하면 f의 치역은 $\mathbb{R} \setminus (-1, 0]$이다. ✠

3.1.1 다변수함수의 그래프와 등위곡면

정의역이 $\Omega \subset \mathbb{R}^n$인 함수 $w = f(\mathbf{x})$에 대하여 다음과 같이 주어지는 공간 $\mathbb{R}^{n+1}$의 부분집합을 함수 f의 **그래프**(graph)라고 한다.

$$\{(\mathbf{x}, w) \in \mathbb{R}^{n+1} \mid w = f(\mathbf{x}),\ \mathbf{x} = (x_1, x_2, \ldots, x_n) \in \Omega\}$$

함수 f의 그래프는 방정식 $w = f(x_1, \ldots, x_n)$의 해집합으로 생각할 수 있다.

[예제 3.1-3] 다음 함수의 그래프는 무엇인지 설명하라.

$$z = f(x, y) = \sqrt{1 - x^2 - y^2} \tag{3.1-1}$$

풀이 식 (3.1-1)의 양변을 제곱하면 $z^2 = 1 - x^2 - y^2$ 또는 $x^2 + y^2 + z^2 = 1$이다. 이 방정식은 중심이 $(0, 0, 0)$이고 반지름이 1인 구면을 나타낸다. 그런데 $z \geq 0$이므로 함수 f의 그래프는 상반구면이다 (그림 3.1-1 참조). ✠

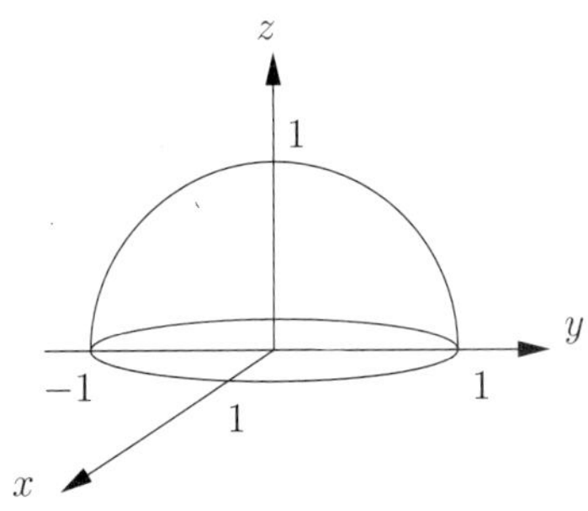

그림 3.1-1 함수 $z = \sqrt{1 - x^2 - y^2}$의 그래프의 개형

일반적으로 이변수함수의 그래프를 그리는 것은 쉽지 않으며, 독립변수가 세 개 이상인 함수의 그래프는 사차원 이상인 공간의 부분집합이 되어 현실적으로 그릴 수가 없다. 여기서 이변수함수의 그래프의 대강을 알아볼 수 있게 해주는 비교적 간단한 방법에 대하여 알아보자.

산악지도나 등산지도는 미리 정한 점을 기준으로 같은 높이를 가지는 점들을 연결한 선(contour)을 이용하여 산악, 고지 또는 계곡 등을 평면에 나타내고 있다. 이처럼 같은 높이를 나타내는 선을 **등고선**이라고 한다. 지도(map)는 여러 개의 등고선을 평면에 사영(mapping)하여 삼차원 모형을 평면에 나타낸 것이다. 따라서 지도의 등고선을 보고 경사가 급한지역(등고선의 간격이 좁은 지역)이나 경사가 완만한 지역(등고선의 간격이 넓은 지역) 등에 대해 알 수 있다.

이제 이러한 생각을 삼차원 모형인 이변수함수 $z = f(x, y)$의 그래프에 적용하여 보자. c가 상수일 때 방정식 $c = f(x, y)$를 만족시키는 점 (x, y)의 집합은 xy평면에서 곡선을 나타내는데, 이를 함수 f의 **등위곡선**(level curve)이라고 한다. 등위곡선 위의 점에서는 함수값, 즉 xy평면으로부터의 높이가 일정하므로 이는 지도의 등고선과 같은 개념이다. 또 등위곡선은 평면 $z = c$와 곡면 $z = f(x, y)$의 교선을 xy평면에 정사영한 것이기도 하다. 이와 같은 여러 개의 등위곡선을 하나의 평면에 나타낸 것을 함수 f의 **경로지도**(contour map)라고 한다. 지도를 이용하면 산의 높이의 변화와 지세를 알 수 있듯이 이러한 경로지도를 통하여 함수의 그래프의 개형과 함수값의 변화 등을 알수 있다 (그림 3.1-2 참조).

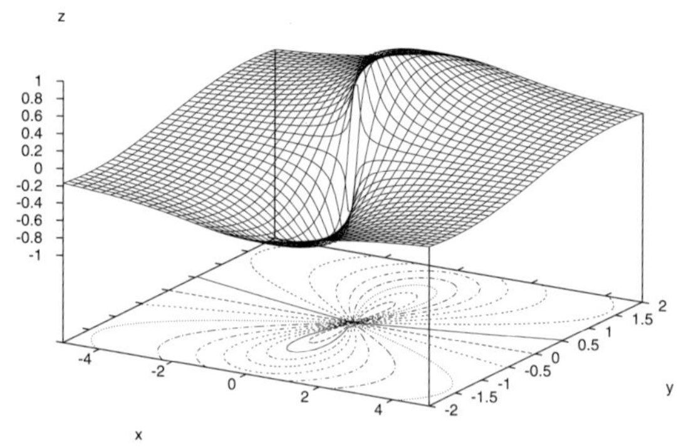

그림 **3.1-2** 함수 $z = \frac{\sin y}{\sqrt{x^2+y^2}}$의 그래프: 등위곡선과 경로지도

[예제 3.1-4] 함수 $z = x^2 + y^2$의 경로지도를 그려라.

풀이 함수 $z = x^2 + y^2$의 그래프는 타원포물면이다. 평면 $z = c > 0$에 대한 등위곡선은 $x^2 + y^2 = (\sqrt{c})^2$꼴의 원이다. $z = 0$이면 등위곡선은 한 점(원점)이다. 그리고 $x^2 + y^2 \geq 0$이므로 $z < 0$에 대한 등위곡선은 없다. $z = 1, 2, 3, 4$에 대한 주어진 함수의 등위곡선을 나타내면 그림 3.1-3과 같다. ✠

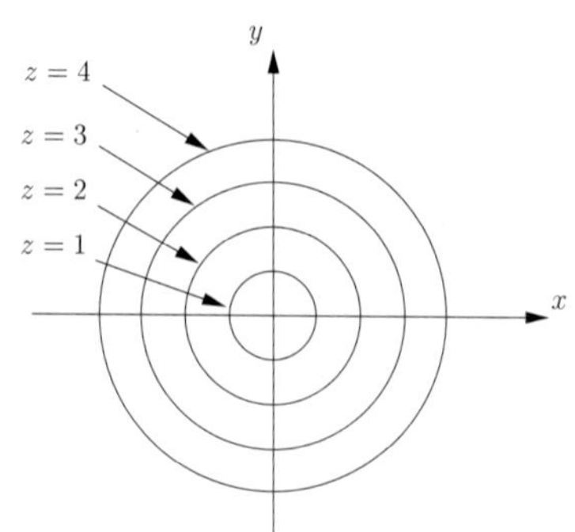

그림 **3.1-3** 함수 $z = x^2 + y^2$의 경로지도

등위곡선의 개념을 삼변수함수로 확장할 수 있다. 상수 c에 대해 $c = f(x, y, z)$를 만족시키는 점의 집합(곡면)을 함수 $w = f(x, y, z)$의 **등위곡면**(level surface)이라고

한다. 등위곡면을 이용하면 함수값이 같은 점, 예를 들어 전압이 같은 점이 공간에 어떻게 분포되어 있는지를 알 수 있다. 또한 여러 개의 등위곡면과 한 평면과의 교선을 통해 함수값의 변화에 대한 정보 등을 얻을 수 있다.

연습 문제 3.1

1. 다음에 주어진 함수의 정의역, 치역을 구하고 등위곡선에 대해 설명하라.

(1) $f(x,y) = \frac{1}{xy}$ (2) $f(x,y) = \sqrt{x+y}$

(3) $f(x,y) = \ln(x+y)$ (4) $f(x,y) = \sqrt{y}/x$

(5) $f(x,y) = xe^{-y}$ (6) $f(x,y) = \cos(xy)$

(7) $f(x,y) = \tan^{-1}(y/x)$ (8) $f(x,y) = \sinh(x^2+y^2)$

(9) $f(x,y) = \ln(x^2+y^2)$ (10) $f(x,y) = \ln(x^2+y)$

(11) $f(x,y) = \sin^{-1}(xy)$ (12) $f(x,y) = \frac{x+y}{x-y}$

2. 다음 함수의 정의역과 치역을 구하라.

(1) $f(x,y) = \dfrac{xy}{y^2-x^2}$ (2) $f(x,y,z) = \dfrac{x^2}{x^2+y^2+z^2}$ (3) $f(x,y,z) = z$

3. 다음 함수의 등위곡면에 대하여 설명하라.

(1) $f(x, y, z) = y^2 - z$ (2) $f(x, y, z) = x$

(3) $f(x, y, z) = \sin x$ (4) $f(x, y, z) = xy$

(5) $f(x, y, z) = x + y$ (6) $f(x, y, z) = x^2 + y^2$

(7) $f(x, y, z) = x^2 + y^2 + z^2$ (8) $f(x, y, z) = \sqrt{x^2+y^2-z}$

(9) $f(x, y, z) = \ln(x^2+y^2+z^2)$ (10) $f(x, y, z) = 1/(x^2+y^2+z^2)$

3.2 다변수함수의 극한과 연속

공간 $\mathbb{R}^n$의 한 점 $\mathbf{p}$와 양의 실수 δ에 대하여 다음의 집합 $N_\delta(\mathbf{p})$를 점 $\mathbf{p}$의 δ–근방 또는 간단히 **근방**(neighborhood)이라고 한다.

$$N_\delta(\mathbf{p}) = \{\mathbf{x} \in \mathbb{R}^n \mid |\mathbf{x} - \mathbf{p}| < \delta\}, \quad \delta > 0$$

특히, 집합 $N_\delta(\mathbf{p})$에서 점 $\mathbf{p}$를 뺀 집합을 점 $\mathbf{p}$의 **빠진근방**(deleted neighborhood)이라고 한다.

[예제 3.2-1] 평면에서 집합 $N_\delta(a,b) = \{(x,y) \in \mathbb{R}^2 \mid \sqrt{(x-a)^2 + (y-b)^2} < \delta\}$, 즉 점 (a,b)가 중심이고 반지름이 δ인 원의 내부는 점 (a,b)의 근방이다. 한편 집합 $N_0 = \{(x,y) \in \mathbb{R}^2 \mid 0 < \sqrt{(x-a)^2 + (y-b)^2} < \delta\}$는 점 (a,b)의 빠진근방이다.

점 $\mathbf{p}$가 집합 $\Omega \subset \mathbb{R}^n$의 원소일 때, Ω의 부분집합인 점 $\mathbf{p}$의 근방이 존재하면 점 $\mathbf{p}$를 집합 Ω의 **내점**(interior point)이라고 한다. 이때 집합 Ω의 모든 점이 Ω의 내점이면 집합 Ω를 **열린집합**(open set) 또는 **개집합**이라고 한다. 한편 집합 Ω의 여집합 Ω^c가 열린집합이면 집합 Ω를 **닫힌집합**(closed set) 또는 **폐집합**이라고 한다.

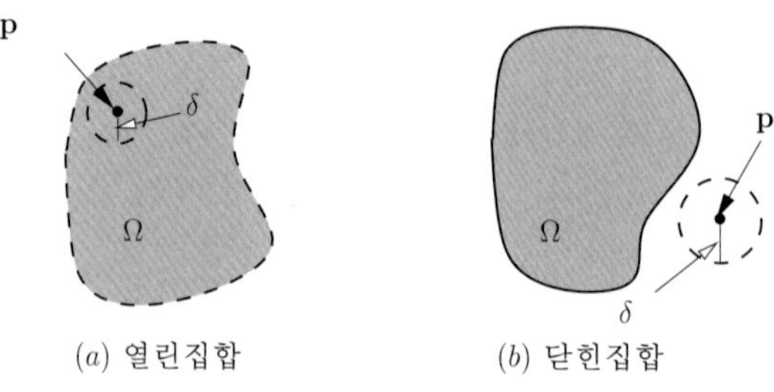

그림 3.2-1 열린집합과 닫힌집합

공간 $\mathbb{R}^n$의 점 $\mathbf{p}$와 부분집합 Ω가 모든 양수 δ에 대하여 다음의 두 조건을 만족시키면 점 $\mathbf{p}$는 집합 Ω의 **경계점**(boundary point)이라고 한다.

$$N_\delta(\mathbf{p}) \cap \Omega \neq \varnothing, \quad N_\delta(\mathbf{p}) \cap \Omega^C \neq \varnothing$$

집합 Ω의 모든 경계점의 집합을 Ω의 **경계**(boundary)라고 하며 $\partial\Omega$로 나타낸다. 특히, 점 $\mathbf{p}$가 집합 Ω의 경계점도 아니고 내점도 아닌 경우는 점 $\mathbf{p}$를 집합 Ω의 **외점**(exterior point)이라고 한다 (그림 3.2-2(a) 참조).

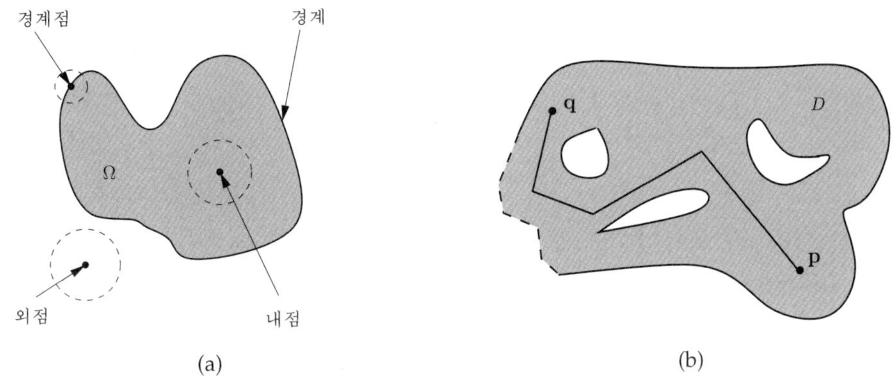

그림 **3.2-2** (a) 평면의 집합 Ω의 내점, 경계점과 외점 (b) 영역

집합 $\Omega \subset \mathbb{R}^n$ 내의 어떠한 두 점도 Ω 내에 속하는 유한 개의 선분으로 연결할 수 있으면 집합 Ω를 **영역**(region)이라고 한다 (그림 3.2-2(b) 참조). 특히, 열린집합인 영역을 **열린영역**, 닫힌집합인 영역을 **닫힌영역**이라고 한다. 예를 들어 평면에서 경계를 포함하지 않는 원판, 즉 **개원판**은 열린영역이고, 경계를 포함하는 원판, 즉 **폐원판**은 닫힌영역이다. 경계의 일부만을 포함하는 영역은 닫힌영역도 아니고 열린영역도 아님에 주의하라.

3.2.1 다변수함수의 극한

점 $\mathbf{a} \in \mathbb{R}^n$의 근방 또는 빠진근방을 포함하는 집합에서 정의된 함수 f를 생각하자. 이때 변수 $\mathbf{x}$가 점 $\mathbf{a}$를 지나지 않으면서 $\mathbf{a}$로 한없이 접근할 때 $\mathbf{x}$에 대응하는 함수값 $f(\mathbf{x})$가 일정한 수 A에 한없이 가까워지면, 함수 f는 점 $\mathbf{a}$에서 **극한** A를 갖는다 또는 함수 f의 극한이 A라고 하고 다음과 같이 나타낸다.

$$\lim_{\mathbf{x}\to\mathbf{a}} f(\mathbf{x}) = A$$

이를 ϵ–δ 논법을 써서 보다 엄밀하게 정의하면 다음과 같다.

> 각 양의 실수 ϵ에 대하여 부등식 $0 < |\mathbf{x} - \mathbf{a}| < \delta$을 만족시키고 함수 f의 정의역에 속하는 점 $\mathbf{x}$이면 부등식 $|f(\mathbf{x}) - A| < \epsilon$이 성립하게 되는 양수 δ가 존재하면[1)] 함수 f는 점 $\mathbf{a}$에서 극한 A를 갖는다고 한다.

이를 이변수함수 $z = f(x, y)$가 점 (a, b)에서 극한 A를 가진다는 것에 대하여 적용하면, 각 양수 ϵ에 대하여 $0 < \sqrt{(x-a)^2 + (y-b)^2} < \delta$이고 함수 f의 정의역에 속하는 점 (x, y)에서의 함수값 $f(x, y)$가 구간 $(A + \epsilon, A - \epsilon)$ 내에 속하도록 하는 양수 δ가 존재한다는 것이다 (그림 3.2-3 참조).

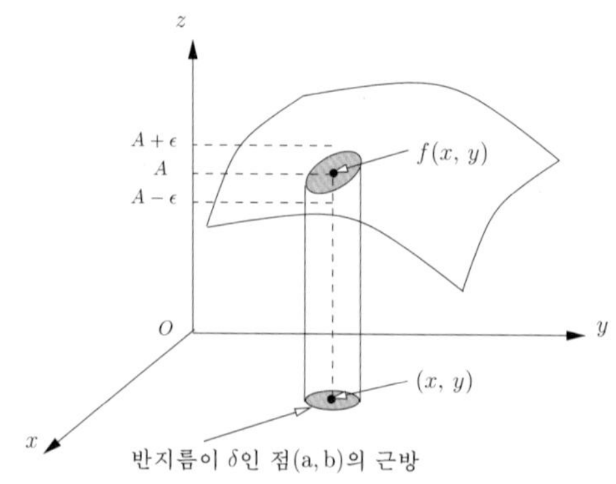

그림 3.2-3 함수 $z = f(x, y)$의 극한

[예제 3.2-2] 다음은 ϵ–δ 논법을 써서 어렵지 않게 증명할 수 있다.

$$\lim_{(x,y)\to(a,b)} x = a, \qquad \lim_{(x,y)\to(a,b)} y = b, \qquad \lim_{(x,y)\to(a,b)} c = c \quad (\text{단, } c \text{ 는 상수})$$

[예제 3.2-3] 점 $(1, 1)$에서 함수 $f(x, y) = x + y$의 극한이 2임을 ϵ–δ 논법으로 증명하라.

풀이 주어진 실수 $\epsilon > 0$에 대하여 점 (x, y)가 $0 < \sqrt{(x-1)^2 + (y-1)^2} < \delta$이고 주어진 함수의 정의역에 속하면 $|x + y - 2| < \epsilon$이 항상 성립하게 되는 $\delta > 0$를 찾으

---

1) 일반적으로 δ는 ϵ에 따라 달라진다.

면 된다. 먼저 삼각부등식에 의해 다음이 성립한다.

$$|x+y-2| = |(x-1)+(y-1)| \leq |x-1| + |y-1|$$

이제 $\delta = \frac{1}{2}\epsilon$이라고 하면 $0 < \sqrt{(x-1)^2+(y-1)^2} < \delta$를 만족시키는 점 (x,y)에 대해 다음 부등식이 성립한다.

$$|x-1| + |y-1| \leq 2\sqrt{(x-1)^2+(y-1)^2} < 2\delta = \epsilon$$

따라서 점 $(1,1)$에서의 함수 $f(x,y) = x+y$의 극한은 2이다. ✠

다변수함수의 극한에 대해 다음 정리가 성립한다. 증명은 연습문제로 남긴다.

[정리 3.2-1] 점 $\mathbf{p} \in \mathbb{R}^n$의 근방 또는 빠진근방에서 정의된 두 개의 실함수 f와 g에 대하여 $\lim_{\mathbf{x}\to\mathbf{p}} f(\mathbf{x}) = A$, $\lim_{\mathbf{x}\to\mathbf{p}} g(\mathbf{x}) = B$라고 하면 다음이 성립한다.

(1) $\displaystyle\lim_{\mathbf{x}\to\mathbf{p}} (f+g)(\mathbf{x}) = A+B$

(2) $\displaystyle\lim_{\mathbf{x}\to\mathbf{p}} (fg)(\mathbf{x}) = AB$

(3) $\displaystyle\lim_{\mathbf{x}\to\mathbf{p}} \left(\frac{f}{g}\right)(\mathbf{x}) = \frac{A}{B}$ (단, $B \neq 0$)

(4) 일변수함수 $u = h(w)$가 $h(A) = c$이고 $\lim_{w\to A} h(w) = c$을 만족시키면 $\lim_{\mathbf{x}\to\mathbf{p}} h(f(\mathbf{x})) = c$이다.

[예제 3.2-4] 점 $(2,3)$에서 함수 $f(x,y) = x^2+y$의 극한을 구하라.

풀이 예제 3.2-2를 이용하면 $\lim_{(x,y)\to(2,3)} x = 2$이고 $\lim_{(x,y)\to(2,3)} y = 3$이다. 이제 정리 3.2-1의 (2)와 (1)을 차례로 이용하여 다음과 같이 계산하면 점 $(2,3)$에서 주어진 함수 $f(x,y) = x^2+y$의 극한은 7이다.

$$\lim_{(x,y)\to(2,3)} x^2+y = \lim_{(x,y)\to(2,3)} x^2 + \lim_{(x,y)\to(2,3)} y = 4+3 = 7$$ ✠

3.2.2 다변수함수의 연속

점 $\mathbf{p} \in \mathbb{R}^n$의 근방에서 다변수함수 $w = f(\mathbf{x})$가 다음 세 조건을 모두 만족시키면 함수 f는 점 $\mathbf{p}$에서 **연속**(continuous)이라고 한다.

(1) 점 $\mathbf{p}$에서 함수값 $f(\mathbf{p})$가 존재한다.

(2) $\lim_{\mathbf{x}\to\mathbf{p}} f(\mathbf{x})$가 존재한다.

(3) $f(\mathbf{p}) = \lim_{\mathbf{x}\to\mathbf{p}} f(\mathbf{x})$이다.

함수 f가 점 $\mathbf{p}$에서 연속이 아니면 f는 점 $\mathbf{p}$에서 **불연속**이라고 한다. 함수 f가 집합 Ω의 모든 점에서 연속이면 함수 f는 집합 Ω에서 연속이라고 한다.

[예제 3.2-5] 다음 함수는 모든 점에서 불연속인 함수이다 (단, $\mathbb{Q}$는 유리수의 집합).

$$f(x,y) = \begin{cases} 1 & (x \in \mathbb{Q},\ y \in \mathbb{R} \setminus \mathbb{Q}) \\ 2 & (x \in \mathbb{Q},\ y \in \mathbb{Q}) \\ 3 & (x \in \mathbb{R} \setminus \mathbb{Q},\ y \in \mathbb{Q}) \\ 4 & (x \in \mathbb{R} \setminus \mathbb{Q},\ y \in \mathbb{R} \setminus \mathbb{Q}) \end{cases}$$

[예제 3.2-6] 다음 이변수함수가 원점 $(0,0)$에서 불연속임을 보여라.

$$f(x,y) = \begin{cases} \dfrac{x^2 - y^2}{x^2 + y^2}, & x^2 + y^2 \neq 0 \\ 0, & x^2 + y^2 = 0 \end{cases}$$

풀이 함수 f가 원점에서 연속이면 원점에서 f의 극한은 $f(0,0) = 0$이어야 한다. 그런데 x축을 따라서 원점에 접근할 때 극한은 다음과 같이 구하면 1이다.

$$\lim_{(x,0)\to(0,0)} f(x,0) = \lim_{(x,0)\to(0,0)} \frac{x^2 - 0^2}{x^2 + 0^2} = 1$$

따라서 주어진 함수 f는 원점에서 불연속이다. ✠

정리 3.2-1에 의하면 다변수함수의 연속성에 대하여 다음이 성립한다. 증명은 생략한다.

[정리 3.2-2] (1) 두 개의 실함수 f와 g가 점 $\mathbf{p} \in \mathbb{R}^n$에서 연속이면 함수 $f+g$, fg 그리고 f/g (단, $g(\mathbf{p}) \neq 0$)도 점 $\mathbf{p}$에서 연속이다.
(2) 함수 $w = f(\mathbf{x})$가 점 $\mathbf{p} \in \mathbb{R}^n$에서 연속이고 $c = f(\mathbf{p})$라고 하자. 이때 일변수함수 $u = h(w)$가 $w = c$에서 연속이면 합성함수 $u = h(f(\mathbf{x}))$는 점 $\mathbf{p}$에서 연속이다.

[예제 3.2-7] 다음 두 함수는 모든 점에서 연속임을 보여라.

(1) $f(x,y) = \sin(xy)$ (2) $g(x,y) = \cos(y^2)e^{-\sqrt{x^2+y^2}}$

풀이 예제 3.2-2, 연속함수의 정의, 그리고 일변수함수 $\sin x$, $\cos x$, e^x, $\sqrt{x}$의 연속성과 정리 3.2-2를 이용하면 어렵지 않게 보일 수 있다 (그림 3.2-4 참조). ✠

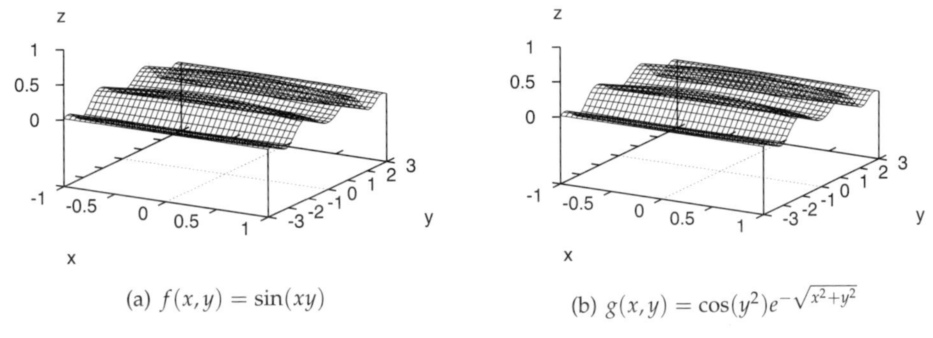

(a) $f(x,y) = \sin(xy)$ (b) $g(x,y) = \cos(y^2)e^{-\sqrt{x^2+y^2}}$

그림 3.2-4 예제 3.2-7의 함수의 그래프

연습 문제 3.2

1. 함수 $f(x,y) = \frac{x+y}{x^2+y}$에 대하여 다음 물음에 답하라.

   (1) 점 (x,y)가 직선 $x = 1$을 따라 점 $(1,-1)$에 한없이 가까이 갈 때 함수 f의 극한을 구하라.

(2) 점 (x, y)가 직선 $y = -1$을 따라 점 $(1, -1)$에 한없이 가까이 갈 때 함수 f의 극한을 구하라.

2. 함수 $f(x, y) = \frac{x^2 - y^2}{x^2 + y^2}$에 대하여 직선 $y = cx$를 따라서 $(x, y) \to (0, 0)$일 때, 점 $(0, 0)$에서 함수 f의 극한을 구하라 (단, c는 상수).

3. 점 $(0, 0)$에서 다음 함수의 극한을 (존재하면) 구하라.

   (1) $f(x, y) = \frac{x^2 + y^2}{xy + (x - y)^2}$ $(x > 0, y > 0)$ (2) $f(x, y) = \frac{x^2}{(x^2 + 1)(y^2 + 1)}$

   (3) $f(x, y) = -\frac{xy^2}{x^2 + y^4}$ (4) $f(x, y) = (x + y) \sin \frac{1}{x} \sin \frac{1}{y}$

4. 함수 $f(x, y) = \frac{x^2 + y^2}{x^2 - y^2}$에 대해, x축과 세 직선 $x = 1$, $x = 4$, $y = 5$로 둘러싸인 영역에서 함수 f의 연속성을 조사하라.

5. 점 $(0, 1)$에서 다음 함수의 연속성을 조사하라.

$$f(x, y) = \begin{cases} \frac{xy - x}{x^2 + y^2 - 2y + 1}, & (x, y) \neq (0, 1) \\ 0, & (x, y) = (0, 1) \end{cases}$$

6. 점 $(0, 0, 0)$에서 다음 함수의 연속성을 조사하라.

$$f(x, y, z) = \begin{cases} \frac{x^2 + y^2 - z^2}{x^2 + y^2 + z^2}, & (x, y, z) \neq (0, 0, 0) \\ 0, & (x, y) = (0, 0, 0) \end{cases}$$

7. 평면의 점 (a, b)에 대하여 집합 $\{(x, y) \in \mathbb{R}^2 \mid (x - a)^2 + (y - b)^2 < r,\ r > 0\}$이 열린집합임을 증명하라. 이는 평면에서 근방은 모두 열린집합임을 의미한다.

8. 집합 $\{(x, y) \in \mathbb{R}^2 \mid 0 \leq x \leq 1,\ 0 \leq y \leq 1\}$이 닫힌집합임을 증명하라.

9. 다음 집합의 내점의 집합과 경계를 구하라.

   (1) $\left\{(\frac{1}{n}, 0) \in \mathbb{R}^2 \mid n \in \mathbb{N}\right\}$ (2) $\{(x, y) \in \mathbb{R}^2 \mid x^2 + y^2 < 1,\ x < 0\}$

   (3) $\{(x, y) \in \mathbb{R}^2 \mid x, y \in \mathbb{Q}\}$ (4) $\{(x, y) \in \mathbb{R}^2 \mid y = x^2\}$

10. 다음의 각 함수 f에 대하여 부등식 $|f(\mathbf{x}) - f(\mathbf{0})| < \epsilon$이 성립하도록 하는 점 $\mathbf{x}$의 집합을 구하라.

    (1) $f(x, y) = x^2 + y^2,\ \epsilon = 0.01$ (2) $f(x, y) = \frac{x + y}{x^2 + 1},\ \epsilon = 0.01$
    (3) $f(x, y) = \frac{x + y}{x^2 + y^2 + 1},\ \epsilon > 0$ (4) $f(x, y) = \frac{x + y}{2 + \cos x},\ \epsilon = 0.01$
    (5) $f(x, y, z) = \frac{x + y + z}{x^2 + y^2 + z^2 + 1}, \epsilon = 0.015$ (6) $f(x, y) = x^2 - y^2,\ \epsilon = 0.01$
    (7) $f(x, y, z) = x^2 + y^2 + z^2,\ \epsilon = 0.01$
    (8) $f(x, y, z) = \tan^2 x + \tan^2 y + \tan^2 z,\ \epsilon = 0.03$

3.3 편미분

점 (a,b)의 근방에서 정의된 이변수함수 $z=f(x,y)$와 두 실수 $h,k\neq 0$에 대하여 다음과 같은 두 식을 생각하자.

$$\frac{\Delta z}{h}=\frac{f(a+h,b)-f(a,\,b)}{h},\quad h\neq 0$$

$$\frac{\Delta z}{k}=\frac{f(a,b+k)-f(a,\,b)}{k},\quad k\neq 0$$

여기서 극한 $\lim_{h\to 0}\frac{\Delta z}{h}$가 존재하면 함수 f는 점 (a,b)에서 변수 x에 관하여 **편미분 가능**(partially differentiable)하다고 한다. 이때 그 극한을 함수 f의 점 (a,b)에서의 변수 x에 관한 **편미분계수**라고 하며 $\frac{\partial f(a,b)}{\partial x}$ 또는 $f_x(a,b)$로 나타낸다. 즉, 다음이 성립한다.

$$\frac{\partial f(a,b)}{\partial x}=f_x(a,b)=\lim_{h\to 0}\frac{f(a+h,b)-f(a,b)}{h}$$

같은 방법으로 $k\to 0$일 때 $\frac{\Delta z}{k}$의 극한을 생각하여 변수 y에 대한 함수 f의 편미분계수를 정의하고 $\frac{\partial f(a,b)}{\partial y}$ 또는 $f_y(a,b)$로 나타낸다. 즉, 점 (a,b)에서 이변수함수 f의 변수 y에 대한 편미분계수에 대해 다음이 성립한다.

$$\frac{\partial f(a,b)}{\partial y}=f_y(a,b)=\lim_{k\to 0}\frac{f(a,b+k)-f(a,b)}{k}$$

[예제 3.3-1] 함수 $f(x,\,y)=x^2+y^2$에 대하여 $f_x(1,\,2)$와 $f_y(1,\,2)$를 구하라.

풀이

$$f_x(1,\,2)=\lim_{h\to 0}\frac{\{(1+h)^2+2^2\}-(1^2+2^2)}{h}=\lim_{h\to 0}\frac{2h+h^2}{h}=2$$

$$f_y(1,\,2)=\lim_{k\to 0}\frac{\{(1^2+(2+k)^2\}-(1^2+2^2)}{k}=\lim_{k\to 0}\frac{4k+k^2}{k}=4$$ ✠

[예제 3.3-2] 함수 $f(x,y)=|x+y|$는 점 $(0,0)$에서 x에 관해 편미분가능한가?

풀이 $\lim_{h\to 0}\frac{f(0+h,0)-f(0,0)}{h}=\lim_{h\to 0}\frac{|h|}{h}$이다. 그런데 극한 $\lim_{h\to 0}\frac{|h|}{h}$이 존재하지 않으므로 주어진 함수는 점 $(0,0)$에서 x에 관하여 편미분가능하지 않다. ✠

3.3.1 편도함수

집합 D(x)와 D(y)를 각각 이변수함수 f가 변수 x와 y에 관해 편미분가능한 점의 집합이라고 하자. 이때 아래와 같이 정의되는 함수 f_x를 함수 f의 x에 관한 **편도함수**(partial derivative), f_y를 함수 f의 y에 관한 **편도함수**라고 한다.

$$f_x : \mathrm{D}(x) \to \mathbb{R}, \quad f_x(x, y) = \lim_{h \to 0} \frac{f(x+h, y) - f(x, y)}{h}$$

$$f_y : \mathrm{D}(y) \to \mathbb{R}, \quad f_y(x, y) = \lim_{k \to 0} \frac{f(x, y+k) - f(x, y)}{k}$$

이변수함수 $z = f(x,y)$의 편도함수를 흔히 다음과 같은 기호를 사용하여 나타낸다.

$$f_x(x,y),\ f_y(x,y),\ f_x,\ f_y,\ z_x,\ z_y$$
$$\frac{\partial f}{\partial x}(x,y),\ \frac{\partial f}{\partial y}(x,y),\ \frac{\partial f}{\partial x},\ \frac{\partial f}{\partial y},\ \frac{\partial z}{\partial x},\ \frac{\partial z}{\partial y},\ \partial f/\partial x, \partial z/\partial x, \ldots$$

[예제 3.3-3] 이변수함수 $f(x,y) = x^2y$의 편도함수 f_x와 f_y를 구하라.

풀이 편미분의 정의를 이용하여 구하면 다음과 같다.

$$f_x(x, y) = \lim_{h \to 0} \frac{(x+h)^2y - x^2y}{h} = \lim_{h \to 0} \frac{2xhy + h^2y}{h} = 2xy$$

$$f_y(x, y) = \lim_{k \to 0} \frac{x^2(y+k) - x^2y}{k} = \lim_{k \to 0} \frac{x^2k}{k} = x^2$$

또한 f_x의 정의에서 변수 y는 변하지 않으므로 y를 상수로 놓고, 즉 함수 f를 x만의 함수로 생각하여 일변수함수의 미분법을 써서 f_x를 구할 수 있다. 이와 같은 방법으로 $f_x(x,y) = 2xy$을 얻는다. 같은 방법을 쓰면 $f_y(x,y) = x^2$이다. ✠

일반적으로 n변수함수 $u = f(x_1, x_2, \ldots, x_n)$의 변수 x_i, $(i = 1, \ldots, n)$에 관한 편미분계수과 편도함수도 이변수함수의 경우와 같은 방법으로 정의한다.

참고 n변수함수 함수 $u = f(x_1, x_2, \ldots, x_n)$의 편도함수 $\frac{\partial u}{\partial x_i}$, $(i = 1, \ldots, n)$는 x_i를 제외한

나머지 모든 변수를 상수로 보고 $f(x_1, \ldots, x_i, \ldots, x_n)$을 변수 x_i의 일변수함수로 생각하여 구하면 편리하다.

[예제 3.3-4] 함수 $w = x^2y^3z^4$에 대하여 $\frac{\partial w}{\partial x}$, $\frac{\partial w}{\partial y}$, $\frac{\partial w}{\partial z}$를 구하라.

풀이 참고의 방법을 쓰면 $\frac{\partial w}{\partial x} = 2xy^3z^4$, $\frac{\partial w}{\partial y} = 3x^2y^2z^4$, $\frac{\partial w}{\partial z} = 4x^2y^3z^3$이다. ✠

이제 점 $P(a, b)$에서 이변수함수 $z = f(x, y)$의 편미분계수의 기하학적 의미에 대하여 살펴보자.

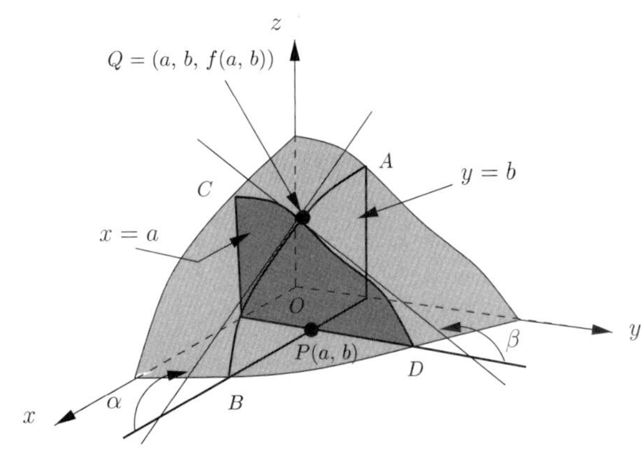

그림 3.3-1 편미분계수의 기하학적인 의미

함수 f의 그래프가 그림 3.3-1과 같다고 하자. 곡면 위의 점 $Q(a, b, f(a, b))$를 지나고 xz평면과 평행인 평면 $y = b$로 곡면을 자르면 곡선 AQB를 얻는다. 이때 y는 b로 고정되어 있으므로 곡선 AQB는 변수 x에 관한 함수 $z = f(x, b)$이다. 따라서 편미분계수 $f_x(a, b)$는 점 Q에서 곡선 AQB의 접선의 기울기 또는 **함수 $f(x, b)$의 변화율**을 의미한다. 곡선 CQD에 대해서도 같은 방법으로 생각하여 정리하면 이변수함수 f의 편미분계수의 기하학적 의미는 다음과 같다 (그림 3.3-1 참조).

$$\frac{\partial f}{\partial x}(a, b) = \tan\alpha : \text{ 점 } Q\text{에서 곡선 } AQB\text{의 접선의 기울기}$$

$$\frac{\partial f}{\partial y}(a, b) = \tan\beta : \text{ 점 } Q\text{에서 곡선 } CQD\text{의 접선의 기울기}$$

[예제 3.3-5] 함수 $f(x,y) = -\frac{1}{2}x^2 - y^2 + \frac{25}{8}$의 그래프 위의 점 $Q(\frac{1}{2},1,2)$에서 x축과 y축에 평행한 방향으로 그은 접선의 기울기를 구하라.

풀이 함수의 그래프 위의 점 $Q(\frac{1}{2},1,2)$에서 x축과 y축에 평행한 방향으로 그은 접선의 기울기는 각각 $f_x(\frac{1}{2},1)$와 $f_y(\frac{1}{2},1)$이다. 그런데 $f_x(x,y) = -x$, $f_y(x,y) = -2y$이다. 따라서 점 $Q(\frac{1}{2},1,2)$에서 x축과 y축에 평행한 방향으로 그은 접선의 기울기는 각각 $-\frac{1}{2}$과 -2이다. ✠

3.3.2 고계 편도함수

이변수함수 f의 편도함수 $\frac{\partial f}{\partial x}$, $\frac{\partial f}{\partial y}$도 또한 x와 y의 함수이므로 그의 편도함수가 존재하면 $\frac{\partial}{\partial x}\left(\frac{\partial f}{\partial x}\right)$, $\frac{\partial}{\partial y}\left(\frac{\partial f}{\partial x}\right)$, $\frac{\partial}{\partial x}\left(\frac{\partial f}{\partial y}\right)$, $\frac{\partial}{\partial y}\left(\frac{\partial f}{\partial y}\right)$를 생각할 수 있다. 이러한 편도함수의 편도함수를 통틀어 함수 f의 **이계편도함수**(second order partial derivative)라고 한다. 이때 f_x와 f_y를 함수 f의 일계편도함수라고 한다. 흔히 이변수함수 $z = f(x,y)$의 이계편도함수를 다음과 같은 기호를 써서 나타낸다.

$$\frac{\partial}{\partial x}\left(\frac{\partial z}{\partial x}\right) = \frac{\partial^2 z}{\partial x^2} = z_{xx} = \frac{\partial^2 f}{\partial x^2}(x,y) = f_{xx}(x,y)$$

$$\frac{\partial}{\partial x}\left(\frac{\partial z}{\partial y}\right) = \frac{\partial^2 z}{\partial x \partial y} = z_{yx} = \frac{\partial^2 f}{\partial x \partial y}(x,y) = f_{yx}(x,y)$$

$$\frac{\partial}{\partial y}\left(\frac{\partial z}{\partial x}\right) = \frac{\partial^2 z}{\partial y \partial x} = z_{xy} = \frac{\partial^2 f}{\partial y \partial x}(x,y) = f_{xy}(x,y)$$

$$\frac{\partial}{\partial y}\left(\frac{\partial z}{\partial y}\right) = \frac{\partial^2 z}{\partial y^2} = z_{yy} = \frac{\partial^2 f}{\partial y^2}(x,y) = f_{yy}(x,y)$$

같은 방법으로 이계편도함수의 편도함수를 생각하면 삼계편도함수를 정의할 수 있다. 이와 같이 편도함수의 편도함수를 생각하면 다변수함수의 고계 편도함수를 정의할 수 있다.

이러한 방법으로 일반적인 다변수함수의 **고계 편도함수**를 정의한다.

[예제 3.3-6] 함수 $f(x,y) = x\cos y + ye^x$의 이계편도함수를 모두 구하라.

풀이 먼저 일계편도함수를 구하면 다음과 같다.

$$f_x(x,y) = \cos y + ye^x, \quad f_y(x,y) = -x\sin y + e^x$$

이로부터 함수 f의 이계편도함수는 다음과 같다.

$$f_{xx}(x,y) = ye^x,\ f_{yy}(x,y) = -x\cos y,\ f_{xy}(x,y) = f_{yx}(x,y) = -\sin y + e^x$$ ✠

예제 3.3-6에서 f_{xy}와 f_{yx}는 서로 같다. 그러나 다음 예제에서 보듯이 일반적으로 편미분의 순서를 바꾸면 그 결과는 다르다.

[예제 3.3-7] 다음 함수 f에 대하여 $f_x(0,0), f_y(0,0)$과 $f_{xy}(0,0)$, $f_{yx}(0,0)$을 구하라.

$$f(x,\,y) = \begin{cases} \dfrac{xy(x^2-y^2)}{x^2+y^2}, & (x,\,y) \neq (0,\,0) \\ 0, & (x,\,y) = (0,\,0) \end{cases}$$

풀이 먼저 정의에 의해 $f_x(0,0)$과 $f_y(0,0)$를 구하면 다음과 같다.

$$f_x(0,0) = \lim_{x\to 0} \frac{f(x,0)-f(0,0)}{x-0} = 0, \quad f_y(0,0) = \lim_{y\to 0} \frac{f(0,y)-f(0,0)}{y-0} = 0$$

한편, $f_x(0,y)$, $y \neq 0$과 $f_y(x,0)$, $x \neq 0$는 다음과 같다.

$$f_x(0,y) = \lim_{x\to 0} \frac{f(x,y)-f(0,y)}{x-0} = \lim_{x\to 0} \frac{xy(x^2-y^2)}{x(x^2+y^2)} = -y$$

$$f_y(x,0) = \lim_{y\to 0} \frac{f(x,y)-f(x,0)}{y-0} = \lim_{y\to 0} \frac{xy(x^2-y^2)}{y(x^2+y^2)} = x$$

따라서 다음을 얻는다.

$$f_{xy}(0,0) = \lim_{y\to 0} \frac{f_x(0,y)-f_x(0,0)}{y-0} = \lim_{y\to 0} \frac{-y}{y} = -1$$

$$f_{yx}(0,0) = \lim_{x\to 0} \frac{f_y(x,0)-f_y(0,0)}{x-0} = \lim_{x\to 0} \frac{x}{x} = 1$$ ✠

일반적으로 편미분의 순서에 대해 다음이 성립한다.

[정리 3.3-1] 이변수함수 f와 그의 편도함수 f_x, f_y, f_{xy}가 모두 점 (a,b)의 한 근방에서 연속이면 $f_{yx}(a,b)$가 존재하고 $f_{xy}(a,b) = f_{yx}(a,b)$가 성립한다.

증명 점 $(a+h,b)$, $(a,b+k)$, $(a+h,b+k)$가 모두 점 (a,b)의 근방 N에 놓이도록 하는 0이 아닌 충분히 작은 h와 k에 대해 다음과 같은 Δ와 일변수함수 F를 생각하자.

$$\Delta = \{f(a+h,b+k) - f(a+h,b)\} - \{f(a,b+k) - f(a,b)\} \quad (3.3\text{-}1)$$

$$F(x) = f(x,b+k) - f(x,b) \quad (3.3\text{-}2)$$

그러면 식 (3.3-1)과 (3.3-2)에서 $\Delta = F(a+h) - F(a)$이고 일변수실함수의 평균값정리[2]에 의해 $\Delta = hF'(a+\theta_1 h)$ $(0 < \theta_1 < 1)$을 만족시키는 θ_1가 존재한다. 그런데 (3.3-2)에서 $F'(x) = f_x(x,b+k) - f_x(x,b)$이므로 다음 식을 얻는다.

$$\Delta = h\{f_x(a+\theta_1 h, b+k) - f_x(a+\theta_1 h, b)\}$$

여기서 $f_x(a+\theta_1 h, y)$에 다시 평균값정리를 적용하면 다음을 얻는다.

$$\Delta = hkf_{xy}(a+\theta_1 h, b+\theta_2 k) \quad (0 < \theta_2 < 1) \quad (3.3\text{-}3)$$

식 (3.3-3)의 양변을 k로 나누면 함수 f_{xy}가 점 (a,b)에서 연속이고 f_y가 존재하므로 $k \to 0$이면 다음이 성립한다.

$$f_y(a+h,b) - f_y(a,b) = hf_{xy}(a+\theta_1 h, b) \quad (3.3\text{-}4)$$

이제 식 (3.3-4)의 양변을 h로 나누면 이계편도함수 f_{xy}가 점 (a,b)에서 연속이므로 $h \to 0$일 때 $f_{xy}(a,b) = f_{yx}(a,b)$를 얻는다. ■

[2] 일변수함수 $y = f(x)$가 폐구간 $[a,b]$에서 연속이고 개구간 (a,b)에서 미분가능하다고 하자. 그러면 개구간 (a,b)에 방정식 $f(b) - f(a) = (b-a)f'(y)$의 해 $y = c$가 적어도 하나 존재한다.

정리 3.3-1에 의하면 이변수함수 f가 연속인 이계편도함수를 가지면 f의 이계편도함수는 다음과 같이 세 가지다.

$$\frac{\partial^2 f}{\partial x^2},\quad \frac{\partial^2 f}{\partial x\partial y},\quad \frac{\partial^2 f}{\partial y^2}$$

또한 정리 3.3-1은 연속인 고계편도함수를 갖는 이변수함수 f의 편미분의 순서를 임의로 바꿀 수 있음을 말한다. 예를 들면 이변수함수 f의 모든 삼계편도함수가 연속이라고 하면 다음 식이 성립한다.

$$\frac{\partial^3 f}{\partial x^2\partial y} = \frac{\partial}{\partial x}\left(\frac{\partial^2 f}{\partial x\partial y}\right) = \frac{\partial}{\partial x}\left(\frac{\partial^2 f}{\partial y\partial x}\right) = \frac{\partial^3 f}{\partial x\partial y\partial x} = \frac{\partial^2}{\partial x\partial y}\left(\frac{\partial f}{\partial x}\right) = \frac{\partial^2}{\partial y\partial x}\left(\frac{\partial f}{\partial x}\right) = \frac{\partial^3 f}{\partial y\partial x^2}$$

[예제 3.3-8] 함수 $z = x^2 + x^5y^7$의 삼계편도함수 z_{xyx}를 구하라.

풀이 주어진 함수 z는 x와 y에 관한 다항식이므로 모든 계의 편도함수가 연속이다. 한편, 첫째 항이 y를 포함하고 있지 않으므로 y, x, x의 순서로 편미분하는 것이 편리하다. 따라서 다음과 같이 계산하여 $z_{xyx} = 140x^3y^6$을 얻는다.

$$z_y = 7x^5y^6,\quad z_{yx} = 35x^4y^6,\quad z_{yxx} = 140x^3y^6 = z_{xyx}$$ ✠

참고 정리 3.3-1을 n변수함수에 대하여 다시 쓰면 다음과 같다.

함수 $w = f(x_1, \ldots, x_n)$와 편도함수 $\frac{\partial f}{\partial x_i}$, $\frac{\partial f}{\partial x_j}$와 $\frac{\partial^2 f}{\partial x_i\partial x_j}$가 점 $\mathbf{a}$에서 연속이면 $\frac{\partial^2 f}{\partial x_j\partial x_i}(\mathbf{a})$가 존재하고 다음이 성립한다 $(1 \le i, j \le n)$.

$$\frac{\partial^2 f}{\partial x_i\partial x_j}(\mathbf{a}) = \frac{\partial^2 f}{\partial x_j\partial x_i}(\mathbf{a}),\quad 1 \le i, j \le n$$

연습 문제 3.3

1. 다음 함수의 편도함수를 구하라.

(1) $u = \frac{x-y}{x+y}$ (2) $z = x\sin(y-x) - x\cos(y-x)$

2. $u = \frac{e^{x+y}}{e^x+e^y}$일 때 $\frac{\partial u}{\partial x} + \frac{\partial u}{\partial y} = u$ 임을 보여라.

3. 다음 식에서 $\frac{\partial^2 z}{\partial x \partial y} = \frac{\partial^2 z}{\partial y \partial x}$임을 보여라.

   (1) $z = (x^2 + y^2)^{3/2}$ (2) $z = \sin^{-1} \frac{y}{x}$

4. 곡면 $xyz = 8$ 위의 점 $(2, 2, 2)$에서 x축에 평행한 방향으로 그은 접선의 기울기를 구하라.

5. 삼변수함수 $f(x, y, z) = x^2y^2(2z + 1)^2$에 대하여 점 $\mathbf{p} = (1, -1, 1)$에서의 다음 고계 편도함수를 구하라.

$$\frac{\partial^2 f(\mathbf{p})}{\partial y \partial z}, \quad \frac{\partial^3 f(\mathbf{p})}{\partial x \partial y \partial z}, \quad \frac{\partial^3 f(\mathbf{p})}{\partial y \partial^2 x}$$

6. 함수 $T(x, t) = e^{-c^2 t} + \sin x$가 다음 방정식을 만족시킴을 보여라.

$$\frac{\partial T}{\partial t} = c^2 \frac{\partial^2 T}{\partial x^2}$$

7. 삼변수함수 $f(x, y, z) = (x - y)(y - z)(z - x)$에 대하여 $f_x + f_y + f_z = 0$이 성립함을 보여라.

8. 다음의 각 함수 $z = f(x, y)$에 대하여 $x\frac{\partial z}{\partial x} + y\frac{\partial z}{\partial y}$를 구하라.

   (1) $z = \sqrt{x^2 + y^2}$ (2) $z = \ln \sqrt{x^2 + y^2}$ (3) $z = \tan^{-1} \frac{y}{x}$

9. 다음의 각 함수 $z = f(x, y)$에 대하여 $\frac{\partial^2 z}{\partial x^2} + \frac{\partial^2 z}{\partial y^2} = 0$이 성립함을 보여라.

   (1) $z = ax + by + c$ (2) $z = e^x \cos y$ (3) $z = \tan^{-1} \frac{y}{x}$
   (4) $z = \ln \sqrt{x^2 + y^2}$ (5) $z = \sin x \sinh y$ (6)$z = e^x \sin y$

10. 다음 삼변수함수 f는 방정식 $f_{xx} + f_{yy} + f_{zz} = 0$을 만족시킴을 보여라.

$$f(x, y, z) = \frac{1}{\sqrt{x^2 + y^2 + z^2}}, \quad x^2 + y^2 + z^2 \neq 0$$

11. 두 함수 $u = f(x, y)$와 $v = g(x, y)$에 대하여 $u_x = v_y$와 $u_y = -v_x$가 성립한다고 하면 $u_{xx} + u_{yy} = 0$과 $v_{xx} + v_{yy} = 0$이 성립함을 보여라.

12. 다음을 만족시키며 일계와 이계편도함수가 연속인 이변수함수 f가 존재하는가?

$$f_x(x, y) = e^{-x} \sin y, \quad f_y(x, y) = e^{-x} \cos y$$

3.4 미분가능한 함수와 전미분

3.3절에서 다변수함수의 편미분을 정의하였다. 이제 다변수함수의 미분을 정의하고 편미분과의 관계, 그리고 미분을 이용하여 함수값의 근사값을 구하는 것에 대하여 살펴보자. 이를 위해 먼저 일변수함수의 미분에 대하여 복습하자.

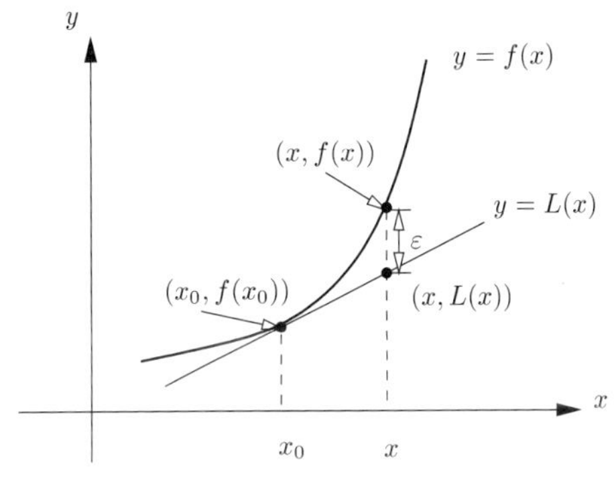

그림 3.4-1 접선

정의에 따르면 점 x_0 근방에서 정의된 일변수함수 $y = f(x)$가 x_0에서 미분가능하다는 것 또는 미분계수 $f'(x_0)$를 갖는다는 것은 다음이 성립한다는 것이다.

$$\lim_{x\to x_0}\left\{\frac{f(x)-f(x_0)}{x-x_0}-f'(x_0)\right\}=\lim_{x\to x_0}\frac{f(x)-f(x_0)-f'(x_0)(x-x_0)}{x-x_0}=0$$

따라서 다음 식 (3.4-1)을 만족시키는 함수 $\epsilon(x)$와 실수 A가 존재하는 것이 함수 f가 점 x_0에서 미분가능하다는 것과 동치이다.

$$f(x)=f(x_0)+A(x-x_0)+\epsilon(x)\ (x-x_0),\ \lim_{x\to x_0}\epsilon(x)=0 \qquad (3.4\text{-}1)$$

식 (3.4-1)로부터 일변수함수 $y = f(x)$가 점 x_0에서 미분가능하면, f의 그래프 위의 점 $(x_0, f(x_0))$를 지나는 직선, 즉 일차함수 $L(x) = f(x_0) + f'(x_0)(x - x_0)$의 그래프를 생각할 수 있다. 다시 말해 함수 $y = f(x)$의 그래프 위의 점 $(x_0, f(x_0))$에 접선 $y = L(x)$를 대응시킬 수 있다 (그림 3.4-1 참조). 또 점 x_0 근방의 점 x에서 함수값 $f(x)$의 근사값을 일차함수 $y = L(x)$를 이용하여 구할 수 있다.

3.4.1 미분가능한 함수

미분가능한 일변수함수에 대해 앞에서 논의한 것을 일반화하여 다변수함수가 미분가능하다는 것을 정의한다. 먼저 이변수함수에 대해 생각해보자.

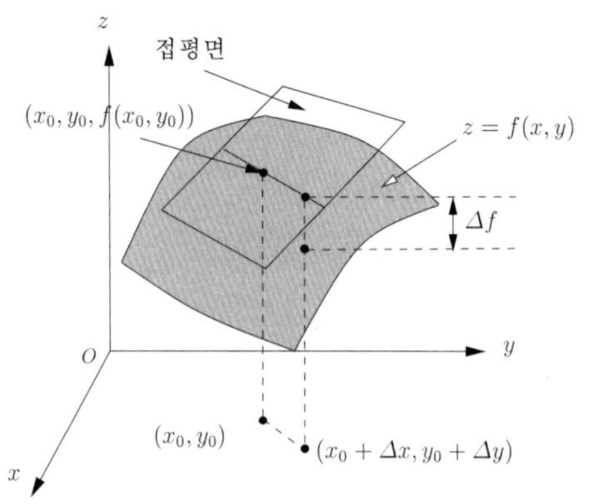

그림 3.4-2 접평면

점 $\mathbf{x}_0$의 근방에서 정의된 이변수함수 f가 $\mathbf{x}_0$에서 미분가능하다는 것은 기하학적으로 함수 f의 그래프 위의 점 $(\mathbf{x}_0, f(\mathbf{x}_0))$에 접하는 이변수의 일차함수의 그래프인 평면, 즉 **접평면**(tangent plane)을 대응시킬 수 있다는 것이다 (그림 3.4-2 참조). 따라서 이변수함수 f가 점 $\mathbf{x}_0$에서 미분가능하다는 것을 다음과 같이 정의한다.

이변수함수 f가 점 $\mathbf{x}_0 = (x_0, y_0)$의 근방 Ω에서 정의되고 $\mathbf{x} = (x, y) \in \Omega$이고 $\Delta\mathbf{x} = (x - x_0, y - y_0)$라고 하자. 이때 다음 식을 만족시키는 상수 A, B와 함수 $\epsilon(\mathbf{x})$가 존재하면 f는 점 $\mathbf{x}_0$에서 **미분가능**(differentiable)하다고 한다.

$$f(\mathbf{x}) - f(\mathbf{x}_0) = A\,(x - x_0) + B\,(y - y_0) + \epsilon(\mathbf{x})|\Delta\mathbf{x}|, \quad \lim_{\mathbf{x}\to\mathbf{x}_0} \epsilon(\mathbf{x}) = 0 \tag{3.4-2}$$

일반적으로 공간 $\mathbb{R}^n$의 점 $\mathbf{x}_0$의 근방 Ω에서 정의된 n변수함수 f에 대하여 다음 식을 만족시키는 벡터 $\mathbf{a} \in \mathbb{R}^n$와 함수 $\epsilon(\mathbf{x})$가 존재하면 함수 f는 점 $\mathbf{x}_0$에서 미분가능하다고 한다.

$$f(\mathbf{x}) - f(\mathbf{x}_0) = \mathbf{a} \bullet (\mathbf{x} - \mathbf{x}_0) + \epsilon(\mathbf{x})|\mathbf{x} - \mathbf{x}_0|, \quad \lim_{\mathbf{x}\to\mathbf{x}_0} \epsilon(\mathbf{x}) = 0, \quad \mathbf{x} \in \Omega \tag{3.4-3}$$

함수 f가 집합 Ω의 모든 점에서 미분가능하면, 함수 f는 집합 Ω에서 미분가능한 함수라고 한다. 미분가능한 함수에 대하여 다음이 성립한다.

[정리 3.4-1] 다변수함수 $f(x_1, \ldots, x_n)$가 점 $\mathbf{x}_0$에서 미분가능하면 다음이 성립한다.

(1) f는 $\mathbf{x}_0$에서 연속이다.

(2) $i = 1, \ldots, n$에 대하여 $\frac{\partial f}{\partial x_i}(\mathbf{x}_0)$가 존재하고 식 (3.4-3)의 $\mathbf{a}$는 다음과 같다.

$$\mathbf{a} = \left(\frac{\partial f}{\partial x_1}(\mathbf{x}_0), \ldots, \frac{\partial f}{\partial x_n}(\mathbf{x}_0) \right)$$

증명 (1) $\lim_{\mathbf{x} \to \mathbf{x}_0} \mathbf{a} \bullet (\mathbf{x} - \mathbf{x}_0) = 0$이고 $\lim_{\mathbf{x} \to \mathbf{x}_0} \epsilon(\mathbf{x}) = 0$이다. 따라서 식 (3.4-3)으로부터 $\lim_{\mathbf{x} \to \mathbf{x}_0} f(\mathbf{x}) = f(\mathbf{x}_0)$이므로 f는 $\mathbf{x}_0$에서 연속이다.

(2) 먼저 $\mathbf{a} = (a_1, \ldots, a_n)$, $\mathbf{x}_0 = (\xi_1, \ldots, \xi_n)$이라고 하고, 크기가 충분히 작은 $h \neq 0$에 대하여 $\mathbf{x} = (\xi_1, \ldots, \xi_i + h, \ldots, \xi_n)$, $i = 1, \ldots, n$이라고 하자. f가 $\mathbf{x}_0$에서 미분가능하므로 식 (3.4-3)으로부터 $f(\mathbf{x}) - f(\mathbf{x}_0) = a_i h + \epsilon(\mathbf{x})|h|$이다. 따라서 다음을 얻는다.

$$\lim_{h \to 0} \frac{f(\mathbf{x}) - f(\mathbf{x}_0)}{h} = a_i + \lim_{h \to 0} \left\{ \epsilon(\mathbf{x}) \frac{|h|}{h} \right\}, \quad i = 1, \ldots, n$$

여기서 $\frac{|h|}{h}$는 유계이고 $\lim_{h \to 0} \epsilon(\mathbf{x}) = 0$이므로 $\lim_{h \to 0} \frac{\epsilon(\mathbf{x})|h|}{h} = 0$이다. 따라서 $a_i = \frac{\partial f}{\partial x_i}(\mathbf{x}_0)$, $i = 1, \ldots, n$이다. ■

다변수함수 f가 집합 Ω에서 미분가능하다고 하면 정리 3.4-1로부터 집합 Ω의 각 점 $\mathbf{x}$에 다음과 같이 하나의 벡터가 대응된다.

$$\mathbf{x} \longmapsto \left(\frac{\partial f}{\partial x_1}(\mathbf{x}), \ldots, \frac{\partial f}{\partial x_n}(\mathbf{x}) \right)$$

이와 같은 대응관계에 의해 정의되는 벡터함수를 함수 f의 **도함수**(derivative)라고 하고 ∇f로 나타낸다. 따라서 미분가능한 다변수함수 f의 도함수 ∇f는 다음과 같이 정의되는 n변수벡터함수[3])이다.

$$\nabla f(\mathbf{x}) = \left(\frac{\partial f}{\partial x_1}(\mathbf{x}), \ldots, \frac{\partial f}{\partial x_n}(\mathbf{x}) \right)$$

일반적으로 다변수함수가 한 점에서 모든 변수에 대해 편미분가능하다고 해서 그 점에서 미분가능한 것은 아니다. 다음 예제는 다변수함수의 편미분가능성, 미분가능성, 그리고 연속성 사의의 관계를 잘 설명해 준다.

[예제 3.4-1] 평면의 원점에서 다음 함수 f의 편미분계수 $f_x(0,0)$와 $f_y(0,0)$가 존재하지만 f는 미분가능하지 않음을 보여라.

$$f(x, y) = \begin{cases} \dfrac{-3xy}{x^2 + y^2}, & (x,y) \neq (0,0) \\ 0, & (x,y) = (0,0) \end{cases}$$

풀이 편미분의 정의에 의하여 $f_x(0,0)$를 구하면 다음과 같다.

$$f_x(0,0) = \lim_{h \to 0} \frac{f(0+h,0) - f(0,0)}{h} = \lim_{h \to 0} \frac{0-0}{h} = 0$$

같은 방법으로 $f_y(0,0) = 0$을 얻는다. 한편, 직선 $y = x$를 따라 $(0,0)$에 접근할 때, 다음을 얻는다.

$$\lim_{(x,y) \to (0,0)} f(x,y) = \lim_{(x,y) \to (0,0)} \frac{-3x^2}{x^2 + x^2} = -\frac{3}{2}$$

또 직선 $y = -x$를 생각하면 다음을 얻는다.

$$\lim_{(x,y) \to (0,0)} f(x,y) = \tfrac{3}{2}$$

그러므로 f는 원점에서 연속이 아니다. 따라서 정리 3.4-1에 의해 주어진 함수는 원점에서 미분가능하지 않다. ✠

[3])3.8절을 참조하라.

일변수함수의 경우와 마찬가지로 다변수함수의 연속성이 미분가능성을 의미하지 않는다. 예를 들면, 함수 $f(x,y) = |x|$는 원점에서 편미분계수 $f_x(0,0)$를 가지지 않는다. 따라서 정리 3.4-1에 의해 f는 원점에서 연속이지만 미분가능하지 않다.

다음 정리는 다변수함수가 한 점에서 미분가능하게 되는 필요충분조건에 대해 말하고 있다. 이의 증명은 연습문제로 남긴다.

[정리 3.4-2] 점 $\mathbf{x}_0 \in \mathbb{R}^n$의 근방에서 정의된 다변수함수 $f(x_1, \ldots, x_n)$이 점 $\mathbf{x}_0$에서 미분가능할 필요충분조건은 f의 일계편도함수가 모두 존재하고 다음 식을 만족시키는 함수 $\epsilon(\mathbf{x})$가 존재하는 것이다.

$$f(\mathbf{x}) - f(\mathbf{x}_0) = \nabla f(\mathbf{x}_0) \bullet (\mathbf{x} - \mathbf{x}_0) + \epsilon(\mathbf{x})|\mathbf{x} - \mathbf{x}_0|, \quad \lim_{\mathbf{x} \to \mathbf{x}_0} \epsilon(\mathbf{x}) = 0$$

다음은 다변수함수 f가 미분가능할 충분조건에 대하여 말하고 있다.

[정리 3.4-3] 다변수함수 $f(x_1, \ldots, x_n)$가 열린집합 Ω에서 일계편도함수를 모두 가지고 그것이 연속이면 함수 f는 Ω에서 미분가능하다. 특히, 점 $\mathbf{x}_0$가 Ω의 원소이고 그 크기가 충분히 작은 벡터 $\Delta\mathbf{x}$에 대하여 점 $\mathbf{x} = \mathbf{x}_0 + \Delta\mathbf{x}$가 집합 Ω의 원소이면 다음 식을 만족시키는 함수 $\epsilon_i(\mathbf{x})$, $i = 1, \ldots, n$가 존재한다.

$$\begin{aligned} & f(\mathbf{x}) - f(\mathbf{x}_0) = \sum_{i=1}^{n} \left\{ \frac{\partial f}{\partial x_i}(\mathbf{x}_0)\Delta x_i + \epsilon_i(\mathbf{x})\Delta x_i \right\} \\ & \lim_{\Delta\mathbf{x} \to \mathbf{0}} \epsilon_i(\mathbf{x}) = 0,\ i = 1, \ldots, n,\ \Delta\mathbf{x} = (\Delta x_1, \ldots, \Delta x_n) \end{aligned} \tag{3.4-4}$$

증명 이변수함수에 대한 증명을 어렵지 않게 삼변수 이상의 다변수함수에 대하여 확장할 수 있으므로 이변수함수의 경우에 대해서만 증명하기로 한다.

먼저 $\mathbf{x}_0 = (x_0, y_0)$, $\Delta\mathbf{x} = (\Delta x, \Delta y)$로 놓으면 $\mathbf{x} = (x_0 + \Delta x, y_0 + \Delta y)$이다. 이제

다음 식을 생각하자.

$$\Delta z = f(\mathbf{x}) - f(\mathbf{x}_0) = f(\mathbf{x}) - f(x_0, y_0 + \Delta y) + f(x_0, y_0 + \Delta y) - f(\mathbf{x}_0) \quad (3.4\text{-}5)$$

함수 f에 관한 조건에 의해 일변수함수 $g(x) = f(x, y_0 + \Delta y)$와 $h(y) = f(x_0, y)$는 각각 x_0와 $x_0 + \Delta x$이 양 끝점인 닫힌구간 I와 y_0와 $y_0 + \Delta y$가 양 끝점인 닫힌구간 J에서 연속이고 미분가능하다. 따라서 일변수함수의 평균값정리에 의해 다음을 만족시키는 점 ξ와 η가 구간 I와 J 내에 각각 존재한다.

$$g'(\xi) = f_x(\xi, y_0 + \Delta y) = \{f(x_0 + \Delta x, y_0 + \Delta y) - f(x_0, y_0 + \Delta y)\}\,\Delta x$$
$$h'(\eta) = f_y(x_0, \eta) = \{f_x(x_0, y_0 + \Delta y) - f_x(x_0, y_0)\}\,\Delta y$$

이 두 식을 이용하면 식 (3.4-5)를 다음과 같이 쓸수 있다..

$$\Delta z = f(\mathbf{x}) - f(\mathbf{x}_0) = f_x(\xi, y_0 + \Delta y)\Delta x + f_y(x_0, \eta)\Delta y \quad (3.4\text{-}6)$$

이제 ϵ_1과 ϵ_2를 다음과 같이 정의하자.

$$\epsilon_1 = f_x(\xi, y_0 + \Delta y) - f_x(x_0, y_0), \quad \epsilon_2 = f_y(x_0, \eta) - f_y(x_0, y_0)$$

한편, 편도함수 f_x와 f_y가 점 (x_0, y_0)에서 연속이다. 또한 $\Delta x \to 0$, $\Delta y \to 0$일 때 각각 $\xi \to x_0$, $\eta \to y_0$이다. 따라서 $\Delta x \to 0$, $\Delta y \to 0$일 때, $\epsilon_1 \to 0$이고 $\epsilon_2 \to 0$이다. 이제 식 (3.4-6)과 ϵ_1, ϵ_2를 결합하면 식 (3.4-4)를 얻는다.

마지막으로 $\epsilon(\mathbf{x}) = \epsilon_1(\mathbf{x})\frac{\Delta x}{|\Delta \mathbf{x}|} + \epsilon_2(\mathbf{x})\frac{\Delta y}{|\Delta \mathbf{x}|}$로 정의하면 $\lim_{\mathbf{x}\to\mathbf{x}_0} \epsilon(\mathbf{x}) = 0$이고 식 (3.4-4)는 다음과 같이 쓸수 있다.

$$f(\mathbf{x}) - f(\mathbf{x}_0) = \frac{\partial f}{\partial x}(\mathbf{x}_0)\,(x - x_0) + \frac{\partial f}{\partial y}(\mathbf{x}_0)\,(y - y_0) + \epsilon(\mathbf{x})|\Delta \mathbf{x}|$$

따라서 함수 f는 점 $\mathbf{x}_0$에서 미분가능하다. 여기서 점 $\mathbf{x}_0$는 Ω의 임의의 원소이므로 f는 집합 Ω에서 미분가능하다. ■

3.4.2 접평면과 전미분

이변수함수 $z = f(x, y)$가 점 $\mathbf{x}_0 = (x_0, y_0)$의 근방에서 미분가능하고 $z_0 = f(\mathbf{x}_0)$라고 하자. 이때 다음의 일차방정식을 함수 f의 그래프 위의 점 (x_0, y_0, z_0)에서 함수 f의 **접평면의 방정식**(equation of tangent plane)이라고 한다.

$$z - z_0 = \frac{\partial f}{\partial x}(\mathbf{x}_0)(x - x_0) + \frac{\partial f}{\partial y}(\mathbf{x}_0)(y - y_0) \tag{3.4-7}$$

점 $\mathbf{x}$가 $\mathbf{x}_0$에 가까울 때 정리 3.4-2를 이용하면 접평면의 방정식, 즉 일차함수 (3.4-7)을 이용하여 $f(\mathbf{x})$의 근사값을 구할 수 있다. 이러한 관점에서 다음의 일차함수 L을 점 $\mathbf{x}_0 = (x_0, y_0)$에서의 함수 f의 **일차근사식**(linear approximation)이라고 한다.

$$L(x, y) = f(x_0, y_0) + \frac{\partial f}{\partial x}(\mathbf{x}_0)(x - x_0) + \frac{\partial f}{\partial y}(\mathbf{x}_0)(y - y_0) \tag{3.4-8}$$

[예제 3.4-2] 점 $(1, 1, 2)$에서 함수 $f(x, y) = \sqrt{6 - x^2 - y^2}$의 접평면의 방정식을 구하고, 점 $(1, 1)$에서의 일차근사식을 이용하여 $f(1.01, 0.97)$의 근사값을 구하라.

풀이 주어진 함수 $f(x, y)$의 편도함수는 다음과 같다.

$$\frac{\partial f}{\partial x}(x, y) = \frac{-x}{\sqrt{6 - x^2 - y^2}}, \quad \frac{\partial f}{\partial y}(x, y) = \frac{-y}{\sqrt{6 - x^2 - y^2}}$$

따라서 식 (3.4-7)에 의해 점 $(1, 1, 2)$에서 구하는 접평면의 방정식은 다음과 같다.

$$z - 2 = -\tfrac{1}{2}(x - 1) - \tfrac{1}{2}(y - 1)$$

식 (3.4-8)을 이용하여 아래와 같이 구하면 $f(1.01, 0.97)$의 근사값은 2.01이다.

$$f(1.01, 0.97) \approx L(1, 1) = 2 - \tfrac{1}{2}(0.01) - \tfrac{1}{2}(-0.03) = 2.01$$ ✠

함수 $z = f(x, y)$가 점 $\mathbf{x}_0 = (x_0, y_0)$의 근방에서 미분가능하고 Δx와 Δy의 크기가 작다고 하자. 이때 변수 x와 y가 x_0와 y_0에서 각각 Δx와 Δy 만큼 변한다면, 일차근사

식 (3.4-8)에 의해 그에 따른 함수값 z의 증분 $\Delta z = f(x_0+\Delta x, y_0+\Delta y) - f(x_0, y_0)$은 근사적으로 다음과 같다.

$$\Delta z \approx \frac{\partial f}{\partial x}(\mathbf{x}_0)\Delta x + \frac{\partial f}{\partial y}(\mathbf{x}_0)\Delta y \tag{3.4-9}$$

여기서 증분 Δx와 Δy를 각각 dx와 dy로 나타낼 때 식 (3.4-9)의 우변을 점 $\mathbf{x}_0$에서 함수 $z = f(x,y)$의 **전미분**(total differential)이라고 하고 df 또는 dz로 나타낸다. 즉, 점 $\mathbf{x}_0$에서 이변수함수 $z = f(x,y)$의 전미분 df는 다음과 같다.

$$df = \frac{\partial f(\mathbf{x}_0)}{\partial x}dx + \frac{\partial f(\mathbf{x}_0)}{\partial y}dy = \frac{\partial z}{\partial x}dx + \frac{\partial z}{\partial y}dy \tag{3.4-10}$$

따라서 점 (x,y)에서 Δx와 Δy의 크기가 작다면 그로 인한 이변수함수 $z = f(x,y)$의 **증분** $\Delta z = f(x+\Delta x, y+\Delta y) - f(x,y)$의 근사값을 $dx = \Delta x$, $dy = \Delta y$로 놓아 함수 f의 전미분 df를 이용하여 구할 수 있다.

[예제 3.4-3] 평면의 점 (x,y)가 점 $(1,1)$에서 점 $(1.01, 0.97)$로 움직이면 이변수함수 $z = \sqrt{4-x^2-y^2}$의 값이 근사적으로 얼마나 변하는지 전미분 dz를 써서 구하라.

풀이 먼저, Δz와 dz의 관계는 다음과 같다.

$$\Delta z \approx dz = \frac{-x}{\sqrt{4-x^2-y^2}}dx + \frac{-y}{\sqrt{4-x^2-y^2}}dy$$

따라서 $x = 1$, $y = 1$, $dx \approx \Delta x = 0.01$, $dy \approx \Delta y = -0.03$이므로 다음을 얻는다.

$$\Delta z \approx dz = -\tfrac{1}{\sqrt{2}}(0.01) - \tfrac{1}{\sqrt{2}}(-0.03) = \tfrac{1}{0.02}\sqrt{2} \approx 0.014142$$

한편, 보다 정확한 증분 Δz의 근사값은 $f(1.01, 0.97) - f(1,1) \approx 0.01372$이다. ✠

참고 일반적으로 점 $\mathbf{x}_0 \in \mathbb{R}^n$에서 n변수함수 f의 전미분 df를 다음 식으로 정의한다.

$$df = \frac{\partial f(\mathbf{x}_0)}{\partial x_1}dx_1 + \cdots + \frac{\partial f(\mathbf{x}_0)}{\partial x_n}dx_n = \sum_{i=1}^{n}\frac{\partial f(\mathbf{x}_0)}{\partial x_i}dx_i \tag{3.4-11}$$

참값을 u, 그의 근사값을 $\tilde{u}$라고 하자. 이때 오차 $du = \tilde{u} - u$의 절대값 $|du|$를 근사값 $\tilde{u}$의 **절대오차**, 오차의 참값에 대한 비의 절대값 $\left|\frac{du}{u}\right|$를 근사값 $\tilde{u}$의 **상대오차**[4)], $\left|\frac{du}{u}\right| \times 100\,\%$를 **백분율오차**라고 한다. 함수의 전미분을 이용하면 구한 함수값의 증분 또는 함수의 근사값이 얼마나 정확한지는 오차를 생각하여 알아 볼 수 있다.

[예제 3.4-4] 원기둥의 지름과 높이를 재어 보니 각각 5cm와 8cm이다. 측정한 값에는 ±0.1cm 범위 내의 오차가 있다고 할 때 측정한 지름과 높이를 이용하여 구한 원기둥의 체적에는 최대한 어느 정도의 상대오차가 있겠는가?

풀이 지름 x, 높이 y인 원기둥의 체적 V는 $V = \frac{\pi}{4}x^2y$이다. 따라서 함수 $V(x,y)$의 전미분 dV는 $dV = \frac{\pi}{2}xydx + \frac{\pi}{4}x^2dy$이다. 이의 양변을 V로 나누어 다음을 얻는다.

$$\frac{dV}{V} = \frac{2dx}{x} + \frac{dy}{y}$$

여기서 dx와 dy가 모두 같은 부호일 때 $\left|\frac{dV}{V}\right|$가 최대가 됨을 알 수 있다. 따라서 $x = 5$, $y = 8$, $dx = 0.1$, $dy = 0.1$을 대입하면 최대 상대오차는 다음과 같다.

$$\left|\frac{dV}{V}\right| = \frac{2(0.1)}{5} + \frac{0.1}{8} = 0.0525$$

이 때 최대 백분율오차는 5.25%이다. ✠

연습 문제 3.4

1. 다음에서 주어진 변수의 값과 변수의 증분에 대해 함수 f의 전미분과 증분의 근사값을 구하라.

   (1) $f(x,y) = x^2 - 2xy + 3y^2$; $x = 2$, $y = 1$, $\Delta x = 0.3$, $\Delta y = 0.1$

   (2) $f(x,y) = x\ln y + y\ln x$; $x = y = 1$, $\Delta x = 0.01$, $\Delta y = 0.02$

2. 점 $(5,2,11)$에서 함수 $z = \sqrt{x^3 - y^2}$의 접평면의 방정식을 구하고, 그것을 이용하여 $\sqrt{(5.02)^3 - (1.99)^2}$의 근사값을 구하라.

[4)] 참값이 0인 경우에는 상대오차를 정의하지 않는다.

3. 다음 각 함수의 그래프 위의 점 $\mathbf{p}$에서의 접평면의 방정식을 구하라.

   (1) $f(x,y) = \cos(\pi xy) + xy^2$, $\mathbf{p} = (0,0,1)$

   (2) $f(x,y) = \sin(xy) + xy^2$, $\mathbf{p} = \left(1, \frac{1}{2}\pi, 1 + \frac{1}{4}\pi^2\right)$

4. 다음 함수의 전미분을 구하라.

   (1) $z = 3x^3 + 4x^2y - 2y^3$ (2) $z = (x^2 - y^2)^3$

5. 각 변의 길이가 50cm, 20cm, 15cm인 직육면체의 변의 길이를 측정할 때 각 변마다 최대 ± 0.1cm의 오차가 있다고 한다. 측정한 길이를 써서 구한 체적의 최대 상대오차를 구하라.

6. 전기저항이 r_1과 r_2인 두 개의 저항을 직렬과 병렬로 연결했을 때, 각 회로의 전기저항 R은 각각 $R = r_1 + r_2$, $\frac{1}{R} = \frac{1}{r_1} + \frac{1}{r_2}$로 주어진다. 이때 저항 r_1와 r_2의 백분율오차가 모두 ϵ%라면 두 회로의 저항 R의 최대 백분율오차의 근사값은 ϵ%임을 보여라.

7. 원기둥의 반지름 r과 높이 h를 상대오차가 각각 ± 2%와 ± 0.5%인 범위 내에서 정확하게 잴 수 있다고 한다. 이때 원기둥의 부피 $V = \pi r^2 h$의 상대오차의 크기는 최대로 어느 정도인가?

8. 다음 함수 f는 원점에서 편미분계수 $f_x(0,0)$와 $f_y(0,0)$를 갖고 연속이지만 미분가능하지 않음을 보여라.

$$f(x,y) = \begin{cases} 0, & (x,y) = (0,0) \\ \dfrac{xy^2\sqrt{x^2+y^2}}{(x^2+y^4)}, & (x,y) \neq (0,0) \end{cases}$$

9. 정리 3.4-2를 증명하라.

10. $\mathbb{R}^n$의 열린집합 Ω에서 정의된 두 함수 f와 g가 점 $\mathbf{x} \in \Omega$에서 미분가능하고, a가 실수이면 $f+g$, fg, af도 점 $\mathbf{x}$에서 미분가능함을 증명하라.

3.5 연쇄법칙

이 절에서는 다변수함수의 연쇄법칙, 음함수 미분법, 다변수함수의 테일러 전개, 정적분으로 정의되는 함수의 도함수에 대하여 다룬다.

3.5.1 연쇄법칙

이변수함수 $z = f(x, y)$의 모든 일계편도함수가 연속이며 변수 x와 y가 변수 t에 관해 미분가능하고 다음과 같다고 하자.

$$x = \phi(t), \quad y = \psi(t) \tag{3.5-1}$$

그러면 $z = f(\phi(t), \psi(t))$이므로 z는 변수 t에 관한 일변수함수이다. 이제 함수 z의 도함수 $\frac{dz}{dt}$에 대해 알아보자.

변수 t의 증분 Δt로 인한 변수 x, y, z의 증분을 각각 Δx, Δy, Δz라고 하자. 그러면 함수 z에 대하여 정리 3.4-3에 의하여 다음을 만족시키는 함수 ϵ_1, ϵ_2가 존재한다.

$$\begin{gathered} \Delta z = \frac{\partial z}{\partial x}\Delta x + \frac{\partial z}{\partial y}\Delta y + \epsilon_1 \Delta x + \epsilon_2 \Delta y \\ \Delta x,\ \Delta y \to 0 \text{일 때, } \epsilon_1 \to 0 \text{이고 } \epsilon_2 \to 0 \text{이다.} \end{gathered} \tag{3.5-2}$$

여기서 식 (3.5-2)의 양변을 Δt로 나누면 다음 식을 얻는다.

$$\frac{\Delta z}{\Delta t} = \frac{\partial z}{\partial x}\frac{\Delta x}{\Delta t} + \frac{\partial z}{\partial y}\frac{\Delta y}{\Delta t} + \epsilon_1 \frac{\Delta x}{\Delta t} + \epsilon_2 \frac{\Delta y}{\Delta t} \tag{3.5-3}$$

함수 ϕ와 ψ가 미분가능, 따라서 연속이므로 $\Delta t \to 0$이면 $\Delta x \to 0$이고 $\Delta y \to 0$이다. 그러므로 $\Delta t \to 0$일 때 $\epsilon_1 \to 0$, $\epsilon_2 \to 0$이 되어 식 (3.5-3)으로부터 다음을 얻는다.

$$\frac{dz}{dt} = \frac{\partial z}{\partial x}\frac{dx}{dt} + \frac{\partial z}{\partial y}\frac{dy}{dt}$$

이를 **연쇄법칙**(chain rule)이라고 한다.

[예제 3.5-1] $z = x^2 y - y^2$, $x = \sin t$, $y = e^t$일 때 $\frac{dz}{dt}$를 구하라.

풀이 $\frac{\partial z}{\partial x} = 2xy$, $\frac{\partial z}{\partial y} = x^2 - 2y$, $\frac{dx}{dt} = \cos t$, $\frac{dy}{dt} = e^t$이므로 다음을 얻는다.

$$\frac{dz}{dt} = 2xy\cos t + (x^2 - 2y)e^t = \sin(2t)\, e^t + (\sin^2 t - 2e^t)\, e^t$$ ✠

일반적으로 연속인 일계편도함수를 가지는 n변수함수 u의 변수 $x_1, x_2, \ldots x_n$이 모두 변수 t에 관해 미분가능한 함수이면 다음이 성립한다.

$$\frac{du}{dt} = \frac{\partial u}{\partial x_1}\frac{dx_1}{dt} + \frac{\partial u}{\partial x_2}\frac{dx_2}{dt} + \cdots + \frac{\partial u}{\partial x_n}\frac{dx_n}{dt} \tag{3.5-4}$$

식 (3.5-4)를 함수 u의 변수 t에 관한 **전도함수**(total derivative)라고 한다. 이를 함수 u의 도함수 ∇u와 함수 $\mathbf{x}(t)$의 도함수 $\mathbf{x}'(t)$를 이용하여 나타내면 다음과 같다.

$$\frac{du}{dt} = \nabla u \bullet \frac{d\mathbf{x}(t)}{dt} = \left(\frac{\partial u}{\partial x_1}, \ldots, \frac{\partial u}{\partial x_n}\right) \bullet \left(\frac{dx_1}{dt}, \ldots, \frac{dx_n}{dt}\right) \tag{3.5-5}$$

[예제 3.5-2] 운동하는 두 물체의 좌표 $P(x_1, y_1)$과 $Q(x_2, y_2)$의 성분함수가 각각 다음과 같은 매개방정식으로 주어진다고 하자.

$$\begin{cases} x_1 = 4\cos t, & y_1 = 2\sin t \\ x_2 = 2\sin 2t, & y_2 = 3\cos 2t \end{cases}$$

시각 $t = \pi$일 때 두 물체 사이의 거리의 순간변화율을 구하라 (그림 3.5-1 참조).

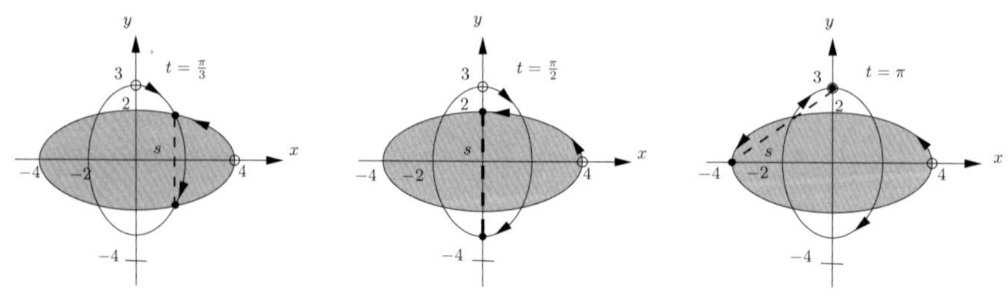

그림 3.5-1 타원 위를 움직이는 두 물체 사이의 거리

풀이 두 물체의 좌표 $P(x_1, y_1)$과 $Q(x_2, y_2)$ 사이의 거리 s는 다음과 같다.

$$s = \sqrt{(x_2 - x_1)^2 + (y_2 - y_1)^2}$$

따라서 $s(\pi) = \sqrt{(0+4)^2 + (3-0)^2} = 5$이다. 이제 연쇄법칙을 이용하면 두 물체 사이의 거리 s의 순간변화율 ds/dt는 다음 식과 같다.

$$\frac{ds}{dt} = \frac{\partial s}{\partial x_1}\frac{dx_1}{dt} + \frac{\partial s}{\partial y_1}\frac{dy_1}{dt} + \frac{\partial s}{\partial x_2}\frac{dx_2}{dt} + \frac{\partial s}{\partial y_2}\frac{dy_2}{dt} \qquad (3.5\text{-}6)$$

먼저 $t = \pi$일 때 $x_1 = -4, y_1 = 0, x_2 = 0, y_2 = 3$이므로 변수 x_1, y_1, x_2, y_2에 관한 거리 s의 편미분계수는 각각 다음과 같다.

$$\begin{aligned}
\frac{\partial s}{\partial x_1} &= \frac{-(x_2 - x_1)}{\sqrt{(x_2 - x_1)^2 + (y_2 - y_1)^2}} = -\tfrac{1}{5}(0+4) = -\tfrac{4}{5} \\
\frac{\partial s}{\partial y_1} &= \frac{-(y_2 - y_1)}{\sqrt{(x_2 - x_1)^2 + (y_2 - y_1)^2}} = -\tfrac{1}{5}(3-0) = -\tfrac{3}{5} \\
\frac{\partial s}{\partial x_2} &= \frac{(x_2 - x_1)}{\sqrt{(x_2 - x_1)^2 + (y_2 - y_1)^2}} = \tfrac{1}{5}(0+4) = \tfrac{4}{5} \\
\frac{\partial s}{\partial y_2} &= \frac{(y_2 - y_1)}{\sqrt{(x_2 - x_1)^2 + (y_2 - y_1)^2}} = \tfrac{1}{5}(3-0) = \tfrac{3}{5}
\end{aligned}$$

또한 $t = \pi$이면 각 변수 x_1, y_1, x_2, y_2의 순간변화율은 다음과 같다.

$$\begin{aligned}
\frac{dx_1}{dt} &= -4\sin t = 0, & \frac{dx_2}{dt} &= 4\cos 2t = 4 \\
\frac{dy_1}{dt} &= 2\cos t = -2, & \frac{dy_2}{dt} &= -6\sin 2t = 0
\end{aligned}$$

이를 식 (3.5-6)에 대입하여 계산하면 다음과 같으므로 구하는 답은 $\frac{22}{5}$이다.

$$\frac{ds}{dt} = \left(-\tfrac{4}{5}\right)0 + \left(-\tfrac{3}{5}\right)(-2) + \left(\tfrac{4}{5}\right)4 + \left(\tfrac{3}{5}\right)0 = \tfrac{22}{5}$$

✠

이변수함수 $z = f(x, y)$의 독립변수 x와 y가 매개변수 s와 t의 이변수함수인 경우에는 다음이 성립한다. 증명은 매개변수가 하나인 경우와 비슷하므로 생략한다.

[정리 3.5-1] (연쇄법칙) 이변수함수 f의 독립변수 x와 y가 점 (s_0, t_0)에서 일계편도함수가 모두 연속인 이변수함수 $x = \varphi(s,t)$와 $y = \phi(s,t)$이고, 또한 함수 f도 점 $(\varphi(s_0,t_0), \phi(s_0,t_0))$에서 연속인 일계편도함수를 모두 갖는다고 하자. 그러면 함수 $z = f(\varphi(s,t), \phi(s,t))$는 점 (s_0, t_0)에서 s와 t에 관한 일계편도함수를 갖는다. 이때 다음이 성립한다.

$$\frac{\partial z}{\partial s} = \frac{\partial z}{\partial x}\frac{\partial x}{\partial s} + \frac{\partial z}{\partial y}\frac{\partial y}{\partial s}, \quad \frac{\partial z}{\partial t} = \frac{\partial z}{\partial x}\frac{\partial x}{\partial t} + \frac{\partial z}{\partial y}\frac{\partial y}{\partial t} \tag{3.5-7}$$

[예제 3.5-3] 함수 $z = f(x,y)$에 대하여 $x = r\cos\theta$, $y = r\sin\theta$일 때 다음 등식이 성립함을 보여라.

$$\left(\frac{\partial z}{\partial x}\right)^2 + \left(\frac{\partial z}{\partial y}\right)^2 = \left(\frac{\partial z}{\partial r}\right)^2 + \frac{1}{r^2}\left(\frac{\partial z}{\partial \theta}\right)^2$$

풀이 연쇄법칙에 의해 $\frac{\partial z}{\partial r} = \frac{\partial z}{\partial x}\cos\theta + \frac{\partial z}{\partial y}\sin\theta$이고 $\frac{\partial z}{\partial \theta} = \frac{\partial z}{\partial x}(-r\sin\theta) + \frac{\partial z}{\partial y}(r\cos\theta)$이므로 다음을 얻는다.

$$\begin{aligned}\left(\frac{\partial z}{\partial r}\right)^2 + \frac{1}{r^2}\left(\frac{\partial z}{\partial \theta}\right)^2 &= \left(\frac{\partial z}{\partial x}\cos\theta + \frac{\partial z}{\partial y}\sin\theta\right)^2 + \left(-\frac{\partial z}{\partial x}\sin\theta + \frac{\partial z}{\partial y}\cos\theta\right)^2 \\ &= \left(\frac{\partial z}{\partial x}\right)^2 + \left(\frac{\partial z}{\partial y}\right)^2\end{aligned}$$

✠

삼변수 이상의 다변수함수의 연쇄법칙에 관한 공식도 식 (3.5-7)과 같은 꼴이다. 이를테면 세 개의 변수 x, y, z가 모두 매개변수 s와 t의 이변수함수라고 하자. 그러면 정리 3.5-1의 식 (3.5-7)에 대응되는 삼변수함수 $u = f(x,y,z)$의 편도함수는 다음과 같다.

$$\frac{\partial u}{\partial s} = \frac{\partial f}{\partial x}\frac{\partial x}{\partial s} + \frac{\partial f}{\partial y}\frac{\partial y}{\partial s} + \frac{\partial f}{\partial z}\frac{\partial z}{\partial s} = \nabla f \cdot \left(\frac{\partial x}{\partial s}, \frac{\partial y}{\partial s}, \frac{\partial z}{\partial s}\right)$$

$$\frac{\partial u}{\partial t} = \frac{\partial f}{\partial x}\frac{\partial x}{\partial t} + \frac{\partial f}{\partial y}\frac{\partial y}{\partial t} + \frac{\partial f}{\partial z}\frac{\partial z}{\partial t} = \nabla f \cdot \left(\frac{\partial x}{\partial t}, \frac{\partial y}{\partial t}, \frac{\partial z}{\partial t}\right)$$

3.5.2 음함수 미분법

변수 z가 방정식 $F(x,y,z)=0$에 의하여 변수 x와 y의 **음함수**(implicit function)로 정의한다고 하자. 이때 연쇄법칙(정리 3.5-1)을 써서 방정식 $F(x,y,z(x,y))=0$의 양변을 변수 x에 관해 편미분하면 다음을 얻는다.

$$\frac{\partial F}{\partial x}\frac{\partial x}{\partial x}+\frac{\partial F}{\partial y}\frac{\partial y}{\partial x}+\frac{\partial F}{\partial z}\frac{\partial z}{\partial x}=0$$

여기서 $\frac{\partial x}{\partial x}=1$이고 $\frac{\partial y}{\partial x}=0$이므로 위 식은 다음과 같이 쓸 수 있다.

$$\frac{\partial z}{\partial x}=-\frac{F_x}{F_z}\quad (F_z\neq 0)$$

같은 방법으로 변수 y에 관한 편미분을 생각하면 다음을 얻는다.

$$\frac{\partial z}{\partial y}=-\frac{F_y}{F_z}\quad (F_z\neq 0)$$

[예제 3.5-4] 변수 z가 방정식 $x^3e^{y+z}-y\sin(x-z)=0$에 의하여 x와 y의 음함수로 정의된다고 하면 다음을 얻는다.

$$\frac{\partial z}{\partial x}=-\frac{3x^2e^{y+z}-y\cos(x-z)}{x^3e^{y+z}+y\cos(x-z)},\quad \frac{\partial z}{\partial y}=-\frac{x^3e^{y+z}-\sin(x-z)}{x^3e^{y+z}+y\cos(x-z)}$$

3.5.3 다변수함수의 테일러 전개

이변수함수 f가 점 (a,b)의 근방에서 연속인 모든 계의 편도함수가 가진다고 하자. 이때 충분히 작은 h와 k에 대하여 함수 F를 다음과 같이 정의하자.

$$F(t)=f(a+ht,b+kt) \tag{3.5-8}$$

그러면 함수 $F(t)$의 도함수 $F'(t)$는 연쇄법칙에 의해 다음과 같다.

$$F'(t)=hf_x(a+ht,b+kt)+kf_y(a+ht,b+kt)$$

여기서 $x = a + ht$, $y = b + kt$로 놓자. 그러면 이계도함수 $F''(t)$는 다음과 같다.

$$F''(t) = h^2 f_{xx}(x,y) + 2hk\, f_{xy}(x,y) + k^2 f_{yy}(x,y)$$

일반적으로 $n = 0, 1, 2, \ldots$에 대하여 다음이 성립한다.

$$F^{(n)}(t) = \left(h\frac{\partial}{\partial x} + k\frac{\partial}{\partial y}\right)^n f(x,y) = \sum_{\ell=0}^{n} \binom{n}{\ell} h^{\ell} k^{n-\ell} \frac{\partial^n f(x,y)}{\partial x^{\ell} \partial y^{n-\ell}}$$

여기서 $\binom{n}{\ell} = \frac{n!}{\ell!(n-\ell)!}$이다. 따라서 $t = 0$이면 $x = a$, $y = b$이므로 함수 F의 n계도함수 $F^{(n)}(0)$는 다음과 같다.

$$F^{(n)}(0) = \sum_{\ell=0}^{n} \binom{n}{\ell} h^{\ell} k^{n-\ell} \frac{\partial^n f(a,b)}{\partial x^{\ell} \partial y^{n-\ell}}, \quad n = 0, 1, 2, \ldots \tag{3.5-9}$$

한편, 일변수함수 F는 $t = 0$에서 모든 계의 연속인 도함수를 가지므로 다음과 같은 F의 매클로린급수[5](Maclaurin series)를 생각하자.

$$F(0) + F'(0)\, t + \frac{F''(0)}{2!} t^2 + \frac{F'''(0)}{3!} t^3 + \cdots \tag{3.5-10}$$

이때 식 (3.5-9)에 $h = x - a$, $k = y - b$, 식 (3.5-10)에 $t = 1$를 대입하여 얻는 다음 급수 $T(f)$를 점 (a, b)에서 전개한 함수 f의 **테일러급수**(Taylor series)라고 한다.

$$T(f)(x,y) = \sum_{n=0}^{\infty} \frac{1}{n!} \left\{(x-a)\tfrac{\partial}{\partial x} + (y-b)\tfrac{\partial}{\partial y}\right\}^n f(a,b) \tag{3.5-11}$$

테일러급수의 처음 $(n+1)$개 항을 점 (a, b)에서 전개한 함수 f의 **n차테일러다항식**(Taylor polynomial)이라고 하고 $T_n(f)$로 나타낸다. 즉, $T_n(f)$는 다음과 같다.

$$T_n(f)(x,y) = \sum_{\ell=0}^{n} \frac{1}{\ell!} \left\{(x-a)\tfrac{\partial}{\partial x} + (y-b)\tfrac{\partial}{\partial y}\right\}^{\ell} f(a,b) \tag{3.5-12}$$

---

[5] 점 $x = 0$에서 함수 f가 모든 계의 도함수를 가진다고 할 때 멱급수 $\sum_{k=0}^{\infty} \frac{f^{(k)}(0)}{k!} x^k$를 함수 f의 매클로린급수라고 한다. Colin Maclaurin (1698-1746) : 스코트랜드의 수학자

특히, 함수 f가 원점의 근방에서 정의된 경우에 원점에서 전개한 f의 테일러급수를 함수 f의 **매클로린급수**(McClaurin series)라고 한다.

[예제 3.5-5] 점 $(1, \frac{\pi}{2})$에서 함수 $f(x,y) = xy^2 + \sin(xy)$의 $T_2(f)$를 구하라.

풀이 먼저 함수 f의 편도함수와 점 $(1, \frac{\pi}{2})$에서 편도함수의 값은 다음과 같다.

$$\begin{aligned}
f(x,y) &= xy^2 + \sin(xy), & f\left(1, \tfrac{\pi}{2}\right) &= \tfrac{\pi^2}{4} + 1 \\
f_x(x,y) &= y^2 + y\cos(xy), & f_x\left(1, \tfrac{\pi}{2}\right) &= \tfrac{\pi^2}{4} \\
f_y(x,y) &= 2xy + x\cos(xy), & f_y\left(1, \tfrac{\pi}{2}\right) &= \pi \\
f_{xx}(x,y) &= -y^2\sin(xy), & f_{xx}\left(1, \tfrac{\pi}{2}\right) &= -\tfrac{\pi^2}{4} \\
f_{xy}(x,y) &= 2y + \cos(xy) - xy\sin(xy), & f_{xy}\left(1, \tfrac{\pi}{2}\right) &= \tfrac{\pi}{2} \\
f_{yy}(x,y) &= 2x - x^2\sin(xy), & f_{yy}\left(1, \tfrac{\pi}{2}\right) &= 1
\end{aligned}$$

따라서 구하는 테일러다항식 $T_2(f)$는 다음과 같다.

$$\begin{aligned}
T_2(f)(x,y) &= 1 + \tfrac{\pi^2}{4} + \tfrac{\pi^2}{4}(x-1) + \pi\left(y - \tfrac{\pi}{2}\right) \\
&\quad + \tfrac{1}{2!}\left\{-\tfrac{\pi^2}{4}(x-1)^2 + \pi(x-1)\left(y - \tfrac{\pi}{2}\right) + \left(y - \tfrac{\pi}{2}\right)^2\right\}
\end{aligned}$$ ✠

참고 (1) 공간 $\mathbb{R}^n$의 점 $\mathbf{p} = (a_1, \ldots, a_n)$의 근방에서 모든 계의 연속인 편도함수를 가지는 다변수함수 $f(x_1, \ldots, x_n)$의 점 $\mathbf{p}$에서 전개한 테일러급수 $T(f)$는 다음과 같다.

$$T(f)(x_1, \ldots, x_n) = \sum_{\ell=0}^{\infty} \frac{1}{\ell!}\left\{(x_1 - a_1)\frac{\partial}{\partial x_1} + \cdots + (x_n - a_n)\frac{\partial}{\partial x_n}\right\}^{\ell} f(\mathbf{p})$$

(2) 함수 $f(x_1, \ldots, x_n)$이 점 $\mathbf{p} = (a_1, \ldots, a_n)$의 근방 Ω에서 M계의 연속인 편도함수를 모두 가지면 다음을 만족시키는 점 $\mathbf{p}^*$가 점 $\mathbf{p}$와 점 $\mathbf{x} \in \Omega$를 잇는 선분 위에 존재한다.

$$\begin{aligned}
f(x_1, \ldots, x_n) &= \sum_{\ell=0}^{M-1} \frac{1}{\ell!}\left\{(x_1 - a_1)\frac{\partial}{\partial x_1} + \cdots + (x_n - a_n)\frac{\partial}{\partial x_n}\right\}^{\ell} f(\mathbf{p}) + R_M(\mathbf{x}) \\
R_M(\mathbf{x}) &= \frac{1}{N!}\left\{(x_1 - a_1)\frac{\partial}{\partial x_1} + \cdots + (x_n - a_n)\frac{\partial}{\partial x_n}\right\}^{M} f(\mathbf{p}^*)
\end{aligned}$$

따라서 점 $\mathbf{p}$의 근방에서 $\lim_{M\to\infty}|R_M(\mathbf{x})| = 0$이면, 점 $\mathbf{p}$의 근방에서 M차 테일러다항식 $T_M(f)$로 함수 f를 근사할 수 있고 테일러급수 $T(f)$는 함수 f에 수렴한다. 일반적으로 함수 f의 테일러급수 $T(f)$가 함수 f에 수렴하지 않는다 (연습 문제 3.5의 18번 참조).

3.5.4 정적분의 도함수

여기서는 여러 응용분야에서 자주 나타나는 다음과 같은 정적분으로 정의되는 매개변수 s의 함수 $F(s)$의 도함수에 대하여 다룬다.

$$F(s) = \int_a^b f(x,s)\,dx \tag{3.5-13}$$

함수 $f(x,s)$와 $\frac{\partial f}{\partial s}$가 집합 $\{(x,s)\,|\,a \le x \le b,\ c \le s \le d\}$에서 연속이라고 하자. 만일 변수 s가 Δs 만큼 변한다면 식 (3.5-13)에 의해 그에 따른 함수 F의 증분 ΔF은 다음과 같다.

$$\Delta F = \int_a^b f(x,s+\Delta s)\,dx - \int_a^b f(x,s)\,dx = \int_a^b \{f(x,s+\Delta s) - f(x,s)\}\,dx$$

이 식의 양변을 $\Delta s \neq 0$로 나누어 다음을 얻는다.

$$\frac{\Delta F}{\Delta s} = \int_a^b \frac{f(x,s+\Delta s) - f(x,s)}{\Delta s}\,dx \tag{3.5-14}$$

함수 f와 $\frac{\partial f}{\partial s}$에 관한 조건에 의해 식 (3.5-14)의 우변에 대하여 다음이 성립한다 (이에 대한 증명은 생략한다).

$$\lim_{\Delta s\to 0}\int_a^b \frac{f(x,s+\Delta s) - f(x,s)}{\Delta s}\,dx = \int_a^b \lim_{\Delta s\to 0}\frac{f(x,s+\Delta s) - f(x,s)}{\Delta s}\,dx$$

한편, 주어진 조건에서 함수 $\frac{\partial f}{\partial s}$가 존재하고 연속이다. 따라서 식 (3.5-13)으로 정의된 함수 F는 미분가능하며 그의 도함수 $F'(s)$는 다음과 같다.

$$F'(s) = \lim_{\Delta s\to 0}\frac{\Delta F}{\Delta s} = \int_a^b \frac{\partial f}{\partial s}\,dx \tag{3.5-15}$$

다음 정리는 식 (3.5-13)의 적분이 특이적분인 경우에 특이적분 $F(s)$가 존재(수렴)할 충분조건과 함수 $F(s)$의 미분가능성에 관한 것이다. 이의 증명은 이 과정에서 다루는 범위를 벗어나므로 생략한다.

[정리 3.5-2] 함수 $f(x,s)$와 $\frac{\partial f}{\partial s}$가 집합 $\Omega = \{(x,s) \mid a \le x < b,\, c \le s \le d\}$에서 연속이고(여기서 b는 ∞일 수도 있다) 또 다음 식을 만족시키는 함수 $M(x)$가 존재하며 특이적분 $\int_a^b M(x)dx$이 수렴한다고 하자.

$$\left|\frac{\partial f(x,s)}{\partial s}\right| \le M(x), \quad a \le x < b,\ c \le s \le d$$

만일 구간 $[c,d]$의 한 점 s_0에 대해 특이적분 $\int_a^b f(x,s_0)dx$가 수렴하면 식 (3.5-13)의 특이적분 $F(s)$는 존재하고 미분가능하다. 이때 다음이 성립한다.

$$F'(s) = \int_a^b \frac{\partial f(x,s)}{\partial s}\,dx \tag{3.5-16}$$

참고 정리 3.5-2의 결과는 집합 Ω가 $\{(x,s) \mid a < x \le b,\, c \le s \le d,\ a$는 실수 또는 $-\infty\}$ 또는 $\{(x,s) \mid a < x < b,\, c \le s \le d,\ a,b$는 실수 또는 $-\infty\}$인 경우에도 성립한다.

[예제 3.5-6] $s > -1$일 때 $F(s) = \int_0^1 \frac{x^s-1}{\ln x}\,dx$를 구하라.

풀이 먼저 $s_1 \ge s \ge s_0$ (단, $-1 < s_0 < 0,\, s_1 > 0$)이면 피적분함수는 정리 3.5-2 (위의 참고)의 조건을 모두 만족하므로 함수 $F(s)$를 s에 관해 미분하여 다음을 얻는다.

$$F'(s) = \int_0^1 \frac{x^s \ln x}{\ln x}\,dx = \left[\frac{x^{s+1}}{s+1}\right]_0^1 = \frac{1}{1+s}$$

따라서 $s_0 \ge s \ge s_1$에 대하여 $F(s) = \ln(1+s) + C$이다. 그런데 $F(0) = 0$이고 s_0와 s_1은 각각 $-1 < s_0 < 0$이고 $s_1 > 0$인 임의의 수이므로 다음을 얻는다.

$$\int_0^1 \frac{x^s - 1}{\ln x}\,dx = \ln(1+s), \quad s > -1$$

✠

이제 식 (3.5-13)에서 적분의 위끝 a와 아래끝 b 중에 하나 또는 모두가 매개변수 s에 의존할 때 함수 $F(s)$의 도함수에 대해 알아보자. 먼저 함수 F가 상한 b의 함수이면 미적분학의 기본정리로부터 다음을 얻는다.

$$\frac{\partial F}{\partial b} = f(b, s) \tag{3.5-17}$$

함수 F가 하한 a의 함수이면 $\int_b^a f dx = -\int_a^b f dx$이므로 다음을 얻는다.

$$\frac{\partial F}{\partial a} = -f(a, s) \tag{3.5-18}$$

한편, 연쇄법칙에 의해 매개변수 s의 함수 $F(s, b(s), a(s))$에 대해 다음을 얻는다.

$$\frac{dF}{ds} = \frac{\partial F}{\partial s} + \frac{\partial F}{\partial b}\frac{db}{ds} + \frac{\partial F}{\partial a}\frac{da}{ds} \tag{3.5-19}$$

따라서 식 (3.5-17), (3.5-18), (3.5-19)로부터 다음 정리를 얻는다.

[정리 3.5-3] 함수 $f(x,s)$와 f_s가 집합 $\{(x,s) \mid h \le x \le k,\ c \le s \le d\}$에서 연속이라고 하자. 만일 함수 $b(s)$와 $a(s)$가 모두 구간 $[c,d]$에서 s에 관해 미분가능하고 치역이 구간 $[h,k]$의 부분집합이라고 하자. 그러면 함수 $F(s) = \int_{a(s)}^{b(s)} f(x, s)\, dx$에 대해 다음이 성립한다.

$$\frac{dF(s)}{ds} = \int_{a(s)}^{b(s)} \frac{\partial f(x,s)}{\partial s} dx + f(b,s)\frac{db}{ds} - f(a,s)\frac{da}{ds} \tag{3.5-20}$$

연습 문제 3.5

1. 다음에 주어진 함수 u에 대하여 $\frac{du}{dt}$를 구하라.

   (1) $u = x^2 - 2xy + y^2$; $x = (t+1)^2$, $y = (t-1)^2$

(2) $u = \tan^{-1}(xy)$; $x = \sin t,\ y = \sec t$

(3) $u = e^{2x+y}\cos(z)$; $x = \ln t,\ y = \ln(t^2+1),\ z = \frac{1}{t}$

2. 다음에 주어진 함수 u에 대하여 $\frac{du}{dx}$를 구하라.

(1) $u = \ln(x^2+y^2+z^2)$; $y = x\sin x, z = x\cos x$

(2) $u = \frac{x+y}{x+z}$; $y = \ln x,\ z = \ln\frac{1}{x}$

3. 다음에 주어진 함수 u에 대하여 $\frac{\partial u}{\partial x}$와 $\frac{\partial u}{\partial y}$를 구하라.

(1) $u = r^2 + s^2$; $r = x+y,\ s = x-y$

(2) $u = r^2\sin 2\theta$; $r = \sqrt{x^2+y^2},\ \theta = \tan^{-1}\left(\frac{y}{x}\right)$

4. 삼변수 함수 $f(x,y,z) = xz + \ln y$의 변수가 $x = s+t, y = \cos s, z = \frac{s^2}{t}$라고 하자. 이때 점 $(s,t) = (-1,2)$에서 $\frac{\partial f}{\partial s}$와 $\frac{\partial f}{\partial t}$의 값을 구하라.

5. 방정식 $F(p,v,t) = 0$에 대해 각 변수가 다른 두 변수의 음함수로 정의된다고 할 때, 등식 $\frac{\partial p}{\partial t}\frac{\partial t}{\partial v}\frac{\partial v}{\partial p} = -1$이 성립함을 보여라.

6. $z = f(x,y),\ y = \phi(x)$일 때 다음 등식이 성립함을 보여라.

$$\frac{d^2z}{dx^2} = \frac{\partial^2 z}{\partial x^2} + 2\frac{\partial^2 z}{\partial x\partial y}\frac{dy}{dx} + \frac{\partial^2 z}{\partial y^2}\left(\frac{dy}{dx}\right)^2 + \frac{\partial z}{\partial y}\frac{d^2y}{dx^2}$$

7. 임의의 실수 t에 대하여 $f(tx,ty,tz) = t^\alpha f(x,y,z)$를 만족시키는 함수 $f(x,y,z)$를 α차 **동차함수**(homogeneous function)라고 한다. 만일 동차함수 f의 편도함수가 모두 존재하면 다음 등식이 성립함을 보여라.

$$xf_x + yf_y + zf_z = \alpha f(x,y,z)$$

8. 미분가능한 함수 $\phi(s)$에 대해 함수 $y(x,t) = \phi(x-ct)$는 방정식 $y_t + cy_x = 0$의 해임을 보여라.

9. 두 번 미분가능한 함수 $f(s)$에 대해 함수 $y(x,t) = \frac{1}{2}\{f(x-ct)+f(x+ct)\}$가 다음의 **파동방정식**(wave equation)의 해임을 보여라.

$$y_{tt} = c^2 y_{xx}$$

10. $x = r-s, y = s-t, z = t-r$일 때 미분가능한 함수 $w = f(x,y,z)$의 일계편도함수는 다음을 만족시킴을 보여라.

$$w_r + w_s + w_t = 0$$

11. 다음 이변수함수의 **평균값정리**를 증명하라.

이변수함수 $z = f(x,y)$가 점 (x_0, y_0)의 근방 Ω에서 연속인 일계편도함수을 모두 가진다고 하자. 그리고 두 점 (x_0, y_0)와 $(x_0 + h, y_0 + k)$가 Ω 내의 점이라고 하면, 다음을 만족시키는 점 (x^*, y^*)가 (x_0, y_0)와 $(x_0 + h, y_0 + k)$를 잇는 선분 위에 존재한다.

$$f(x_0 + h,\, y_0 + k) - f(x_0,\, y_0) = h\frac{\partial f}{\partial x}(x^*,\, y^*) + k\frac{\partial f}{\partial y}(x^*,\, y^*)$$

12. 다음이 성립함을 보여라

(1) $\cos x \cos y = 1 - \dfrac{x^2 + y^2}{2!} + \dfrac{x^4 + 6x^2y^2 + y^4}{4!}$
$\qquad - \dfrac{x^6 + 15x^4y^2 + 15x^2y^4 + y^6}{6!} + \cdots$

(2) $a^x \ln(1 + y) = y + \frac{1}{2}\left\{2xy \ln a - y^2 + x^2 y (\ln a)^2 - xy^2 \ln a\right\} + \frac{1}{3}y^3 + \cdots$

13. 충분히 작은 x와 y에 대하여 다음이 성립함을 보여라.

(1) $e^x \sin y \approx y + xy$

(2) $e^x \ln(1 + y) \approx y + \frac{1}{2}xy^3$

(3) $\sqrt{\frac{1+x}{1+y}} \approx 1 + \frac{1}{2}(x - y)$

14. 다음을 계산하라.

(1) $\dfrac{d}{ds}\displaystyle\int_{-1}^{1} (2sx + s^2)\, dx$

(2) $\dfrac{d}{ds}\displaystyle\int_{0}^{\pi} \cos(x + s)\, dx$

(3) $\dfrac{d}{ds}\displaystyle\int_{-1}^{1} \frac{e^{-x} - e^{-sx}}{x}\, dx \quad (s > 0)$

15. 필요하면 미분하여 다음 특이적분을 구하라 (단, $\int_0^\infty \frac{\sin x}{x}\, dx = \frac{\pi}{2}$).

$$\int_0^\infty \frac{e^{-\alpha x} \sin x}{x}\, dx, \quad \alpha \geq 0$$

16. 변수 α에 관한 다음 함수의 도함수를 식 (3.5-16)을 이용하여 구하고, 먼저 적분한 후에 도함수를 구하는 것과 그 결과를 비교하여 보아라.

(1) $\displaystyle\int_{-1}^{1} (2\alpha x + \alpha^2)\, dx$ (2) $\displaystyle\int_0^t \frac{x - \alpha}{x + \alpha}\, dx$

17. $\alpha > 0$일 때, $\int_0^\infty e^{-\alpha x}\,dx = \frac{1}{\alpha}$이다. 이 식의 양변을 α에 관해 미분하여 다음 등식이 성립함을 보여라.

$$\int_0^\infty x^n e^{-\alpha x}\,dx = \frac{n!}{\alpha^{n+1}},\ n \in \mathbb{N}$$

18. 함수 f를 다음과 같이 정의할 때 $f^{(n)}(0) = 0,\ n = 0, 1, \ldots$ 임을 보여라.

$$f(x) = \begin{cases} e^{-\frac{1}{x^2}}, & x \neq 0 \\ 0, & x = 0 \end{cases}$$

19. 주어진 점 $\mathbf{x}_0$에서 함수 f의 1차테일러다항식 T_1을 구하라.

(1) $f(x,y) = \frac{1}{1+x-y}$, $\mathbf{x}_0 = (2,1)$

(2) $f(x,y) = e^{2x-y}$, $\mathbf{x}_0 = (1,2)$

(3) $f(x,y,z) = e^{x\cos(y+z)}$, $\mathbf{x}_0 = (0,0,0)$

(4) $f(x,y,z) = \frac{\sin(xy)}{z}$, $\mathbf{x}_0 = (\frac{\pi}{2}, 1, 1)$

(5) $f(x,y,z) = \tan^{-1}(xyz)$, $\mathbf{x}_0 = (1,1,1)$

20. 다음에 주어진 점 $\mathbf{x}_0$에서 각 함수의 2차테일러다항식 T_2를 구하라.

(1) $f(x,y) = \cos(\pi xy) + xy^2$, $\mathbf{x}_0 = (0,0)$ (2) $f(x,y) = \ln\frac{\cos x}{y}$, $\mathbf{x}_0 = (0,1)$

21. 다음 물음에 답하라.

(1) 다음을 계산하라.

$$\frac{d}{ds}\int_0^\infty \frac{e^{-x} - e^{-sx}}{x}\,dx \quad (s > 0)$$

(2) (1)의 결과를 이용하여 다음 적분을 계산하라.

$$\int_0^\infty \frac{e^{-x} - e^{-3x}}{x}\,dx$$

3.6 경사도와 방향도함수

점 $\mathbf{x} = (x, y)$에서 일계편도함수를 모두 가지는 이변수함수 f의 **경사도** 또는 **그래디언트**(gradient) $\nabla f(\mathbf{x})$ 또는 grad f를 다음 식으로 정의한다.

$$\nabla f(\mathbf{x}) = f_x(\mathbf{x})\mathbf{i} + f_y(\mathbf{x})\mathbf{j} \tag{3.6-1}$$

같은 방법으로 공간의 점 $\mathbf{x} = (x, y, z)$에서 일계편도함수를 모두 가지는 삼변수함수 f의 경사도 ∇f를 다음 식으로 정의한다.

$$\nabla f(\mathbf{x}) = f_x(\mathbf{x})\mathbf{i} + f_y(\mathbf{x})\mathbf{j} + f_z(\mathbf{x})\mathbf{k} \tag{3.6-2}$$

[예제 3.6-1] 함수 $f(x, y) = xy$의 경사도는 다음과 같다.

$$\nabla f(x,\, y) = f_x\,\mathbf{i} + f_y\,\mathbf{j} = y\,\mathbf{i} + x\,\mathbf{j}$$

일반적으로 n변수함수 $f(x_1, x_2, \ldots, x_n)$의 경사도 ∇f는 다음 식으로 정의한다.

$$\nabla f(x_1, x_2, \ldots, x_n) = \left(\frac{\partial f}{\partial x_1}, \frac{\partial f}{\partial x_2}, \ldots, \frac{\partial f}{\partial x_n}\right)$$

다변수함수 f의 경사도는 ∇f가 정의되는 점 $\mathbf{x}$에 벡터 $\nabla f(\mathbf{x})$을 대응시키는 벡터함수이다. 따라서 ∇는 일계편도함수를 가지는 n변수함수 f에 n개의 성분을 가지는 가지는 벡터함수 ∇f를 대응시키는 함수, 즉 **미분연산자** (differential operator)이다. 미분연산자 ∇에 대하여 다음이 성립한다. 증명은 연습문제로 남긴다.

[정리 3.6-1] 다변수함수 f와 g가 모든 일계편도함수를 가지면 다음이 성립한다.

(1) $\nabla(cf) = c\nabla f$ (단, c는 상수)

(2) $\nabla(f + g) = \nabla f + \nabla g$

(3) $\nabla(fg) = g\nabla f + f\nabla g$

3.6.1 방향도함수

점 $\mathbf{x}$의 근방에서 정의된 이변수함수 f와 단위벡터 $\mathbf{u}$에 대하여 다음 식 (3.6-3)의 극한이 존재하면, 그 극한을 점 $\mathbf{x}$에서 방향 $\mathbf{u}$으로의 또는 방향 $\mathbf{u}$에 대한 함수 f의 **방향도함수**(directional derivative)라고 하고 $D_{\mathbf{u}}f(\mathbf{x})$로 나타낸다.

$$\lim_{t \to 0} \frac{f(\mathbf{x} + t\mathbf{u}) - f(\mathbf{x})}{t} \tag{3.6-3}$$

다음 정리와 같이 함수의 방향도함수를 경사도를 써서 나타낼 수 있다.

[정리 3.6-2] 이변수함수 f가 점 (x, y)에서 미분가능하면 방향 $\mathbf{u} = (u_1, u_2)$에 대한 방향도함수 $D_{\mathbf{u}}f$가 존재한다. 이때 다음이 성립한다.

$$D_{\mathbf{u}}f(x, y) = u_1 \frac{\partial f}{\partial x}(x, y) + u_2 \frac{\partial f}{\partial y}(x, y) = \nabla f(x,\, y) \bullet \mathbf{u} \tag{3.6-4}$$

참고 (1) 벡터 $\mathbf{u} = \mathbf{i}$에 대하여 $\nabla f \bullet \mathbf{u} = \frac{\partial f}{\partial x}$이므로 함수 f의 방향도함수 $D_{\mathbf{i}}f$는 f의 편도함수 $\frac{\partial f}{\partial x}$이다. 또한 $\mathbf{u} = \mathbf{j}$이면 방향도함수 $D_{\mathbf{j}}f$는 $\frac{\partial f}{\partial y}$이다.

(2) 점 (x, y)에서 이변수함수 f의 방향도함수 $D_{\mathbf{u}}f(x, y)$는 벡터 $\mathbf{u}$를 품는 xy평면에 수직인 평면과 곡면 $z = f(x, y)$의 교선 ABC 위의 점 B에서 접선의 기울기이다 (그림 3.6-1 참조).

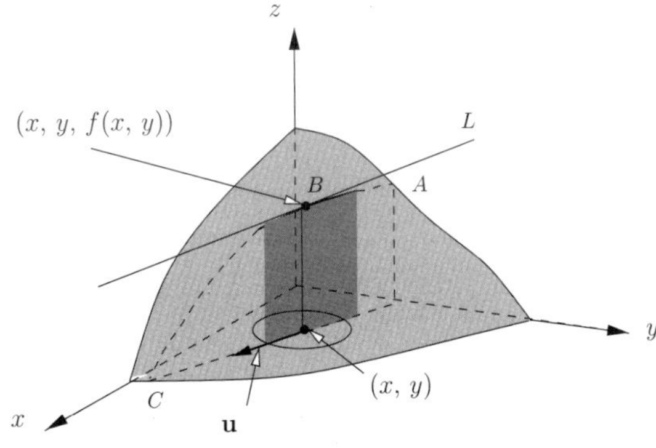

그림 3.6-1 방향도함수

(3) 점 $\mathbf{a} \in \mathbb{R}^n$에서 방향 $\mathbf{u} = (u_1, \ldots, u_n) \in \mathbb{R}^n$에 대한 n변수함수 f의 방향도함수 $D_{\mathbf{u}}f$는 다음과 같다.

$$D_{\mathbf{u}}f(\mathbf{a}) = \nabla f(\mathbf{a}) \bullet \mathbf{u} = \sum_{k=1}^{n} u_k \frac{\partial f(\mathbf{a})}{\partial x_k}$$

[예제 3.6-2] 점 $(4, -1)$에서 벡터 $\mathbf{v} = 2\mathbf{i} + 3\mathbf{j}$의 방향에 대한 함수 $f(x, y) = xy^2$의 방향도함수를 구하라.

풀이 벡터 $\mathbf{v} = 2\mathbf{i} + 3\mathbf{j}$의 방향은 $\mathbf{u} = \frac{2}{\sqrt{13}}\mathbf{i} + \frac{3}{\sqrt{13}}\mathbf{j}$이고 $\nabla f = y^2\mathbf{i} + 2xy\mathbf{j}$이므로 방향도함수 $D_{\mathbf{u}}f$는 다음과 같다.

$$D_{\mathbf{u}}f(x, y) = \nabla f(x, y) \bullet \mathbf{u} = \frac{2y^2}{\sqrt{13}} + \frac{6xy}{\sqrt{13}} = \frac{2y^2 + 6xy}{\sqrt{13}}$$

따라서 점 $(4, -1)$에서 $D_{\mathbf{u}}f(4, -1) = -\frac{22}{\sqrt{13}}$이다. ✠

방향 $\mathbf{u}$에 대한 함수 f의 방향도함수 $D_{\mathbf{u}}f$에서 벡터 $\mathbf{u}$와 경사도 ∇f와의 관계에 대하여 생각해 보자. 먼저 벡터 $\mathbf{u}$ 위로의 ∇f의 정사영은 다음과 같다.

$$\operatorname{Proj}_{\mathbf{u}} \nabla f = \frac{\nabla f \bullet \mathbf{u}}{|\mathbf{u}|^2}\mathbf{u}$$

여기서 벡터 $\mathbf{u}$는 단위벡터이므로 벡터 $\mathbf{u}$ 방향으로의 ∇f의 성분은 $\nabla f \bullet \mathbf{u}$이다. 따라서 점 (x, y)에서 $D_{\mathbf{u}}f(x, y)$는 벡터 $\mathbf{u}$ 방향으로의 함수 f의 경사도 $\nabla f(x, y)$의 성분이다.

한편, 점 (x, y)에서 단위벡터 $\mathbf{u}$와 함수 f의 경사도 $\nabla f(x, y)$의 사잇각을 θ라고 하면 다음이 성립한다.

$$D_{\mathbf{u}}f(x, y) = \nabla f(x, y) \bullet \mathbf{u} = |\nabla f(x, y)|\ |\mathbf{u}| \cos\theta = |\nabla f(x, y)| \cos\theta \quad (3.6\text{-}5)$$

식 (3.6-5)에서 $\theta = 0$이면 $\cos\theta = 1$이다. 이는 벡터 $\mathbf{u}$가 $\nabla f(x, y)$와 같은 방향인 경우이다. 한편 점 (x, y)에서 단위벡터 $\mathbf{u}$가 $-\nabla f(x, y)$와 같은 방향이면 $\theta = \pi$이고 $\cos\theta = -1$이다. 또 $\theta = \frac{\pi}{2}$이면 $\cos\theta = 0$이다. 이를 종합하면 다음과 같다.

[정리 3.6-3] 점 (x,y)에서 이변수함수 f의 일계편도함수가 연속이라고 할 때

(1) $\nabla f(x,y) = \mathbf{0}$이면 임의의 단위벡터 $\mathbf{u}$에 대하여 $D_{\mathbf{u}}f(x,y) = 0$이다.

(2) 함수 f의 값이 가장 빨리 증가하는 방향은 $\nabla f(x,y)$의 방향이다.

(3) 함수 f의 값이 가장 빨리 감소하는 방향은 $-\nabla f(x,y)$의 방향이다.

[예제 3.6-3] 금속판 위의 전압의 분포 V가 다음과 같다고 하자.

$$V(x,y) = 50 - x^2 - 4y^2$$

(1) 점 $(1,-2)$에서 전압이 가장 급격하게 증가하는 방향과 급격하게 감소하는 방향을 구하라.

(2) 점 $(1,-2)$에서 (1)에서 구한 각 방향으로의 함수값의 증가율과 감소율의 크기는 각각 얼마인가?

(3) 점 $(1,-2)$에서 전압 V의 변화가 없는 방향을 구하라.

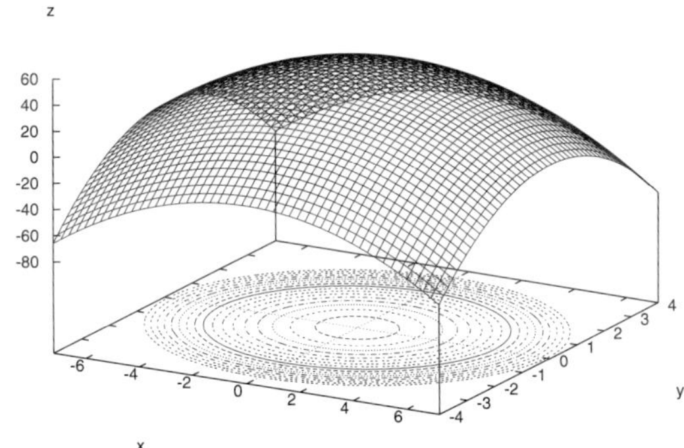

그림 3.6-2 전압 $V(x,y) = 50 - x^2 - 4y^2$의 그래프와 경로지도. 경로지도에서 가장 바깥 쪽이 $V = 0$에 대응하는 등위곡선이고 안쪽으로 V의 값이 3씩 증가한다.

풀이 $\nabla V = V_x\mathbf{i} + V_y\mathbf{j} = -2x\mathbf{i} - 8y\mathbf{j}$이므로 점 $(1,-2)$에서 $\nabla V = -2\mathbf{i} + 16\mathbf{j}$이다. 따라서 정리 3.6-3에 의하여 벡터 $-2\mathbf{i} + 16\mathbf{j}$의 방향이 전압이 가장 급격하게 증가하는 방향이고, 벡터 $2\mathbf{i} - 16\mathbf{j}$의 방향으로 전압이 가장 급격하게 감소한다. 이때 증가율과 감소율의 크기는 모두 $\sqrt{2^2 + 16^2} = 2\sqrt{65}$이다. 그리고 ∇V에 수직인 단위벡터는 $\mathbf{u} = \frac{8\mathbf{i}+\mathbf{j}}{\sqrt{65}}$이므로 전압은 $\pm\mathbf{u}$ 방향으로는 변하지 않는다 (그림 3.6-2 참조). ✠

[예제 3.6-4] 예제 3.6-3의 금속판 위에서 한 입자가 점 $(1,-2)$에서 시작하여 항상 전압 V가 가장 빨리 증가하는 방향으로 운동한다고 할 때 입자의 경로를 구하라.

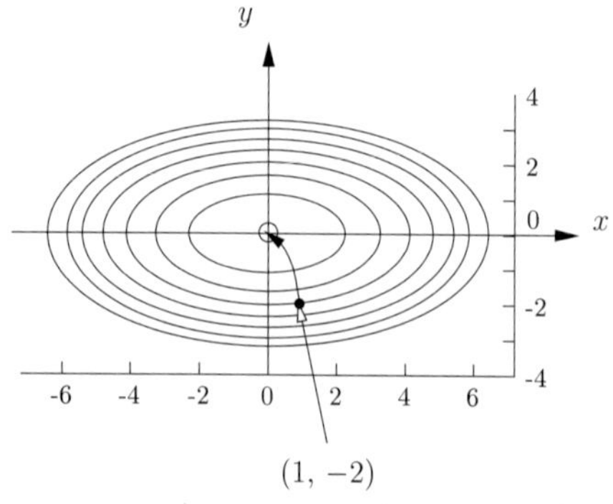

그림 3.6-3 전압 V의 경로지도. 가장 바깥쪽이 $V = 9$이고, 안쪽으로 6씩 증가한다.

풀이 구하는 경로의 매개함수를 $\mathbf{x}(t) = x(t)\mathbf{i} + y(t)\mathbf{j}$이라고 하면, 점 $(x(t), y(t))$에서의 경로의 방향은 $\mathbf{x}'(t) = x'(t)\mathbf{i} + y'(t)\mathbf{j}$이고, 이 방향은 $\nabla V = -2x\,\mathbf{i} - 8y\,\mathbf{j}$와 같은 방향이어야 하므로 다음을 얻는다.

$$x'(t) = -2c\,x(t), \quad y'(t) = -8c\,y(t) \quad (\text{단, } c > 0\text{는 상수})$$

이 식을 다음과 같이 다시 쓸 수 있다.

$$\frac{x'(t)}{x(t)} = -2c, \quad \frac{y'(t)}{y(t)} = -8c$$

이제 두 식의 양변을 t에 관해 각각 적분하여 다음을 얻는다.

$$x(t) = c_1 e^{-2ct}, \quad y(t) = c_2 e^{-8ct} \quad (\text{단, } c_1\text{과 } c_2\text{는 적분상수이다.})$$

그런데 처음에 점 (1, −2)에서 출발하였으므로 $x(0) = 1$이고 $y(0) = -2$이다. 그러므로 $c_1 = 1$이고 $c_2 = -2$이다. 따라서 다음을 얻는다.

$$x(t) = e^{-2ct}, \quad y(t) = -2e^{-8ct}$$

이로부터 구하는 경로곡선는 $y = -2x^4$이다 (그림 3.6-3 참조). ✠

3.6.2 곡면의 접평면과 법선

방정식 $F(x,y,z) = 0$의 그래프로 주어지는 곡면 S를 생각하자. 이때 곡면 S 위의 모든 점에서 삼변수함수 F의 일계편도함수 $\frac{\partial F}{\partial x}$, $\frac{\partial F}{\partial y}$, $\frac{\partial F}{\partial z}$가 모두 존재하고 연속이면 곡면 $F(x,y,z) = 0$은 **미분가능한 곡면**이라고 한다.

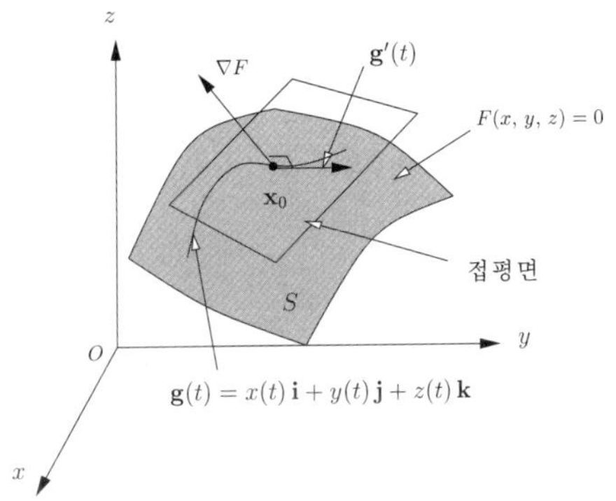

그림 3.6-4 접평면과 경사도

미분가능한 곡면 $F(x,y,z) = 0$을 S를 생각하자. 이때 C는 S 위의 한 점 $\mathbf{x}_0$를 지나는 곡선이며, 미분가능한 벡터함수 $\mathbf{g}(t) = x(t)\mathbf{i} + y(t)\mathbf{j} + z(t)\mathbf{k}$를 곡선 C의 매개화라고 하자 (그림 3.6-4 참조). 그러면 연쇄법칙에 의해 다음을 얻는다.

$$\frac{d}{dt}F(x,y,z) = \frac{\partial F}{\partial x}\frac{dx}{dt} + \frac{\partial F}{\partial y}\frac{dy}{dt} + \frac{\partial F}{\partial z}\frac{dz}{dt}$$

그런데 $F(\mathbf{g}(t)) = 0$이므로 $\frac{F(t)}{dt} = \nabla F(t) \bullet \mathbf{g}'(t) = 0$이다. 따라서 $\mathbf{x}_0 = \mathbf{g}(t_0)$라고 할 때 $\nabla F(\mathbf{x}_0) \neq \mathbf{0}$이면 벡터 $\nabla F(\mathbf{x}_0)$는 점 $\mathbf{x}_0$에서 곡선 C의 접선벡터인 $\mathbf{g}'(t_0)$와 직교한다. 이는 점 $\mathbf{x}_0$를 지나는 미분가능한 모든 곡선에 대하여 참이다. 따라서 벡터 $\nabla F(\mathbf{x}_0)$는 점 $\mathbf{x}_0$에서의 곡면 S의 **접평면**에 수직인 벡터, 즉 **법선벡터**이다. 이러한 사실로부터 다음을 얻는다.

(1) 곡면 S 위의 점 $\mathbf{x}_0 = (x_0, y_0, z_0)$에서의 접평면은 법선벡터 $\nabla F(\mathbf{x}_0)$를 가지고 점 $\mathbf{x}_0$를 지나는 평면이다. 이때 접평면 위의 임의의 점을 $\mathbf{x} = (x, y, z)$라고 하면 **접평면의 방정식**은 다음과 같이 두 가지로 쓸 수 있다.

$$\nabla F(\mathbf{x}_0) \bullet (\mathbf{x} - \mathbf{x}_0) = 0 \tag{3.6-6}$$

$$F_x(\mathbf{x}_0)(x - x_0) + F_y(\mathbf{x}_0)(y - y_0) + F_z(\mathbf{x}_0)(z - z_0) = 0 \tag{3.6-7}$$

(2) 점 $\mathbf{x}_0 = (x_0, y_0, z_0)$에서 S의 **법선**(normal line)은 $\nabla F(\mathbf{x}_0)$와 같은 방향을 가지고 점 x_0를 지나는 직선이다. 이때 법선 위의 임의의 점을 $\mathbf{x} = (x, y, z)$라고 하면 **법선의 방정식**은 다음과 같다.

$$\frac{x - x_0}{F_x(\mathbf{x}_0)} = \frac{y - y_0}{F_y(\mathbf{x}_0)} = \frac{z - z_0}{F_z(\mathbf{x}_0)} \tag{3.6-8}$$

[예제 3.6-5] 타원면 $x^2 + \frac{1}{4}y^2 + \frac{1}{9}z^2 = 3$ 위의 점 $(1, 2, 3)$에서 접평면의 방정식과 법선의 방정식을 구하라.

풀이 $F(x, y, z) = x^2 + \frac{1}{4}y^2 + \frac{1}{9}z^2 - 3 = 0$으로 놓으면 다음을 얻는다.

$$\nabla F = \frac{\partial F}{\partial x}\mathbf{i} + \frac{\partial F}{\partial y}\mathbf{j} + \frac{\partial F}{\partial z}\mathbf{k} = 2x\,\mathbf{i} + \frac{y}{2}\mathbf{j} + \frac{2z}{9}\mathbf{k}$$

$\nabla F(1, 2, 3) = 2\,\mathbf{i} + \mathbf{j} + \frac{2}{3}\mathbf{k}$이므로 접평면과 법선의 방정식은 각각 다음과 같다.

$$2x + y + \tfrac{2}{3}z = 6, \qquad \tfrac{1}{2}(x - 1) = y - 2 = \tfrac{3}{2}(z - 3)$$

✠

한편, 곡면 S가 방정식 $F(x,y,z) = f(x,y) - z = 0$으로 주어지면 다음을 얻는다.

$$F_x = f_x, \quad F_y = f_y, \quad F_z = -1$$

이 경우에 곡면 S 위의 점 $\mathbf{x}_0 = (x_0, y_0, z_0) = (x_0, y_0, f(x_0, y_0))$에서 접평면에 수직인 벡터는 $f_x(x_0, y_0)\,\mathbf{i} + f_y(x_0, y_0)\,\mathbf{j} - \mathbf{k}$이다. 따라서 식 (3.6-7)을 이용하면 곡면 S 위의 점 $\mathbf{x}_0$에서의 접평면의 방정식은 다음과 같다.[6)]

$$z - z_0 = f_x(\mathbf{x}_0)(x - x_0) + f_y(\mathbf{x}_0)(y - y_0) \tag{3.6-9}$$

참고 $dx = x - x_0$, $dy = y - y_0$, $dz = z - z_0$라고 하면 식 (3.6-9)는 다음과 같이 이변수함수 $z = f(x,y)$의 전미분과 같다.

$$dz = f_x(\mathbf{x}_0)\, dx + f_y(\mathbf{x}_0)\, dy$$

[예제 3.6-6] 점 $P(2,1,8)$에서 곡면 $z = x^3y^5$의 접평면과 법선의 방정식을 구하라.

풀이 $f(x,y) = x^3y^5$이라고 하면 법선벡터 $\mathbf{n}$은 다음과 같다.

$$\mathbf{n} = \frac{\partial f}{\partial x}\mathbf{i} + \frac{\partial f}{\partial y}\mathbf{j} - \mathbf{k} = 3x^2y^5\,\mathbf{i} + 5x^3y^4\,\mathbf{j} - \mathbf{k}$$

점 $P(2,1,8)$에서 법선벡터는 $\mathbf{n} = 12\,\mathbf{i} + 40\,\mathbf{j} - \mathbf{k}$이므로 접평면의 방정식과 법선의 방정식은 각각 다음과 같다.

$$12(x-2) + 40(y-1) - (z-8) = 0, \quad \frac{x-2}{12} = \frac{y-1}{40} = \frac{z-8}{-1}$$ ✠

3.6.3 법선도함수

미분가능한 이변수함수 f와 상수 c를 생각하자. 이때 C가 방정식 $f(x,y) - c = 0$의 그래프인 곡선이면 $\nabla f(x,y)$는 곡선 C 위의 점 $\mathbf{x} = (x,y)$에서 곡선 C의 법선벡터

6) 3.4절을 참고하라.

이다 (그림 3.6-5 참조). 여기서 경사도방향에 대한 f의 방향도함수를 함수 f의 **법선도함수**(normal derivative)라고 하며 $\frac{\partial f}{\partial n}$로 나타낸다. 경사도방향이 $\frac{\nabla f(\mathbf{x})}{|\nabla f(\mathbf{x})|}$이므로 점 $\mathbf{x}$에서 함수 f의 법선도함수는 다음과 같다.

$$\frac{\partial f(\mathbf{x})}{\partial n} = D_{\mathbf{u}} f(\mathbf{x}) = \frac{\nabla f(\mathbf{x})}{|\nabla f(\mathbf{x})|} \cdot \nabla f(\mathbf{x}) = |\nabla f(\mathbf{x})| \tag{3.6-10}$$

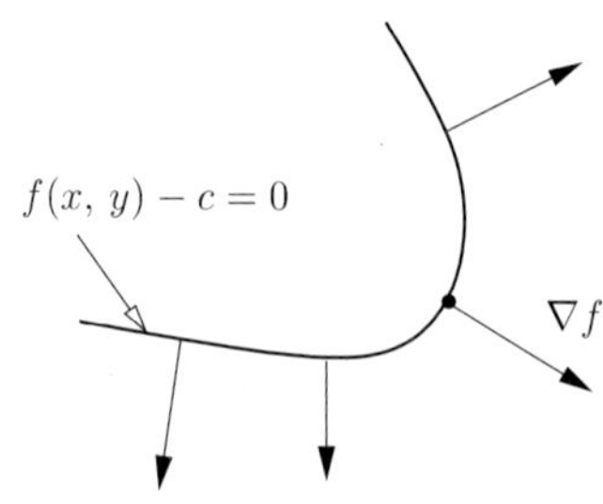

그림 3.6-5 곡선의 경사도방향

[예제 3.6-7] 점 $(3, -2)$에서 함수 $f(x, y) = xy^2$의 법선도함수를 구하라.

풀이 $\nabla f(x, y) = y^2\mathbf{i} + 2xy\mathbf{j}$이다. 따라서 $\frac{\partial f}{\partial n} = \sqrt{y^4 + 4x^2y^2}$이고 점 $(3, -2)$에서 법선도함수는 $\frac{\partial f}{\partial n}(3, -2) = \sqrt{16 + 144} = 4\sqrt{10}$이다. ✠

연습 문제 3.6

1. 다음에 주어진 점 $\mathbf{x}$에서 각 함수 f의 경사도 $\nabla f(\mathbf{x})$를 구하라.

   (1) $\mathbf{x} = (1, 1, 1),\ f(x, y, z) = x^2 + y^2 - 2z^2$

   (2) $\mathbf{x} = (\frac{1}{4}\pi, 0, 0),\ f(x, y, z) = e^{-2y}\cos(2x)$

   (3) $\mathbf{x} = (0, \frac{1}{4}\pi, 0),\ f(x, y, z) = \cos(3x)\cos(4y)\sinh(5z)$

2. 다음 함수 f에 대해 점 $\mathbf{x}$에서 $\mathbf{u}$ 방향의 방향도함수 $D_{\mathbf{u}} f(\mathbf{x})$를 구하라.

   (1) $\mathbf{x} = (2, 3),\ \mathbf{u} = \mathbf{i} + 3\,\mathbf{j},\ f(x, y) = xy$

(2) $\mathbf{x} = (2,2)$, $\mathbf{u} = 3\,\mathbf{i} - 2\,\mathbf{j}$, $f(x,y) = \tan^{-1}(\frac{y}{x})$

(3) $\mathbf{x} = (1,1,1)$, $\mathbf{u} = \mathbf{i} + \mathbf{j} + \mathbf{k}$, $f(x,y,z) = xy + yz + zx$

(4) $\mathbf{x} = (1,-1,1)$, $\mathbf{u} = 3\mathbf{j} + 3\mathbf{k}$, $f(x,y,z) = x^2y^2(2z+1)^2$

3. 원점에 중심을 가지는 금속구의 온도분포 T가 다음과 같다고 할 때 구의 임의의 점에서 온도가 가장 빨리 증가하는 방향은 원점을 향하는 방향임을 보여라.

$$T(x,,y,z) = 100e^{-(x^2+y^2+z^2)}, \quad 0 \le x^2 + y^2 + z^2 \le r^2, \; r > 0$$

4. 어떤 산의 높이가 함수 $h(x,y) = 3000 - 2x^2 - y^2$으로 주어졌다고 하자. 여기서 양의 x축은 남쪽, 양의 y축은 동쪽방향을 나타낸다고 하자. 등산을 좌표 $P(30,-20,800)$에서 시작하였을 때, 다음 물음에 답하라.

(1) 정 남서 방향으로 간다면 산을 오르는 것인가, 내려가는 것인가?
(2) P에서 가장 가파른 쪽으로 가려면 어느 방향으로 가야하는가?

5. 직육면체 $Q = \{(x,y,z)\,|\,0 \le x \le 1,\; 0 \le y \le 2,\; 0 \le z \le 3\}$의 내부의 온도분포함수 T가 다음과 같다고 한다.

$$T(x,y,z) = 8xyz(1-x)(2-y)(3-z) + 18$$

이때 점 $(1, \frac{1}{2}, 1)$에 있는 모기가 가장 빨리 시원해지는 쪽으로 날아 갔다고 한다. 그 방향은 어느 방향인가?

6. 정리 3.6-1을 증명하라.

7. 다음 각 곡면의 주어진 점에서 법선과 접평면의 방정식을 구하라.

(1) $x^2 + y^2 + z^2 = 49$; (2, 3, 6) (2) $xy + yz + zx = 11$; (1, 2, 3)
(3) $xyz = 4$; (1, 2, 2) (4) $\sin(xy) - 2\cos(yz) = 0$; $(\frac{\pi}{2}, 1, \frac{\pi}{3})$

8. 양의 실수 a,b,c,d에 대하여 타원면 $ax^2 + by^2 + cz^2 = d$ 위의 점 (x_1, y_1, z_1)에서 접평면의 방정식을 구하라.

9. 곡면 $4x^2 + y^2 + 9z^2 = 108$과 $xyz = 36$은 점 (3, 6, 2)에서 서로 접함을 보여라.

10. 함수 $z = f(x,y)$에 대하여 ∇f가 곡선 $f(x,y) = 0$의 임의의 점에서 법선벡터이라면 곡선 위의 점 (x_0, y_0)에서 접선의 방정식을 구하라.

11. 공간에서 주어진 평면 Π의 법선벡터를 $\mathbf{n}$이라고 하자. 이때 다음 식에 의해 정의되는 각 θ를 평면 Π의 xy평면에 대한 **경사각**이라고 한다.

$$\cos\theta = \frac{|\mathbf{n} \cdot \mathbf{k}|}{|\mathbf{n}|\;|\mathbf{k}|} = \frac{|\mathbf{n} \cdot \mathbf{k}|}{|\mathbf{n}|}, \quad 0 \le \theta \le \frac{\pi}{2}$$

이를 이용하여 타원면 $x^2 + y^2 + 4z^2 = 12$ 위의 점 $(2,2,1)$에서의 접평면의 xy평면에 대한 경사각을 구하라.

12. 어느 해 겨울, 서울 지역의 온도분포함수 T가 다음과 같다고 한다. 서울광장의 좌표가 $(1,1)$이고 보신각의 좌표는 $(3,3)$이라고 할 때, 다음 물음에 답하라.

$$T(x,y) = 15 + \frac{3}{4}\ln(1 + x^2 + y^2)$$

(1) 서울광장에서 가장 빨리 따듯해지는 방향의 단위벡터를 구하라.

(2) 서울광장에서 온도가 변하지 않는 방향의 단위벡터를 구하라.

(3) 서울광장에서 보신각 방향으로의 온도 변화율을 구하라.

(4) 서울광장에서 좌표가 $(1.1, 1.1)$인 점으로 이동한다고 할 때, 온도 변화의 근사값을 전미분을 써서 구하라.

3.7 다변수함수의 극값

이 절에서는 다변수함수의 최대값과 최소값에 대하여 다룬다. 먼저 앞으로 사용할 용어를 정의하자.

함수 $f : D \subset \mathbb{R}^n \to \mathbb{R}$을 생각하자. 만일 다음 부등식을 만족시키는 점 $\mathbf{p} \in D$의 근방 N이 존재하면 $f(\mathbf{p})$를 함수 f의 **극대값**, 점 $\mathbf{p}$를 함수 f의 **극대점**이라고 한다.

$$f(\mathbf{x}) \le f(\mathbf{p}), \quad \mathbf{x} \in N \cap D$$

또 부등식 $f(\mathbf{x}) \ge f(\mathbf{p})$, $\mathbf{x} \in N \cap D$을 만족시키는 점 $\mathbf{p}$의 근방 N이 존재하면 $f(\mathbf{p})$를 함수 f의 **극소값**, 점 $\mathbf{p}$를 **극소점**이라 한다. 흔히, 극대점과 극소점을 통틀어 **극점**(extreme point), 극대값 또는 극소값을 **극값**(extremum)이라고 한다.

한편 함수 f의 정의역 D의 원소 $\mathbf{p}$가 다음 부등식을 만족시키면 $f(\mathbf{p})$를 함수 f의 **최대값**(maximum), 점 $\mathbf{p}$를 함수 f의 **최대점**이라고 한다.

$$f(\mathbf{p}) \ge f(\mathbf{x}), \quad \mathbf{x} \in D$$

만일 부등식 $f(\mathbf{p}) \le f(\mathbf{x})$, $\mathbf{x} \in D$가 성립하면 $f(\mathbf{p})$를 함수 f의 **최소값**(minimum), 점 $\mathbf{p}$를 함수 f의 **최소점**이라고 한다. 특히, 최대값 또는 최소값을 **절대극값**(absolute extremum)이라고 한다.

집합 $\mathbb{R}^n$, $n \ge 1$의 부분집합 Ω에 대하여 $\Omega \subset \{\mathbf{x} \in \mathbb{R}^n \,|\, |\mathbf{x}| \le r\}$을 만족시키는 실수 $r > 0$이 존재할 때 집합 Ω는 **유계집합**(bounded set)이라고 한다.

다음 정리는 실함수에 관한 최대·최소값의 정리이다. 증명은 이 과정에서 다루는 범위를 벗어나므로 생략한다.

[정리 3.7-1] (최대·최소값의 정리) 유계이고 닫힌집합 $\Omega \subset \mathbb{R}^n$, $n \ge 1$에서 연속인 실함수는 최대값과 최소값을 가진다.

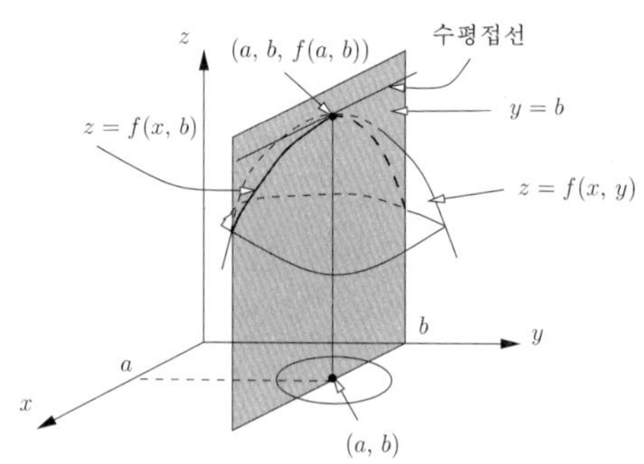

그림 3.7-1 이변수함수의 극값

3.7.1 일계도함수 판정법

미분가능한 이변수함수 f가 점 (a,b)에서 극값을 가진다고 하자. 그러면 일변수함수 $f(x,b)$도 점 $x=a$에서 극값을 가지므로 $f_x(a,b)=0$이 성립한다. 또 함수 $f(a,y)$에 대해서도 같은 방법으로 생각하면 $f_y(a,b)=0$이 성립한다 (그림 3.7-1 참조). 일반적인 다변수함수에 대해 같은 방법으로 생각하면 다음이 성립한다.

[정리 3.7-2] 열린집합 $\Omega \subset \mathbb{R}^n$의 내점 $\mathbf{p}$의 근방에서 연속인 일계편도함수를 모두 가지는 함수 $f(x_1,\ldots,x_n)$가 점 $\mathbf{p}$에서 극값을 가지면 다음이 성립한다.

$$f_{x_i}(\mathbf{p})=0,\ i=1,\ldots,n \quad \text{또는} \quad \nabla f(\mathbf{p})=\mathbf{0} \tag{3.7-1}$$

방정식 $\nabla f(\mathbf{p})=\mathbf{0}$를 만족시키는 함수 f의 정의역의 내점 $\mathbf{p}$를 함수 f의 **임계점**(critical point)이라고 한다. 정리 3.7-2에 의해 Ω의 내점 $\mathbf{p}$가 함수 f의 극점이면 $\mathbf{p}$는 f의 임계점이다. 그러나 역은 성립하지 않는다.

[예제 3.7-1] 이변수함수 $f(x,y)=\frac{1}{b^2}y^2-\frac{1}{a^2}x^2\,(ab\neq 0)$에 대하여 $f_y(x,y)=\frac{2}{b^2}y$이고 $f_x(x,y)=-\frac{2}{a^2}x$이다. 따라서 주어진 함수 f의 임계점은 원점 $(0,0)$뿐이다. 그런데 y축 위에서는 $y\neq 0$이면 $f(0,y)=\frac{1}{b^2}y^2>0$이고, x축 위에서는 $x\neq 0$이면 $f(x,0)=-\frac{1}{a^2}x^2<0$이다. 따라서 원점 $(0,0)$의 모든 근방에서 함수 f는 양수와 음

수의 값을 모두 가진다. 즉 함수 $z = f(x,y)$의 그래프 위의 점 $(0,0,f(0,0))$에서 움직이는 방향에 따라 곡면의 높이가 증가하거나 감소한다 (그림 3.7-2 참조). 그러므로 원점은 주어진 함수 f의 극점이 아니다. 이러한 성질을 가지는 곡면 위의 점을 함수 f의 **안장점**(saddle point)이라고 한다.[7)]

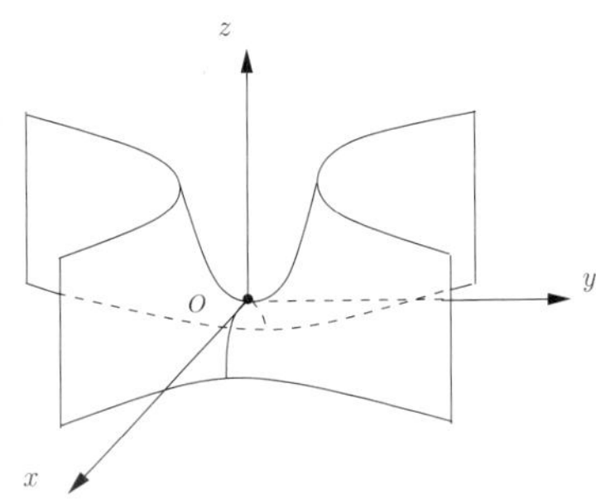

그림 3.7-2 안장점

[예제 3.7-2] 삼각형의 금속판 $D = \{(x,y) \mid x \geq 0, 0 \leq y \leq -2x+2\}$ 위의 온도 T가 다음과 같다고 할 때, 가장 뜨거운 점과 가장 차가운 점을 찾아라.

$$T(x,y) = x^2 + xy + 2y^2 - 3x + 2y$$

풀이 주어진 문제는 영역 D에서 함수 T의 절대극값을 찾는 문제이다. 영역 D가 닫힌영역이고 함수 T가 연속이므로 정리 3.7-1에 의하여 함수 T의 절대극값이 존재한다는 것을 알 수 있다. 먼저 정리 3.7-2의 일계도함수 판정법을 이용하여 함수 T의 임계점을 찾아 보자. 임계점이면 다음을 만족시켜야 한다.

$$\nabla T(x,y) = (2x + y - 3, x + 4y + 2) = (0,0)$$

이 방정식을 풀면 $(2,-1)$을 얻는데 이는 D의 원소가 아니므로 D의 내점 중에 T의 임계점은 없다. 따라서 함수 T는 D의 경계에서 극값을 가진다. 한편 D의 경계는 다

7) 다변수함수의 안정점은 일변수함수의 변곡점에 대응되는 개념이다.

음과 같이 세 개의 선분으로 이루어져 있다.

$$L_1 : y = 0\,(0 \le x \le 1),\ L_2 : x = 0\,(0 \le y \le 2),\quad L_3 : y = 2(1-x)\,(0 \le x \le 1)$$

먼저 선분 L_1 위의 온도는 일변수함수 $T(x,0) = x^2 - 3x$ $(0 \le x \le 1)$로 주어지므로 극값은 $T(0,0) = 0$과 $T(1,0) = -2$이다. 그리고 선분 L_2 위의 온도는 $T(0,y) = 2y^2 + 2y$ $(0 \le y \le 2)$이므로 극값은 $T(0,0) = 0$과 $T(0,2) = 12$이다. 마지막으로 선분 L_3 위에서 온도 T는 다음과 같다.

$$T(x,y) = T(x, 2-2x) = 7x^2 - 21x + 12 \quad (0 \le x \le 1)$$

따라서 L_3 위에서의 극값은 $T(0,2) = 12$와 $T(1,0) = -2$이다. 이상을 종합하면 금속판 D에서 가장 뜨거운 점은 $(0,2)$이고 가장 차가운 점은 $(1,0)$이다. ✠

3.7.2 이계도함수 판정법

다음은 이변수함수의 임계점이 극점인지를 판정할 때 유용하게 쓰이는 정리이다.

[정리 3.7-3] 이변수함수 f의 정의역의 내점 (a,b)의 근방에서 함수 f가 연속인 일계와 이계편도함수를 가진다고 할 때 다음과 같은 판별식 $\triangle$를 생각하자.

$$\triangle = f_{xx}(a,b) f_{yy}(a,b) - f_{xy}^2(a,b)$$

만일 점 (a,b)가 함수 f의 임계점이라면 다음이 성립한다.

(1) $\triangle > 0$ 일 때

(*i*) $f_{xx}(a,b) < 0$ 또는 $f_{yy}(a,b) < 0$이면 $f(a,b)$는 f의 극대값이다.

(*ii*) $f_{xx}(a,b) > 0$ 또는 $f_{yy}(a,b) > 0$이면 $f(a,b)$는 f의 극소값이다.

(2) $\triangle < 0$이면 $(a,b,f(a,b))$는 안장점이다.

증명 먼저 크기가 충분히 작은 h와 k에 대해 $F(t) = f(a+ht, b+kt)$로 놓자. 그러면

$F'(0) = hf_x(a,b) + kf_y(a,b)$이고 점 (a,b)가 함수 f의 임계점이므로 $F'(0) = 0$이다. 따라서 함수 $F(t)$는 h와 k에 관계없이, 일변수함수에 관한 극값의 이계도함수 판정법으로부터 $F''(0) < 0$이면 함수 f는 점 (a,b)에서 극대값 $F(0) = f(a,b)$를 가지며, $F''(0) > 0$이면 극소값 $f(a,b)$를 갖는다. 한편, $F''(0)$을 구하면 다음과 같다.

$$F''(0) = h^2 f_{xx}(a,b) + 2hk f_{xy}(a,b) + k^2 f_{yy}(a,b) \qquad (3.7\text{-}2)$$

여기서 편의상 $f_{xx}(a,b)$, $f_{xy}(a,b)$, $f_{yy}(a,b)$를 각각 f_{xx}, f_{xy}, f_{yy}로 나타내기로 하자. 이제 $f_{xx} \neq 0$이면 f_{xx}/f_{xx}, $f_{yy} \neq 0$이면 f_{yy}/f_{yy}를 식 (3.7-2)의 좌변에 곱하고 분자를 완전제곱꼴로 고쳐 정리하면 각각 다음과 같다.

$$F''(0) = \frac{(hf_{xx} + kf_{xy})^2 + k^2(f_{xx}f_{yy} - f_{xy}^2)}{f_{xx}} \quad (f_{xx} \neq 0) \qquad (3.7\text{-}3)$$

$$F''(0) = \frac{(kf_{yy} + hf_{xy})^2 + h^2(f_{xx}f_{yy} - f_{xy}^2)}{f_{yy}} \quad (f_{yy} \neq 0) \qquad (3.7\text{-}4)$$

(1) $\triangle = f_{xx}f_{yy} - f_{xy}^2 > 0$이라고 하자. (i) $f_{xx} < 0$ 또는 $f_{yy} < 0$이면, 식 (3.7-3) 또는 (3.7-4)에서 $F''(0) < 0$이므로 함수 f는 극대값 $F(0) = f(a,b)$를 갖는다. (ii) 만일 $f_{xx} > 0$ 또는 $f_{yy} > 0$이면, 식 (3.7-3) 또는 (3.7-4)에서 $F''(0) > 0$이므로 f는 극소값 $F(0) = f(a,b)$를 갖는다.

(2) $\triangle < 0$이면 h와 k의 크기와 부호를 적당히 조합하여 식 (3.7-3)과 (3.7-4)는 양과 음이 되게 할 수 있으므로 점 $(a,\ b,\ f(a,b))$는 함수 f의 안장점이다. ■

[예제 3.7-3] $f(x,y) = -x^3 + 4xy - 2y^2 + 1$의 극값을 구하라.

풀이 연립방정식 $f_x(x,y) = -3x^2 + 4y = 0$, $f_y(x,y) = 4x - 4y = 0$에서 임계점 $(\frac{4}{3}, \frac{4}{3})$와 $(0,0)$을 얻는다. 먼저 $f_{xx}(x,y) = -6x$, $f_{yy}(x,y) = -4$, $f_{xy}(x,y) = 4$이므로 점 $(0,0)$에서 $\triangle = 0 - 16 < 0$이다. 따라서 $(0,0,1)$은 안장점이다. 그리고 임계점 $(\frac{4}{3}, \frac{4}{3})$에서 $\triangle = -8(-4) - 16 = 16 > 0$이고 $f_{xx}(\frac{4}{3}, \frac{4}{3}) = -8 < 0$이므로 극대값을 갖는다 (그림 3.7-3 참조). ✠

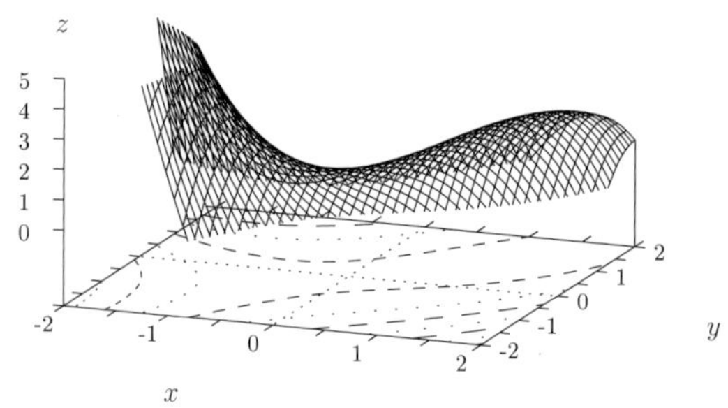

그림 3.7-3 함수 $f(x, y) = -x^3 + 4xy - 2y^2 + 1$의 그래프

참고 (1) $f_{xx}(a,b) = f_{yy}(a,b) = 0$인 경우에는 식 (3.7-2)에서 $F''(0) = 2hkf_{xy}(a,b)$이다. 이때 $f_{xy}(a,b) \neq 0$이면 h와 k의 크기와 부호를 조합하여 $F''(0)$의 부호를 양과 음이 되게 할 수 있으므로 점 $(a, b, f(a,b))$는 함수 f의 안장점이다.

(2) 원점에서 함수 $f(x,y) = x^2y^2$와 $g(x,y) = -x^2y^2$의 판별식 $\triangle$은 모두 0이다. 또 원점은 함수 f의 극소점이고 함수 g의 극대점이다. 그러므로 일반적으로 $\triangle = 0$인 점에서는 극대와 극소를 판별할 수 없다. 따라서 $\triangle = 0$인 경우에는, 예를 들어 다음 예제 3.7-4와 같은 방법으로 함수의 극값을 판별하여야 한다.

[예제 3.7-4] 함수 $f(x, y) = x^2y^2$의 극값을 구하라.

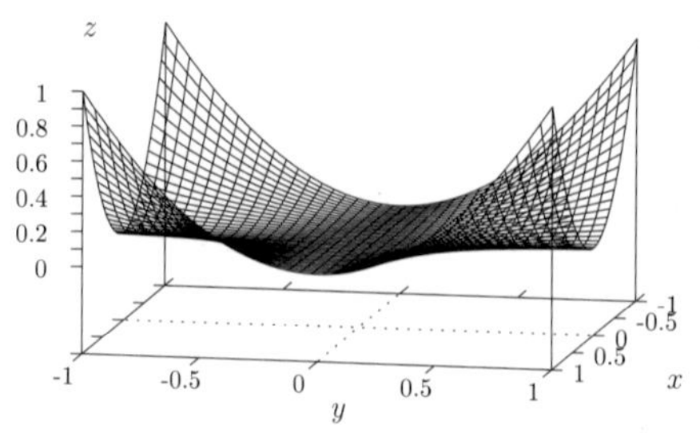

그림 3.7-4 함수 $f(x, y) = x^2y^2$의 그래프

풀이 $f_x(x, y) = 2xy^2 = 0$, $f_y(x, y) = 2x^2y = 0$으로부터 $x = 0$ 또는 $y = 0$을 얻는다. 즉, x축 또는 y축 위에 있는 모든 점이 임계점이다. 그런데 원점 $(0,0)$에서 판별식 $\triangle = 0$이므로 정리 3.7-3을 이용할 수가 없다. 그러나 x축과 y축을 제외한 점에서 $f(x,y) = x^2y^2 > 0$이므로 그림 3.7-4와 같이 최소값 0을 가진다. ✠

[예제 3.7-5] 다음 그림과 같이 원점에 한 꼭지점을 가지고원점의 대각선상에 있는 꼭지점을 평면 $6x+4y+3z=24$의 제1 팔분공간에 있는 부분에 가지는 직육면체를 생각하자. 이러한 직육면체가 가질 수 있는 최대 부피를 구하라.

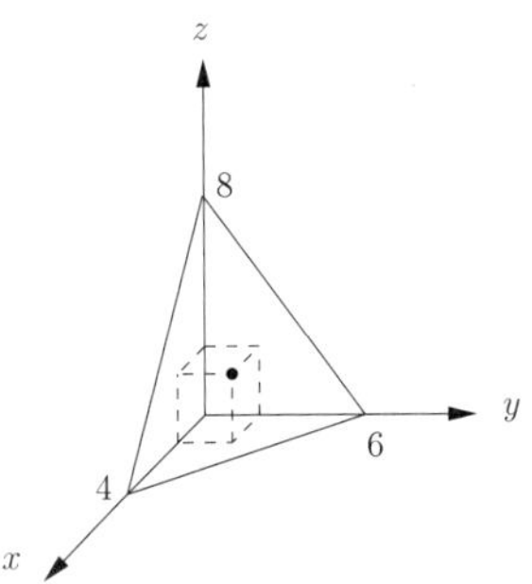

그림 3.7-5 예제 3.7-5의 평면 $6x+4y+3z=24$

풀이 직육면체의 세 변의 길이를 각각 x, y, z라고 하면 육면체의 부피는 $V=xyz$이다. 그런데 주어진 평면은 영역 $D=\{(x,y)\,|\,0\le x\le 4,\ 0\le y\le 6\}$에서 일차함수 $z=\frac{1}{3}(24-6x-4y)$의 그래프이므로 주어진 문제는 영역 D에서 이변수함수 $V(x,y)=\frac{1}{3}(24xy-6x^2y-4xy^2)$의 최대값을 구하는 문제이다. 먼저 임계점을 구하기 위해 다음을 생각하자.

$$V_x(x,y)=\frac{1}{3}(24y-12xy-4y^2)=\frac{1}{3}y(24-12x-4y)=0$$
$$V_y(x,y)=\frac{1}{3}(24x-6x^2-8xy)=\frac{1}{3}x(24-6x-8y)=0$$

이로부터 $(0,0)$, $(0,6)$, $(4,0)$과 $(\frac{4}{3},2)$를 얻는데 영역 D에 대한 함수 V의 임계점은 $(\frac{4}{3},2)$ 뿐이다. 한편 함수 V의 이계편도함수는 다음과 같다.

$$V_{xx}(x,y)=-4y,\quad V_{yy}(x,y)=-\frac{8}{3}x,\quad V_{xy}(x,y)=\frac{1}{3}(24-12x-8y)$$

따라서 점 $(\frac{4}{3},2)$에서 함수 V의 판별식 $\triangle$과 V_{xx}의 부호는 각각 다음과 같다.

$$\triangle=(-8)(-\frac{32}{9})-(-\frac{8}{3})^2=\frac{64}{3}>0,\quad V_{xx}(\frac{4}{3},2)=-8<0$$

한편 나머지 세 점은 영역 D의 경계 ∂D에 있는 점이고, 또 ∂D에서 $V = 0$이다. 따라서 점 $\left(\frac{4}{3}, 2\right)$에서 최대 부피는 $V\left(\frac{4}{3}, 2\right) = \frac{64}{9}$이다. ✠

[예제 3.7-6] 상품 A를 x개, 상품 B를 y개 생산하여 모두 판매하여 얻는 이익 P가 다음 식과 같다고 한다. 이때 최대로 이익을 낼 수 있는 각 상품의 생산량을 구하라.

$$P(x, y) = 8x + 10y - (0.001)(x^2 + xy + y^2) - 10000$$

풀이 $P_x(x, y) = 8 - (0.001)(2x + y) = 0$, $P_y(x, y) = 10 - (0.001)(x + 2y) = 0$에서 $2x + y = 8000$, $x + 2y = 10000$이다. 따라서 임계점은 $(2000, 4000)$이다. 그런데 $P_{xx}(2000, 4000) = -0.002 < 0$이고 $\triangle = (-0.002)^2 - (-0.001)^2 > 0$이므로 P는 임계점 $(2000, 4000)$에서 최대가 된다. ✠

3.7.3 라그랑주곱셈자

생산비용, 이윤, 또는 디자인과 설계비용 등에 관한 함수의 최대값 또는 최소값을 구하는 문제, 즉 **최적화**(optimization)문제를 생각해 보자. 이러한 문제는 자원의 한계 등으로 인해 변수에 일정한 조건을 주어 최대값 또는 최소값, 즉 **최적해**를 찾게 되는 것이 일반적이다. 이러한 조건은 예제 3.7-2와 3.7-5 같이 각 변수의 범위가 제한되

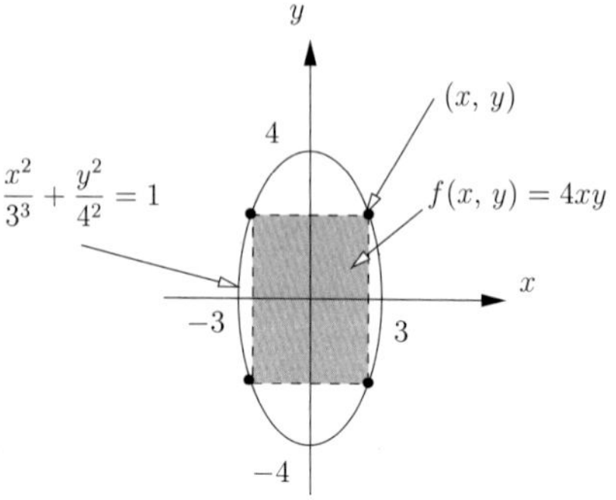

그림 3.7-6 최적화 문제: 목적함수 $f(x, y) = 4xy$, 조건 $\frac{x^2}{9} + \frac{y^2}{16} = 1$

는 경우와 변수들이 일정한 방정식을 만족하는 것으로 주어질 수 있다. 예를 들어 타

원 $\frac{x^2}{9}+\frac{y^2}{16}=1$에 내접하는 사각형 중에 가장 큰 면적을 갖는 직사각형을 찾는 문제를 생각해 보자 (그림 3.7-6 참조). 직사각형의 두 변의 길이를 $2x$와 $2y$라고 하면 주어진 문제는 사각형의 면적 $f(x,y)=4xy$이 최대가 되게 하는 x와 y를 결정하는 문제이다 (연습문제 3.7의 11번 참조). 이때 함수 $f(x,y)=4xy$를 **목적함수**(objective function)라고 하고 방정식 $\frac{x^2}{9}+\frac{y^2}{16}-1=0$을 **조건**(constraint)이라고 한다. 다음은 이러한 문제의 최적해를 찾는 데 유용하게 쓰이는 정리이다.

[정리 3.7-4] 함수 $f(x,y,z)$와 $g(x,y,z)$가 모두 연속인 일계편도함수를 가진다고 가정하자. 방정식 $g(x,y,z)=0$의 해집합 내의 점 (x_0,y_0,z_0)에서 함수 $f(x,y,z)$가 극값을 가지면 다음 연립방정식을 만족시키는 실수 λ가 존재한다.

$$\nabla f(x_0,y_0,z_0)=\lambda\nabla g(x_0,y_0,z_0),\quad g(x_0,y_0,z_0)=0 \tag{3.7-5}$$

증명 방정식 $g(x,y,z)=0$의 그래프로 주어지는 곡면을 S라고 하자. 함수 g가 미분가능하므로 S는 미분가능한 곡면이다. 또 $\nabla g(x_0,y_0,z_0)$은 점 (x_0,y_0,z_0)에서 곡면 S, 즉 접평면 Π에 수직인 벡터이다 (3.6.2절 참조). 이제 곡선 $\mathbf{x}(t)$를 $t=0$일 때 점 (x_0,y_0,z_0)을 지나는 곡면 S 위의 정규곡선이라고 하면 함수 $f(\mathbf{x}(t))$는 $t=0$에서 극값을 가지므로 다음이 성립한다.

$$\frac{df(\mathbf{x}(0))}{dt}=\nabla f(\mathbf{x}(0))\bullet\mathbf{x}'(0)=0 \tag{3.7-6}$$

여기서 벡터 $\mathbf{x}'(0)$는 점 $\mathbf{x}(0)$에서의 곡선 $\mathbf{x}(t)$의 접선벡터이므로 점 $\mathbf{x}(0)$에서의 곡면 S의 접평면에 놓이는 벡터이다. 곡선 $\mathbf{x}(t)$는 점 $\mathbf{x}(0)=(x_0,y_0,z_0)$를 지나는 임의의 곡선이므로 위의 식 (3.7-6)은 벡터 $\nabla f(x_0,y_0,z_0)$가 접평면 Π에 수직인 벡터임을 의미한다. 공간에서 한 평면에 수직인 영벡터가 아닌 두 벡터는 서로 평행하므로 벡터 $\nabla f(x_0,y_0,z_0)$와 $\nabla g(x_0,y_0,z_0)$는 평행하다. 따라서 점 (x_0,y_0,z_0)에서 다음을 만족시키는 실수 λ가 존재한다.

$$\nabla f(x_0,y_0,z_0)=\lambda\nabla g(x_0,y_0,z_0),\quad g(x_0,y_0,z_0)=0$$ ■

정리 3.7-4에서 식 (3.7-5)의 실수 λ를 **라그랑주**[8)]**곱셈자**(Lagrange multiplier)라고 한다. 라그랑주곱셈자를 이용하여 최적해를 찾는 방법을 **라그랑주곱셈자 방법**이라고 한다.

[예제 3.7-7] 포물면 $z = 4 - x^2 - y^2$ 위의 점 중에서 점 $P(5,5,4)$에 가장 가까운 점을 찾아라.

풀이 구하는 점은 방정식 $g(x,y,z) = x^2 + y^2 + z - 4 = 0$을 만족시키는 점 (x,y,z) 가운데 다음 함수 f의 값을 최소가 되게 하는 점이다.

$$f(x,y,z) = (x-5)^2 + (y-5)^2 + (z-4)^2$$

점 $Q(a,b,c)$에서 함수 f가 최소값을 가진다면 정리 3.7-4로부터 다음을 얻는다.

$$\begin{gathered} 2(a-5) = 2\lambda a, \quad 2(b-5) = 2\lambda b, \quad 2(c-4) = \lambda \\ a^2 + b^2 + c - 4 = 0 \end{gathered} \tag{3.7-7}$$

식 (3.7-7)의 처음 세 개의 식으로 부터 $a = b = \frac{5}{1-\lambda}$, $c - 4 = \frac{\lambda}{2}$을 얻는데 이를 마지막 식에 대입하여 정리하면 다음을 얻는다.

$$(\lambda + 4)(\lambda^2 - 6\lambda + 25) = 0$$

따라서 $\lambda = -4$이고, 이때 $a = 1, b = 1, c = 2$이 되므로 구하는 점은 $Q(1,1,2)$이다. 이때 두 점 P와 Q 사이의 거리는 $d = \sqrt{f(1,1,2)} = 6$이다. ✠

참고 (1) 함수 $w = f(x,y,z)$가 연립방정식 $g_1(x,y,z) = 0$와 $g_2(x,y,z) = 0$을 만족시키는 점 가운데 $\mathbf{x}_0$에서 극값을 가진다면 다음을 만족시키는 두 실수 λ와 μ가 존재한다.

$$\nabla f(\mathbf{x}_0) = \lambda \nabla g_1(\mathbf{x}_0) + \mu \nabla g_2(\mathbf{x}_0), \quad g_1(\mathbf{x}_0) = 0, \; g_2(\mathbf{x}_0) = 0$$

(2) 조건이 방정식 $g(x_1, \ldots, x_n) = 0$으로 주어졌을 때 함수 $w = f(x_1, \ldots, x_n)$가 점 $\mathbf{x}_0$에서

[8)]Joseph-Louis Lagrange (1736-1813): 프랑스의 수학자

극값을 가지면 다음을 만족시키는 실수 λ가 존재한다 (단, $n \geq 2$).

$$\nabla f(\mathbf{x}_0) = \lambda \nabla g(\mathbf{x}_0), \quad g(\mathbf{x}_0) = 0$$

연습 문제 3.7

1. 다음 함수의 극값을 판정하고 구하라.
   (1) $f(x,y) = 4xy - x^4 - y^4$ (2) $z = \frac{-4x}{x^2+y^2+1}$
   (3) $z = \left(\frac{1}{2} - x^2 + y^2\right) e^{1-x^2-y^2}$ (4) $z = (x^2 + 4y^2)e^{1-x^2-y^2}$
   (5) $z = xy(1 - x^2 - y^2)$ (6) $z = x^3 - 3xy + y^3$
2. 곡면 $z = xy + 1$ 위에서 원점에 가장 가까이 있는 점을 구하라.
3. 16리터의 직육면체 상자를 만들고자 한다. 이 때 상자의 밑면에 드는 재료의 1cm^2 당 가격은 옆면과 윗면의 것의 3배라고 한다. 바닥을 정사각형으로 만들 때, 가장 경제적인 상자의 치수를 구하라. 단, 옆면과 윗면의 단위 면적당 가격은 같다.
4. (**최소제곱법**: least square method) 자료 (x_i, y_i, z_i) $(i = 1, \ldots, 4)$가 $(0, 0, 0)$, $(0, 1, 1)$, $(1, 1, 1)$, $(1, 0, -1)$과 같이 주어졌을 때, 이 자료 사이의 x, y, z의 관계식을 근사적으로 다음 식으로 나타내려고 한다.

   $$z = a + bx + cy$$

   이때 다음 식이 최소가 되도록 a, b, c의 값을 정하라.

   $$\sum_{i=1}^{4} \{z_i - (a + bx_i + cy_i)\}^2$$

5. 타원면 $x^2 + 3y^2 + 6z^2 = 9$ 안에 내접하는 직육면체의 최대의 체적을 구하라.
6. 한 변의 길이가 12 cm인 긴 함석을 그 변의 양쪽을 같은 폭으로 꺽어 올려서 단면이 이등변 사다리꼴이 되는 홈통을 만들려고 한다. 홈통의 부피가 최대가 되도록 만들 때, 단면의 밑변의 폭과 밑면과 옆면이 이루는 각을 구하라.
7. 라그랑주곱셈자를 써서 다음 극값을 찾아라 (단, $x > 0$, $y > 0$).
   (1) 최소화 목적함수; $f(x, y) = x^2 + y^2$
   조건; $x + y - 4 = 0$
   (2) 최대화 목적함수; $f(x, y) = e^{xy}$
   조건; $x^2 + y^2 - 8 = 0$

8. 공간에서 원점이 중심인 단위구면 위에서 정의된 함수 $f(x,y,z) = xy + yz + zx$의 최대값과 최소값을 구하라.

9. 폐원판 $x^2 + y^2 \leq 1$에서 함수 $f(x,y) = x^2 + 2y^2 - x$의 최대값과 최소값을 구하라.

10. 사각형 $D = \{(x,y) \mid |x| \leq 3, |y| \leq 3\}$ 위에서 함수 $z = 2x^2 + xy - y^2$의 최대값을 구하라.

11. 조건 $\frac{x^2}{3^2} + \frac{y^2}{4^2} = 1$에 대하여 함수 $f(x,y) = 4xy$ $(x > 0, y > 0)$의 최대값을 구하라.

12. 함수 $T(x,y,z) = x^4 + y^4 + z^4$는 구면 $x^2 + y^2 + z^2 = 1$ 위의 온도를 나타낸다고 한다. 이때 구면 위에서 가장 높은 곳과 가장 낮은 곳을 찾아라.

13. 삼각형의 세 내각을 각각 α, β, γ라고 할 때, 다음을 최대로 하는 삼각형은 정삼각형임을 보여라.

$$\sin\alpha + \sin\beta + \sin\gamma$$

14. 원뿔면 $z^2 = x^2 + y^2$과 평면 $z = 1 + x + y$의 단면 C 위의 점 중에서 원점으로부터 가장 멀리 있는 점 A와 가까운 점 B를 찾아라.

15. 곡면 $\frac{1}{x} + \frac{1}{y} + \frac{1}{z} = 1$ 위의 점 중에서 원점 $(0,0,0)$에 가장 가까운 점을 찾아라.

16. K대학의 한 학생이 졸업 후에 세 가지 제품 A, B, C를 만드는 벤처회사를 차렸다. 제품 A, B, C를 각각 x, y, z 개 판매하면 한 달에 얻는 이윤 P가 다음과 같다고 한다.

$$P(x,y,z) = 4x + 8y + 6z \quad (\text{단위: 백만원})$$

한 달에 각 제품을 다음 식을 만족시키도록 생산한다고 할 때, 이 회사가 얻을 수 있는 최대이윤은 얼마인가?

$$x^2 + 4y^2 + 2z^2 = 800$$

17. 다음 함수 f에 대하여 물음에 답하라.

$$f(x,y) = e^{-y^2}(2x^3 - 3x^2 + 1) + e^{-y}(2x^3 - 3x^2)$$

(a) 점 $(0,0)$이 함수 f의 유일한 임계점이고, 또 $f(0,0) = 1$이 극대값임을 보여라.

(b) (1)의 결과로부터 함수 f의 최대값이 1이라고 할 수 있는가? 일변수함수의 경우와는 어떻게 다른가 생각해 보라.

3.8 다변수벡터함수

집합 $\Omega \subset \mathbb{R}^n (n > 1)$을 정의역으로 하고 치역이 집합 $\mathbb{R}^m (m > 1)$의 부분집합인 함수 $\mathbf{T} : \Omega \to \mathbb{R}^m$을 **다변수벡터함수**라고 한다. 여기서 $\mathbf{x} = (x_1, \ldots, x_n) \in \Omega$이라면 $\mathbf{T}(\mathbf{x}) \in \mathbb{R}^m$이므로 m 개의 다변수실함수 $f_1, \ldots, f_m$가 대응된다. 따라서 다변수벡터함수 $\mathbf{T}$를 다음과 같이 나타내기도 한다.

$$\mathbf{T}(\mathbf{x}) = (f_1(\mathbf{x}), \ldots, f_m(\mathbf{x}))$$
$$\mathbf{T}(x_1, \ldots, x_n) = (f_1(x_1, \ldots, x_n), \ldots, f_m(x_1, \ldots, x_n))$$

이때 m 개의 다변수실함수 $f_1, \ldots, f_m$를 함수 $\mathbf{T}$의 **성분함수** 또는 **성분**이라고 한다.

3.8.1 다변수벡터함수의 극한, 연속, 미분과 도함수

다변수벡터함수의 극한, 연속 및 미분은 다변수실함수인 성분함수을 이용하여 다음과 같이 정의한다.

점 $\mathbf{x}_0$의 근방이나 또는 빠진근방 $\Omega \subset \mathbb{R}^n$에서 정의된 다변수벡터함수 $\mathbf{T}$의 모든 성분함수가 점 $\mathbf{x}_0$에서 극한을 가질 때 함수 $\mathbf{T}$는 점 $\mathbf{x}_0$에서 **극한**을 가진다고 하고 $\lim_{\mathbf{x} \to \mathbf{x}_0} \mathbf{T}(\mathbf{x})$로 나타낸다. 이때 $\mathbf{T} = (f_1, \ldots, f_m)$이라면 점 $\mathbf{x}_0$에서 함수 $\mathbf{T}$의 극한을 다음과 같이 정의한다.

$$\lim_{\mathbf{x} \to \mathbf{x}_0} \mathbf{T}(\mathbf{x}) = \left(\lim_{\mathbf{x} \to \mathbf{x}_0} f_1(\mathbf{x}), \ldots, \lim_{\mathbf{x} \to \mathbf{x}_0} f_m(\mathbf{x}) \right)$$

한편 함수 $\mathbf{T}$의 성분함수 모두가 점 $\mathbf{x}_0$에서 연속이면 함수 $\mathbf{T}$가 $\mathbf{x}_0$에서 **연속**이라고 하며, 집합 Ω의 모든 점에서 연속이면 $\mathbf{T}$는 Ω에서 연속이라고 한다. 그리고 함수 $\mathbf{T}$의 성분함수 모두가 점 $\mathbf{x}$에서 미분가능하면 $\mathbf{T}$가 $\mathbf{x}$에서 **미분가능**하다고 하고, $\mathbf{T}$가 집합 Ω의 모든 점에서 미분가능하면 $\mathbf{T}$가 Ω에서 미분가능하다고 한다.

함수 $\mathbf{T} : \Omega \subset \mathbb{R}^n \to \mathbb{R}^m$, $(n \geq 1,\ m \geq 1)$의 모든 성분이 k계(편)도함수$(k \geq 0)$를 모두 가지고, 또 Ω에서 연속이면 함수 $\mathbf{T}$는 Ω에서 C^k **함수**라고 하고 $\mathbf{T} \in C^k(\Omega)$로

나타낸다.

점 $\mathbf{x} \in \mathbb{R}^n$에서 미분가능한 다변수벡터함수 $\mathbf{T} = (f_1, \ldots, f_m)$의 ℓ 번째 성분함수 $f_\ell(\mathbf{x})$의 경사도 $\nabla f_\ell(\mathbf{x})$를 ℓ 번째 행으로 가지는 다음과 같은 $m \times n$ 행렬[9] $J_\mathbf{T}(\mathbf{x})$를 점 $\mathbf{x}$에서의 함수 $\mathbf{T}$의 **야코비[10]행렬**이라고 한다.

$$J_\mathbf{T}(\mathbf{x}) = \frac{\partial(f_1, \ldots, f_m)}{\partial(x_1, \ldots, x_n)}(\mathbf{x}) = \begin{pmatrix} \nabla f_1(\mathbf{x}) \\ \nabla f_2(\mathbf{x}) \\ \vdots \\ \nabla f_m(\mathbf{x}) \end{pmatrix} = \begin{pmatrix} \frac{\partial f_1}{\partial x_1}(\mathbf{x}) & \cdots & \frac{\partial f_1}{\partial x_n}(\mathbf{x}) \\ \frac{\partial f_2}{\partial x_1}(\mathbf{x}) & \cdots & \frac{\partial f_2}{\partial x_n}(\mathbf{x}) \\ \vdots & \ddots & \vdots \\ \frac{\partial f_m}{\partial x_1}(\mathbf{x}) & \cdots & \frac{\partial f_m}{\partial x_n}(\mathbf{x}) \end{pmatrix} \tag{3.8-1}$$

[예제 3.8-1] 두 함수 $\mathbf{T}(x,y) = (x+y, x-2y)$와 $\mathbf{S}(x,y) = (x^2, \sin x, x^2 y)$에 대하여 점 $(1,0)$에서의 야코비행렬을 구하라.

[풀이] 먼저 점 $(0,1)$에서 $\mathbf{T}$의 야코비행렬 $J_\mathbf{T}(1,0)$을 구하면 다음과 같다.

$$J_\mathbf{T}(1,0) = \begin{pmatrix} 1 & 1 \\ 1 & -2 \end{pmatrix}_{\mathbf{x}=(1,0)} = \begin{pmatrix} 1 & 1 \\ 1 & -2 \end{pmatrix}$$

한편, 함수 $\mathbf{S}$에 대하여 $J_\mathbf{S}(1,0)$은 다음과 같다.

$$J_\mathbf{S}(1,0) = \begin{pmatrix} 2x & 0 \\ \cos x & 0 \\ 2xy & x^2 \end{pmatrix}_{\mathbf{x}=(1,0)} = \begin{pmatrix} 2 & 0 \\ \cos 1 & 0 \\ 0 & 1 \end{pmatrix}$$ ✠

다음 정리는 다변수벡터함수가 한 점에서 미분가능하다는 것과 그 점 근방에서 함수값의 근사에 대하여 말하고 있다.

---

[9] 행렬에 관한 간략한 소개는 이 책의 부록을 참고하라.
[10] Karl Jacobi (1804-1851): 프러시아의 수학자

[정리 3.8-1] 열린집합 $\Omega \subset \mathbb{R}^n$에 대하여 $\mathbf{x} \in \Omega$이고 $\mathbf{x} + \Delta\mathbf{x} \in \Omega$라고 하자. 이때 다변수벡터함수 $\mathbf{T} : \Omega \to \mathbb{R}^m$이 점 $\mathbf{x}$에서 미분가능하면 다음 식을 만족시키는 원점 근방에서 정의된 $\mathbb{R}^m$으로의 함수 $\mathbf{S}$가 존재한다.

$$\begin{aligned} \mathbf{T}(\mathbf{x} + \Delta\mathbf{x}) - \mathbf{T}(\mathbf{x}) &= J_{\mathbf{T}}(\mathbf{x})\Delta\mathbf{x} + \mathbf{S}(\Delta\mathbf{x}) \\ \lim_{\Delta\mathbf{x} \to \mathbf{0}} \frac{|\mathbf{S}(\Delta\mathbf{x})|}{|\Delta\mathbf{x}|} &= 0 \end{aligned} \tag{3.8-2}$$

증명 함수 $\mathbf{T}$가 미분가능하므로 $\mathbf{T}$의 성분함수 $f_1, \ldots, f_m$이 미분가능하다. 다변수실함수인 각 성분함수가 미분가능하므로 3.4절의 미분가능한 다변수함수의 정의에 의하여 다음을 만족시키는 함수 $g_1, \ldots, g_m$가 존재한다.

$$\begin{aligned} f_i(\mathbf{x} + \Delta\mathbf{x}) - f_i(\mathbf{x}) &= \nabla f_i(\mathbf{x}) \bullet \Delta\mathbf{x} + g_i(\Delta\mathbf{x}),\ i = 1, \ldots, m \\ \lim_{\Delta\mathbf{x} \to \mathbf{0}} \frac{g_i(\Delta\mathbf{x})}{|\Delta\mathbf{x}|} &= 0,\ i = 1, \ldots, m \end{aligned}$$

따라서 $\mathbf{S}(\mathbf{x}) = (g_1(\mathbf{x}), \ \ldots, \ g_m(\mathbf{x}))$라고 하면 $\mathbf{S}$는 $\lim_{\Delta\mathbf{x} \to \mathbf{0}} \frac{|\mathbf{S}(\Delta\mathbf{x})|}{|\Delta\mathbf{x}|} = 0$이고 식 (3.8-2)를 만족시키는 함수이다. ■

정리 3.8-1에 의하면 함수 $\mathbf{T}$가 미분가능한 각각의 점 $\mathbf{x}$에 함수 $\mathbf{T}$의 야코비안행렬 $J_{\mathbf{T}}(\mathbf{x})$를 대응시키는 함수가 정의되는데 이 새로운 함수를 함수 $\mathbf{T}$의 **미분** 또는 **도함수**라고 하며 $D\mathbf{T}$로 나타낸다.

참고 식 (3.8-2)로부터 다변수벡터함수 $\mathbf{T}$가 점 $\mathbf{x}$에서 미분가능하다면 크기가 작은 벡터 또는 원점 근방의 벡터 $\mathbf{v} \in \mathbb{R}^n$에 대한 함수 $\mathbf{T}$의 변화 $\mathbf{T}(\mathbf{x} + \mathbf{v}) - \mathbf{T}(\mathbf{x})$에 아주 가까운 벡터 $J_{\mathbf{T}}(\mathbf{x})\mathbf{v} \in \mathbb{R}^m$를 대응시킬 수 있다는 것을 알 수 있다. 따라서 점 $\mathbf{x}$에서 함수 $\mathbf{T}$가 미분가능하다면 그의 도함수 $D\mathbf{T}(\mathbf{x})$는 다음 식으로 정의되는 $D\mathbf{T}(\mathbf{x}) : \mathbb{R}^n \to \mathbb{R}^m$인 함수이다.

$$D\mathbf{T}(\mathbf{x})(\mathbf{v}) = J_{\mathbf{T}}(\mathbf{x})\mathbf{v}, \quad \mathbf{v} \in \mathbb{R}^n$$

한편 미분가능한 다변수벡터함수 **T**의 정의역과 공변역이 모두 같은 차원의 공간에 있으면 $J_{\mathbf{T}}(\mathbf{x})$는 정방행렬이다. 이때 함수 **T**의 야코비행렬의 행렬식[11]을 벡터함수 **T**의 **야코비행렬식** 또는 **야코비안**이라고 하고 $\det J_{\mathbf{T}}(\mathbf{x})$로 나타낸다.

[예제 3.8-2] 이변수벡터함수 $(x,y) = \mathbf{T}(r,\theta) = (r\cos\theta, r\sin\theta)$는 $r\theta$ 평면의 직사각형 $\{(r,\theta)\,|\,r_0 \le r \le r_0 + \Delta r,\ \theta_0 \le \theta \le \theta_0 + \Delta\theta\}$는 xy 평면의 부채꼴로 변환시킨다. 이때 점 (r_0,θ_0)에서 변환[12] **T**에 의한 부채꼴의 넓이의 변화율을 계산하라.

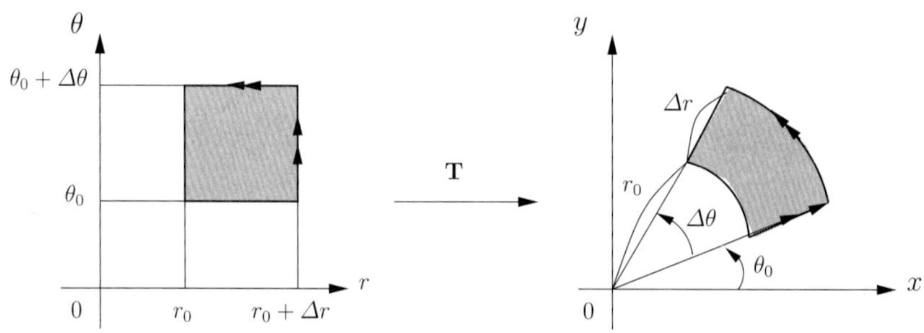

그림 3.8-1 극좌표에서의 넓이의 변화율

풀이 그림 3.8-1에서 $r\theta$평면에서 면적이 $\Delta r\Delta\theta$(좌측 그림) 만큼 변할 때 그에 따른 부채꼴의 면적의 변화(우측 그림)는 다음과 같다.

$$\tfrac{1}{2}(r_0 + \Delta r)^2\Delta\theta - \tfrac{1}{2}r_0^2\Delta\theta$$

따라서 다음을 얻는다.

$$\lim_{\Delta r,\Delta\theta\to 0} \frac{(r_0+\Delta r)^2\Delta\theta - r_0^2\Delta\theta}{2\Delta r\Delta\theta} = \lim_{\Delta r\to 0}(r_0 + \tfrac{1}{2}\Delta r) = r_0$$

참고로 주어진 벡터함수 **T**의 점 (r_0,θ_0)에서의 도함수는 $J_{\mathbf{T}}(r_0,\theta_0)$는 다음과 같다.

$$J_{\mathbf{T}}(r_0,\theta_0) = \begin{pmatrix} \cos\theta_0 & -r_0\sin\theta_0 \\ \sin\theta_0 & r_0\cos\theta_0 \end{pmatrix}$$

---

[11] 이 책의 부록 A를 참고하라.

[12] 정의역과 공변역이 같은 차원의 공간인 다변수벡터함수를 **변환**(transformation)이라고도 한다.

그러므로 $\det J_{\mathbf{T}}(r_0, \theta_0) = r_0$이다. 일반적으로 변환 $\mathbf{T}$의 야코비안은 그 변환에 의한 '넓이'의 변화율을 나타낸다. ✠

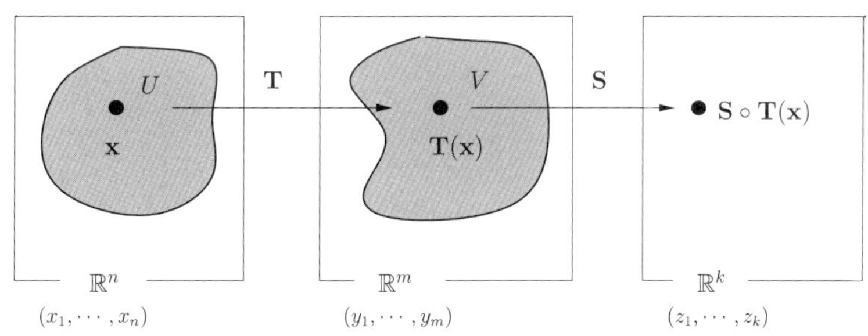

그림 3.8-2 합성함수

집합 U, V가 각각 $\mathbb{R}^n$과 $\mathbb{R}^m$의 부분집합일 때 함수 $\mathbf{T} : U \to V$와 $\mathbf{S} : V \to \mathbb{R}^k$의 합성함수 $\mathbf{S} \circ \mathbf{T} : U \to \mathbb{R}^k$를 다음과 같이 정의한다 (그림 3.8-2 참조).

$$\mathbf{S} \circ \mathbf{T}(\mathbf{x}) = \mathbf{S}\left(\mathbf{T}(\mathbf{x})\right), \quad \mathbf{x} \in U$$

이때 함수 $\mathbf{T}$와 $\mathbf{S}$가 각각 점 $\mathbf{x} \in U$와 $\mathbf{T}(\mathbf{x}) \in V$에서 미분가능하다고 하면 두 함수의 합성함수 $\mathbf{S} \circ \mathbf{T}$의 도함수에 대해 다음이 성립한다.

[정리 3.8-2] (연쇄법칙) 함수 $\mathbf{T}$와 $\mathbf{S}$가 위의 조건을 만족시키면 다음이 성립한다.

$$J_{\mathbf{S}\circ\mathbf{T}}(\mathbf{x}) = J_{\mathbf{S}}(\mathbf{T}(\mathbf{x}))J_{\mathbf{T}}(\mathbf{x}) \tag{3.8-3}$$

여기서 식 (3.8-3)의 좌변은 $k \times n$ 행렬, 우변은 $k \times m$ 행렬인 $J_{\mathbf{S}}(\mathbf{T}(\mathbf{x}))$와 $m \times n$ 행렬인 $J_{\mathbf{T}}(\mathbf{x})$의 곱이다.

증명 두 함수 $\mathbf{T}$와 $\mathbf{S}$를 성분을 써서 각각 다음과 같이 나타내자.

$$(y_1, \ldots, y_m) = \mathbf{T}(x_1, \ldots, x_n), \qquad (z_1, \ldots, z_k) = \mathbf{S}(y_1, \ldots, y_m)$$

이를 이용하면 식 (3.8-3)은 다음과 같은 행렬방정식이다.

$$\begin{pmatrix} \frac{\partial z_1}{\partial x_1} & \cdots & \frac{\partial z_1}{\partial x_n} \\ \vdots & \ddots & \vdots \\ \frac{\partial z_k}{\partial x_1} & \cdots & \frac{\partial z_k}{\partial x_n} \end{pmatrix}_{\mathbf{x}} = \begin{pmatrix} \frac{\partial z_1}{\partial y_1} & \cdots & \frac{\partial z_1}{\partial y_m} \\ \vdots & \ddots & \vdots \\ \frac{\partial z_k}{\partial y_1} & \cdots & \frac{\partial z_k}{\partial y_m} \end{pmatrix}_{\mathbf{T}(\mathbf{x})} \begin{pmatrix} \frac{\partial y_1}{\partial x_1} & \cdots & \frac{\partial y_1}{\partial x_n} \\ \vdots & \ddots & \vdots \\ \frac{\partial y_m}{\partial x_1} & \cdots & \frac{\partial y_m}{\partial x_n} \end{pmatrix}_{\mathbf{x}}$$

위에서 각 행렬의 아래 첨자는 행렬이 계산되어 지는 점을 나타낸다. 이제 위 식의 좌변과 우변의 행렬에서 서로 대응하는 성분끼리 같음을 보이면 된다. 3.5.1절의 연쇄법칙을 이용하면 $\frac{\partial z_i}{\partial x_j}$, $i = 1, \ldots, m, j = 1, \ldots, n$는 다음과 같다.

$$\left.\frac{\partial z_i}{\partial x_j}\right|_{\mathbf{x}} = \left.\frac{\partial z_i(y_1, \ldots, y_m)}{\partial x_j}\right|_{\mathbf{x}} = \left.\frac{\partial z_i}{\partial y_1}\right|_{\mathbf{T}(\mathbf{x})} \left.\frac{\partial y_1}{\partial x_j}\right|_{\mathbf{x}} + \cdots + \left.\frac{\partial z_i}{\partial y_m}\right|_{\mathbf{T}(\mathbf{x})} \left.\frac{\partial y_m}{\partial x_j}\right|_{\mathbf{x}}$$

따라서 $\frac{\partial z_i}{\partial x_j}$는 식 (3.8-3)의 좌변의 (i, j) 성분이고 이는 행렬방정식의 우변의 행렬 $J_{\mathbf{S}}(\mathbf{T}(\mathbf{x}))J_{\mathbf{T}}(\mathbf{x})$의 (i, j) 성분이다. ■

[예제 3.8-3] 아래에 주어진 함수 **T**와 **S**에 의해 정의되는 합성함수 $\mathbf{S} \circ \mathbf{T}$의 야코비 행렬 $J_{\mathbf{S}\circ\mathbf{T}}(x, y)$를 구하라.

$$(u, v) = \mathbf{T}(x, y) = (2x + 3, 3x + y^2), \quad z = \mathbf{S}(u, v) = uv + u^2$$

풀이 정리 3.8-2의 연쇄법칙을 이용한다.

$$\frac{\partial z}{\partial x} = \frac{\partial z}{\partial u}\frac{\partial u}{\partial x} + \frac{\partial z}{\partial v}\frac{\partial v}{\partial x} = (v + 2u)(2) + (u)(3) = 2y^2 + 20x + 21$$

$$\frac{\partial z}{\partial y} = \frac{\partial z}{\partial u}\frac{\partial u}{\partial y} + \frac{\partial z}{\partial v}\frac{\partial v}{\partial y} = (v + 2u)(0) + (u)(2y) = 2y(2x + 3)$$

따라서 다음을 얻는다.

$$J_{\mathbf{S}\circ\mathbf{T}}(x, y) = \left(2y^2 + 20x + 21, \ 4xy + 6y\right)$$ ✠

3.8.2 역함수정리와 음함수정리

이제 일변수실함수의 역함수의 존재과 역함수의 연속성, 미분가능성을 다변수벡터함수와 다변수실함수의 경우로 확장한다. 먼저 일변수함수에 대한 역함수정리는 다음과 같다. 이의 증명은 생략한다.

[정리 3.8-3] 열린구간에서 미분가능한 일변수함수 $y = f(x)$가 구간의 모든 x에 대하여 $f'(x) \neq 0$를 만족시키면 함수 f는 미분가능한 역함수 $g(y)$를 가진다. 이때 다음이 성립한다.

$$g'(y) = \frac{1}{f'(x)}$$

다변수벡터함수가 역함수를 가진다는 것을 아는 경우에 다음을 얻는다.

[정리 3.8-4] 열린집합 $U, V \subset \mathbb{R}^n$에 대하여 미분가능한 함수 $\mathbf{T} : U \to V$가 미분가능한 역함수 $\mathbf{S} : V \to U$를 가진다고 하자. 그러면 $\det J_{\mathbf{T}}(\mathbf{x}) \neq 0,\ \mathbf{x} \in U$이고 다음 식이 성립한다.

$$J_{\mathbf{S}}(\mathbf{T}(\mathbf{x})) = J_{\mathbf{T}}^{-1}(\mathbf{x}), \quad \mathbf{x} \in U$$

증명 먼저 $\mathbf{S} \circ \mathbf{T}(\mathbf{x}) = \mathbf{x},\ \mathbf{x} \in U$이므로 연쇄법칙을 사용하면 다음을 얻는다.

$$J_{\mathbf{S}}(\mathbf{T}(\mathbf{x}))J_{\mathbf{T}}(\mathbf{x}) = I_n, \quad \mathbf{x} \in U \quad (I_n\text{은 } n \times n \text{ 항등행렬})$$

따라서 $J_{\mathbf{S}}(\mathbf{T}(\mathbf{x})) = J_{\mathbf{T}}^{-1}(\mathbf{x})$이다. ■

정리 3.8-4는 미분가능한 역함수가 존재하는 경우에 얻을 수 있는 성질이다. 이제 함수가 언제 미분가능한 역함수를 가지는지에 관해 알아보자. 이를 위해 먼저 몇 가지 용어를 정의하기로 한다.

열린집합 $U \subset \mathbb{R}^n$에서 C^1인 함수 $\mathbf{T} : U \to \mathbb{R}^n$가 $V = \mathbf{T}(U)$에서 C^1인 역함수 $\mathbf{S} : V \to U$를 가지면 $\mathbf{T}$는 집합 U에서 C^1**가역**이라고 한다. 특히, 점 $\mathbf{x} \in U$를 포함

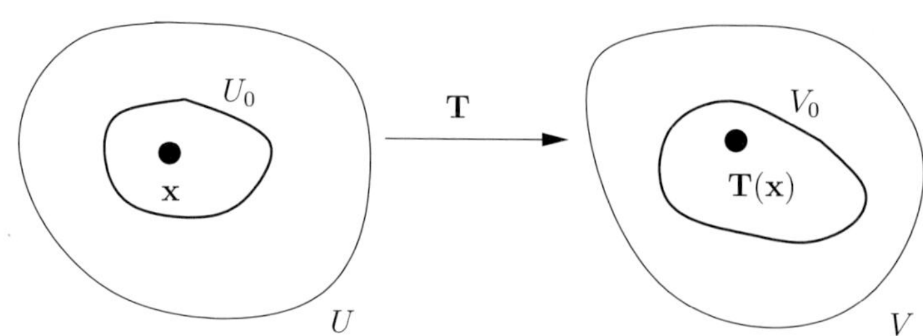

그림 3.8-3 국소적으로 가역

하는 열린집합 $U_0 \subset U$와 $\mathbf{T}(\mathbf{x}) \in V$를 포함하는 열린집합 $V_0 \subset V$가 존재하여 함수 $\mathbf{T} : U_0 \to V_0$가 C^1 가역함수이면 함수 $\mathbf{T}$는 점 $\mathbf{x}$에서 **국소적으로** C^1 **가역**이라고 한다 (그림 3.8-3 참조).

다음 정리는 일변수함수의 역함수정리를 다변수벡터함수에 대하여 확장한 것이다. 증명은 이 책에서 다루는 범위를 벗어나므로 생략한다.

[정리 3.8-5] (역함수정리) 열린집합 $U \subset \mathbb{R}^n$에서 C^1함수인 함수 $\mathbf{T} : U \to \mathbb{R}^n$에 대하여 점 $\mathbf{x} \in U$에서 $\mathbf{T}$의 야코비행렬 $J_{\mathbf{T}}(\mathbf{x})$가 가역이면, 즉 $\det J_{\mathbf{T}}(\mathbf{x}) \neq 0$이면 $\mathbf{T}$는 점 $\mathbf{x}$에서 국소적으로 C^1가역이다.

[예제 3.8-4] 함수 $(u, v) = \mathbf{T}(x, y) = (e^{-x}\cos y, e^{-x}\sin y)$는 평면의 모든 점에서 국소적으로 C^1 가역임을 보여라.

풀이 함수 $\mathbf{T}$의 각 성분함수가 평면에서 C^1함수이므로 함수 $\mathbf{T}$는 평면에서 C^1함수이다. 그리고 평면의 임의의 점 (x, y)에서 $J_{\mathbf{T}}(x, y)$를 구하면 다음과 같다.

$$J_{\mathbf{T}}(x, y) = \begin{pmatrix} -e^{-x}\cos y & -e^{-x}\sin y \\ -e^{-x}\sin y & e^{-x}\cos y \end{pmatrix}$$

그런데 $\det J_{\mathbf{T}}(x, y) = -e^{2x} \neq 0$이므로 함수 $\mathbf{T}$는 평면의 모든 점에서 국소적으로 C^1 가역이다. ✠

종종 방정식 $f(x,y)=0$으로 주어지는 음함수는 양함수 $y=\phi(x)$로 나타낼 수가 있다. 예를 들면, 방정식 $x^2+y^2=4$가 한 예이다. 어떤 조건 하에서 $f(x,y)=0$를 양함수로 표현할 수 있는지 알아본다.

[정리 3.8-6] (음함수정리) 열린집합 $U \subset \mathbb{R}^2$에서 연속인 일계편도함수를 가지는 이변수실함수 f가 점 $(a,b) \in U$에서 식 $f(a,b)=0$과 $\frac{\partial f}{\partial y}(a,b) \neq 0$을 만족시킨다고 하자. 그러면 점 (a,b) 근방에서 식 $f(x,y)=0$을 미분가능한 함수 $y=\phi(x)$로 나타낼 수 있다. 즉, x축에 a를 포함하는 열린구간 I에서 y축에서 b를 포함하는 열린구간 J로의 미분가능한 함수 $y=\phi(x)$가 존재한다. 이때 $(x,\phi(x)) \in I \times J$이면 식 $f(x,\phi(x))=0$이 성립한다. 이때 다음 식이 성립한다.

$$\phi'(a) = -\frac{\partial f(a,b)}{\partial x} \Big/ \frac{\partial f(a,b)}{\partial y}$$

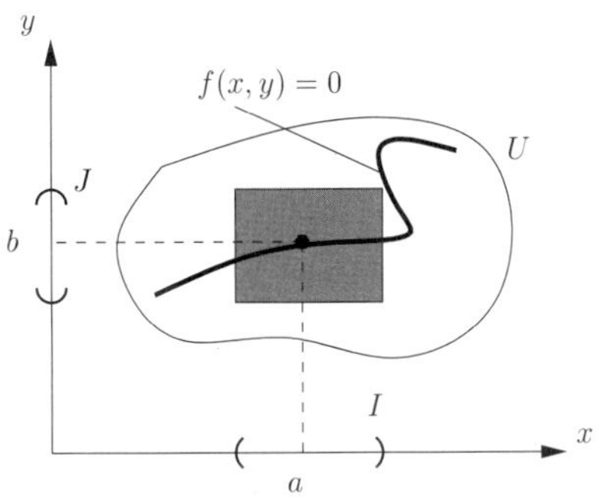

그림 **3.8-4** 음함수정리

증명 먼저 $\mathbf{T}(x,y)=(x,f(x,y))$로 놓으면 $\mathbf{T}$는 집합 U에서 C^1이고 다음을 얻는다.

$$J_{\mathbf{T}}(x,y) = \begin{pmatrix} 1 & 0 \\ \dfrac{\partial f}{\partial x} & \dfrac{\partial f}{\partial y} \end{pmatrix}, \quad \det J_{\mathbf{T}}(a,b) = \frac{\partial f}{\partial y}(a,b) \neq 0$$

따라서 역함수정리 3.8-5에 의해 함수 $\mathbf{T}$는 점 (a,b)에서 국소적으로 C^1가역이므로 점 a와 b를 포함하는 적당한 개구간 I와 J가 존재하여 $I \times J$에서 $\mathbf{T}$는 역함수를 가지는 함수이다. 이때 함수 $\mathbf{T}$의 역함수를 $\mathbf{S}$라고 하면 $\mathbf{S}$는 점 $\mathbf{T}(a,b) = (a,0)$의 근방에서 $I \times J$로의 C^1 함수이다. 여기서 역함수 $\mathbf{S}$를 $\mathbf{S}(u,v) = (g_1(u,v), g_2(u,v))$로 나타내면 다음 식이 성립한다.

$$(u,v) = \mathbf{T} \circ \mathbf{S}(u,v) = \mathbf{T}(g_1(u,v), g_2(u,v)) = (g_1(u,v), f(g_1(u,v), g_2(u,v)))$$

이로부터 $u = g_1(u,v) \in I$이고 $v = f(u, g_2(u,v)) \in J$이다.
이제 함수 $\phi : I \to J$를 다음과 같이 정의하자.

$$\phi(x) = g_2(x,0), \ \ x \in I$$

그러면 $v = f(u, g_2(u,v))$이므로 $f(x, \phi(x)) = f(x, g_2(x,0)) = 0$이다. 역으로 방정식 $f(x,y) = 0$을 만족시키는 점 $(x,y) \in I \times J$에 대하여 식 $(x,y) = \mathbf{S}(u,v) = (u, g_2(u,v))$이 성립한다. 이 식의 양변에 $\mathbf{T}$를 적용하면 $(x,0) = (u,v)$가 성립한다. 이로부터 $y = g_2(x,0) = g_2(u,0) = \phi(x)$를 얻는다. 한편, 함수 $\mathbf{S}$가 C^1이므로 g_2가 C^1이다. 따라서 함수 ϕ는 C^1이다. 마지막으로 $y = \phi(x)$이므로 $f(x,y) = 0$의 양변을 x에 대해 편미분하여 다음을 얻는다.

$$\frac{\partial f(a,\,b)}{\partial x} + \frac{\partial f(a,\,b)}{\partial y}\phi'(a) = 0 \quad \text{또는} \quad \phi'(a) = -\frac{\partial f(a,\,b)}{\partial x} \bigg/ \frac{\partial f(a,\,b)}{\partial y} \qquad \blacksquare$$

[예제 3.8-5] 함수 $f(x,y) = x^y + 3x^3y^2 - 4$에 대하여 점 $(1,1)$에서 음함수정리를 적용하라.

풀이 $f(1,1) = 0$이고 $\frac{\partial f(1,1)}{\partial y} = 6 \neq 0$이므로 $f(x,y) = 0$은 점 $(1,1)$의 근방에서 양함수 $y = \phi(x)$ 꼴로 쓸 수 있다. 그런데 $\phi(x)$를 구체적으로 찾는 것은 쉽지가 않다. 그러나 $\phi'(1) = -\frac{\partial f(1,1)}{\partial x} / \frac{\partial f(1,1)}{\partial y} = -\frac{5}{3}$ 임을 알 수 있다. ✠

위의 정리 3.8-6을 다변수벡터함수로 확장하면 다음과 같다. 증명은 이 책이 다루는 범위를 벗어나므로 생략한다.

[정리 3.8-7] (음사상의 정리) 열린집합 $U \subset \mathbb{R}^{m+n}$에서 C^1인 함수 $\mathbf{T} : U \to \mathbb{R}^n$이 점 $(\mathbf{a}, \mathbf{b}) \in U$에서 방정식 $\mathbf{T}(\mathbf{x}, \mathbf{y}) = \mathbf{0}$을 만족시키고 또 다음의 $n \times n$ 행렬의 행렬식이 0이 아니라고 하자.

$$\frac{\partial \mathbf{T}(x_1, \ldots, x_m, y_1, \ldots, y_n)}{\partial(y_1, y_2, \ldots, y_n)}(\mathbf{a}, \mathbf{b}) = \frac{\partial(f_1, f_2, \ldots, f_n)}{\partial(y_1, y_2, \ldots, y_n)}(\mathbf{a}, \mathbf{b})$$

그러면 점 $\mathbf{a} \in \mathbb{R}^m$를 포함하는 열린집합 $V \subset \mathbb{R}^m$과 점 $(\mathbf{a}, \mathbf{b})$를 포함하는 열린집합 $W \subset \mathbb{R}^{m+n}$이 존재하여 W에서 방정식 $\mathbf{T}(\mathbf{x}, \mathbf{y}) = \mathbf{0}$를 $\mathbf{y} = \mathbf{S}(\mathbf{x})$로 나타내는 C^1 함수 $\mathbf{S} : V \to \mathbb{R}^n$가 존재한다. 이때 다음이 성립한다.

$$J_{\mathbf{S}}(\mathbf{a}) = \frac{\partial(y_1, \ldots, y_n)}{\partial(x_1, \ldots, x_m)}(\mathbf{a}) = -\left\{ \left.\frac{\partial(f_1, \ldots, f_n)}{\partial(y_1, \ldots, y_n)}\right|_{(\mathbf{a}, \mathbf{b})} \right\}^{-1} \left.\frac{\partial(f_1, \ldots, f_n)}{\partial(x_1, \ldots, x_m)}\right|_{(\mathbf{a}, \mathbf{b})}$$

다음은 정리 3.8-7의 특별한 경우이며 정리 3.8-6의 확장이다.

[따름정리 3.8.1] 열린집합 $U \subset \mathbb{R}^n$에서 C^1인 실함수 f가 점 $(x_1, \ldots, x_n) \in U$에서 식 $f(x_1, \ldots, x_n) = 0$와 $\frac{\partial f}{\partial x_n}(x_1, \ldots, x_n) \neq 0$을 만족시키면 점 $(x_1, \ldots, x_n)$의 근방에서 식 $f(x_1, \ldots, x_n) = 0$을 $x_n = \varphi(x_1, \ldots, x_{n-1})$로 나타내는 C^1 함수 φ가 존재한다.

연습 문제 3.8

1. 다음에 주어진 점에서 함수의 야코비행렬을 구하라.
   (1) $\mathbf{T}(x, y) = (x^2 + y^2, e^{xy})$, $(1, 1)$ (2) $\mathbf{S}(x, y) = (xy, \sin x, x^2 y)$, $(\pi, \frac{1}{2}\pi)$

2. 다음 함수의 야코비행렬식을 구하라.
   (1) $\mathbf{T}(r, \theta) = (r\cos\theta,\ r\sin\theta)$
   (2) $\mathbf{T}(r, \theta, z) = (r\cos\theta,\ r\sin\theta,\ z)$

(3) $\mathbf{T}(r,\theta) = (e^r \cos\theta,\ e^r \sin\theta)$

(4) $\mathbf{T}(\rho,\theta,\psi) = (\rho\sin\psi\cos\theta,\ \rho\sin\psi\sin\theta,\ \rho\cos\psi)$

여기서 3×3 행렬 $A = \begin{pmatrix} a_{11} & a_{12} & a_{13} \\ a_{21} & a_{22} & a_{23} \\ a_{31} & a_{32} & a_{33} \end{pmatrix}$의 행렬식 $\det A$은 다음과 같다.

$$\begin{aligned}\det A =& a_{11}a_{22}a_{33} + a_{12}a_{23}a_{31} + a_{13}a_{21}a_{32} \\ &- a_{13}a_{22}a_{31} - a_{12}a_{21}a_{33} - a_{11}a_{23}a_{32}\end{aligned}$$

3. 다음에서 $\frac{\partial z}{\partial x}$와 $\frac{\partial z}{\partial y}$를 구하라.

   (1) $z = u^2 + 3uv - v^2;\ u = \sin x,\ v = -\cos x + \sin y$

   (2) $z = \sin u \cos v;\ u = 3x^2 - y,\ v = x - 3y$

4. 다음에서 야코비행렬 $\frac{\partial(u,v)}{\partial(t,s)}$를 구하라.

   (1) $u = x, v = xy;\ x = s^2 + t^2,\ y = s^2 - t^2$

   (2) $u = \sin(x-y), v = \cos(x+y);\ x = t^2 - s^2,\ y = st$

   (3) $u = x^2 + y^2, v = x^2 - y^2;\ x = t + s,\ y = t - s$

5. 다음 함수가 주어진 점에서 국소적으로 C^1가역인가를 조사하라.

   (1) $\mathbf{T}(x,y) = (x^2 - y^2,\ 2xy),\ (x,y) \neq (0,0)$

   (2) $\mathbf{T}(x,y) = (x + y,\ y^{1/4}),\ (1,2)$

   (3) $\mathbf{T}(x,y) = \frac{1}{x^2+y^2}(x,y), (x,y) \neq (0,0)$

6. 다음에 주어진 함수 f에 대하여 방정식 $f(x,y) = 0$은 주어진 점 (x_0, y_0)에서 양함수 $y = \phi(x)$를 정의함을 보이고, $\phi'(x_0)$를 구하라.

   (1) $f(x,y) = x^2 - xy + y^2 - 3,\ (1,2)$ (2) $f(x,y) = x\cos(xy), (1, \frac{\pi}{2})$
   (3) $f(x,y) = 2e^{x+y} - x + y,\ (1,-1)$ (4) $f(x,y) = x + y + x\sin y,\ (0,0)$

7. 다음에 주어진 함수 f에 대하여 방정식 $f(x,y,z) = 0$은 주어진 점 (x_0, y_0, z_0)에서 양함수 $z = \phi(x,y)$를 정의함을 보이고, $\phi_x(x_0,y_0)$와 $\phi_y(x_0,y_0)$를 구하라.

   (1) $f(x,y,z) = x + y - z + \cos(xyz),\ (0,0,1)$

   (2) $f(x,y,z) = x^2 + y^3 + z^3 - 3xyz - 4,\ (1,1,2)$

   (3) $f(x,y,z) = x^3 - 2y^2 + z^2,\ (1,1,1)$

4 다중적분

이 장에서는 일변수실함수의 적분을 확장하여 이변수 또는 삼변수함수 등의 다변수함수의 다중적분에 대하여 다룬다. 또 다중적분을 계산하는 데 유용한 반복적분 및 치환적분에 대하여 다룬다. 적분은 피적분함수를 어떻게 해석하느냐에 따라 거리, 곡면의 면적, 부피, 곡선의 길이, 압력, 관성모멘트, 에너지, 일 등으로 생각할 수 있다. 이와 관련하여 다중적분의 응용에 대해서도 간단히 살펴본다.

4.1 이중적분의 정의

여기서는 일변수실함수의 정적분의 개념을 이변수실함수의 경우로 확장한다. 또 이중적분을 계산하는 데 이용되는 반복적분과 이중적분의 응용에 대해 다룬다. 이를 위해 먼저 필요한 용어를 정의하기로 하자.

도함수가 연속인 일변수함수 $y = \varphi(x)$ 또는 $x = \psi(y)$의 그래프, 혹은 도함수가 연속인 일변수벡터함수의 치역으로 나타내어지는 평면의 곡선을 **매끄러운 곡선**(smooth curve)이라고 한다. 또 실함수 $f : \Omega \subset \mathbb{R}^n \to \mathbb{R}$의 치역이 유계, 즉 모든 $\mathbf{x} \in \Omega$에 대하여 부등식 $|f(\mathbf{x})| \leq M$을 만족시키는 양의 실수 M이 존재하면 함수 f는 Ω에서 **유계함수**(bounded function) 또는 유계인 함수라고 한다.

4.1.1 이중적분의 정의

집합 Ω을 평면의 유계집합이라 하자. 그림 4.1-1과 같이 각 좌표축에 평행인 직선을 이용하여 평면을 작은 직사각형으로 나눌 때 Ω의 내부에 포함되거나 또는 그의 경계와 만나는 직사각형의 집합 P를 영역 Ω의 **분할** (partition)이라고 한다. 이때 P의 원소 중에서 대각선의 길이가 가장 큰 것의 대각선의 길이를 **분할 P의 크기**(norm)라고 하고 $||P||$로 나타낸다. 또 $A_k \in P$일 때 A_k의 넓이를 ΔA_k로 나타낸다. 이때 직사각형 A_k의 두변의 길이가 Δx와 Δy이면 $\Delta A_k = \Delta x_k \Delta y_k$이다.

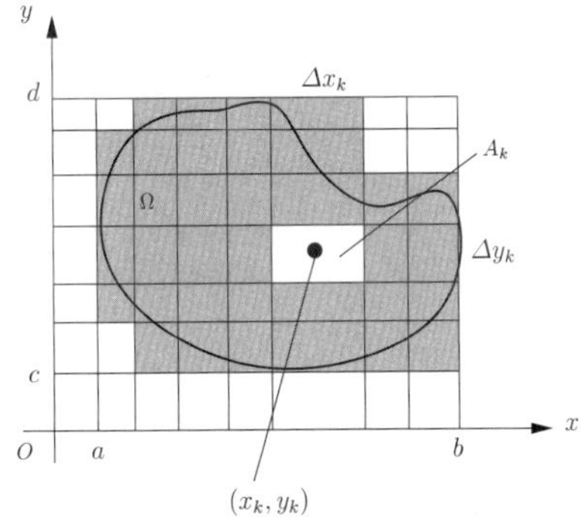

그림 4.1-1 영역 Ω의 분할

이제 유한 개의 매끄러운 곡선으로 이루어진 경계를 가진 유계인 닫힌영역[1] Ω에서 정의된 유계인 이변수함수 $z = f(x,y)$를 생각하자. 그리고 $P = \{A_1, \dots, A_n\}$을 집합 Ω의 분할, 분할 P의 각 원소 A_k에서 $\mathbf{x}_k = (x_k, y_k) \in A_k \cap \Omega$인 점을 하나씩 뽑아서 만든 집합을 $\mathcal{X}$라고 하자. 이때 다음 식으로 정의되는 실수 $\mathcal{R}(P,\mathcal{X},f)$를 영역 Ω의 분할 P와 $\mathcal{X}$에 대한 함수 f의 **리만합**(Riemann sum)이라고 한다.

$$\mathcal{R}(P,\mathcal{X},f) = \sum_{k=1}^{n} f(\mathbf{x}_k)\Delta A_k = \sum_{k=1}^{n} f(x_k,y_k)\Delta x_k \Delta y_k$$

여기서 함수 f의 리만합 $\mathcal{R}(P,\mathcal{X},f)$는 영역 Ω의 분할 P와 $\mathcal{X}$를 구성하는 방법에 따라 달라진다는 점을 주의하라.

이제 분할 P의 크기 $||P||$가 한없이 0에 가까이 가도록 Ω를 분할할 때, 그에 대응하는 리만합 $\mathcal{R}(P,\mathcal{X},f)$이 $\mathcal{X}$에 관계없이 일정한 값에 수렴하면, 즉 다음 극한이 존재하면 집합 Ω에서 함수 f는 **적분가능**하다고 한다.

$$\lim_{||P|| \to 0} \sum_{k} f(x_k,y_k)\Delta A_k$$

이때 그 극한을 집합 Ω에서의 함수 f의 **이중적분**(double integral)이라고 하고 다음과 같은 기호로 나타낸다.

$$\iint_{\Omega} f(x,y)dA, \quad \iint_{\Omega} f(x,y)\,dxdy, \quad \iint_{\Omega} fdxdy, \quad \iint_{\Omega} fdA$$

여기서 집합 Ω를 **적분영역**, 함수 f를 피적분함수, $dA = dx\,dy$를 직교좌표계에서의 이중적분의 **면적소**(area element)라고 한다. 여기서 dA는 두 변의 길이가 각각 dx와 dy인 직사각형의 면적으로 생각할 수 있다.

유한 개의 매끄러운 곡선으로 이루어진 경계를 가진 유계인 닫힌영역 Ω에서 연속인 이변수함수 f의 이중적분 $\iint_{\Omega} fdA$는 항상 존재한다. 일반적으로 다음이 성립한다. 증명은 생략한다.

[1] 영역, 닫힌영역, 경계에 대해서는 3.2절을 참조하라.

[정리 4.1-1] 집합 Ω를 유한 개의 매끄러운 곡선으로 이루어진 경계를 가진 유계인 닫힌영역이라고 하고 이변수함수 $z = f(x,y)$가 Ω에서 유계인 함수라고 하자. 그러면 함수 f의 이중적분 $\iint_\Omega f(x,y)\,dA$가 존재할 필요충분한 조건은 함수 f가 집합 Ω에서 '측도가 0인 집합'을 제외한 모든 점에서 연속인 것이다.

정리 4.1-1에서 **측도**(content)는 길이, 면적, 체적 등의 개념을 일반화한 것이다. 예를 들면, 평면의 부분집합인 폐원판 $\Omega = \{(x,y) \in \mathbb{R}^2 \mid x^2 + y^2 \le 1\}$과 개원판 $\Omega_0 = \{(x,y) \mid x^2 + y^2 < 1\}$의 면적, 즉 측도는 모두 π이다. 따라서 집합 Ω_0의 경계인 원 $x^2 + y^2 = 1$은 측도가 0인 집합이다. 또 평면에서 측도가 0인 집합[2)]으로 유한 개의 점의 집합, 직선, 또는 간단한 매끄러운 곡선 등이 있다. 측도가 0이 아닌 경계를 가지는 집합이 존재하기는 하지만 여기서는 다루지 않는다. 이와 비슷한 논의는 삼중적분에서도 적용할 수 있으나 이 과정에서는 더 이상 논의하지 않는다.

[예제 4.1-1] 원판 $\Omega = \{(x,y) \mid x^2 + y^2 \le a^2,\ a > 0\}$에서 이변수함수 f와 g의 적분가능성에 대하여 논하라.

$$g(x,y) = \sin\left(\frac{1}{x+y}\right), \quad f(x,y) = \frac{1}{x+y}$$

풀이 함수 g는 직선 $x + y = 0$에서는 불연속함수이지만 유계인 함수이다. 그런데 평면에서 직선의 측도는 0이므로 정리 4.1-1에 의해 함수 g의 이중적분이 존재한다.

한편, 함수 f는 측도가 0인 직선 $x + y = 0$을 제외한 모든 점에서 연속이지만 집합 Ω에서 유계이지 않으므로 정리 4.1-1 만으로는 함수 f의 적분가능성을 판단할 수 없다. 실제로 함수 f는 집합 Ω에서 적분가능하지 않다. 그러나 직선 $x + y = 0$의 일부를 포함하지 않는 집합, 예를 들어 원판 $\Omega = \{(x,y) \mid (x-2)^2 + y^2 \le 1\}$에서는 적분가능하다. ✠

참고 피적분함수가 적분영역이나 그의 경계의 어느 한 점에서 극한이 무한대로 발산하거

2) 각각의 양수 ϵ에 대하여 $\Omega \subset \bigcup_{i=1}^{n} R_i$과 $\sum_{i=1}^{n} A(R_i) < \epsilon$을 만족시키는 사각형 $R_1, \ldots, R_n \subset \mathbb{R}^2$이 존재하면 집합 $\Omega \subset \mathbb{R}^2$는 측도가 0인 집합이라고 한다. 여기서 $A(R_i)$는 사각형 R_i의 면적을 나타낸다.

나 적분영역의 면적(측도)이 유한하지 않으면 특이적분을 정의한다. 이에 관한 자세한 논의는 이 과정에서 다루는 범위를 벗어나므로 생략한다.

일변수함수의 경우와 마찬가지로 이중적분에 대하여 다음이 성립한다. 이에 관한 증명은 생략한다.

[정리 4.1-2] (적분의 성질) 영역 Ω에서 이변수함수 f와 g의 이중적분이 모두 존재하면 다음이 성립한다.

(1) $\iint_\Omega \alpha f\,dA = \alpha \iint_\Omega f\,dA \quad (\alpha \in \mathbb{R})$

(2) $\iint_\Omega (f+g)\,dA = \iint_\Omega f\,dA + \iint_\Omega g\,dA$

(3) Ω에서 $f(x,y) \geq g(x,y)$이면 $\iint_\Omega f\,dA \geq \iint_\Omega g\,dA$이다.

(4) 그림 4.1-2와 같이 $R_1 \cap R_2$가 유한 개의 매끄러운 곡선이고 $\Omega = R_1 \cup R_2$인 영역 Ω의 부분집합 R_1과 R_2에 대하여 다음이 성립한다.

$$\iint_\Omega f\,dA = \iint_{R_1} f\,dA + \iint_{R_2} f\,dA$$

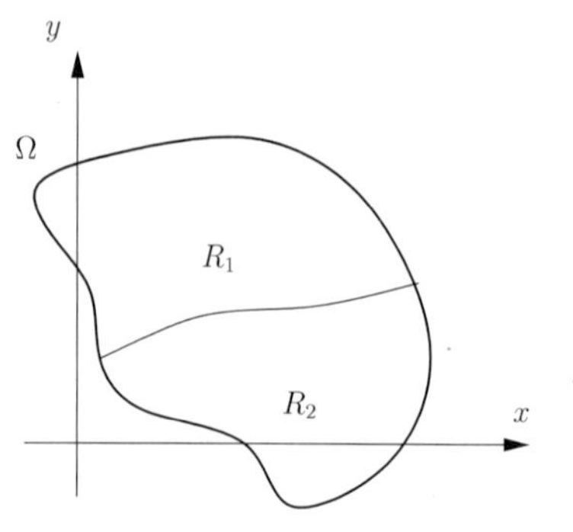

그림 4.1-2 적분영역 Ω의 분할

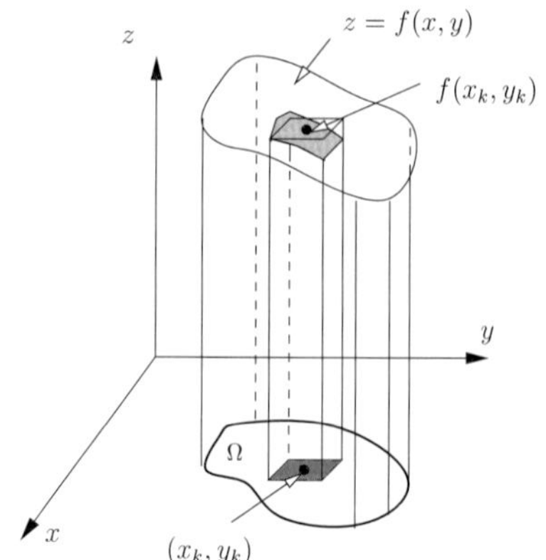

그림 4.1-3 체적으로서의 이중적분

4.1.2 반복적분

일반적으로 정의에 따라 이중적분을 계산하는 것은 간단하지 않다. 여기서는 이중적분을 계산하는 데 유용한 **반복적분**(iterated integral)에 대하여 알아본다.

집합 Ω에서 적분가능한 함수 $f(x,y) \geq 0$의 적분 $\iint_\Omega f(x,y)\,dA$는 그림 4.1-3과 같이 집합 Ω와 곡면 $z = f(x,,y)$가 만드는 입체의 체적 V라는 점에 주목하여 입체 V의 체적을 단면적을 이용하여 구하는 것을 생각해 보자 (그림 4.1-4 참조).

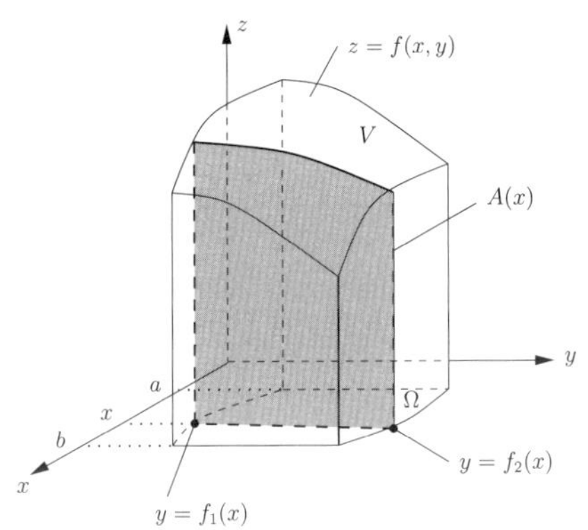

그림 4.1-4 단면적의 합으로서의 체적

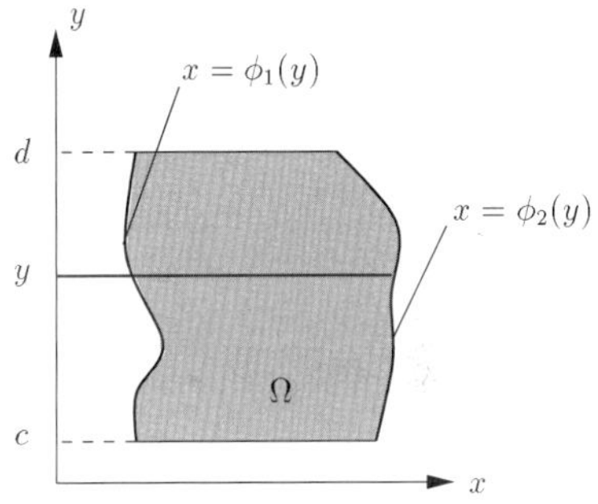

그림 4.1-5 푸비니정리의 영역

영역 Ω가 그림 4.1-4와 같이 평면에서 두 곡선 $y = f_1(x)$와 $y = f_2(x)$ 그리고 직선 $x = a$와 $x = b$로 둘러싸여 있다고 하자. 이때 점 a와 b 사이의 점 x에 대해 y의 함수로서 $f(x,y)$가 적분가능하면 다음 함수를 얻는다.

$$A(x) = \int_{f_1(x)}^{f_2(x)} f(x,y)\,dy, \quad a \leq x \leq b$$

각 x에 대하여 $A(x)$는 그림 4.1-4의 음영부분인 입체 V의 단면적이다. 이때 함수 $A(x)$가 적분가능하면 다음을 얻는다.

$$\text{체적} = \int_a^b A(x)dx = \int_a^b \left\{ \int_{f_1(x)}^{f_2(x)} f(x,y)dy \right\} dx \equiv \int_a^b \int_{f_1(x)}^{f_2(x)} f(x,y)\,dydx \quad (4.1\text{-}1)$$

같은 방법으로 영역 Ω가 그림 4.1-5와 같이 두 개의 직선 $y = c$, $y = d$와 두 곡선 $x = \phi_1(y)$, $x = \phi_2(y)$로 둘러싸인 집합이면 집합 Ω와 함수 f에 의하여 결정되

는 입체 V의 체적은 다음과 같다.

$$V\text{의 체적} = \int_c^d \left\{ \int_{\phi_1(x)}^{\phi_2(x)} f(x, y)\, dx \right\} dy \equiv \int_c^d \int_{\phi_1(y)}^{\phi_2(y)} f(x, y)\, dxdy \qquad (4.1\text{-}2)$$

여기서 식 (4.1-1)과 (4.1-2)를 **반복적분**이라고 한다.

일반적으로 이중적분과 반복적분에 대하여 푸비니[3]정리(Fubini's Theorem)가 성립한다. 이에 대한 증명은 이 과정에서 다루는 범위를 벗어나므로 생략한다.

[정리 4.1-3] (푸비니정리) 영역 Ω에서 연속인 함수 f에 대하여 다음이 성립한다.

(1) 구간 $[a,b]$에서 $f_1(x) \leq f_2(x)$이고 연속인 두 함수 $y = f_1(x)$와 $y = f_2(x)$에 대하여 $\Omega = \{(x,y) \mid f_1(x) \leq y \leq f_2(x), a \leq x \leq b\}$이면 다음이 성립한다.

$$\iint_\Omega f(x,y)\, dxdy = \int_a^b \int_{f_1(x)}^{f_2(x)} f(x,y)\, dydx$$

(2) 구간 $[c,d]$에서 $\phi(y) \leq \phi_2(y)$이고 연속인 두 함수 $x = \phi_1(y)$과 $x = \phi_2(y)$에 대하여 $\Omega = \{(x,y) \mid \phi_1(y) \leq x \leq \phi_2(y), c \leq y \leq d\}$이면 다음이 성립한다.

$$\iint_\Omega f(x,y)\, dxdy = \int_c^d \int_{\phi_1(y)}^{\phi_2(y)} f(x, y)\, dxdy$$

[예제 4.1-2] 다음 반복적분의 값을 구하고 그 적분영역을 xy평면에 그려라.

$$\int_0^1 \int_0^{2x} xy^3\, dydx$$

풀이 먼저 주어진 반복적분을 계산하면 다음과 같다.

$$\int_0^1 \int_0^{2x} xy^3\, dydx = \int_0^1 x \left\{ \int_0^{2x} y^3 dy \right\} dx = \int_0^1 x \left[\frac{y^4}{4} \right]_0^{2x} dx$$

[3]Guido Fubini(1879–1943): 이탈리아 수학자

$$= \int_0^1 x\frac{(2x)^4}{4}dx = \int_0^1 4x^5 dx = \frac{2}{3}$$

적분영역은 $0 \le x \le 1$인 각각의 x에 대해 y가 0에서 $2x$까지 변하므로 그림 4.1-6과 같다. 한편 함수 xy^3은 주어진 적분영역에서 연속이므로 푸비니정리에 의하면 적분하는 순서를 바꾸어 계산하여도 적분은 같다. 실제로 다음과 같이 적분하는 순서를 바꾸어 계산하여도 같은 결과를 얻는다.

$$\int_0^2 \int_{y/2}^1 xy^3\,dxdy = \int_0^2 y^3 \left\{\int_{y/2}^1 xdx\right\} dy = \int_0^2 y^3 \left[\frac{x^2}{2}\right]_{y/2}^1 dy$$
$$= \int_0^2 (\frac{y^3}{2} - \frac{y^5}{8})\,dy = \frac{2}{3}$$ ✠

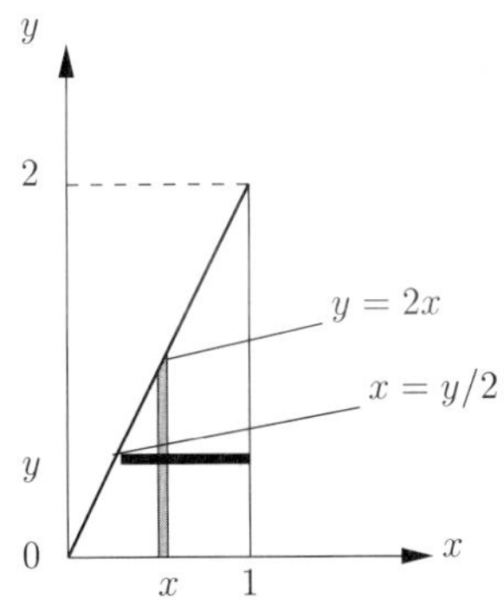

그림 4.1-6 예제 4.1-2의 적분영역

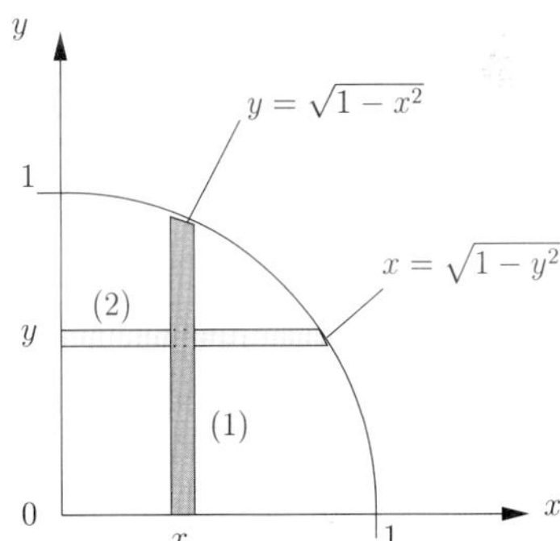

그림 4.1-7 예제 4.1-3의 적분영역

[예제 4.1-3] $\Omega = \{(x,y) \mid x^2+y^2 \le 1, x \ge 0,\, y \ge 0\}$일 때 $\iint_\Omega \frac{y}{\sqrt{x^2+y^2}}\,dxdy$를 구하라.

풀이 푸비니정리로부터 주어진 적분을 그림 4.1-7과 같이 두 가지 방법으로 구할 수 있다. 그림4.1-7에서 (1)을 이용하는 경우, 즉 x를 고정하는 경우에 다음과 같은 반복적분을 이용하여 구할 수 있다.

$$\iint_\Omega \frac{y}{\sqrt{x^2+y^2}}\,dxdy = \int_0^1 \int_0^{\sqrt{1-x^2}} \frac{y}{\sqrt{x^2+y^2}}\,dy\,dx$$

(2)를 이용하는 경우, 즉 y를 먼저 고정하는 경우에는 다음 반복적분을 얻는다.

$$\iint_\Omega \frac{y}{\sqrt{x^2+y^2}}\,dxdy = \int_0^1 \int_0^{\sqrt{1-y^2}} \frac{y}{\sqrt{x^2+y^2}}\,dx\,dy$$

그러나 (2)를 이용하는 경우에는 $\int_0^{\sqrt{1-y^2}} \frac{y}{\sqrt{x^2+y^2}}dx$를 계산한 후에 y에 관한 적분이 쉽지 않으므로 (1)을 이용하여 적분값을 구하는 것이 편리하다.

$$\begin{aligned}\iint_\Omega \frac{y}{\sqrt{x^2+y^2}}\,dxdy &= \int_0^1 \int_0^{\sqrt{1-x^2}} \frac{y}{\sqrt{x^2+y^2}}\,dy\,dx \\ &= \int_0^1 \left[\sqrt{x^2+y^2}\right]_0^{\sqrt{1-x^2}} dx = \int_0^1 (1-x)\,dx = \frac{1}{2}\end{aligned}$$ ✠

4.1.3 면적과 체적

집합 Ω가 유한 개의 매끄러운 곡선으로 이루어진 경계를 가진 유계인 닫힌영역이면 함수 $f(x,y)=1$에 대한 다음 이중적분은 영역 Ω의 넓이 또는 면적이다.

$$\text{영역 } \Omega\text{의 넓이 } = \iint_\Omega 1\,dxdy \tag{4.1-3}$$

[예제 4.1-4] 평면에서 함수 $f(x)=\sin x$, $g(x)=\cos x$와 $x=\frac{1}{4}\pi$, $x=\frac{5}{4}\pi$로 둘러싸인 영역 Ω의 넓이를 이중적분을 이용하여 구하라.

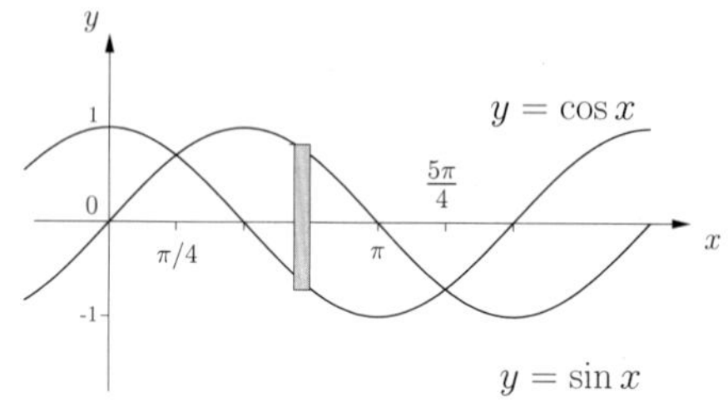

그림 4.1-8 예제 4.1-4의 영역

풀이 이 경우는 일변수함수의 적분 $\int_{\pi/4}^{5\pi/4}(\sin x - \cos x)\,dx$를 이용하여 구할 수도 있다.

이중적분을 이용하는 경우는 먼저 x를 고정하는 반복적분을 이용하여 면적을 구하면 다음과 같다 (그림 4.1-8 참조).

$$\begin{aligned} \Omega\text{의 넓이} &= \int_{\pi/4}^{5\pi/4} \int_{\cos x}^{\sin x} dy\ dx = \int_{\pi/4}^{5\pi/4} [y]_{\cos x}^{\sin x}\, dx \\ &= \int_{\pi/4}^{5\pi/4} (\sin x - \cos x)\ dx = 2\sqrt{2} \end{aligned}$$

✠

[예제 4.1-5] 이중적분 $\int_0^2 \int_{y^2}^4\ dx\ dy$의 적분영역을 스케치하고 그 값을 계산하라.

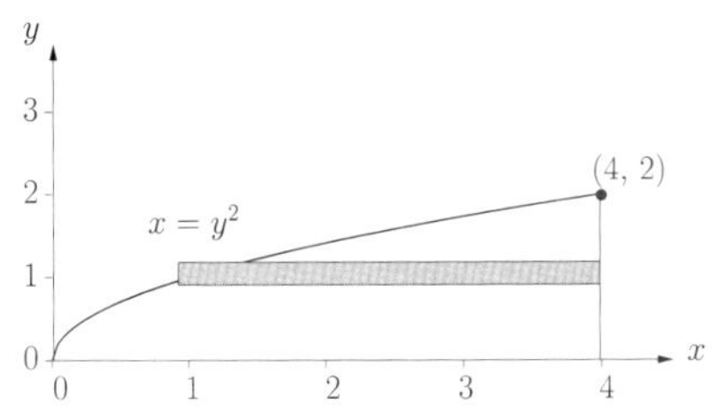

그림 4.1-9 y를 먼저 고정하는 경우

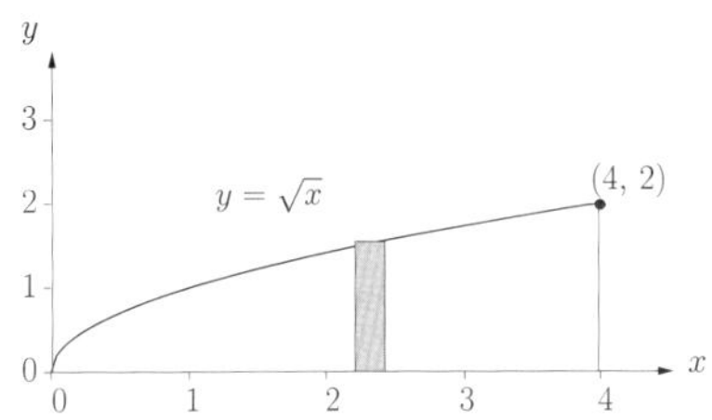

그림 4.1-10 x를 먼저 고정하는 경우

풀이 주어진 반복적분은 0과 2사이의 임의의 y를 먼저 고정한 후에 x에 관해 $x = y^2$에서 $x = 4$까지 적분하므로 적분영역 Ω는 다음과 같다 (그림 4.1-9 참조).

$$\Omega = \left\{(x, y)\,|\,0 \le y \le 2,\ y^2 \le x \le 4\right\} = \{(x, y)\,|\,0 \le x \le 4,\ 0 \le y \le \sqrt{x}\}$$

이제 반복적분을 계산하면 다음과 같다.

$$\int_0^2 \int_{y^2}^4\ dx\ dy = \int_0^2 [x]_{y^2}^4\, dy = \int_0^2 (4 - y^2)\ dy = \left[4y - \frac{y^3}{3}\right]_0^2 = \frac{16}{3}$$

참고로 주어진 반복적분의 적분 순서를 바꿔 쓰면 $\int_0^4 \int_0^{\sqrt{x}}\ dy\ dx$이며 적분값은 동일하다 (그림 4.1-10 참조). ✠

[예제 4.1-6] 평면에서 부등식 $y \le 4x - x^2$, $y \ge -3x + 6$, 그리고 $y \ge 0$으로 결정되는 영역 Ω의 면적을 이중적분을 이용하여 구하라.

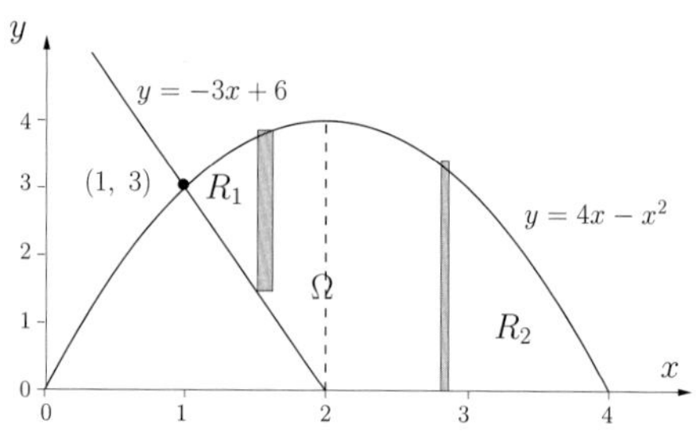

그림 4.1-11 예제 4.1-6의 적분영역

풀이 영역 Ω를 그림 4.1-11과 같이 R_1과 R_2로 나누고 적분의 성질에 관한 정리 4.1-2의 (4)를 이용하여 Ω의 면적을 다음과 같이 구한다.

$$\begin{aligned}
\Omega\text{의 면적} &= \iint_{R_1} dx\ dy + \iint_{R_2} dx\ dy \\
&= \int_1^2 \int_{-3x+6}^{4x-x^2} dy\ dx + \int_2^4 \int_0^{4x-x^2} dy\ dy \\
&= \int_1^2 (4x - x^2 + 3x - 6)\ dx + \int_2^4 (4x - x^2) dx \\
&= \left[\frac{7x^2}{2} - \frac{x^3}{3} - 6x\right]_1^2 + \left[2x^2 - \frac{x^3}{3}\right]_2^4 = \frac{15}{2}
\end{aligned}$$

따라서 영역 Ω의 면적은 $\frac{15}{2}$이다. ✠

영역 Ω에서 항상 $f(x, y) \geq 0$이고 적분가능한 함수 $z = f(x, y)$의 이중적분은 영역 Ω와 함수 $f(x, y)$에 의해 만들어지는 입체 V의 체적(부피)을 나타낸다고 하였다.

$$\text{입체 } V\text{의 부피} = \iint_{\Omega} f\ dA \tag{4.1-4}$$

식 (4.1-4)의 중적분은 푸비니정리 4.1-3을 이용하여 반복적분으로 구할 수 있다. 일변수함수의 적분을 이용하여 간단한 회전체의 체적을 구할 수도 있지만 이중적분을 이용하면 더욱 다양한 입체의 부피를 구할 수 있다.

[예제 4.1-7] 포물면 $z = 4 - x^2 - y^2$에 대하여 다음 입체의 부피를 구하라.

(1) $x = 0,\ x = 1,\ y = 0,\ y = 1$로 둘러싸인 정사각형과 포물면 사이의 입체

(2) xy평면과 포물면 사이의 입체

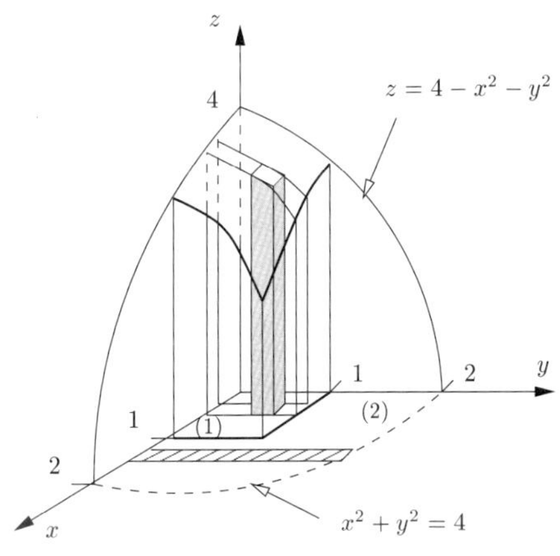

그림 4.1-12 예제 4.1-7의 입체

[풀이] (1) $\int_0^1 \int_0^1 (4 - x^2 - y^2) dy\ dx = \int_0^1 (\frac{11}{3} - x^2) dx = \frac{10}{3}$

(2) xy평면($z = 0$)과 주어진 포물면과의 교선은 $x^2 + y^2 = 4$이다. 그림 4.1-12와 같이 포물면과 교선의 대칭성을 이용하면 구하는 적분은 제1 팔분공간에 있는 부분의 4배이므로 다음과 같이 먼저 x를 고정한 반복적분을 이용하여 구하면 8π이다.

$$\text{체적} = 4 \int_0^2 \int_0^{\sqrt{4-x^2}} (4 - x^2 - y^2) dy\ dx = 8\pi$$ ✠

4.1.4 이중적분의 응용

이중적분은 영역의 면적이나 입체의 부피뿐만 아니라 질량이 연속적으로 분포되어 있는 평면 또는 공간의 영역, 예를 들어 얇은 금속판 또는 입체의 **질량**(mass), **질량모멘트**(moment of mass), **질량중심**(center of mass)와 **관성모멘트**(moment of inertia) 등을 나타내는 데 이용된다. 이러한 개념은 평면 또는 공간에서의 물체의 운동을 기술하고 분석하는 데 중요한 개념이다. 여기서는 평면의 영역에 대하여만 다루고 공간의 영역에 대하여는 4.2절에서 다루기로 한다.

평면에서 질량이 연속적으로 분포되어 있는 영역 Ω의 **질량소**(element of mass)

dm은 다음과 같다 (그림 4.1-13 참조).

$$dm = \delta(x, y)\, dx\, dy = \delta(x, y)\, dA$$

여기서 $\delta(x, y)$는 Ω의 질량분포를 나타내는 함수, 즉 **밀도함수**이다.

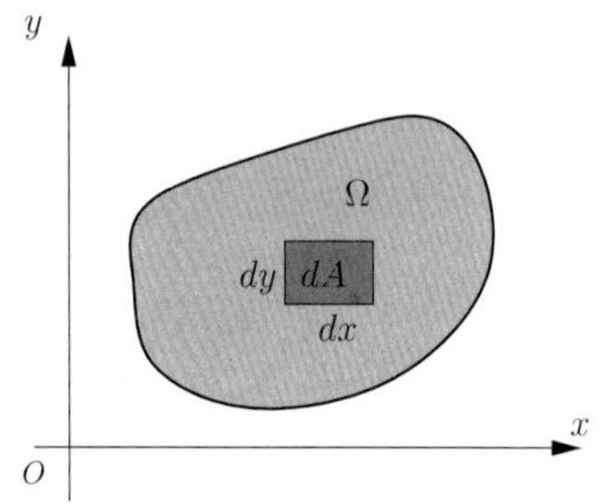

그림 4.1-13 면적소 dA

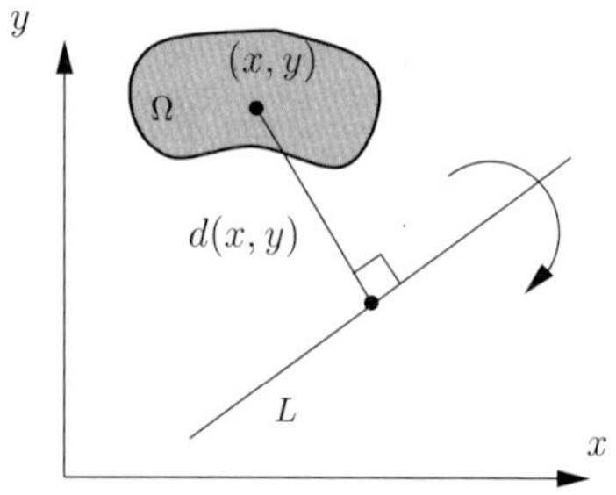

그림 4.1-14 축 L에 대한 관성모멘트

영역 Ω에 관한 물리량은 다음과 같이 이중적분으로 주어진다.

$$\Omega\text{의 총질량 } m = \iint_{\Omega} \delta(x, y)\, dx\, dy \tag{4.1-5}$$

$$x\text{축에 대한 질량모멘트 } M_x = \iint_{\Omega} y\, \delta(x, y)\, dx\, dy \tag{4.1-6}$$

$$y\text{축에 대한 질량모멘트 } M_y = \iint_{\Omega} x\, \delta(x, y)\, dx\, dy \tag{4.1-7}$$

식 (4.1-5), (4.1-6), (4.1-7)로부터 **질량중심**의 좌표 $(\bar{x}, \bar{y})$는 다음과 같다.

$$\bar{x} = \frac{M_y}{m}, \quad \bar{y} = \frac{M_x}{m} \tag{4.1-8}$$

중적분의 다른 응용은 회전축에 대한 질량의 회전운동에 관한 관성모멘트이다. 평면에서 회전축 L에 대하여 영역 Ω 내의 점 (x, y)에서 축 L까지의 거리를 $d(x, y)$라고 하자. 이때 축 L에 대한 영역 Ω의 질량의 **관성모멘트**[4] I_L을 다음과 같이 정의한

[4]질량모멘트를 제1 질량모멘트(first moment of the mass), 관성모멘트를 제2 질량모멘트(second moment of the mass)라고도 한다.

다 (그림 4.1-14 참조).

$$I_L = \iint_\Omega \{d(x,y)\}^2\,\delta(x,y)\,dx\,dy \tag{4.1-9}$$

관성모멘트 I_L이 클수록 회전축 L에 대해 주어진 질량을 회전운동시키거나 회전운동을 멈추기가 힘이든다는 것을 의미한다. 특히, x축과 y축에 대한 관성모멘트 I_x와 I_y, 그리고 원점에 대한 관성모멘트인 **극관성모멘트**(polar moment of inertia) I_0은 각각 다음과 같다.

$$I_x = \iint_\Omega y^2\delta(x,y)\,dx\,dy \tag{4.1-10}$$

$$I_y = \iint_\Omega x^2\delta(x,y)\,dx\,dy \tag{4.1-11}$$

$$I_0 = \iint_\Omega (x^2+y^2)\,\delta(x,y)\,dx\,dy = I_x + I_y \tag{4.1-12}$$

여기서 I_0는 원점에서 xy평면에 수직인 z축에 대한 관성모멘트를 의미한다.

질량의 회전축 L에 대하여 다음 식으로 정의되는 R_L을 질량 m의 회전축 L에대한 **선회반경**(radius of gyration)이라고 한다.

$$I_L = mR_L^2 \quad \text{또는} \quad R_L = \sqrt{I_L/m}$$

선회반경 R_L은 한 영역의 질량이 m이라고 할 때 질량 m인 질점이 축 L로부터 어느 정도의 거리에 있어야 I_L과 같은 관성모멘트를 가지는 지를 말해준다. 특히, 평면에서 x축, y축 및 원점, 즉 z축에 대한 선회반경 R_x, R_y, R_0는 각각 다음과 같다.

$$R_x = \sqrt{I_x/m}, \quad R_y = \sqrt{I_y/m}, \quad R_0 = \sqrt{I_0/m} \tag{4.1-13}$$

[예제 4.1-8] 평면에서 두께가 일정하고 밀도함수 δ가 상수인 얇은 금속판이 영역 $\Omega = \{(x,y) \mid 0 \le y \le x,\ y \ge x^2,\ 0 \le x \le 1\}$를 차지한다고 할 때 금속판 Ω의 질량중심과 관성모멘트 I_x, I_y, I_0, 그리고 선회반경 R_x, R_y, R_0을 구하라.

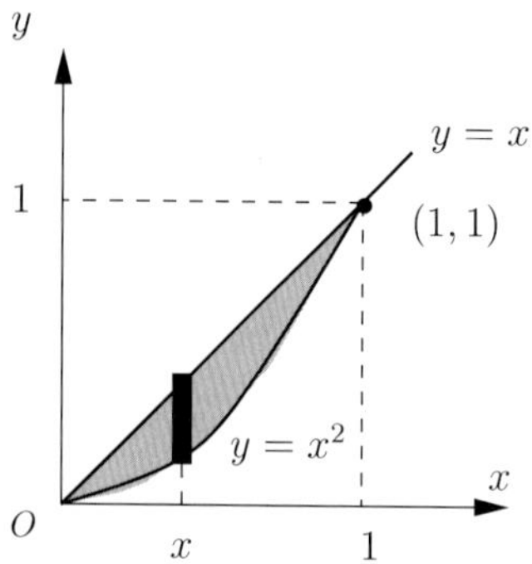

그림 4.1-15 예제 4.1-8의 금속판 Ω

풀이 이중적분을 계산할 때 먼저 x를 고정한 반복적분을 이용하면 m, M_x, M_y는 각각 다음과 같다 (그림 4.1-15 참조).

$$
\begin{aligned}
m &= \int_0^1 \int_{x^2}^x \delta \, dy \, dx = \delta \int_0^1 \int_{x^2}^x dy \, dx = \frac{\delta}{6} \\
M_x &= \int_0^1 \int_{x^2}^x y\delta \, dy \, dx = \delta \int_0^1 \left[\frac{y^2}{2}\right]_{x^2}^x dx = \delta \int_0^1 \left(\frac{x^2}{2} - \frac{x^4}{2}\right) dx = \frac{\delta}{15} \\
M_y &= \int_0^1 \int_{x^2}^x x\delta \, dy \, dx = \delta \int_0^1 [xy]_{x^2}^x \, dx = \delta \int_0^1 \left(x^2 - x^3\right) dx = \frac{\delta}{12}
\end{aligned}
$$

따라서 금속판 Ω의 질량중심 $(\bar{x}, \bar{y})$는 다음과 같다.

$$\bar{x} = \frac{M_y}{m} = \frac{1}{2}, \quad \bar{y} = \frac{M_x}{m} = \frac{2}{5}$$

관성모멘트를 구하면 다음과 같다.

$$
\begin{aligned}
I_x &= \int_0^1 \int_{x^2}^x y^2\delta \, dy \, dx = \delta \int_0^1 \left[\frac{y^3}{3}\right]_{x^2}^x dx = \delta \int_0^1 \left(\frac{x^3}{3} - \frac{x^6}{3}\right) dx = \frac{\delta}{28} \\
I_y &= \int_0^1 \int_{x^2}^x x^2\delta \, dy \, dx = \delta \int_0^1 \left(x^3 - x^4\right) dx = \frac{\delta}{20}
\end{aligned}
$$

따라서 극관성모멘트는 다음과 같다.

$$I_0 = I_x + I_y = \frac{3\delta}{35}$$

마지막으로 식 (4.1-13)을 이용하여 구하면 선회반경은 각각 다음과 같다.

$$R_x = \sqrt{3/14},\ R_y = \sqrt{3/10},\ R_0 = \sqrt{18/35}$$ ✠

4.1.5 극좌표계에서의 이중적분

함수가 극좌표로 주어진 경우의 적분은 직교좌표 보다는 극좌표를 사용하는 것이 더 자연스럽다. 이 절에서는 극좌표계에서의 이중적분에 대하여 알아본다.

집합 $\Omega \subset \mathbb{R}^2$를 유한 개의 매끄러운 곡선으로 이루어진 경계를 가진 유계인 닫힌영역이라고 하자. 그림 4.1-16의 (a)와 같이 극점 O를 중심으로 하는 동심원과 극점을 지나는 직선으로 평면을 **극사각형**(polar rectangle)으로 분할하자. 여기서 영역 Ω에 완전히 포함되는 작은 영역 $A_1, \ldots, A_n$의 집합 P를 영역 Ω의 **극분할**(polar partition)라고 한다. 직교좌표계에서와 같이 분할 P의 크기 $||P||$를 대각선이 가장 긴 분할의 원소인 극사각형의 대각선의 길이로 정의한다.

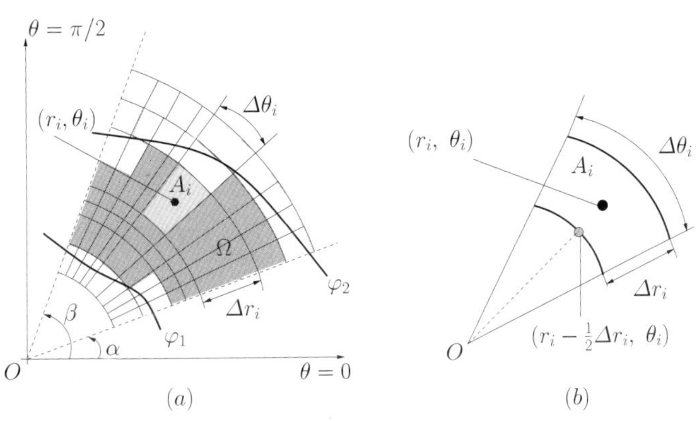

그림 4.1-16 영역의 극분할

이제 함수 $f(r,\theta)$가 영역 Ω에서 유계인 함수라고 하자. 그리고 영역 Ω의 분할 $P = \{A_1, \ldots, A_n\}$에 대하여 각 극사각형 A_i의 중점을 (r_i, θ_i), 그 면적을 ΔA_i라고 하자. 이때 영역 Ω를 $||P|| \to 0$이 되도록 분할하여 갈 때 다음 극한이 존재하면 함

수 $f(r,\theta)$가 집합 Ω에서 적분가능하다고 한다.

$$\lim_{||P||\to 0}\sum_{i=1}^{n} f(r_i,\ \theta_i)\Delta A_i$$

여기서 위의 극한을 다음과 같은 기호로 나타낸다.

$$\iint_\Omega f(r,\theta)\, dA$$

한편, 극사각형 A_i의 면적 ΔA_i는 다음과 같다 (그림 4.1-16의 (b)참조).

$$\begin{aligned}\Delta A_i &= \text{ 큰 부채꼴의 면적 } - \text{ 작은 부채꼴의 면적}\\ &= \tfrac{1}{2}\Delta\theta_i\left\{\left(r_i+\tfrac{1}{2}\Delta r_i\right)^2-\left(r_i-\tfrac{1}{2}\Delta r_i\right)^2\right\}\\ &= \tfrac{1}{2}\Delta\theta_i\,(2r_i\Delta r_i) = r_i\Delta r_i\Delta\theta_i\end{aligned}$$

따라서 $dA = rdrd\theta$이므로 함수 $f(r,\theta)$의 영역 Ω에서의 적분은 다음과 같다.

$$\iint_\Omega f(r,\theta) rdrd\theta$$

직교좌표계에서와 같이 영역 Ω에서의 함수 $f(r,\theta)=1$의 이중적분은 영역 Ω의 면적이다.

$$\text{영역 } \Omega\text{의 면적} = \iint_\Omega r\ dr\ d\theta \tag{4.1-14}$$

또 $f(r,\theta)\ge 0$인 함수의 이중적분은 함수 f와 영역 Ω로 결정되는 입체 V의 체적을 나타낸다.

$$\text{입체 } V\text{의 체적 } = \iint_\Omega f(r,\theta) r\ dr\ d\theta \tag{4.1-15}$$

정리 4.1-2와 푸비니정리 4.1-3이 극좌표에서의 이중적분에 대해서도 성립한다. 그림 4.1-17의 (a)와 같이 $\Omega=\{(r,\ \theta)\mid\theta_1\le\theta\le\theta_2,\ \varphi_1(\theta)\le r\le\varphi_2(\theta)\}$일 때 먼저 θ를 고정하여 r에 대해 $\varphi_1(\theta)$에서 $\varphi_2(\theta)$까지 적분한 것을 θ에 대해 θ_1에서 θ_2까

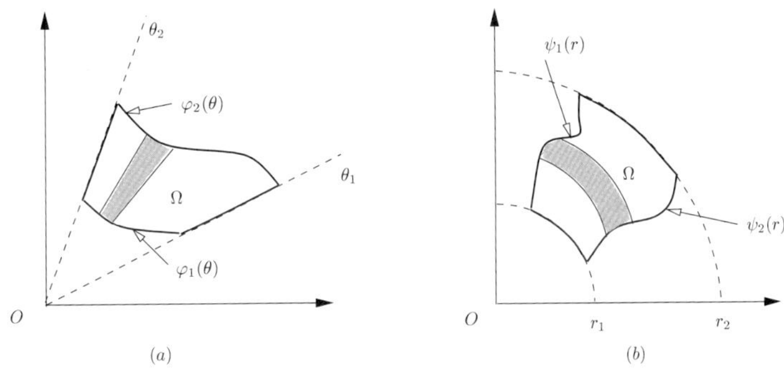

그림 4.1-17 극좌표에서의 반복적분

지 적분하면 다음 식을 얻는다.

$$\iint_{\Omega} f(r,\ \theta)r\ dr\ d\theta = \int_{\theta_1}^{\theta_2} \int_{\varphi_1(\theta)}^{\varphi_2(\theta)} f(r,\ \theta)\, r\, dr\, d\theta \tag{4.1-16}$$

만일 $\Omega = \{(r,\theta) \mid \psi_1(r) \le \theta \le \psi_2(r),\ r_1 \le r \le r_2\}$이면 먼저 r을 고정하여 θ에 대해 적분한 후 r에 대해 적분하면 다음을 얻는다 (그림 4.1-17의 (b) 참조).

$$\iint_{\Omega} f(r,\ \theta)r\ dr\ d\theta = \int_{r_1}^{r_2} \int_{\psi_1(r)}^{\psi_2(r)} f(r,\ \theta)\, r\, d\theta\, dr \tag{4.1-17}$$

[예제 4.1-9] 영역 Ω가 원 $r = 4\cos\theta$의 내부와 $r = 2$의 외부로 둘러싸인 집합의 제1 사분면에 있는 부분일 때, $\iint_{\Omega} \sin\theta\, dA$를 구하라.

풀이 두 원의 제1 사분면에 있는 교점의 θ를 구하면 $2 = 4\cos\theta$에서 $\theta = \frac{1}{3}\pi$이다. 따라서 그림 4.1-18과 같이 영역 Ω의 범위는 $0 \le \theta \le \frac{1}{3}\pi$이고 $2 \le r \le 4\cos\theta$이므로 먼저 θ를 고정하여 반복적분하면 다음을 얻는다.

$$\begin{aligned}\iint_{\Omega} \sin\theta\, r\, dr\, d\theta &= \int_0^{\pi/3} \int_2^{4\cos\theta} \sin\theta\, r\, dr\, d\theta \\ &= \int_0^{\pi/3} \left[\tfrac{1}{2} r^2 \sin\theta\right]_2^{4\cos\theta} d\theta \\ &= \tfrac{1}{2} \int_0^{\pi/3} \sin\theta(16\cos^2\theta - 4)\, d\theta\end{aligned}$$

$$= 2\int_0^{\pi/3} \left[4\cos^2\theta\,\sin\theta - \sin\theta\right] d\theta$$
$$= 2\left[-\tfrac{4}{3}\cos^3\theta + \cos\theta\right]_0^{\pi/3} = \tfrac{4}{3}$$

따라서 구하는 답은 $\frac{4}{3}$이다. ✠

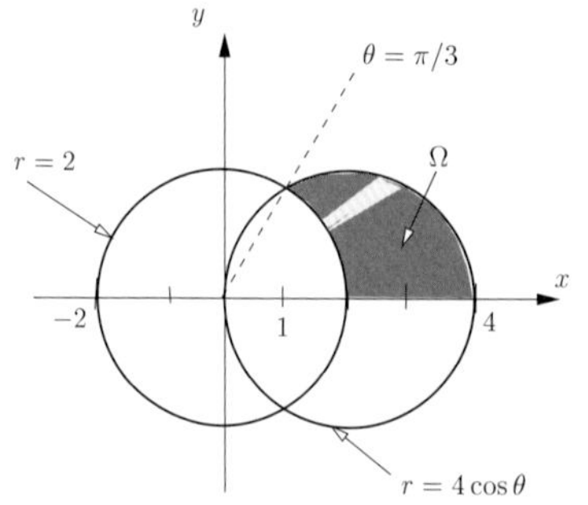

그림 **4.1-18** 예제 4.1-9의 영역

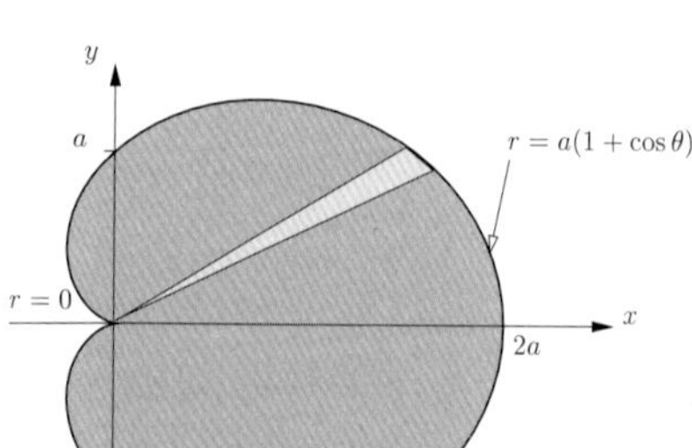

그림 **4.1-19** 심장형(cardioid)

[예제 4.1-10] 심장형곡선(cardioid) $r = a(1+\cos\theta)$, $a > 0$로 둘러싸인 도형의 내부의 면적을 구하라.

풀이 주어진 영역 Ω를 극좌표로 나타내면 다음과 같다 (그림 4.1-19 참조).

$$\Omega = \{(r,\theta)\,|\,0 \le \theta \le 2\pi,\ 0 \le r \le (1+\cos\theta)a\}$$

식 (4.1-14)와 θ를 먼저 고정한 반복적분을 이용하여 면적을 구하면 다음과 같다.

$$\iint_\Omega r\,dr\,d\theta = \int_0^{2\pi}\int_0^{a(1+\cos\theta)} r\,dr\,d\theta = \tfrac{1}{2}a^2\int_0^{2\pi}(1+\cos\theta)^2 d\theta = \tfrac{3}{2}\pi a^2$$ ✠

직교좌표 (x, y)와 극좌표 (r, θ) 사이에는 다음과 같은 관계가 있음을 알고 있다.

$$x = r\cos\theta, \quad y = r\sin\theta, \quad r^2 = x^2 + y^2, \quad \tan\theta = \tfrac{y}{x} \tag{4.1-18}$$

이변수함수 f가 xy평면의 영역 Ω_{xy}에서 연속이라고 하자. 그러면 (4.1-18)을 이용하여 영역 Ω_{xy}를 극좌표로 표현한 집합이 $\Omega_{r\theta}$라면 다음 식이 성립한다.

$$\iint_{\Omega_{xy}} f(x,y)\,dxdy = \iint_{\Omega_{r\theta}} f(r\cos\theta, r\sin\theta)\,r\,dr\,d\theta \tag{4.1-19}$$

위의 관계식 (4.1-19)는 직교좌표계에서의 면적소 $dA = dxdy$를 극좌표계에서의 면적소 $dA = r\,dr\,d\theta$로 바꾸고 직교좌표변수 x, y를 식 (4.1-18)을 이용하여 극좌표변수 r, θ로 치환하여 놓은 것과 같다 (그림 4.1-20 참조).

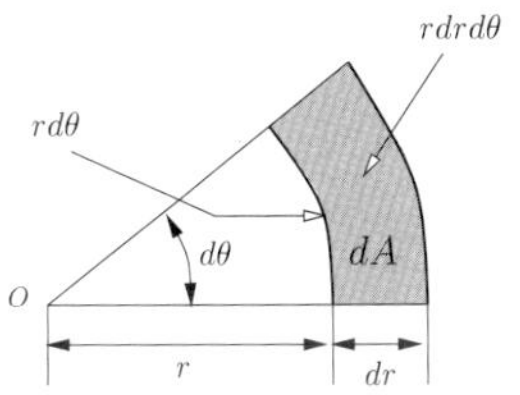

그림 4.1-20 극좌표계에서의 면적소

[예제 4.1-11] 다음에 주어진 영역 Ω에 대하여 $\iint_\Omega (x^2+y^2)^{3/2}\,dxdy$를 구하라 (그림 4.1-21 (a) 참조).

$$\Omega = \left\{(x, y) \in \mathbb{R}^2 \,|\, 1 \le x^2 + y^2 \le 4,\ 0 \le y \le \sqrt{3}x\right\}$$

풀이 식 (4.1-18)을 이용하여 직선 $y = \sqrt{3}x$는 극좌표로 나타내면 $\theta = \frac{\pi}{3}$이므로 영역 Ω를 극좌표를 써서 나타내면 다음과 같다.

$$\Omega = \{(r, \theta) \,|\, 1 \le r \le 2,\ 0 \le \theta \le \tfrac{\pi}{3}\}$$

이제 식 (4.1-19)를 이용하면 구하는 적분은 다음과 같다.

$$\begin{aligned}\iint_\Omega (x^2+y^2)^{3/2}\,dxdy &= \iint_\Omega \left(r^2\right)^{3/2} r\,drd\theta = \int_0^{\pi/3}\int_1^2 r^4\,drd\theta \\ &= \tfrac{31}{5}\int_0^{\pi/3} d\theta = \tfrac{31}{15}\pi\end{aligned}$$

따라서 구하는 답은 $\frac{31}{15}\pi$이다. ✠

[예제 4.1-12] 반구면 $z = \sqrt{16 - x^2 - y^2}$의 내부와 원기둥면 $x^2 + y^2 = 4$의 내부에 의해 만들어지는 입체의 부피 V를 구하라 (그림 4.1-21의 (b) 참조).

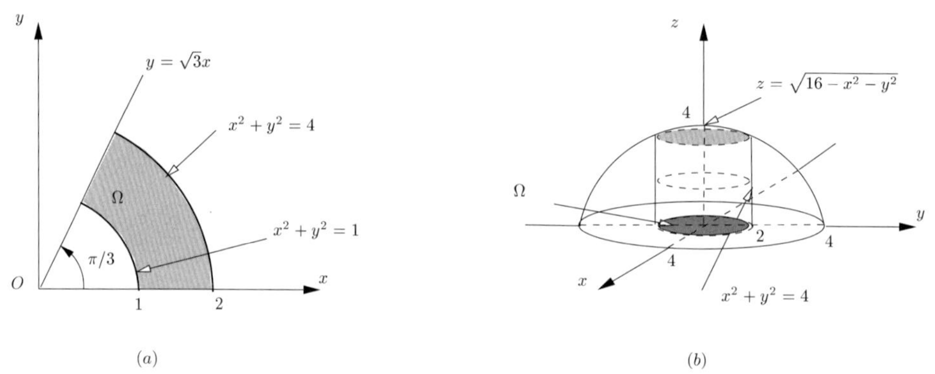

그림 4.1-21 (a) 예제 4.1-11의 영역 (b) 예제 4.1-12의 영역

풀이 입체의 부피 V는 영역 $\Omega = \{(x, y) | -\sqrt{4 - y^2} \le x \le \sqrt{4 - y^2},\ -2 \le y \le 2\}$에서 함수 $z = \sqrt{16 - x^2 - y^2}$의 적분이다. 식 (4.1-18)을 이용하여 영역 Ω와 함수 z를 극좌표로 표현하면 $\Omega = \{(r, \theta) | 0 \le r \le 2,\ 0 \le \theta \le 2\pi\}$이고 $z = \sqrt{16 - r^2}$이다. 다음과 같이 반복적분을 이용하면 입체의 체적은 $\frac{16}{3}(8 - 3\sqrt{3})\pi$이다.

$$\begin{aligned} V = \iint_\Omega f(x, y)\, dx\, dy &= \int_0^{2\pi} \int_0^2 \sqrt{16 - r^2}\, r\, dr\, d\theta \\ &= -\tfrac{1}{3} \int_0^{2\pi} \left[(16 - r^2)^{3/2} \right]_0^2 d\theta \\ &= -\tfrac{1}{3} \int_0^{2\pi} (24\sqrt{3} - 64)\, d\theta \\ &= -\tfrac{8}{3} \left[(3\sqrt{3} - 8)\theta \right]_0^{2\pi} = \tfrac{16}{3}(8 - 3\sqrt{3})\pi \end{aligned}$$ ✠

[예제 4.1-13] 중심이 원점에 놓인 반지름이 a인 원판 Ω의 밀도함수 δ가 다음과 같을 때 원판 Ω의 극관성모멘트 I_0와 선회반경 R_0를 구하라.

$$\delta(x, y) = k\sqrt{x^2 + y^2}\ \ (k > 0)$$

풀이 식 (4.1-12)에 대하여 극좌표를 이용하면 다음을 얻는다.

$$
\begin{aligned}
I_0 = \iint_\Omega (x^2+y^2)\delta\, dx\, dy = \iint_\Omega r^2\, k\, r\, dx\, dy = k\int_0^{2\pi}\int_0^a r^3 r\, dr\, d\theta \\
= \tfrac{1}{5}ka^5\int_0^{2\pi} d\theta = \tfrac{2}{5}\pi k a^5
\end{aligned}
$$

한편, 원판 Ω의 질량은 다음과 같다.

$$
m = \iint_\Omega \delta(x,y)\, dx\, dy = \int_0^{2\pi}\int_0^a kr^2\, dr\, d\theta = \tfrac{2}{3}\pi k a^3
$$

따라서 식 (4.1-13)으로부터 구하는 $R_0 = \sqrt{\frac{I_0}{m}}$이므로 선회반경은 $\sqrt{\frac{3}{5}}\, a$이다. ✠

4.1.6 곡면의 면적

이 절에서는 이변수함수의 그래프나 삼변수함수의 방정식으로 정의되는 **곡면의 면적**(surface area)에 대해 다룬다.

삼변수함수 F의 일계편도함수가 모두 연속일 때, 방정식 $F(x,y,z)=0$의 그래프 중에 xy 평면의 영역 Ω의 위에 있는 부분을 Σ라고 하자 (그림 4.1-22 참조). 이제 이중적분을 이용하여 곡면 Σ의 면적을 구해 보자 .

평면을 x축과 y축에 평행한 직선을 이용하여 작은 직사각형으로 분할할 때 영역 Ω에 포함되는 사각형의 집합 $\{A_1,\ldots,A_n\}$을 Ω의 분할이라고 한다. 이때 각 사각형 A_k 위에 있는 곡면 Σ의 부분을 σ_k라고 하고, 사각형 A_k의 꼭지점 (x_k,y_k)에 대응하는 곡면 Σ 위의 점 (x_k,y_k,z_k)에서의 접평면 중에 A_k의 위에 있는 부분인 평행사변형 P_k을 생각하자. 그러면 사각형 A_k는 곡면 σ_k와 평행사변형 P_k의 xy평면 위로의 정사영이다 (그림 4.1-22 참조).

이제 xy평면에 수직인 단위벡터를 $\mathbf{n}$, 점(x_k,y_k,z_k)에서 평행사변형 P_k를 결정하는 두 벡터를 $\mathbf{u}$와 $\mathbf{v}$라고 하자 (그림4.1-22의 (b) 참조). 그러면 $\nabla F(x_k,y_k,z_k)$와 벡터 $\mathbf{u}\times\mathbf{v}$는 사변형 P_k에 수직이므로 벡터 $\nabla F(x_k,y_k,z_k)$와 $\mathbf{u}\times\mathbf{v}$는 평행하다. 또 벡터 $\mathbf{n}$과 $\nabla F(x_k,y_k,z_k)$의 사잇각을 γ_k라고 하면 벡터 $\mathbf{u}\times\mathbf{v}$와 벡터 $\mathbf{n}$의 사잇각과 접

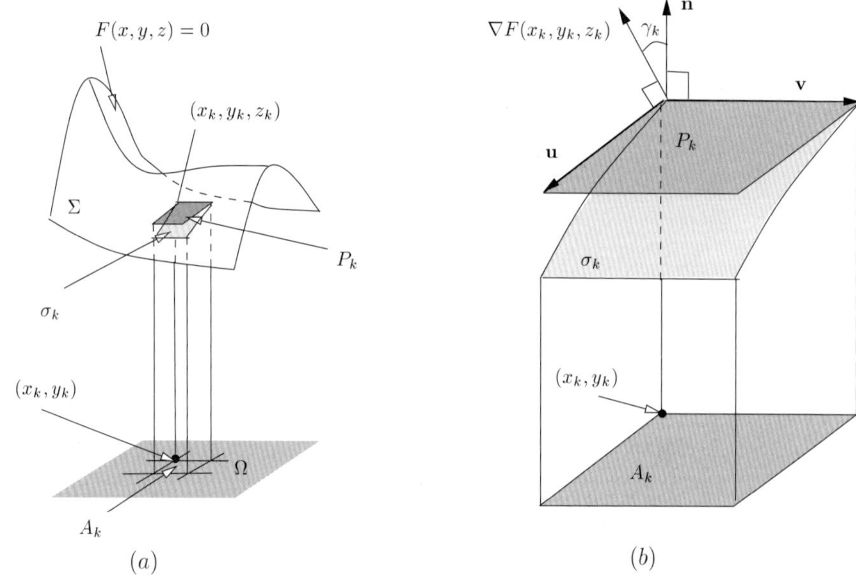

그림 4.1-22 곡면의 면적

평면과 xy평면이 이루는 각이 모두 γ_k이다. 따라서 A_k는 σ_k와 P_k의 xy평면 위로의 정사영이므로 P_k의 면적 ΔP_k와 A_k의 면적 ΔA_k 사이에 다음 식이 성립한다.

$$\Delta A_k = |(\mathbf{u}\times\mathbf{v})\bullet\mathbf{n}| = |\mathbf{u}\times\mathbf{v}|\,|\mathbf{n}|\,|\cos\gamma_k| = \Delta P_k|\cos\gamma_k|$$

이때 모든 $k=1,\ldots,n$ 대하여 $\gamma_k \neq 0$이라고 하면 σ_k의 면적 $\Delta\sigma_k$가 ΔP_k로 근사되므로 곡면 Σ의 면적은 다음과 같이 쓸 수 있다.

$$\text{곡면 }\Sigma\text{의 면적} \approx \sum_{k=1}^{n}\Delta\sigma_k \approx \sum_{k=1}^{n}\Delta P_k = \sum_{k=1}^{n}\frac{\Delta A_k}{|\cos\gamma_k|} \tag{4.1-20}$$

이제 영역 Ω를 분할의 크기가 0이 되도록 점점 분할하여 갈 때, 각 분할에 대응하는 합 (4.1-20)이 수렴하면 그 값을 방정식 $F(x,y,z)=0$으로 정의되는 **곡면 Σ의 면적**이라고 하고 다음과 같이 나타낸다.

$$\text{곡면 }\Sigma\text{의 면적} = \iint_{\Sigma} d\sigma$$

한편, 곡면 Σ의 면적은 근사식 (4.1-20)을 이용하면 다음과 같다.[5)]

$$\iint_\Sigma d\sigma = \iint_\Omega \frac{1}{|\cos\gamma|}\, dA = \iint_\Omega \frac{1}{|\cos\gamma|}\, dx\, dy \tag{4.1-21}$$

여기서 $\gamma_k \neq 0$이면 $\nabla F(x_k, y_k, z_k) \bullet \mathbf{n} \neq 0$이므로 다음이 성립한다.

$$|\nabla F \bullet \mathbf{n}| = |\nabla F|\,|\mathbf{n}|\,|\cos\gamma_k| \quad \text{또는} \quad \frac{1}{|\cos\gamma_k|} = \frac{|\nabla F|}{|\nabla F \bullet \mathbf{n}|}$$

이를 이용하여 식 (4.1-21)을 다시 쓰면 다음과 같다.

$$\text{곡면 } \Sigma\text{의 면적} = \iint_\Sigma d\sigma = \iint_\Omega \frac{|\nabla F|}{|\nabla F \bullet \mathbf{n}|} dx\, dy \tag{4.1-22}$$

여기서 다음과 같이 주어지는 $d\sigma$를 곡면의 **면적소**(surface element)라고 한다.

$$d\sigma = \frac{1}{|\cos\gamma|}\, dx\, dy = \frac{|\nabla F|}{|\nabla F \bullet \mathbf{n}|}\, dx\, dy$$

[예제 4.1-14] 반구면 $z = \sqrt{16 - x^2 - y^2}$이 원기둥 $x^2 + y^2 \leq 4$와 만나서 이루는 곡면 Σ의 면적을 구하라 (그림 4.1-21의 (b) 참조).

풀이 곡면 Σ는 그림 4.1-21의 (b)와 같이 xy평면의 폐원판 $\Omega = \{(x, y) | x^2 + y^2 \leq 4\}$의 위에 있는 반구면 $F(x, y, z) = x^2 + y^2 + z^2 - 16 = 0$의 일부분이다. 따라서 다음을 얻는다.

$$\nabla F = (2x, 2y, 2z), \quad |\nabla F| = 2\sqrt{x^2 + y^2 + z^2}$$

곡면 Σ 위의 임의의 점은 $x^2 + y^2 + z^2 = 16$을 만족시키므로 $|\nabla F| = 8$이다. 또 Ω에 수직인 방향은 $\mathbf{k}$이므로 $\mathbf{n} = \mathbf{k}$이다. 그러므로 $|\nabla F \bullet \mathbf{n}| = 2z$이다. 이제 식 (4.1-22)에서 다음을 얻는다.

$$\Sigma\text{의 면적} = \iint_\Omega \frac{8}{2z} dA = \iint_\Omega \frac{4}{z}\, dA \tag{4.1-23}$$

5) 실제로 이 경우에 F가 C^1 함수이고 $\mathbf{n} = \mathbf{k}$이므로 $\gamma_k \neq 0$이면 $\frac{\partial F}{\partial z}(x_k, y_k, z_k) \neq 0$이다. 따라서 따름정리 3.8.1에 의하여 z는(x_k, y_k)의 근방에서 x와 y의 함수이므로 γ_k도 x와 y의 함수이다.

여기서 z는 곡면 Σ 위에 있는 점의 z 좌표이므로 $z = \sqrt{16 - x^2 - y^2}$이다. 이제 식 (4.1-23)의 적분을 극좌표와 반복적분을 이용하여 다음과 같이 계산한다.

$$\begin{aligned}\iint_\Omega \frac{4}{z}\,dA &= \iint_\Omega \frac{4}{\sqrt{16-x^2-y^2}}\,dA = 4\int_0^{2\pi}\int_0^2 \frac{r\,dr\,d\theta}{\sqrt{16-r^2}}\\ &= 4\int_0^{2\pi}\Big[-(16-r^2)^{1/2}\Big]_0^2 d\theta = 4\int_0^{2\pi}(4-2\sqrt{3})d\theta\\ &= 8(4-2\sqrt{3})\pi\end{aligned}$$

따라서 구하는 곡면 Σ의 면적은 $8(4-2\sqrt{3})\pi$이다. ✠

이제 곡면 Σ_z가 xy 좌표평면의 영역 Ω_{xy}에서 정의된 함수 $z = f(x,y)$의 그래프인 경우에 대하여 살펴보자. 이 경우에는 $F(x,y,z) = f(x,y) - z$이고 Ω_{xy}에 수직인 방향은 $\mathbf{k}$이므로 $\mathbf{n} = \mathbf{k}$이다. 이것들과 식 (4.1-22)로부터 다음을 얻는다.

$$|\nabla F| = \big|(f_x, f_y, -1)\big| = \sqrt{f_x^2 + f_y^2 + 1}, \quad |\nabla F \bullet \mathbf{n}| = |-\mathbf{k}\bullet\mathbf{k}| = 1$$

$$\Sigma\text{의 면적} = \iint_{\Omega_{xy}} \sqrt{f_x^2 + f_y^2 + 1}\,dx\,dy$$

같은 방법으로 yz평면의 영역 Ω_{yz}에서 함수 $x = f(y,z)$의 그래프로 주어지는 곡면 Σ_x와 xz평면의 영역 Ω_{xz}에서 함수 $y = f(x,z)$의 그래프로 주어지는 곡면 Σ_y의 면적에 대해서도 비슷한 결과를 얻는데 이를 모두 정리하면 다음과 같다.

$$\Sigma_z\text{의 면적} = \iint_{\Omega_{xy}} \sqrt{f_x^2 + f_y^2 + 1}\,dx\,dy \tag{4.1-24}$$

$$\Sigma_x\text{의 면적} = \iint_{\Omega_{yz}} \sqrt{f_y^2 + f_z^2 + 1}\,dy\,dz \tag{4.1-25}$$

$$\Sigma_y\text{의 면적} = \iint_{\Omega_{xz}} \sqrt{f_x^2 + f_z^2 + 1}\,dx\,dz \tag{4.1-26}$$

[예제 4.1-15] 원기둥 $x^2 + y^2 \le 1$과 평면 $z = 2 - x - y$가 만나서 이루는 곡면 중에 제1 팔분공간에 있는 부분 Σ의 면적을 구하라 (그림 4.1-23참조).

풀이 식 (4.1-24)를 이용한다. 곡면 Σ는 xy평면의 단위원판 중에서 제1 사분면에 속하는

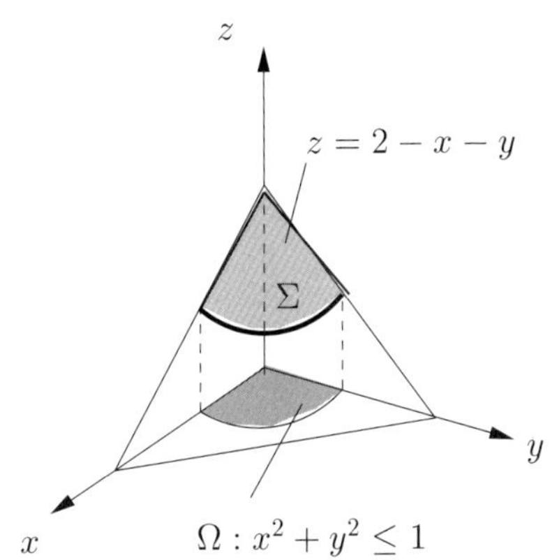

그림 4.1-23 예제 4.1-15의 곡면과 영역

부분 Ω 위에서 정의되어 있고 $f_x(x,y) = f_y(x,y) = -1$이므로 다음을 얻는다.

$$\Sigma\text{의 면적} = \iint_\Omega \sqrt{f_x^2 + f_y^2 + 1}\,dA = \iint_\Omega \sqrt{3}\,dA = \sqrt{3}\,\frac{\Omega\text{의 면적}}{4} = \frac{\sqrt{3}\pi}{4}$$ ✠

연습 문제 4.1

1. 원판 $\Omega = \{(x,y) \mid x^2 + y^2 \le 1\}$ 위에서 다음 함수의 적분가능성에 대하여 말하라.

(1) $f(x,y) = \ln(1 - x^2 - y^2)$ (2) $f(x,y) = xy$

(3) $f(x,y) = \tan(x+y)$ (4) $f(x,y) = \cos\left(\frac{x}{y} + \frac{y}{x}\right)$

2. 다음 반복적분을 계산하라.

(1) $\displaystyle\int_{-1}^{1}\int_0^{x^2} x^2 y\,dy\,dx$ (2) $\displaystyle\int_0^1\int_0^{\sqrt{1-y^2}} y\,dx\,dy$

(3) $\displaystyle\int_0^2\int_0^{4-2x} (x+y)\,dy\,dx$ (4) $\displaystyle\int_0^1\int_1^{e^x} \frac{1}{y}\,dy\,dx$

(5) $\displaystyle\int_{-1}^1\int_1^{e^y} \frac{1}{xy}\,dx\,dy$ (6) $\displaystyle\int_0^\pi\int_0^{x^2} \sin\frac{y}{x}\,dy\,dx$

(7) $\displaystyle\int_0^{\pi/2}\int_0^{\sin y} \frac{x}{\sqrt{1-x^2}}\,dx\,dy$ (8) $\displaystyle\int_0^1\int_{x^2}^{x} \sqrt{\frac{x}{y}}\,dy\,dx$

3. 다음 반복적분을 구하고 또 적분순서를 바꾸어 계산하라.

(1) $\int_0^{\pi/4}\int_0^{y}\cos(x+y)\,dx\,dy$ (2) $\int_1^{e}\int_0^{\ln x} x\,dy\,dx$

(3) $\int_0^{1}\int_{-x}^{x} e^{x+y}\,dy\,dx$ (4) $\int_0^{\pi/4}\int_0^{\tan x}\sec x\,dy\,dx$

4. 다음 반복적분을 계산하라.

(1) $\int_1^{\infty}\int_0^{1/x} y\,dy\,dx$ (2) $\int_0^{\infty}\int_0^{\infty} x\,y\,e^{-(x^2+y^2)}\,dx\,dy$

5. 다음 반복적분을 적분순서를 바꾸어 계산하고 주어진 순서로 반복적분하는 것과 어느 것이 계산하기 수월한지 비교해 보아라.

(1) $\int_0^{1}\int_x^{1}\cos(y^2)\,dy\,dx$ (2) $\int_0^{2}\int_{y/2}^{1} e^{-x^2}\,dx\,dy$ (3) $\int_0^{1}\int_0^{x}\frac{\sin x}{x}\,dy\,dx$

.6. 반복적분 $\int_0^{2}\int_{-\sqrt{4-y^2}}^{\sqrt{4-y^2}} y\sqrt{x^2+y^2}dxdy$에 대하여 다음 물음에 답하라.

(1) 적분영역을 스케치하라.

(2) 반복적분의 순서를 바꾸어 나타내라.

(3) 극좌표를 이용한 적분으로 바꾸어 적분을 계산하라.

7. 원기둥면 $x^2+y^2=1$과 평면 $y=z$와 xy 평면으로 둘러싸인 입체의 체적을 구하라.

8. 다음 반복적분을 계산하고 그것이 어떠한 입체의 체적인지 스케치하라.

$$\int_0^{1}\int_0^{x}(2-x^2-y^2)\,dy\,dx$$

9. 함수 $f(x,y)$가 사각형의 영역 $\Omega=\{\ (x,\ y)\mid x_0\le x\le x_1,\ y_0\le y\le y_1\}$에서 연속인 이계편도함수를 가지면, 다음 등식이 성립함을 보여라.

$$\iint_{\Omega}\frac{\partial^2 f(x,y)}{\partial x\partial y}\,dx\,dy = f(x_1,y_1)-f(x_1,y_0)-f(x_0,y_1)+f(x_0,y_0)$$

10. 다음 곡선으로 둘러싸인 부분의 면적을 이중적분을 이용하여 구하라 (단, $a>0$).

(1) $r=2a\cos\theta$ (2) $r=a(1+\sin\theta)$

(3) $r=2\sin 3\theta$ (4) $r^2=2a^2\cos 2\theta$

11. 극방정식 $r=1+\cos\theta$으로 주어진 곡선의 내부 영역 Ω의 밀도함수가 $\delta=1$일 때 영역 Ω의 질량중심을 구하라.

12. 평면에서 극좌표로 주어진 영역 $\Omega=\{(r,\theta)\mid r\le f(\theta),\ \alpha\le\theta\le\beta\}$의 면적 A가 다음과 같음을 보여라.

$$A=\frac{1}{2}\int_{\alpha}^{\beta} f(\theta)^2\,d\theta$$

13. 원기둥 $x^2+y^2 \le 1$과 포물면 $z=1+x^2+y^2$이 만드는 곡면의 면적을 구하라.

14. 포물면 $z=x^2+y^2$에 대해 두 평면 $z=2$과 $z=6$ 사이의 부분의 곡면의 면적을 구하라.

15. 구면 $x^2+y^2+z^2=a^2(a>0)$의 상반부 중에서 xy평면에서 장미선 $r=a\cos 2\theta$의 한 고리 위에 있는 부분의 곡면의 면적을 구하라.

16. 다음 곡면에서 평면 $x=1,\ y=0,\ y=x$로 둘러싸인 곡면의 면적을 구하라.

    (1) $2x+2y+z=4$, (2) $z=\frac{2}{3}\left(1+y^2\right)^{3/2}$

17. 다음 두 원기둥면이 교차하는 부분의 겉넓이를 구하라.

$$x^2+z^2=1, \quad y^2+z^2=1$$

18. 반지름이 $a>0$인 구면의 면적이 $4\pi a^2$임을 보여라.

19. 원기둥 $r \le \sin\theta$가 원뿔면 $z=1-r$에 의해 잘린 단면의 면적을 구하라.

20. 다음 물음에 답하라.

    (1) 평면의 원판 $\Omega=\left\{(x,y)\in\mathbb{R}^2 \mid x^2+y^2\le r^2\right\}$에 대하여, 극좌표를 이용하여 다음이 성립함을 보여라.

$$\iint_{\Omega} e^{-\left(x^2+y^2\right)}\,dx\,dy=\pi\left(1-e^{-r^2}\right)$$

    (2) (1)을 이용하여 $\Omega_1=\left\{(x,y)\in\mathbb{R}^2 \mid 0\le x\le r,\ 0\le y\le r\right\}$과 중심이 원점에 있고 반지름이 r과 $\sqrt{2}r$인 원판의 제1 사분면에 놓인 영역을 생각하여 다음이 성립함을 보여라.

$$\frac{\pi}{4}\left(1-e^{-r^2}\right)<\iint_{\Omega_1} e^{-\left(x^2+y^2\right)}\,dx\,dy<\frac{\pi}{4}\left(1-e^{-2r^2}\right)$$

    (3) 다음이 성립함을 보여라.

$$\iint_{\Omega_1} e^{-\left(x^2+y^2\right)}\,dx\,dy=\left(\int_0^r e^{-x^2}dx\right)\left(\int_0^r e^{-y^2}dy\right)$$

    (4) (3)과 (2)를 이용하여 다음을 보여라.

$$\int_0^\infty e^{-x^2}\,dx=\frac{\sqrt{\pi}}{2}$$

21. 다음 특이적분 값을 직접 구하는 것은 쉽지 않다.

$$\int_0^\infty \frac{1}{x}\left(e^{-x} - e^{-3x}\right) dx \tag{4.1-27}$$

다음 순서를 따라 그 값을 구하여 보라.

(1) 주어진 특이적분이 수렴함을 보여라.

(2) 주어진 $x > 0$에 대하여 다음이 성립함을 보여라.

$$\frac{1}{x}\left(e^{-x} - e^{-3x}\right) = \int_1^3 e^{-xy}\, dy$$

(3) (2)의 결과로 적분 (4.1-27)은 다음의 반복적분과 같다.

$$\int_0^\infty \int_1^3 e^{-xy}\, dy\, dx$$

이 반복적분의 순서를 바꾸어 주어진 적분값을 계산하라.

4.2 삼중적분

이 절에서는 4.1절의 평면의 영역에서 정의된 함수의 이중적분을 공간의 영역에서 정의된 삼변수실함수의 적분으로 확장한다.

4.2.1 직교좌표계에서의 삼중적분

공간에서 유계인 집합 Q를 생각하자. 그림 4.2-1과 같이 각 좌표평면에 평행인 평면으로 공간을 작은 직육면체로 나눌 때, 영역 Q의 내부 또는 그의 경계와 만나는 직육면체 집합 P를 영역 Q의 **분할**(partition), P의 원소 중에 대각선의 길이가 가장 큰 것의 대각선의 길이를 **분할 P의 크기**(norm)라고 하고 $||P||$로 나타낸다.

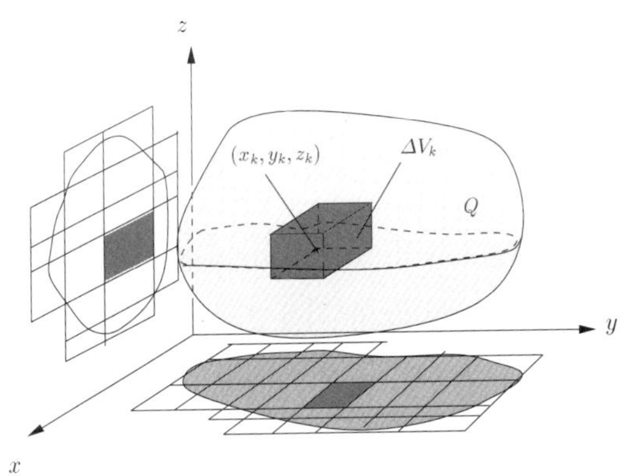

그림 4.2-1 영역 Q의 분할

한편, 일계편도함수가 연속인 $z = \varphi(x,y)$, $y = \phi(x,z)$ 또는 $x = \psi(y,z)$와 같은 꼴의 이변수함수의 그래프나 일계편도함수가 연속인 삼변수함수 $F(x,y,z)$에 관한 방정식 $F(x,y,z,) = 0$의 그래프로 주어지는 곡면을 **매끄러운 곡면**(smooth surface)이라고 한다. 예를 들어 원점이 중심인 구면은 매끄러운 곡면이다.

삼변수함수 $w = f(x,y,z)$가 유한 개의 매끄러운 곡면을 경계로 가지는 유계인 닫힌영역 Q에서 유계인 함수라고 하자. 또 Q의 분할 $P = \{V_1, V_2, \ldots, V_n\}$의 각 원소 V_k에서 임의로 하나씩 Q의 점 (x_k, y_k, z_k)를 뽑아서 만든 집합을 $\mathcal{X}$, ΔV_k를 직육면체 V_k의 체적, 즉 $\Delta V_k = \Delta x_k \Delta y_k \Delta z_k$라고 하자. 이때 다음 식으로 정의되는 실수

$R(P, \mathcal{X}, f)$를 영역 Q에서의 분할 P와 집합 $\mathcal{X}$에 대한 함수 f의 **리만합**이라고 한다.

$$R(P, \mathcal{X}, f) = \sum_{k=1}^{n} f(x_k, y_k, z_k)\, \Delta V_k = \sum_{k=1}^{n} f(x_k, y_k, z_k) \Delta x_k \Delta y_k \Delta z_k$$

이제 영역 Q의 분할의 P의 크기 $||P||$가 한없이 0에 가까이 가도록 분할할 때 대응하는 리만합 $R(P, \mathcal{X}, f)$가 집합 $\mathcal{X}$의 선택에 관계없이 일정한 수에 수렴하면, 즉 다음 극한이 수렴하면 영역 Q에서 함수 f는 (삼중)**적분가능**하다고 한다.

$$\lim_{||P|| \to 0} \sum_{k=1}^{n} f(x_k, y_k, z_k) \Delta V_k$$

이때 영역 Q를 **적분영역**, 함수 f를 **피적분함수**, 그 극한을 함수 f의 **삼중적분**(triple integral)이라고 하고 다음과 같은 기호를 써서 나타낸다.

$$\iiint_Q f(x, y, z)\, dV, \quad \iiint_Q f(x, y, z)\, dxdydz, \quad \iiint_Q f dxdydz, \quad \iiint_Q f\, dV$$

여기서 dV를 **체적소**(volume element)라고 하는데 이는 직교좌표계의 경우에 세 변의 길이가 각각 dx, dy, dz인 직육면체의 체적으로 $dV = dx\, dy\, dz$이다.

삼중적분에 경우에도 정리 4.1-2가 성립한다. 또한 푸비니정리 4.1-3도 성립한다. 여기서는 삼중적분의 반복적분에 대해 자세히 살펴보기로 하자.

그림 4.2-2와 같이 평면의 영역 $\Omega = \{(x, y) \,|\, g_1(y) \le x \le g_2(y),\, c \le y \le d\}$에서 $f_1(x, y) \le f_2(x, y)$인 두 함수 $z = f_1(x, y)$와 $z = f_2(x, y)$에 의하여 다음과 같이 정의되는 영역을 Q라고 하자.

$$Q = \Big\{(x, y, z) \in \mathbb{R}^3 \,|\, c \le y \le d,\ g_1(y) \le x \le g_2(y),\ f_1(x, y) \le z \le f_2(x, y)\Big\}$$

여기서 함수 f가 영역 Q의 밀도(분포)함수라고 하면 삼중적분 $\iiint_Q f(x, y, z)\, dV$는 영역 Q의 질량이다. 이 영역 Q의 질량을 다음과 같이 생각하여 구할 수 있다.

먼저 영역 Ω의 각 점 (x, y)에 대하여 적분 $A(x, y) = \int_{f_1(x,y)}^{f_2(x,y)} f(x, y, z)\, dz$는 점 (x, y) 위의 Q에 놓인 '작은 사각기둥'의 질량이다 (그림 4.2-2 참조). 이에 대하여

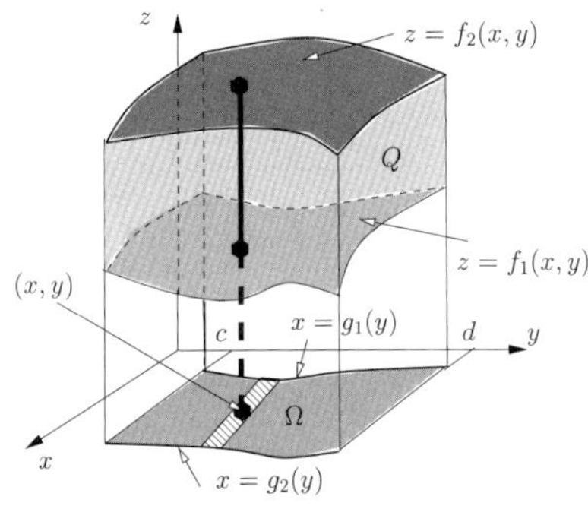

그림 4.2-2 삼중적분과 반복적분

$y \in [c, d]$를 고정하면 적분 $B(y) = \int_{g_1(y)}^{g_2(y)} A(x, y)\, dx$는 그림 4.2-2에서 Ω에서 빗금친 부분 위에 있는 '얇은 판'의 Q에 있는 부분의 질량이다. 이러한 '얇은 판'의 질량을 모두 합한 것, 즉 $\int_c^d B(y)\, dy$는 영역 Q의 질량이다. 이를 종합하면 다음과 같다.

$$\iiint_Q f(x, y, z)\, dV = \int_c^d \left[\int_{g_1(y)}^{g_2(y)} \left\{ \int_{f_1(x,y)}^{f_2(x,y)} f(x, y, z)\, dz \right\} dx \right] dy \qquad (4.2\text{-}1)$$

식 (4.2-1)의 우변을 반복적분이라고 한다. 식 (4.2-1)이 성립한다는 것을 증명하는 것은 이 과정의 범위를 벗어나므로 생략한다.

또 공간에서 영역 Q가 다음과 같이 주어졌다고 하자.

$$Q = \left\{ (x, y, z) \in \mathbb{R}^3 \mid a \le x \le b,\ g_1(x) \le y \le g_2(x),\ f_1(x, y) \le z \le f_2(x, y) \right\}$$

이 경우에도 같은 방식으로 생각하면 영역 Q에서 함수 f의 삼중적분과 반복적분에 대하여 다음이 성립한다.

$$\iiint_Q f(x, y, z)\, dV = \int_a^b \left[\int_{g_1(x)}^{g_2(x)} \left\{ \int_{f_1(x,y)}^{f_2(x,y)} f(x, y, z)\, dz \right\} dy \right] dx \qquad (4.2\text{-}2)$$

[예제 4.2-1] 다음 반복적분을 계산하라.

$$\int_0^2 \int_0^x \int_0^{x+y} e^x (y + 2z)\, dz dy dx$$

풀이 변수 z, y, x의 순서로 적분한다.

$$\begin{aligned}\int_0^2 \int_0^x \int_0^{x+y} e^x(y+2z)dzdydx &= \int_0^2 \int_0^x \left[e^x(yz+z^2)\right]_0^{x+y} dydx \\ &= \int_0^2 \int_0^x e^x \left(x^2+3xy+2y^2\right) dydx \\ &= \int_0^2 \left[e^x\left(x^2y+\frac{3xy^2}{2}+\frac{2y^3}{3}\right)\right]_0^x dx \\ &= \frac{19}{6}\int_0^2 e^x x^3 dx = \frac{19}{6}\left[e^x(x^3-3x^2+6x-6)\right]_0^2 \\ &= 19\left(\tfrac{1}{3}e^2+1\right)\end{aligned}$$

✠

이중적분에서와 같이 영역 Q에서 상수함수 $f(x,y,z) = 1$의 삼중적분은 영역 Q의 부피 $\mathrm{Vol}(Q)$를 나타낸다.

$$\mathrm{Vol}(Q) = \iiint_Q dV \tag{4.2-3}$$

[예제 4.2-2] 타원면 $4x^2+4y^2+z^2=16$의 내부의 체적 V를 구하라.[6)]

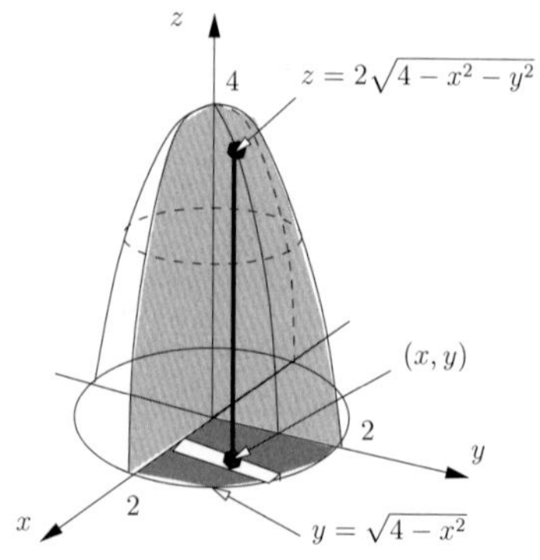

그림 4.2-3 타원면 $4x^2+4y^2+z^2=16$의 상반공간 부분

풀이 주어진 입체는 z축에 대칭이므로 제1 팔분공간에 놓인 입체의 영역 Q를 생각하면 충

[6)] 이 문제의 경우에 회전체에 관한 일변수함수의 적분을 이용할 수도 있다.

분하다. 주어진 식으로부터 영역 Q는 다음과 같다.

$$Q = \left\{(x,y,z)\,|\,0 \le x \le 2,\ 0 \le y \le \sqrt{4-x^2},\ 0 \le z \le \sqrt{16-4x^2-4y^2}\right\}$$

이제 반복적분과 극좌표를 이용하면 다음을 얻는다 (그림 4.2-3 참조).

$$\begin{aligned} V = 8\iiint_Q dxdydz &= 8\int_0^2\int_0^{\sqrt{4-x^2}}\int_0^{\sqrt{16-4x^2-4y^2}} dzdydx \\ &= 8\int_0^2\int_0^{\sqrt{4-x^2}} [z]_0^{\sqrt{16-4x^2-4y^2}}\, dydx \\ &= 16\int_0^2\int_0^{\sqrt{4-x^2}} \sqrt{4-x^2-y^2}\, dydx \\ &= 16\int_0^{\pi/2}\int_0^2 \sqrt{4-r^2}\, rdrd\theta = \tfrac{64}{3}\pi \end{aligned}$$

따라서 입체 V의 체적은 $\frac{64}{3}\pi$이다. ✠

일변수함수 $y = f(x)$가 폐구간 $I = [a,b]$에서 연속일 때 다음을 함수 f의 구간 I에서의 평균값이라고 한다.

$$\frac{1}{b-a}\int_a^b f(x)\,dx, \quad a < b$$

이러한 함수의 평균값을 다변수함수의 경우로 확장할 수 있다. 예를 들면, 공간의 영역 Q에서의 연속인 삼변수**함수 f의 평균값**(mean value)을 다음 식으로 정의한다.

$$\frac{1}{\mathrm{Vol}(Q)}\iiint_Q f(x,y,z)\,dV, \quad \mathrm{Vol}(Q) \ne 0$$

연속인 일변수함수의 정적분에 관한 평균값정리[7](Mean Value Theorem for integral)는 다중적분의 경우에도 성립한다. 특히, 삼중적분의 경우는 다음과 같다. 증명은 연습문제로 남긴다.

[7] 폐구간 $[a,b]$에서 연속인 함수 f에 대하여 방정식 $(b-a)f(y) = \int_a^b f(x)dx$를의 해 y가 개구간 (a,b)에 적어도 한 개 존재한다.

[정리 4.2-1] (평균값정리) 공간의 영역 Q에서 연속인 함수 $f(x,y,z)$가 Q에서 최대값과 최소값을 가진다고 하자. 이때, Q의 임의의 두 점을 Q에 있는 곡선으로 연결할 수 있다고 하면 다음을 만족시키는 점 $\mathbf{p}$가 영역 Q에 적어도 한 개 존재한다.

$$f(\mathbf{p})\mathrm{Vol}(Q) = \iiint_Q f\,dV$$

이중적분은 공간에서 두께를 무시한 금속판 또는 두께가 일정한 금속판의 질량, 질량모멘트, 질량중심 및 관성모멘트 등을 계산하는 데 이용되었다. 삼중적분은 보다 일반적인 상황에서 질량이 연속적으로 분포되어 있는 영역 $Q \subset \mathbb{R}^3$에 대하여 그와 같은 물리량을 구하는 데 이용할 수 있다. 함수 $\delta(x,y,z)$가 영역 Q에서 연속인 밀도함수일 때 다음을 정의한다.

$$Q\text{의 총질량 } m = \iiint_Q \delta(x,y,z)\,dV \tag{4.2-4}$$

$$xy\text{평면에 대한 질량모멘트 } M_{xy} = \iiint_Q z\,\delta(x,y,z)\,dV \tag{4.2-5}$$

$$yz\text{평면에 대한 질량모멘트 } M_{yz} = \iiint_Q x\,\delta(x,y,z)\,dV \tag{4.2-6}$$

$$xz\text{평면에 대한 질량모멘트 } M_{xz} = \iiint_Q y\,\delta(x,y,z)\,dV \tag{4.2-7}$$

식 (4.2-4) $\sim$ (4.2-7)로부터 질량중심의 좌표 $(\bar{x},\bar{y},\bar{z})$는 다음과 같다.

$$\bar{x} = \frac{M_{yz}}{m}, \quad \bar{y} = \frac{M_{xz}}{m}, \quad \bar{z} = \frac{M_{xy}}{m} \tag{4.2-8}$$

또 영역 Q의 점 (x,y,z)에서 영역 Q의 회전축 L까지의 거리를 $d(x,y,z)$라고 할 때 다음의 삼중적분 I_L을 축 L에 대한 영역 Q의 질량의 관성모멘트라고 한다.

$$I_L = \iiint_Q \{d(x,y,z)\}^2\,\delta(x,y,z)\,dV \tag{4.2-9}$$

특히, x축, y축 및 z축에 대한 관성 모멘트 I_x, I_y, I_z는 각각 다음과 같다.

$$I_x = \iiint_Q (y^2 + z^2)\,\delta(x,y,z)\,dV \tag{4.2-10}$$

$$I_y = \iiint_Q (x^2 + z^2)\,\delta(x,y,z)\,dV \tag{4.2-11}$$

$$I_z = \iiint_Q (x^2 + y^2)\,\delta(x,y,z)\,dV \tag{4.2-12}$$

한편, 질량 m의 회전축 L에 대한 선회반경 R_L은 다음 식으로 정의한다.

$$I_l = mR_L^2 \quad \text{또는} \quad R_L = \sqrt{I_L/m}$$

그리고 x축, y축 및 z축에 대한 선회반경 R_x, R_y, R_z는 각각 다음과 같다.

$$R_x = \sqrt{I_x/m}, \quad R_y = \sqrt{I_y/m}, \quad R_z = \sqrt{I_z/m} \tag{4.2-13}$$

[예제 4.2-3] 밀도가 1인 물이 아래와 같은 원뿔 모양의 용기 Q에 담겨 있을 때 Q에 담긴 물의 질량에 대한 I_z와 R_z를 구하라 (단, 용기의 두께와 질량은 무시한다).

$$Q = \left\{(x,y,z)\,|\,az = h\sqrt{x^2+y^2},\ 0 \le z \le h\right\} \quad (a,h>0)$$

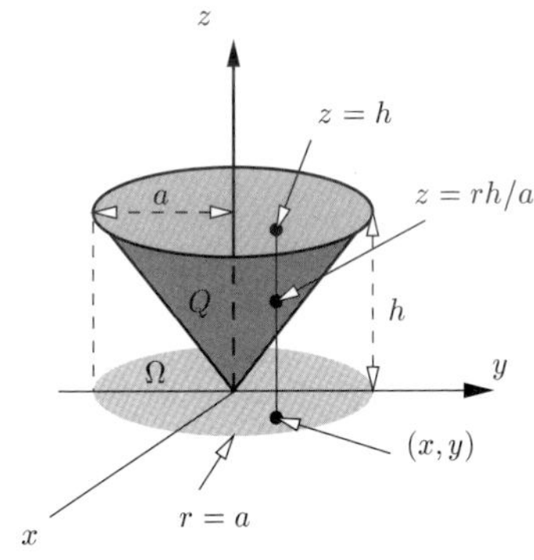

그림 4.2-4 예제 4.2.1의 영역

풀이 밀도함수 δ가 1이므로 식 (4.2-12)로부터 다음을 얻는다.

$$I_z = \iiint_Q (x^2 + y^2)\, dV$$

그림 4.2-4와 같이 영역 $\Omega = \{(x,y) \mid x^2 + y^2 \le a^2\}$ 내의 한 점 (x,y)를 고정하고 $r = \sqrt{x^2+y^2}$이라고 하면, $\frac{rh}{a} \le z \le h$이고 Ω에서 이중적분을 극좌표를 써서 다음과 같이 계산하면 $I_z = \frac{1}{10}\pi h a^4$이다.

$$\begin{aligned} I_z &= \iint_\Omega \left\{ \int_{hr/a}^{h} (x^2+y^2)\, dz \right\} dxdy = \iint_\Omega \left\{ \int_{hr/a}^{h} r^2\, dz \right\} dxdy \\ &= \iint_\Omega \frac{hr^2}{a}(a-r)\, dxdy = \frac{h}{a}\int_0^{2\pi}\int_0^a r^2(a-r)\, rdr\, d\theta = \frac{1}{10}\pi h a^4 \end{aligned}$$

또 원뿔에 담긴 물의 질량은 $m = \frac{1}{3}a^2\pi h$이므로 선회반경 R_z는 식 (4.2-13)을 이용하면 $R_z = a\sqrt{\frac{3}{10}}$이다. ✠

4.2.2 원주좌표계에서의 삼중적분

z축을 축으로 가지는 원기둥이나 z축에 수직인 평면이 관련된 대상 또는 한 직선에 대해 대칭인 문제를 원주좌표계를 이용하면 편리하다.

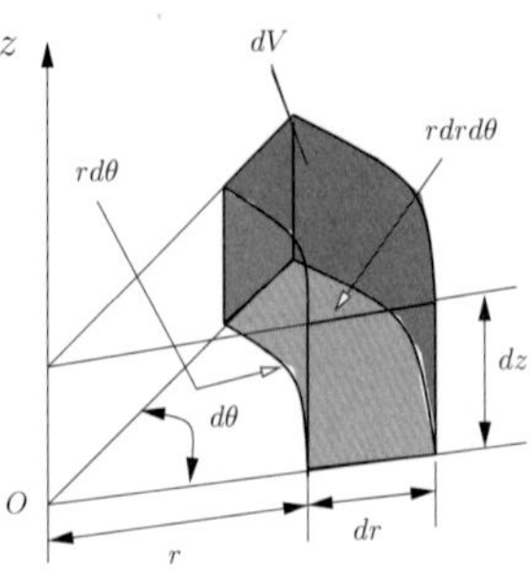

그림 4.2-5 원주좌표계에서의 체적소 dV

원주좌표 (r,θ,z)에서 r,θ는 평면의 극좌표와 같으므로 4.2절에서 직교좌표와 극좌표에 대해 생각한 것과 같은 방법으로 생각하면 원주좌표계에서의 체적소 dV는 다음과 같다 (그림 4.2-5와 4.1-20 참조).

$$dV = r\,dr\,d\theta\,dz$$

그러므로 영역 Q에서 원주좌표로 나나낸 함수 $f(r,\theta,z)$의 삼중적분은 다음과 같다.

$$\iiint_Q f(r,\theta,z)\ dV = \iiint_Q f(r,\theta,z) r\,dr\,d\theta\,dz$$

영역 Q와 함수 f를 직교좌표로 나타내면 영역 Q와 함수 f는 변하지 않았으므로 다음이 성립한다.

$$\iiint_Q f(x,y,z)\ dx\,dy\,dz = \iiint_Q f(r,\theta,z)\,r\,dr\,d\theta\,dz \tag{4.2-14}$$

[예제 4.2-4] 구면 $x^2+y^2+z^2=4$와 원기둥 $r=2\sin\theta$에 의해 둘러싸인 입체의 체적 V를 구하라 (그림 4.2-6 참조).

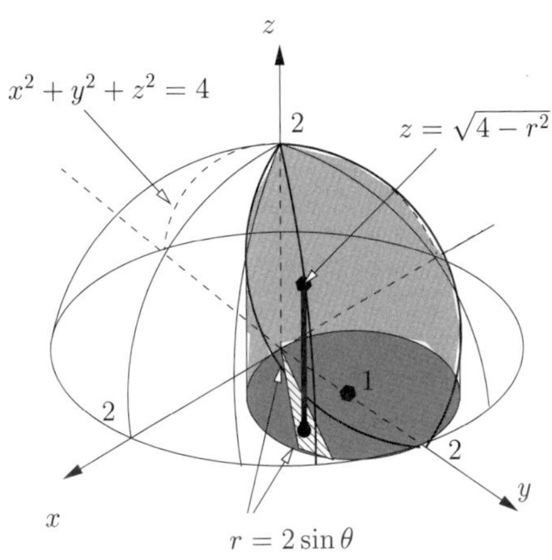

그림 4.2-6 $x^2+y^2+z^2=4$와 $r=2\sin\theta$로 둘러싸인 입체의 상반공간에서의 개형

풀이 $x^2+y^2+z^2=r^2+z^2=4$이므로 z의 범위는 $-\sqrt{4-r^2}\le z\le\sqrt{4-r^2}$ 이다. 또 방정식 $r=2\sin\theta$의 그래프는 xy평면에서 중심이 $(0,1)$이고 반지름이 1인 원이므로 주어진 입체를 xy평면 위로 정사영하여 얻어지는 영역 Ω를 극좌표로 나타내면

$\Omega = \{(r,\theta)\,|\,0 \le r \le 2\sin\theta,\ 0 \le \theta \le \pi\}$이다. 이를 이용하여 주어진 입체의 체적 V를 다음과 같이 구한다.

$$\begin{aligned} V &= \int_0^{\pi}\int_0^{2\sin\theta}\int_{-\sqrt{4-r^2}}^{\sqrt{4-r^2}} r\,dz\,dr\,d\theta = 2\int_0^{\pi/2}\int_0^{2\sin\theta} 2r\sqrt{4-r^2}\,dr\,d\theta \\ &= 2\int_0^{\pi/2}\left[-\tfrac{2}{3}(4-r^2)^{3/2}\right]_0^{2\sin\theta} d\theta = \tfrac{4}{3}\int_0^{\pi/2}(8-8\cos^3\theta)\,d\theta \\ &= \tfrac{32}{3}\int_0^{\pi/2}\left\{1-(1-\sin^2\theta)\cos\theta\right\}d\theta = \tfrac{32}{3}\left[\theta - \sin\theta + \tfrac{1}{3}\sin^3\theta\right]_0^{\pi/2} \\ &= \tfrac{16}{9}(3\pi - 4) \end{aligned}$$

✠

4.2.3 구면좌표계에서의 삼중적분

구면좌표계는 중심에 대해 대칭인 구와 같이 한 점에 대칭인 대상 또는 z축에 꼭지점을 가지는 뿔(cone) 모양 등의 대상을 다루는 데 편리하다.

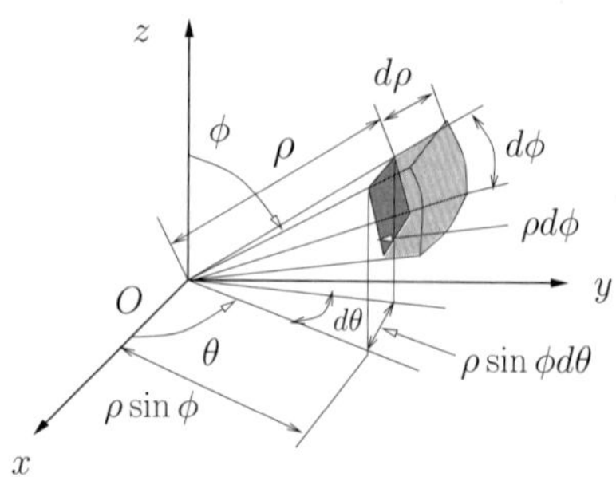

그림 4.2-7 구면좌표계에서의 체적소 dV

그림 4.2-7을 참고하면 구면좌표계에서 체적소 dV는 다음과 같다.

$$dV = \rho^2 \sin\phi\, d\rho\, d\theta\, d\phi$$

따라서 구면좌표로 표현된 영역 Q에서의 삼변수함수 f의 삼중적분은 다음과 같다.

$$\iiint_Q f(\rho,\theta,\phi)\,dV = \iiint_Q f(\rho,\,\theta,\,\phi)\,\rho^2\sin\phi\,d\rho\,d\theta\,d\phi$$

또 직교좌표계와 구면좌표계에서의 삼중적분에 대하여 다음이 성립한다.

$$\iiint_Q f(x,y,z)\; dx\,dy\,dz = \iiint_Q f(\rho,\theta,\phi)\,\rho^2 \sin\phi\, d\rho\, d\theta\, d\phi \tag{4.2-15}$$

[예제 4.2-5] 구면 $x^2+y^2+z^2=9$와 원추면 $z=\sqrt{x^2+y^2}$으로 둘러싸인 입체의 체적 V를 구하라.

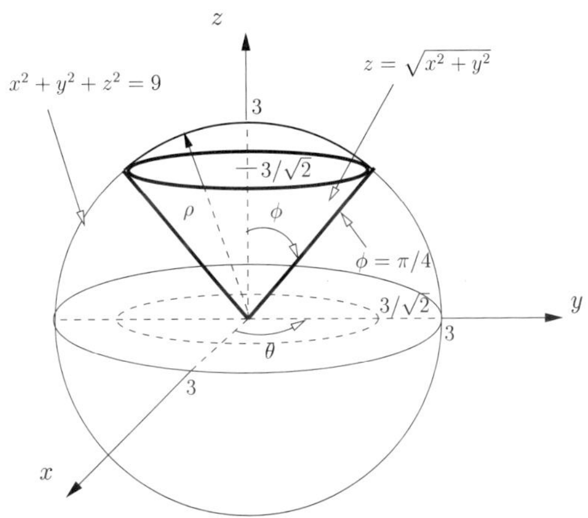

그림 4.2-8 원추면 $z=\sqrt{x^2+y^2}$과 구면 $\rho=3$로 둘러싸인 입체

풀이 $\rho^2=x^2+y^2+z^2=9$에서 $\rho=3$이고 구면과 원추면이 만나는 곡선의 z 좌표는 $(x^2+y^2)+z^2=z^2+z^2=9$이므로 $z=\frac{3}{2}\sqrt{2}$이다. 따라서 $z=\rho\cos\phi$를 이용하면 $\cos\phi=\frac{1}{2}\sqrt{2}$이므로 $\phi=\frac{1}{4}\pi$이다. 그러므로 주어진 입체의 영역을 구면좌표로 나타내면 $\{(\rho,\theta,\phi)|0\le\rho\le 3,\ 0\le\phi\le\frac{\pi}{4},\ 0\le\theta\le 2\pi\}$이다. 이제 주어진 입체의 체적 V를 다음과 같이 계산한다 (그림 4.2-8 참조).

$$\begin{aligned} V &= \int_0^{2\pi}\int_0^{\pi/4}\int_0^3 \rho^2\sin\phi\, d\rho\, d\phi\, d\theta = 9\int_0^{2\pi}\int_0^{\pi/4}\sin\phi\, d\phi\, d\theta \\ &= 9\int_0^{2\pi}[-\cos\phi]_0^{\pi/4}\, d\theta = 9\int_0^{2\pi}\left(1-\tfrac{\sqrt{2}}{2}\right)d\theta = 9(2-\sqrt{2})\pi \end{aligned}$$

따라서 주어진 입체의 체적 V는 $9(2-\sqrt{2})\pi$이다. ✠

연습 문제 4.2

1. 공간에서 원점과 세점 $(1,0,0)$, $(0,1,0)$, $(0,0,1)$을 꼭지점으로 가지는 사면체의 부피를 구하는 반복적분의 식을 구하라.

2. 반복적분 $\int_0^1 \int_0^{1-z} \int_0^2 dxdydz$의 적분영역을 찾고, 나머지 5가지 반복적분의 식으로 나타내어라.

3. 다음 반복적분을 구하라.

   (1) $\displaystyle\int_0^1 \int_o^x \int_0^{xy} z\,dz\,dy\,dx$ (2) $\displaystyle\int_{\pi/6}^{\pi/2} \int_0^{\cos y} \int_{-y}^{y} \sin(y+z)\,dz\,dx\,dy$

4. 공간에서 두 개의 곡면 $z = x^2 + 3y^2$, $z = 8 - x^2 - y^2$으로 둘러싸인 입체의 체적을 구하라.

5. 원기둥면 $x^2 + y^2 = 1$과 평면 $z = x$, $y = 0$, $z = 0$으로 둘러싸인 부분인 공간의 영역 Q의 부피를 구하라.

6. 원주좌표계를 사용하여 다음 입체의 부피를 구하라.

   (1) 구면 $r^2 + z^2 = 4$와 원기둥면 $r = 1$로 둘러싸인 입체

   (2) 포물면 $4z = r^2$, 평면 $r = 2\sec\theta$, $\theta = 0$, $\theta = \frac{\pi}{4}$, $z = 0$으로 둘러싸인 입체의 제1 팔분공간에 놓인 부분의 체적

7. 영역 Ω가 구면 $\rho = 1$과 원추면 $\phi = \frac{1}{3}\pi$로 둘러싸인 유계인 영역일 때 다음 적분을 계산하라.

$$\iiint_\Omega (x^2 + y^2)dxdydz$$

8. 다음의 각 삼중적분에 대하여 적분영역을 스케치하고 주어진 좌표계로 바꾸어 적분을 계산하라.

   (1) $\displaystyle\int_0^3 \int_0^{\sqrt{9-x^2}} \int_0^2 \frac{dz\,dy\,dx}{\sqrt{x^2+y^2}}$ (원주좌표계)

   (2) $\displaystyle\int_0^a \int_0^{\sqrt{a^2-x^2}} \int_0^{\sqrt{a^2-x^2-y^2}} \frac{dz\,dy\,dx}{x^2+y^2+z^2}$ (구면좌표계)

9. 구면좌표를 이용하여 반경이 $a > 0$인 구의 체적을 구하라.

10. 구면 $\rho = a$와 $\rho = 2a\cos\phi$에 의해 둘러싸인 영역의 체적을 구하라 (단, $a > 0$).

11. 원뿔면 $\phi = \alpha$ $(0 \le \alpha \le \pi)$와 구면 $\rho = a$ $(a > 0)$에 의해 둘러싸인 입체의 체적을 구하라.

12. 구면 $x^2 + y^2 + z^2 = 2a^2$과 포물면 $az = x^2 + y^2$으로 둘러싸인 영역의 부피를 그림 4.2-9를 참고하여 구하라 (단, $a > 0$).

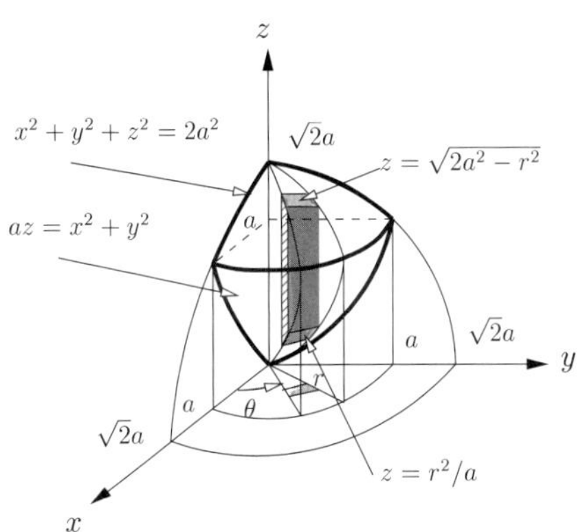

그림 4.2-9 문제 12의 영역

13. 평균값정리 4.2-1을 증명하라.

14. 구면좌표를 이용하여 예제 4.2-3을 풀어라.

15. xy평면 위에 반지름이 $a>0$인 반구면 $z=\sqrt{a^2-x^2-y^2}$이 진흙으로 채워져 있다. 진흙의 밀도가 xy평면에서 잰 높이에 비례한다고 할 때, 즉 $\delta(x,y,z)=kz$일 때, 반구면에 담긴 진흙의 질량 m과 질량중심 및 z축에 대한 관성모멘트를 구하라 (단, $k>0$).

16. 단위구 $x^2+y^2+z^2\leq 1$의 제1 팔분공간에 놓인 부분 Q의 밀도분포함수 δ가 다음과 같을 때, Q의 질량, 질량중심 및 z축에 대한 관성모멘트를 계산하라.

$$\delta(x,y,z)=\frac{1}{x^2+y^2+z^2+1}$$

4.3 치환적분

이 절에서는 다중적분, 특히 이중적분과 삼중적분의 치환적분에 대하여 생각한다.

uv 평면의 영역 Ω에서 연속인 일계편도함수를 모두 가지는 두 함수 $x = g(u,v)$와 $y = h(u,v)$에 대하여 다음 행렬식을 함수 x, y의 u, v에 대한 **야코비행렬식**[8] 또는 **야코비안**(Jacobian)이라고 한다.

$$\frac{\partial(x,y)}{\partial(u,v)} = \frac{\partial x}{\partial u}\frac{\partial y}{\partial v} - \frac{\partial y}{\partial u}\frac{\partial x}{\partial v} = \begin{vmatrix} \frac{\partial x}{\partial u} & \frac{\partial x}{\partial v} \\ \frac{\partial y}{\partial u} & \frac{\partial y}{\partial v} \end{vmatrix}$$

집합 Ω을 uv 평면에서 유한 개의 매끄러운 곡선으로 이루어진 경계를 가진 유계인 닫힌영역이라 하자. 일계편도함수가 모두 연속인 함수 $x = g(u,v), y = h(u,v)$가 Ω에서 xy 평면의 영역 Σ로의 전단사사상 $(x,y) = \mathbf{G}(u,v) = (g(u,v), h(u,v))$을 정의하면, 즉 $\frac{\partial(x,y)}{\partial(u,v)} \neq 0$이면 다음이 성립한다 (그림 4.3-1 참조). 이에 대한 증명은 생략한다.

[정리 4.3-1] 영역 Ω와 Σ, 그리고 벡터함수 $\mathbf{G} : \Omega \to \Sigma$가 위에서 말한 것과 같고 이변수함수 $f(x,y)$가 영역 Σ에서 적분가능하면 다음이 성립한다.

$$\iint_\Sigma f(x,y)\,dx\,dy = \iint_\Omega f(\mathbf{G}(u,v)) \left|\frac{\partial(x,y)}{\partial(u,v)}\right| du\,dv \qquad (4.3\text{-}1)$$

[예제 4.3-1] 극좌표 (r,θ)의 직교좌표 (x,y)로의 변환사상 $x = r\cos\theta, y = r\sin\theta$의 야코비안을 구하라.

풀이 $\frac{\partial x}{\partial r} = \cos\theta,\ \frac{\partial y}{\partial r} = \sin\theta,\ \frac{\partial x}{\partial \theta} = -r\sin\theta,\ \frac{\partial y}{\partial \theta} = r\cos\theta$ 이므로 다음을 얻는다.

$$\frac{\partial(x,y)}{\partial(r,\theta)} = \begin{vmatrix} \cos\theta & -r\sin\theta \\ \sin\theta & r\cos\theta \end{vmatrix} = r$$ ✠

[8] 편의상 3.8절에서 야코비행렬의 기호와 같은 기호를 사용하였다.

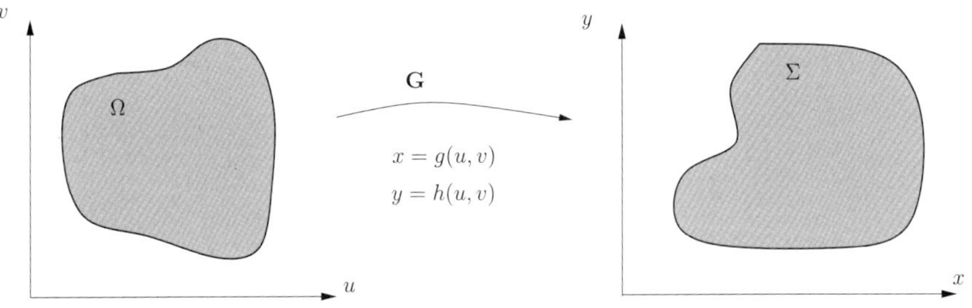

그림 4.3-1 영역 Ω에서 영역 Σ로의 전단사사상 **G**

정리 4.3-1는 삼변수사상의 경우에도 성립한다. 즉, uvw 좌표공간에서 유한 개의 매끄러운 곡면으로 이루어진 경계를 가지고 유계인 닫힌영역 Ω에서 xyz 좌표공간의 영역 Σ로의 전단사사상 $(x, y, z) = \mathbf{G}(u, v, w)$의 각 성분함수가 연속인 일계편도함수를 가지면 다음이 성립한다.

[정리 4.3-2] 영역 Ω와 Σ, 그리고 벡터함수 $\mathbf{G} : \Omega \to \Sigma$가 위에서 언급한 조건을 만족하고 삼변수함수 $f(x, y, z)$가 영역 Σ에서 적분가능하면 다음이 성립한다.

$$\iiint_\Sigma f(x, y, z)\, dxdydz = \iiint_\Omega f(\mathbf{G}(u, v, w)) \left| \frac{\partial(x, y, z)}{\partial(u, v, w)} \right| dudvdw \qquad (4.3\text{-}2)$$

여기서 삼변수사상의 야코비안 $\frac{\partial(x,y,z)}{\partial(u,v,w)}$는 다음과 같다.

$$\frac{\partial(x, y, z)}{\partial(u, v, w)} = \begin{vmatrix} \frac{\partial x}{\partial u} & \frac{\partial x}{\partial v} & \frac{\partial x}{\partial w} \\ \frac{\partial y}{\partial u} & \frac{\partial y}{\partial v} & \frac{\partial y}{\partial w} \\ \frac{\partial z}{\partial u} & \frac{\partial z}{\partial v} & \frac{\partial z}{\partial w} \end{vmatrix}$$

정리 4.3-1과 4.3-2로부터 직교좌표계에서의 중적분과 극좌표계, 원주좌표계 및 구면좌표계에서의 중적분과의 관계는 다음과 같다.

[따름정리 4.3.1] (1) (극좌표) 사상 $(x, y) = \mathbf{G}(r, \theta) = (r\cos\theta, r\sin\theta)$, $r > 0$의 각 성분함수가 평면의 영역 Ω에서 연속인 일계편도함수를 가지는 전단사이면 영역 $G(\Omega)$에서 적분가능한 함수 $f(x, y)$에 대해 다음이 성립한다.

$$\iint_{\Omega} f(r\cos\theta, r\sin\theta) r dr d\theta = \iint_{\mathbf{G}(\Omega)} f(x, y) dx dy \tag{4.3-3}$$

(2) (원주좌표) 변환사상 $(x, y, z) = \mathbf{G}(r, \theta, z) = (r\cos\theta, r\sin\theta, z)$, $r > 0$의 각 성분함수가 공간의 영역 Ω에서 연속인 일계편도함수를 가지는 전단사이면 영역 $\mathbf{G}(\Omega)$에서 적분가능한 함수 $f(x, y, z)$에 대해 다음이 성립한다.

$$\iiint_{\Omega} f(r\cos\theta, r\sin\theta, z)\, r dr d\theta\, dz = \iiint_{\mathbf{G}(\Omega)} f(x, y, z)\, dx dy dz \tag{4.3-4}$$

(3) (구면좌표) 공간의 영역 Ω에서 각 성분함수가 연속인 일계편도함수를 가지는 전단사사상이 다음과 같이 주어졌다고 하자 (단, $\rho > 0,\ 0 < \phi < \pi$).

$$(x, y, z) = \mathbf{G}(r, \theta, \phi) = (\rho\sin\phi\cos\theta, \rho\sin\phi\sin\theta, \rho\cos\phi)$$

그러면 영역 $\mathbf{G}(\Omega)$에서 적분가능한 함수 $f(x, y, z)$에 대해 다음이 성립한다.

$$\begin{aligned}&\iiint_{\Omega} f(\rho\sin\phi\cos\theta,\ \rho\sin\phi\sin\theta,\ \rho\cos\phi)\ \rho^2\sin\phi\, d\rho\, d\theta\, d\phi \\ &\quad = \iiint_{\mathbf{G}(\Omega)} f(x, y, z)\, dx dy dz\end{aligned} \tag{4.3-5}$$

정리 4.3-1과 4.3-2의 결과를 일반적인 n차원공간으로 확장할 수 있으나 그에 관한 논의는 생략한다.

[예제 4.3-2] 영역 Σ가 직선 $x - 2y = 0, x - 2y = -4, x + y = 4, x + y = 1$에 의해 둘러싸인 영역일 때 $\iint_{\Sigma} 3xy\, dx dy$를 구하라.

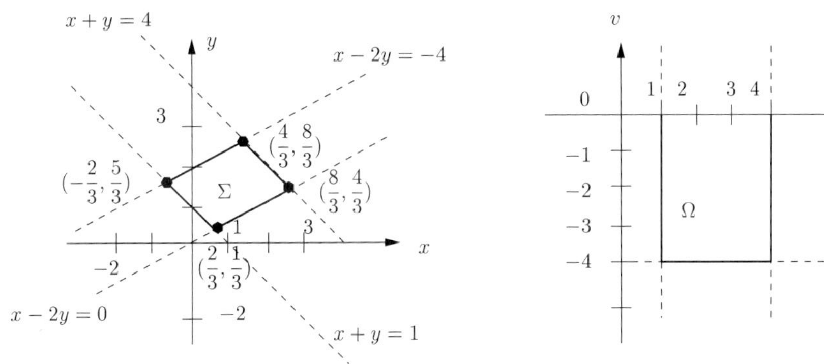

그림 4.3-2 예제 4.3-2의 영역 Ω과 Σ

풀이 $u = x + y, v = x - 2y$로 놓자. 그러면 이 변환에 의하여 영역 Σ에 대응되는 영역은 $\Omega = \{(u, v) | 1 \le u \le 4, -4 \le v \le 0\}$이다 (그림 4.3-2 참조). 또 연립방정식을 풀면 $x = \frac{1}{3}(2u + v), y = \frac{1}{3}(u - v)$이고 이로부터 다음을 얻는다 .

$$\frac{\partial(x,y)}{\partial(u,v)} = \begin{vmatrix} \dfrac{\partial x}{\partial u} & \dfrac{\partial x}{\partial v} \\ \dfrac{\partial y}{\partial u} & \dfrac{\partial y}{\partial v} \end{vmatrix} = \begin{vmatrix} \dfrac{2}{3} & \dfrac{1}{3} \\ \dfrac{1}{3} & -\dfrac{1}{3} \end{vmatrix} = -\frac{1}{3}$$

이때 얻어지는 영역을 Ω라 하고 정리 4.3-1을 이용하여 주어진 적분을 계산하면 다음과 같다.

$$\begin{aligned}
\iint_\Sigma 3xy\,dA &= \iint_\Omega 3\left\{\tfrac{1}{3}(2u+v)\tfrac{1}{3}(u-v)\right\}\left|\frac{\partial(x,y)}{\partial(u,v)}\right| dudv \\
&= \int_1^4 \int_{-4}^0 \tfrac{1}{9}(2u^2 - uv - v^2)dvdu \\
&= \tfrac{1}{9}\int_1^4 \left[2u^2v - \tfrac{1}{2}uv^2 - \tfrac{1}{3}v^3\right]_{-4}^0 du \\
&= \tfrac{1}{9}\int_1^4 (8u^2 + 8u - \tfrac{64}{3})du \\
&= \tfrac{164}{9}
\end{aligned}$$

따라서 $\iint_\Sigma 3xy\,dxdy = \frac{164}{9}$이다. ✠

연습 문제 4.3

1. 다음 변환의 야코비안 $\frac{\partial(x,y)}{\partial(u,v)}$를 구하라.

   (1) $x = u + v,\ y = u - v$ (2) $x = u^2 - v^2,\ y = 2uv$
   (3) $x = ue^v,\ y = ve^u$ (4) $x = \ln(u+v),\ y = \ln(uv)$

2. 주어진 변수변환을 이용하여 다음 중적분을 계산하라.

   (1) $\iint_\Omega 4(x+y)e^{x-y}\,dx\,dy$; $x = \frac{u+v}{2},\ y = \frac{u-v}{2}$
   (단, Ω는 $(-1,1)$, $(1,1)$, $(0,0)$을 꼭지점으로 가지는 삼각형의 내부)

   (2) $\iint_\Omega \frac{\sqrt{x+y}}{x}\,dx\,dy$; $x = u,\ y = uv$
   (단, Ω는 점 $(0,0)$, $(4,0)$, $(4,4)$를 꼭지점으로 가지는 삼각형의 내부)

3. 주어진 변환을 이용하여 변수 xy에 대한 적분을 uv에 대한 적분으로 표현하고 적분값을 구하라.

   (1) $\int_0^1 \int_y^1 xy\,dx\,dy$; $x = u - v,\ y = u + v$

   (2) $\iint_\Omega (y-x)\,dx\,dy$; $x = v - u^2,\ y = u + v$
   (단, Ω는 직선 $y = 2$, $y = x$와 포물선 $x = -y^2$으로 둘러싸인 영역)

   (3) $\int_0^2 \int_{x/2}^{(x/2)+1} x^3(2y-x)e^{(2y-x)^2}\,dydx$; $u = x,\ v = 2y - x$

5 벡터해석

벡터함수의 미분·적분은 자연과학 및 응용과학 등에서의 여러 법칙이나 여러 현상을 수학적으로 기술하고 연구하는 데 아주 유용하다. 이 장에서는 벡터장의 선적분 및 발산과 회전, 그리고 그린정리, 스토크스정리, 발산정리와 그의 응용에 대해 다룬다.

5.1 벡터장과 선적분

이 절에서는 평면 또는 공간에서 정의된 스칼라함수와 벡터장에 관한 선적분과 그린 정리 및 그와 관련된 성질에 관하여 다룬다. 이와 같은 개념은 물리학, 공학 등에서 중요한 개념이다.

5.1.1 스칼라함수와 벡터장

집합 $\Omega \subset \mathbb{R}^n$에서 정의된 함수 φ의 함수값 $\varphi(\mathbf{p})$가 특정한 좌표계의 선택에 관계 없이 점 $\mathbf{p}$의 위치에 의해서만 결정될 때 함수 φ를 집합 Ω에서의 **스칼라장** (scalar field) 또는 **스칼라함수**(scalar function)라고 한다. 예를 들면, 일정한 영역의 온도 분포함수, 전위 분포함수, 밀도함수 등이 있다.

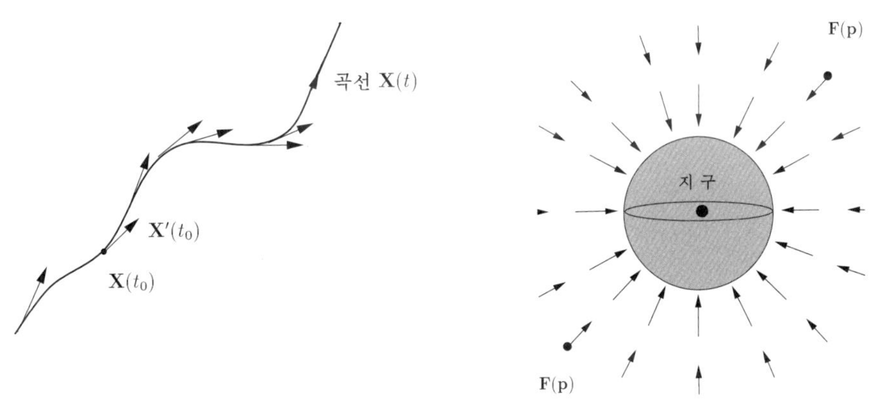

그림 5.1-1 질점의 운동 곡선 위의 속도장 **그림 5.1-2** 지구의 중력장

한편, 집합 $\Omega \subset \mathbb{R}^n$의 각 점 $\mathbf{p}$에 벡터 $\mathbf{F}(\mathbf{p}) \in \mathbb{R}^n$를 대응시키는 벡터함수를 집합 Ω 위의 **벡터장**(vector field)이라고 한다. 우리 주위의 여러 현상을 이러한 벡터장으로 이해할 수 있는 예가 많이 있다.

예를 들어 공간에서 운동하는 질점이 만드는 곡선 C의 매개화 $\mathbf{X}(t)$가 미분가능한 벡터함수라고 하자. 그러면 곡선 C 위의 각 점 $\mathbf{X}(t)$에서 속도벡터 $\mathbf{X}'(t)$가 정의되므로 벡터 $\mathbf{X}'(t)$는 곡선 C 위에서 정의된 벡터장이다 (그림 5.1-1 참조). 그리고 우리는 지구의 질량에 의하여 생기는 중력장에 살고 있다. 질점 $\mathbf{p}$에서의 중력은 크기가 점 **p**와 지구 중심과의 거리의 제곱에 반비례하며 지구의 질량과 질점의 질량의 곱에 비례하고, 지구의 중심을 향하는 지구의 질량에 의한 힘(벡터) $\mathbf{F}(\mathbf{p})$이다. 지구의 질량에 의한 지구 주위의 중력장을 그림으로 표현하면 그림 5.1-2와 같다. 또 어느 한 순간에 한강의 각 지점에 물의 속도에 대응되는 벡터를 생각할 수 있다. 즉, 매 순간마다 한강물의 흐름을 나타내는 속도장을 생각할 수 있다.

중력장과 같이 힘을 대응시키는 벡터장은 역학 및 전자기학, 그리고 유체의 속도장은 유체역학 등에서 유용한 개념이다. 앞으로 논의할 벡터장의 선적분과 면적분은 자연과학과 공학의 여러 분야에서 중요한 물리량을 표현하는 데 사용된다.

[예제 5.1-1] 평면에서 정의된 벡터장 $\mathbf{F}(x, y) = y\mathbf{i} - x\mathbf{j}$를 스케치하라.

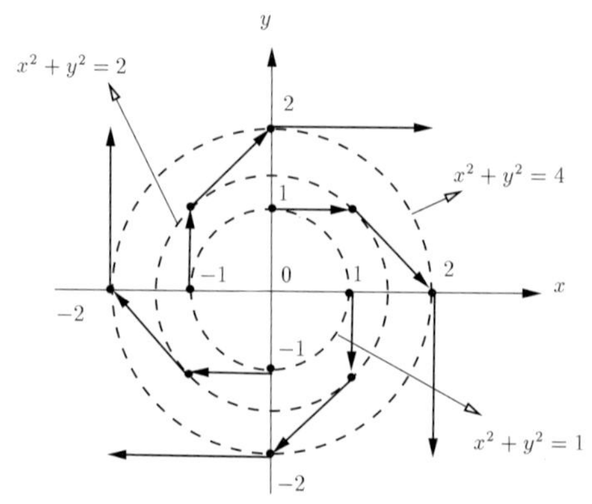

그림 5.1-3 벡터장 $\mathbf{F}(x, y) = y\mathbf{i} - x\mathbf{j}$의 그래프

풀이 평면의 모든 점에 대응되는 벡터를 스케치하는 것은 주어진 벡터장의 규칙을 알기가 쉽지 않으므로 벡터장의 크기 $|\mathbf{F}|$를 이용하여 다음과 같이 생각해 보자.

원점이 중심인 반지름이 r인 원 위에서 $|\mathbf{F}| = r$이다. 또 벡터장 $\mathbf{F}$는 점 $(\pm r, 0)$에 벡터 $(0, \mp r) = \mp r\mathbf{j}$ (복호동순), 점 $(0, \pm r)$에는 벡터 $(\pm r, 0) = \pm r\mathbf{i}$ (복호동순)를 대응시킨다. $r = 1, 2, 4$를 이용하여 벡터장을 스케치하면 그림 5.1-3과 같다. 여기서 $r = 2$인 경우는 네 점 $(\pm 1, \pm 1)$을 이용했다. 이 정도면 주어진 벡터장을 충분히 이해할 수 있을 것이다. ✠

5.1.2 발산과 회전

제3장에서 다변수실함수 φ의 경사도 $\operatorname{grad}\varphi$ 또는 $\nabla\varphi$를 다음과 같이 정의하였다.

$$\operatorname{grad}\varphi(\mathbf{x}) = \nabla\varphi(\mathbf{x}) = \left(\frac{\partial\varphi}{\partial x_1}, \frac{\partial\varphi}{\partial x_2}, \ldots, \frac{\partial\varphi}{\partial x_n}\right)$$

즉, grad 또는 ∇[1]은 다변수실함수 φ에 $\mathbb{R}^n$ 벡터장 $\nabla\varphi$를 대응시키는 다음과 같은 **미분연산자**(differential operator)이며, 이를 **경사도연산자**라고 한다.

$$\nabla = \frac{\partial}{\partial x}\mathbf{i} + \frac{\partial}{\partial y}\mathbf{j} + \frac{\partial}{\partial z}\mathbf{k} = \left(\frac{\partial}{\partial x}, \frac{\partial}{\partial y}, \frac{\partial}{\partial z}\right) \tag{5.1-1}$$

이제 벡터장의 회전과 발산에 대하여 알아보자. 먼저, 각 성분함수가 연속인 일계편도함수를 가지는 공간의 벡터장 $\mathbf{F}(x,y,z) = (P(x,y,z), Q(x,y,z), R(x,y,z))$에 대하여 다음과 같이 정의되는 벡터장 $\operatorname{curl}\mathbf{F}$를 벡터장 $\mathbf{F}$의 **회전**(curl)이라고 한다.

$$\operatorname{curl}\mathbf{F} = \left(\frac{\partial R}{\partial y} - \frac{\partial Q}{\partial z}, \ \frac{\partial P}{\partial z} - \frac{\partial R}{\partial x}, \ \frac{\partial Q}{\partial x} - \frac{\partial P}{\partial y}\right)$$

이때 $\operatorname{curl}\mathbf{F}$를 경사도연산자 ∇과 외적을 이용하여 나타내면 다음과 같다.

$$\operatorname{curl}\mathbf{F} = \nabla\times\mathbf{F} = \begin{vmatrix} \mathbf{i} & \mathbf{j} & \mathbf{k} \\ \dfrac{\partial}{\partial x} & \dfrac{\partial}{\partial y} & \dfrac{\partial}{\partial z} \\ P & Q & R \end{vmatrix} \tag{5.1-2}$$

여기서 미분연산자 $\nabla\times$ 를 **회전연산자**라고 한다.

특히, 평면 $\mathbb{R}^2$에서 벡터장 $\mathbf{F}(x,y) = (P(x,y),\ Q(x,y))$의 **회전**(rotation)을 다음 식과 같이 정의하고, 흔히 $\operatorname{rot}\mathbf{F}$로 나타내기도 한다.

$$\operatorname{curl}\mathbf{F}(x,y) = \frac{\partial}{\partial x}Q(x,y) - \frac{\partial}{\partial y}P(x,y) \tag{5.1-3}$$

한편, 벡터장 $\mathbf{F}(x,y,z) = (P(x,y,z), Q(x,y,z), R(x,y,z))$에 대하여 다음과 같이

[1] 그래디언트(gradient), 그래드(grad), 또는 델(del)이라고 읽는다.

정의되는 스칼라함수 $\operatorname{div}\mathbf{F}$를 벡터장 $\mathbf{F}$의 **발산**(divergence)이라고 한다.

$$\operatorname{div}\mathbf{F} = \frac{\partial P}{\partial x} + \frac{\partial Q}{\partial y} + \frac{\partial R}{\partial z}$$

이를 경사도연산자 ∇와 내적을 이용하여 다음과 같이 쓸 수 있다.

$$\operatorname{div}\mathbf{F} = \nabla \bullet \mathbf{F} = \frac{\partial P}{\partial x} + \frac{\partial Q}{\partial y} + \frac{\partial R}{\partial z} \tag{5.1-4}$$

여기서 미분연산자 $\nabla \bullet$ 을 **발산연산자**(divergence operator)라고 한다.

참고 (1) 일반적으로 $\mathbb{R}^n$에서 벡터장 $\mathbf{F}(\mathbf{x}) = \mathbf{F}(x_1, \ldots, x_n) = (f_1(\mathbf{x}), \ldots, f_n(\mathbf{x}))$의 발산을 다음과 같이 정의한다.

$$\operatorname{div}\mathbf{F}(\mathbf{x}) = \frac{\partial f_1(\mathbf{x})}{\partial x_1} + \cdots + \frac{\partial f_n(\mathbf{x})}{\partial x_n}$$

(2) 공간 $\mathbb{R}^n (n \geq 4)$에서는 벡터장에 대한 회전을 정의하지 않는다.

[예제 5.1-2] 벡터장 $\mathbf{F}(x, y, z) = (x^2y^3 - z^4)\mathbf{i} + (4x^3yz)\mathbf{j} - (yz^2)\mathbf{k}$의 발산과 회전을 구하라.

풀이 식 (5.1-2)를 이용하면 벡터장 $\mathbf{F}$의 회전 $\operatorname{curl}\mathbf{F}$는 다음과 같다.

$$\operatorname{curl}\mathbf{F} = \nabla \times \mathbf{F} = \begin{vmatrix} \mathbf{i} & \mathbf{j} & \mathbf{k} \\ \dfrac{\partial}{\partial x} & \frac{\partial}{\partial y} & \frac{\partial}{\partial z} \\ x^2y^3 - z^4 & 4x^3yz & -yz^2 \end{vmatrix}$$
$$= \left(-4yx^3 - z^2,\ -4z^3, 3yx^2(4z - y)\right)$$

식 (5.1-4)를 이용하면 벡터장 $\mathbf{F}$의 발산 $\operatorname{div}\mathbf{F}$는 다음과 같다.

$$\operatorname{div}\mathbf{F} = \nabla \bullet \mathbf{F} = \frac{\partial}{\partial x}(x^2y^3 - z^4) + \frac{\partial}{\partial y}(4x^3yz) + \frac{\partial}{\partial z}(-yz^2)$$
$$= 2xy^3 + 4x^3z - 2yz$$

✠

발산과 회전은 물리적으로 다음과 같은 의미를 가지는 연산자이다.

공간에서 벡터장 $\mathbf{F}$가 유체의 속도장이라면 점 $\mathbf{x}$에서의 회전 $\operatorname{curl}\mathbf{F}(\mathbf{x})$는 점 $\mathbf{x}$에서 유체가 회전하는 정도를 나타낸다. 이때 회전은 세면대에서 유체가 배수구를 통해 나갈 때에 유체 전체가 회전 또는 선회하는 것과는 구별된다. 한편, 속도장 $\mathbf{F}$의 발산 $\operatorname{div}\mathbf{F}$은 단위 시간에 대한 단위 부피당 유체의 질량의 변화률, 즉 유체의 밀도의 변화율을 의미한다. 특히, 유체의 속도장 $\mathbf{F}$가 $\nabla\boldsymbol{\cdot}\mathbf{F} = 0$을 만족시키면 유체가 **비압축적**(incompressible), $\operatorname{curl}\mathbf{F} = \mathbf{0}$을 만족시키면 **비회전적**(irrotational)이라고 한다. 전자기학에서는 $\nabla\boldsymbol{\cdot}\mathbf{F} = 0$을 만족시키는 벡터장 $\mathbf{F}$를 **솔레노이드적**(solenoidal)이라고도 한다. 이 이외에도 발산연산자는 양자역학 및 핵 물리학 등에서 자주 등장하는 연산자이다.

세 개의 미분연산자 grad, curl, div를 혼합하여 사용할 때 다음이 성립한다. 증명은 독자에게 맡긴다.

[정리 5.1-1] 두 벡터장 $\mathbf{F}$, $\mathbf{G}$와 스칼라함수 f가 필요한 만큼 연속인 편도함수를 가지면 다음이 성립한다.

(1) $\nabla\boldsymbol{\cdot}(\mathbf{F}+\mathbf{G}) = \nabla\boldsymbol{\cdot}\mathbf{F} + \nabla\boldsymbol{\cdot}\mathbf{G}$ (2) $\nabla\times(\mathbf{F}+\mathbf{G}) = \nabla\times\mathbf{F} + \nabla\times\mathbf{G}$

(3) $\nabla\boldsymbol{\cdot}(f\mathbf{F}) = f(\nabla\boldsymbol{\cdot}\mathbf{F}) + \mathbf{F}\boldsymbol{\cdot}\nabla f$ (4) $\nabla\times(f\mathbf{F}) = f(\nabla\times\mathbf{F}) + (\nabla f)\times\mathbf{F}$

(5) $\operatorname{curl}(\operatorname{grad} f) = \mathbf{0}$ (6) $\operatorname{div}(\operatorname{curl}\mathbf{F}) = 0$

(7) $\nabla\boldsymbol{\cdot}(\mathbf{F}\times\mathbf{G}) = \mathbf{G}\boldsymbol{\cdot}\operatorname{curl}\mathbf{F} - \mathbf{F}\boldsymbol{\cdot}\operatorname{curl}\mathbf{G}$

5.1.3 스칼라함수의 선적분

여기서는 일반적으로 평면 또는 공간에 있는 곡선 위에서 정의되어 있는 스칼라함수의 선적분을 다루고 다음 절에서는 벡터장의 선적분은 다루기로 한다. 이를 위해 사용할 용어를 정의하기로 하자.

공간 $\mathbb{R}^n$ $(n \geq 2)$에서 구간 $[a,b]$에서 도함수 $\mathbf{X}'(t)$가 연속이고 $\mathbf{X}'(t) \neq 0$인 매개화 $\mathbf{X}$를 가지는 곡선 C를 **매끄러운 곡선**(smooth curve) 또는 C^1 **곡선**이라고 한다. 그리고 유한 개의 매끄러운 곡선 C_i $(i = 1, \ldots, k)$를 연결하여 이루어진 곡선 C를

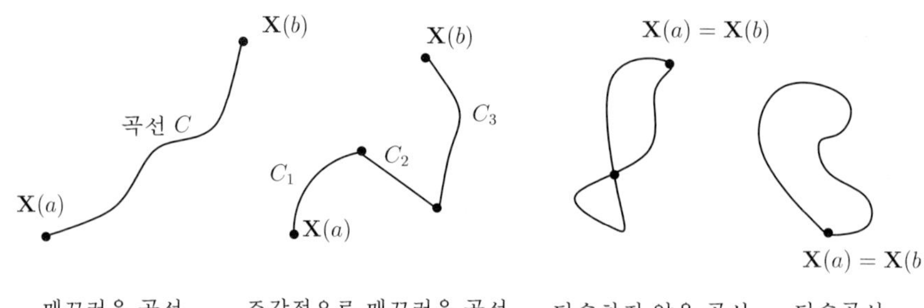

그림 5.1-4 곡선의 분류

조각적으로 매끄러운 곡선(piecewise smooth)이라고 하고, $C = C_1 \cup \cdots \cup C_k$와 같이 나타낸다 (그림 5.1-4 참조).

곡선 C 위의 점 $\mathbf{X}(a)$를 곡선의 **시점**(initial point), 하고, 점 $\mathbf{X}(b)$를 곡선 C의 **종점**(terminal point)이라고 한다. 특히, $\mathbf{X}(a) = \mathbf{X}(b)$인 곡선을 **닫힌곡선**(closed curve)이라고 한다. 시점과 종점 이외의 다른 점에서 자기 자신과 만나지 않은 닫힌곡선을 **단순(폐)곡선**(simple closed curve)이라고 한다 (그림 5.1-4 참조). 또 주어진 곡선 C의 종점을 시점으로 하고 시점을 종점으로 하는 곡선을 곡선 C의 **역(방)향곡선** 또는 **반대방향의 곡선**이라고 하고 $-C$로 나타낸다.

이제 스칼라함수 φ가 매끄러운 곡선 $C \subset \mathbb{R}^n$을 포함하는 영역에서 정의되어 있다고 하자. 곡선 C 위에 있는 유한 개의 점 $\mathbf{p}_i (i = 0, \ldots, m)$를 생각하여 곡선을 그림 5.1-5와 같이 나누어 얻어지는 곡선의 각 부분에서 점 $\mathbf{p}_k^*$를 임의로 하나씩 택하여 다음과 같은 합을 생각하자.

$$\sum_{k=1}^{m} \varphi(\mathbf{p}_k^*)\,|\mathbf{p}_k - \mathbf{p}_{k-1}| = \sum_{k=1}^{m} \varphi(\mathbf{p}_k^*)\Delta s_k \tag{5.1-5}$$

계속하여 곡선 C를 나누어 얻어지는 모든 부분의 길이가 0이 되도록 나누어 갈 때 각 부분에서 점 $\mathbf{p}_k^*$를 택하는 방법에 관계없이 위의 합 (5.1-5)의 극한이 존재하면, 그 극한을 곡선 C에서의 스칼라함수 φ의 **선적분**(line integral)이라고 하고 다음과 같이 나타낸다.

$$\int_C \varphi(\mathbf{x})\,ds \quad \text{또는} \quad \int_C \varphi\,ds$$

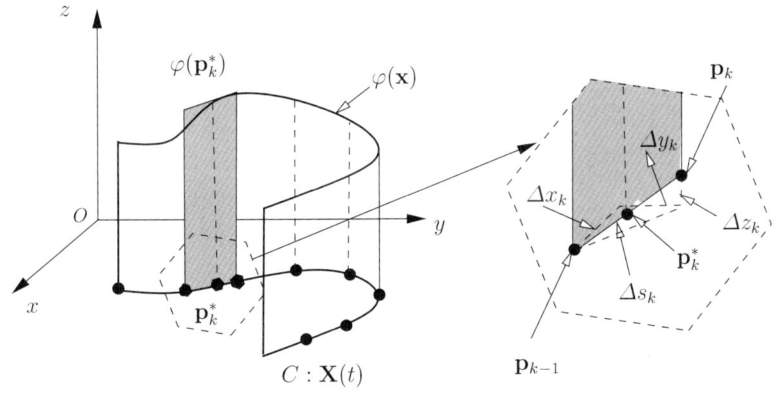

그림 5.1-5 스칼라함수의 선적분

여기서 곡선 C를 선적분의 **적분경로**(path of integration라고 한다.

한편, 곡선 C의 매개화가 $\mathbf{X}(t)$, $a \le t \le b$라고 하면 2.2.3절에서 곡선의 길이에 대한 적분식을 유도하는 것과 같은 방법으로 생각하면 다음이 성립한다. 이에 대한 엄밀한 증명은 이 과정에서 다루는 범위를 벗어나므로 생략한다.

[정리 5.1-2] 조각적으로 매끄러운 곡선 $C \subset \mathbb{R}^n$ $(n \ge 2)$에서 연속인 스칼라함수 φ의 선적분이 존재한다. 이때 곡선 C의 매개화가 $\mathbf{X}(t)$, $a \le t \le b$라고 하면 다음이 성립한다.

$$\int_C \varphi\, ds = \int_a^b \varphi(\mathbf{X}(t)) \left|\mathbf{X}'(t)\right| dt \tag{5.1-6}$$

식 (5.1-6)으로부터 곡선의 길이는 $\varphi(\mathbf{x}) = 1$인 스칼라함수의 선적분의 특별한 경우임을 알 수 있다.[2)] 또 이와 같은 스칼라함수의 선적분의 다른 물리적인 의미는, 예를 들어 곡선 C가 철사줄이라고 할 때 함수 φ가 철사줄의 밀도함수이면 선적분 $\int_C \varphi ds$는 철사줄의 질량이다. 또 함수 $\varphi(\mathbf{x})$가 곡선 C 위의 점 $\mathbf{x}$에서의 '담장'의 높이 또는 '커튼'의 높이를 나타낸다면 선적분 $\int_C \varphi ds$는 그림 5.1-5와 같이 공간에 놓여 있는 '커튼' 혹은 '담장' 등의 면적으로 볼 수도 있다.

2)특히, $n = 1$인 경우, 즉 곡선 C가 구간이라면 식 (5.1-6)은 일변수실함수의 치환적분식이다.

2.2.1절에서 본 것처럼 일반적으로 하나의 곡선에 여러 개의 매개화가 존재한다. 그러나 다음 정리는 스칼라함수의 선적분이 곡선의 매개화에 의존하지 않음을 말한다.[3)] 이는 선적분을 계산할 때 되도록 계산이 수월한 매개화를 택하는 것을 편리하다는 것을 의미한다.

[정리 5.1-3] 매끄러운 곡선 C의 매개화를 $\mathbf{X}(t)$, $a \leq t \leq b$라고 하자. 또 도함수가 연속이고 $g(\alpha) = a$, $g(\beta) = b$이고 $g'(u) > 0$인 함수 $g : [\alpha, \beta] \longrightarrow [a, b]$에 의하여 정의된 벡터함수 $Y(u) = X(g(u))$, $u \in [\alpha, \beta]$가 곡선 C의 다른 매개화라고 하자. 이때 곡선 C에서의 스칼라함수 φ의 선적분이 존재한다면 다음이 성립한다.

$$\int_C \varphi\, ds = \int_\alpha^\beta \varphi\left(\mathbf{Y}(u)\right) \left|\mathbf{Y}'(u)\right| du = \int_a^b \varphi\left(\mathbf{X}(t)\right) \left|\mathbf{X}'(t)\right| dt \tag{5.1-7}$$

증명 치환적분법을 이용하면 곡선 C의 매개화 $Y(u)$에 대한 선적분은 다음과 같다.

$$\begin{aligned} \int_C \varphi(\mathbf{x})\, ds &= \int_\alpha^\beta \varphi\left(\mathbf{Y}(u)\right) \left|\mathbf{Y}'(u)\right| du && [\text{연쇄법칙}] \\ &= \int_\alpha^\beta \varphi\left(\mathbf{X}(g(u))\right) \left|\mathbf{X}'\left(g(u)\right)\right| g'(u) du && [g'(u) > 0] \\ &= \int_a^b \varphi\left(\mathbf{X}(t)\right) \left|\mathbf{X}'(t)\right| dt && [t = g(u)] \end{aligned}$$

따라서 식 (5.1-7)이 성립한다. ■

[예제 5.1-3] 평면에서 점 $P(0,0)$에서 점 $Q(1,1)$을 잇는 선분 C 위에서의 스칼라함수 $\varphi(x,y) = x + y^2$의 선적분 $\int_C \varphi ds$를 구하라.

풀이 스칼라함수의 선적분은 곡선의 매개화에 의존하지 않으므로 구간 $[0,1]$에서 벡터함수 $\mathbf{X}(t) = (t,t)$를 선분 C의 매개화로 택하면 다음을 얻는다.

$$\int_C \varphi\, ds = \int_0^1 (t + t^2)\sqrt{1+1}\, dt = \sqrt{2}\left[\tfrac{1}{2}t^2 + \tfrac{1}{3}t^3\right]_0^1 = \tfrac{5}{6}\sqrt{2}$$

3)또 극한은 유일하므로 선적분의 정의에 의하여 선적분은 곡선을 매개화 방법에 따라 그 값이 변하지 않는다는 것을 알 수 있다.

따라서 구하는 선적분은 $\frac{5}{6}\sqrt{2}$이다. ✠

이 책에서 다룬 다른 종류의 적분과 마찬가지로 스칼라함수의 선적분도 스칼라함수의 연산, 부등식, 그리고 적분경로의 분할에 대하여 다음이 성립한다.

[정리 5.1-4] (선적분의 성질) 공간 $\mathbb{R}^n$ $(n \geq 2)$에 있는 조각적으로 매끄러운 곡선 C에서 연속인 스칼라함수 $\varphi(\mathbf{x})$, $\psi(\mathbf{x})$에 대하여 다음이 성립한다.

(1) $\int_C (\varphi + \psi)\, ds = \int_C \varphi\, ds + \int_C \psi\, ds$

(2) $\int_C \alpha\, \varphi\, ds = \alpha \int_C \varphi\, ds$ (단, α는 실수이다)

(3) 곡선 C에서 $\varphi \geq 0$이면 $\int_C \varphi\, ds \geq 0$이 성립한다.

(4) 곡선 C가 유한 개의 조각적으로 매끄러운 곡선을 이어서 이루어져 있다면, 즉 $C = C_1 \cup \cdots \cup C_k$라면 다음이 성립한다.

$$\int_C \varphi\, ds = \int_{C_1} \varphi\, ds + \cdots + \int_{C_k} \varphi\, ds$$

5.1.4 벡터장의 선적분

이 절에서는 일(work), 유체의 순환 및 유동 등과 밀접한 관련이 있는 벡터장의 선적분에 대하여 살펴 보기로 한다.

영역 $\Omega \subset \mathbb{R}^n$에 매끄러운 곡선 C가 있다고 하자. 만일 벡터장 $\mathbf{F}$가 Ω의 각 점에 힘을 대응시키는 **힘장**(force field)이라고 할 때 힘장 $\mathbf{F}$가 단위질량의 질점에 대해 점 $\mathbf{p} = \mathbf{x}_0$에서 $\mathbf{q} = \mathbf{x}_m$까지 경로 C를 따라 움직이면서 한 일(work)의 양 W를 다음과 같은 방법으로 구해보자.

곡선 C를 그림 5.1-6과 같이 각 부분의 길이가 충분히 작게 m개의 부분으로 나누면, 점 $\mathbf{x}_{k-1}$과 $\mathbf{x}_k$ 사이의 곡선 부분을 직선으로 생각할 수 있다. 이때 각 직선의 길이가 작으므로 대응하는 곡선의 부분의 각 점에 작용하는 힘을 $\mathbf{F}(\mathbf{x}_{k-1})$로 생

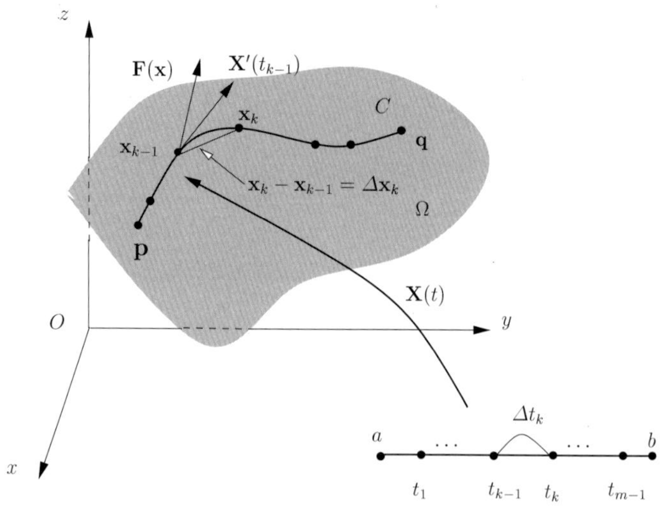

그림 5.1-6 벡터장 **F**의 선적분

각할 수 있다. 따라서 이웃한 점 $\mathbf{x}_{k-1}$에서 $\mathbf{x}_k$까지 힘 $\mathbf{F}$가 질점에 대해 한 일의 양 $\Delta W_k = W(\mathbf{x}_k) - W(\mathbf{x}_{k-1})$은 근사적으로 다음과 같다.

$$\Delta W_k \approx \mathbf{F}(\mathbf{x}_{k-1}) \bullet (\mathbf{x}_k - \mathbf{x}_{k-1}) = \mathbf{F}(\mathbf{x}_{k-1}) \bullet \Delta\mathbf{x}_k, \quad k = 1, \ldots, m$$

그러므로 $\mathbf{p}$에서 $\mathbf{q}$까지 한 일의 양을 다음 식으로 근사시킬 수 있다.

$$\begin{aligned} W(\mathbf{q}) - W(\mathbf{p}) &\approx \{W(\mathbf{x}_m) - W(\mathbf{x}_{m-1})\} + \cdots + \{W(\mathbf{x}_1) - W(\mathbf{x}_0)\} \\ &= \sum_{k=1}^{m} \mathbf{F}(\mathbf{x}_{k-1}) \bullet \Delta\mathbf{x}_k \end{aligned} \tag{5.1-8}$$

이제 각 부분의 길이가 0이 되도록 계속 곡선 C를 나누어 갈 때 그에 대응하는 식 (5.1-8)의 우변의 극한이 존재하면, 그 극한은 곡선 C를 따라 점 $\mathbf{p}$에서 $\mathbf{q}$까지 벡터장 $\mathbf{F}$가 한 일의 양이다. 이때 $W(\mathbf{p}) = 0$을 이용하여 다음과 같이 나타낸다.

$$W(\mathbf{q}) = \int_C \mathbf{F}(\mathbf{x}) \bullet d\mathbf{x} \tag{5.1-9}$$

이 적분을 곡선 C 위에서의 벡터장 $\mathbf{F}$의 **선적분**, C를 **적분경로**라고 한다.[4)]

한편, 곡선 C의 매개화가 도함수가 연속인 벡터함수 $\mathbf{X}(t)$, $a \le t \le b$라고 하자. 이때 $a = t_0 < t_1 < \cdots < t_{m-1} < t_m = b$인 구간 $a \le t \le b$의 분할에 대하여 다음이 성립한다.

$$\Delta\mathbf{x}_k = \mathbf{X}(t_k) - \mathbf{X}(t_{k-1}) \approx \mathbf{X}'(t_{k-1})(t_k - t_{k-1}) = \mathbf{X}'(t_{k-1})\Delta t_k, \quad k = 1, \ldots, m$$

따라서 식 (5.1-8)로부터 곡선 C 위에서의 벡터장 $\mathbf{F}$의 선적분은 다음과 같이 쓸 수 있다 (그림 5.1-6 참조).

$$\int_C \mathbf{F} \bullet d\mathbf{x} = \int_a^b \mathbf{F}(\mathbf{X}(t)) \bullet \mathbf{X}'(t)\, dt \tag{5.1-10}$$

특히, 공간에서의 벡터장 $\mathbf{F}(x,y,z) = (P(x,y,z),\ Q(x,y,z),\ R(x,y,z))$에 대하여 $\mathbf{X} = (x,y,z)$라고 하면 식 (5.1-10)을 다음과 같이 다시 쓸 수 있다.

$$\int_C \mathbf{F} \bullet d\mathbf{x} = \int_C P(x,y,z)\, dx + Q(x,y,z)\, dy + R(x,y,z)\, dz \tag{5.1-11}$$

여기서 $\mathbf{X}(t) = (x(t), y(t), z(t))$이면 곡선 C의 단위접선벡터 $\mathbf{T}$는 다음과 같다.

$$\mathbf{T}(s) = \frac{d\mathbf{X}(t)}{ds} = \frac{d\mathbf{X}(t)}{dt}\frac{dt}{ds} = \frac{\mathbf{X}'(t)}{|\mathbf{X}'(t)|}$$

그러므로 식 (5.1-10)을 다음과 같이 쓸 수 있다.

$$\int_C \mathbf{F} \bullet d\mathbf{x} = \int_C \mathbf{F} \bullet \mathbf{T} ds = \int_a^b \mathbf{F}(t) \bullet \mathbf{T}(t) \left|\mathbf{X}'(t)\right| dt \tag{5.1-12}$$

식 (5.1-12)에서 $\varphi(t) = \mathbf{F}(t) \bullet \mathbf{T}(t)$는 스칼라함수이고 $ds = |\mathbf{X}'(t)|\, dt$이므로 벡터장의 선적분의 경우에도 정리 5.1-4가 성립한다. 특히, 다음은 벡터장의 선적분을 계산하는 데 유용하다.

---

4)특히, $n = 1$이면 선적분 (5.1-9)는 일변수함수의 정적분이다.

(1) 유한 개의 매끄러운 곡선 C_j $(j = 1, \ldots, k)$를 연결하여 이루어진 곡선 C에서 연속인 벡터장 $\mathbf{F}$의 선적분은 존재하고 다음이 성립한다.

$$\int_C \mathbf{F} \bullet d\mathbf{x} = \int_{C_1} \mathbf{F} \bullet d\mathbf{x} + \cdots + \int_{C_k} \mathbf{F} \bullet d\mathbf{x} \tag{5.1-13}$$

(2) 스칼라함수의 선적분과는 달리 벡터장의 선적분은 적분경로의 방향이 바뀌면 부호가 바뀐다. 즉, 곡선 C와 그의 역향곡선 $-C$에 대한 벡터장의 선적분은 다음과 같은 관계를 가진다.

$$\int_{-C} \mathbf{F} \bullet d\mathbf{x} = -\int_C \mathbf{F} \bullet d\mathbf{x} \tag{5.1-14}$$

[예제 5.1-4] 다음의 각 곡선 위에서 벡터장 $\mathbf{F}(x, y) = (xy, x)$의 선적분을 구하라.

(1) C_1 : 점 $(0, 0)$에서 $(1, 1)$까지의 선분

(2) C_2 : 점 $(0, 0)$에서 $(1, 1)$까지의 포물선 $y = x^2$

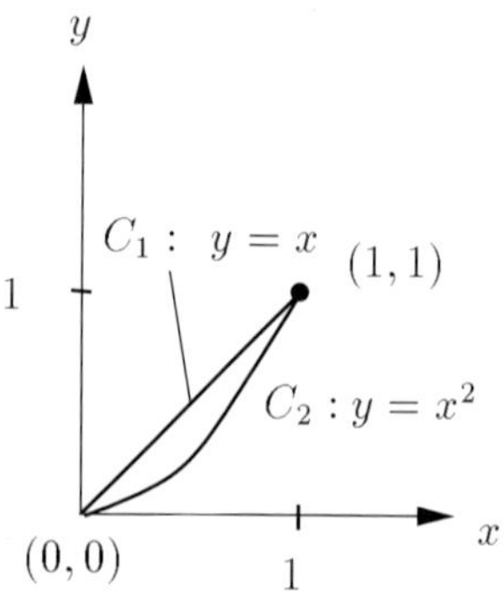

그림 5.1-7 예제 5.1-4의 적분경로

풀이 (1) 곡선 C_1의 매개화를 $\mathbf{X}(t) = (t, t), 0 \le t \le 1$로 택하여 식 (5.1-10)을 이용하면 다음을 얻는다.

$$\int_{C_1} \mathbf{F} \bullet d\mathbf{x} = \int_0^1 \mathbf{F} \bullet \mathbf{X}'(t)\, dt = \int_0^1 (t^2, t) \bullet (1, 1)\, dt = \int_0^1 (t^2 + t)\, dt = \tfrac{5}{6}$$

(2) 식 (5.1-11)을 이용하면 $dy = 2xdx$이므로 다음을 얻는다.

$$\int_{C_2} \mathbf{F} \bullet d\mathbf{x} = \int_{C_2} xydx + xdy = \int_0^1 x(x^2)\,dx + x(2x)dx = \tfrac{11}{12}$$ ✠

5.1.5 포텐샬함수와 선적분의 기본정리

예제 5.1-4로부터 두 곡선의 시점과 종점이 같아도 곡선의 경로가 다르면 동일한 벡터장의 두 선적분이 서로 다르다는 것을 알 수 있다. 다음 예제를 보자.

[예제 5.1-5] 예제 5.1-4의 적분경로에 대하여 벡터장 $\mathbf{F}(x,y) = (y,x)$의 선적분을 구하라.

풀이 예제 5.1-4와 같은 방법으로 다음을 얻는다.

$$\int_{C_1} \mathbf{F} \bullet d\mathbf{x} = \int_0^1 \mathbf{F} \bullet \mathbf{X}'(t)\,dt = \int_0^1 (t,t) \bullet (1,1)\,dt = \int_0^1 2t\,dt = 1$$
$$\int_{C_2} \mathbf{F} \bullet d\mathbf{x} = \int_{C_2} ydx + xdy = \int_0^1 x^2\,dx + x(2x)dx = \int_0^1 3x^2dx = 1$$

이 경우 주어진 벡터장에 대한 두 선적분은 경로에 관계없이 같다. ✠

예제 5.1-5는 시점에서 종점에 이르는 적분경로에 관계없이 벡터장의 선적분은 같을 수도 있음을 보여준다 (물론 예제 5.1-5에서 가능한 모든 경로를 생각하지는 않았다). 흔히, 시점에서 종점에 이르는 경로에 관계없이 벡터장의 선적분이 같으면 벡터장의 선적분은 **적분경로에 독립이다**라고 한다. 이에 대하여 더 살펴보자.

열린영역 $\Omega \subset \mathbb{R}^n$에서 벡터장 $\mathbf{F}$와 미분가능한 스칼라함수 φ가 다음 식을 만족시키면 스칼라함수 φ를 영역 Ω에서의 벡터장 $\mathbf{F}$의 **포텐샬함수**(potential function)라고 한다.

$$\nabla\varphi(\mathbf{x}) = \mathbf{F}(\mathbf{x}), \quad \mathbf{x} \in \Omega$$

한편, 미분가능한 스칼라함수 φ의 경사도에 의하여 정의되는 벡터장 $\mathbf{F} = \nabla\varphi$를 스칼라함수 φ의 **경사도장**(gradient field)이라고 한다. 특히, 포텐샬함수를 가지는 벡터장을 **보존적벡터장**(conservative filed)라고 한다 (연습문제 5.1의 18번 참조). 다음 **선적분의 기본정리**(Fundamental Theorem of Calculus for Line Integrals)는 벡터장의 선적분이 적분경로에 독립일 충분조건과 그 조건이 만족되면 선적분의 계산을 수월하게 할 수 있음을 말해 주고 있다.

[정리 5.1-5] (선적분의 기본정리) 곡선 C가 열린집합 $\Omega \subset \mathbb{R}^n$에 시점 $\mathbf{p}$와 종점 $\mathbf{q}$를 가지는 조각적으로 매끄러운 곡선이라고 하자. 만일 벡터장 $\mathbf{F}$가 집합 Ω에서 연속이며 포텐샬함수 φ를 가진다면 적분경로 C에 대한 벡터장 F의 선적분에 대하여 다음이 성립한다.

$$\int_C \mathbf{F} \cdot d\mathbf{x} = \varphi(\mathbf{q}) - \varphi(\mathbf{p}) \tag{5.1-15}$$

증명 식 (5.1-13)에 의해 일반적으로 주어진 곡선 C가 매끄럽다고 가정할 수 있다. 곡선 C의 매개화가 다음과 같다고 하자.

$$C : \mathbf{X}(t),\ a \le t \le b; \quad \mathbf{X}(a) = \mathbf{p},\ \mathbf{X}(b) = \mathbf{q}$$

그러면 적분경로 C에 대한 벡터장 F의 선적분은 다음과 같이 계산할 수 있다.

$$\begin{aligned}
\int_C \mathbf{F} \cdot d\mathbf{x} &= \int_C \nabla\varphi \cdot d\mathbf{x} = \int_a^b \{\nabla' \cdot \mathbf{X}'(t)\}\, dt \\
&= \int_a^b \left\{ \frac{d}{dt}\varphi(\mathbf{X}(t)) \right\} dt \\
&= [\varphi(\mathbf{X}(t))]_a^b \\
&= \varphi(\mathbf{X}(b)) - \varphi(\mathbf{X}(a)) \\
&= \varphi(\mathbf{q}) - \varphi(\mathbf{p})
\end{aligned}$$

따라서 식 (5.1-15)가 성립한다. ■

벡터장 $\mathbf{F}$의 선적분이 적분경로에 독립이면 시점이 $\mathbf{p}$이고 종점이 $\mathbf{q}$인 적분경로

C에 대한 벡터장 $\mathbf{F}$의 선적분 $\int_C \mathbf{F} \cdot d\mathbf{x}$을 다음과 같이 나타기도 한다.

$$\int_C \mathbf{F} \cdot d\mathbf{x} = \int_{\mathbf{p}}^{\mathbf{q}} \mathbf{F} \cdot d\mathbf{x}$$

만일, 적분경로가 닫힌곡선이면 선적분의 기본정리 5.1-5로부터 다음을 얻는다.

[따름정리 5.1.1] 열린집합 $\Omega \subset \mathbb{R}^n$에서 연속인 벡터장 $\mathbf{F}$가 포텐샬함수 φ를 가지면 집합 Ω에 있는 임의의 조각적으로 매끄러운 닫힌곡선인 적분경로 C에 대하여 다음이 성립한다.

$$\int_C \mathbf{F} \cdot d\mathbf{x} = 0$$

[예제 5.1-6] 예제 5.1-5에서 주어진 벡터장 $\mathbf{F}(x, y) = (y, x)$는 함수 $\varphi(x, y) = xy$의 경사도장이다. 즉, 다음이 성립한다.

$$\nabla \varphi(x, y) = \left(\frac{\partial \varphi}{\partial x}, \frac{\partial \varphi}{\partial y} \right) = (y, x) = \mathbf{F}(x, y)$$

따라서 예제 5.1-5에서 주어진 벡터장의 선적분은 선적분의 기본정리 5.1-5에 의해 시점 $(0,0)$과 종점 $(1,1)$을 잇는 임의의 조각적으로 매끄러운 곡선에 대해 동일하다.

선적분의 기본정리는 포텐샬함수를 가지는 벡터장의 선적분을 간편하게 계산할 수 있게 한다. 그러면 벡터장이 포텐샬함수를 가지는지를 또는 보존적인지를 어떻게 판별할 수 있는지 알아보자. 이에 대해 새로운 용어가 필요하다.

집합 $\Omega \subset \mathbb{R}^n$의 임의의 두 점을 Ω에 있는 조각적으로 매끄러운 곡선으로 연결할 수 있으면 집합 Ω를 **연결집합**(path connected set)이라고 한다. 특히, 연결집합이면서 열린집합을 **연결영역**(connected domain)이라고 한다.

연결영역에서 정의된 보존적벡터장 또는 포텐샬함수를 가지는 벡터장에 대해 다음 정리가 성립한다.

[정리 5.1-6] 연결영역 $\Omega \subset \mathbb{R}^n$에서 연속인 벡터장 $\mathbf{F}$에 대하여 다음 명제는 서로 동치이다.

(1) $\mathbf{F}$가 포텐샬함수를 가진다.

(2) 영역 Ω에 있는 시점과 종점이 각각 같은 조각적으로 매끄러운 두 곡선 C_1과 C_2에 대하여 $\int_{C_1} \mathbf{F} \cdot d\mathbf{x} = \int_{C_2} \mathbf{F} \cdot d\mathbf{x}$이 성립한다.

(3) 곡선 C가 Ω에 있는 조각적으로 매끄러운 닫힌곡선이면 다음이 성립한다.

$$\int_C \mathbf{F} \cdot d\mathbf{x} = 0$$

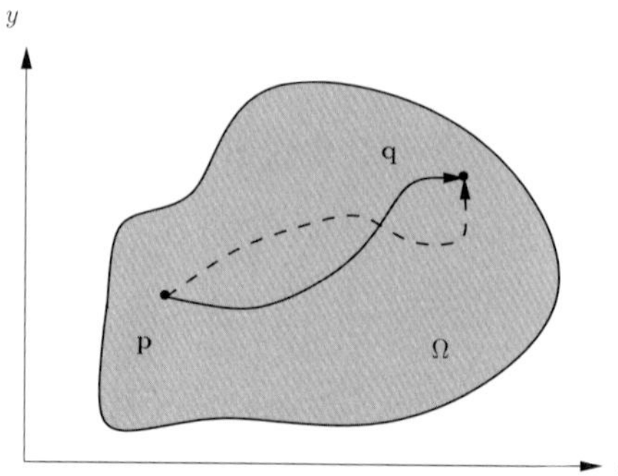

그림 5.1-8 정리 5.1-6의 영역

증명 (1)이면 (2)라는 것은 정리 5.1-5를 이용하면 어렵지 않게 알 수 있다. 또 (2)와 (3)이 동치라는 것도 분명하다. 이제 (2)이면 (1)이 성립한다는 것을 $n = 2$인 경우에 보이기로 하겠다. 일반적으로 $n \geq 3$인 경우도 같은 방법으로 증명할 수 있다.

집합 Ω에서 한 점 $\mathbf{q} = (a, b) \in \Omega$를 임의로 택하자. 이제 점 $\mathbf{p} \in \Omega$를 시점, 점 $\mathbf{q}$를 종점으로 하는 조각적으로 매끄럽고 Ω에 놓이는 곡선을 C라고 하자. 그리고 벡터장 $\mathbf{F}(x, y) = (f(x, y), g(x, y))$에 대하여 스칼라함수 φ를 다음과 같이 정의하자.

$$\varphi(a, b) = \int_C \mathbf{F} \cdot d\mathbf{x} = \int_C f\,dx + g\,dy, \quad (a, b) = \mathbf{q} \tag{5.1-16}$$

가정으로부터 점 $\mathbf{q}$와 $\mathbf{p}$에 대하여 식 (5.1-16)이 C의 선택에 무관하므로 함수 φ는 집합 Ω에서 잘 정의되어 있다. 이제 곡선 C를 그림 5.1-8과 같이 $\mathbf{q}$의 근방에서 x축과 평행한 것으로 잡으면 다음을 얻는다.

$$\frac{\partial \varphi}{\partial x}(\mathbf{q}) = \lim_{h\to 0}\frac{1}{h}\{\varphi(a+h,b)-\varphi(a,b)\} = \lim_{h\to 0}\frac{1}{h}\int_a^{a+h} f(x,b)\,dx = f(a,b)$$

이와 비슷하게 곡선 C를 $\mathbf{q}$의 근방에서 y축과 평행한 것으로 잡으면 다음을 얻는다.

$$\frac{\partial \varphi}{\partial y}(\mathbf{q}) = \lim_{h\to 0}\frac{1}{h}\{\varphi(a,b+h)-\varphi(a,b)\} = \lim_{h\to 0}\frac{1}{h}\int_b^{b+h} g(a,y)\,dy = g(a,b)$$

그런데 $\mathbf{q}\in\Omega$가 임의의 점이므로 $\mathbf{x}\in\Omega$인 모든 점 $\mathbf{x}$에서 $\nabla\varphi(\mathbf{x}) = \mathbf{F}(\mathbf{x})$이다. 즉, 스칼라함수 φ는 벡터장 $\mathbf{F}$의 포텐샬함수이다. ■

정리 5.1-6은 벡터장이 포텐샬함수를 가질 필요충분조건을 말하고 있지만 현실적으로 모든 곡선에 대하여 정리의 (2) 또는 (3)을 검사할 수 없어 직접 이용하기가 곤란하다. 다음 정리는 벡터장이 포텐샬함수를 가질 필요조건에 대해 말하고 있다.

[정리 5.1-7] 열린집합 $\Omega\subset\mathbb{R}^n$에서 C^1인 벡터장 $\mathbf{F}(\mathbf{x}) = (f_1(\mathbf{x}),\ \ldots,\ f_n(\mathbf{x}))$가 포텐샬함수 φ를 가진다면 다음이 성립한다.

$$\frac{\partial f_j}{\partial x_i}(\mathbf{x}) = \frac{\partial f_i}{\partial x_j}(\mathbf{x}),\ \ \mathbf{x}\in\Omega \quad (1\le i,j\le n) \tag{5.1-17}$$

증명 스칼라함수 φ가 벡터장 $\mathbf{F}$의 포텐샬함수이므로 $\frac{\partial\varphi}{\partial x_i} = f_i$이다. 그런데 주어진 조건에 의하여 f_i $(1\le i\le n)$의 각 편도함수가 연속이다. 따라서 φ의 이계편도함수는 편미분하는 순서에 관계없다. 그러므로 다음이 성립한다.

$$\frac{\partial f_j}{\partial x_i} = \frac{\partial}{\partial x_i}\left(\frac{\partial\varphi}{\partial x_j}\right) = \frac{\partial}{\partial x_j}\left(\frac{\partial\varphi}{\partial x_i}\right) = \frac{\partial f_i}{\partial x_j} \quad (1\le i,j\le n)$$ ■

식 (5.1-17)을 평면 $\mathbb{R}^2$에서 정의된 벡터장 $\mathbf{F}(x,y) = P(x,y)\mathbf{i} + Q(x,y)\mathbf{j}$에 적용

하면 다음과 같다.

$$\frac{\partial Q}{\partial x} = \frac{\partial P}{\partial y} \tag{5.1-18}$$

또 공간 $\mathbb{R}^3$에서의 벡터장 $\mathbf{F}(x,y,z) = P(x,y,z)\mathbf{i} + Q(x,y,z)\mathbf{j} + R(x,y,z)\mathbf{k}$에 적용하면 다음과 같다.

$$\operatorname{curl}\mathbf{F} = \nabla \times \mathbf{F} = \begin{vmatrix} \mathbf{i} & \mathbf{j} & \mathbf{k} \\ \dfrac{\partial}{\partial x} & \dfrac{\partial}{\partial y} & \dfrac{\partial}{\partial z} \\ P(x,y,z) & Q(x,y,z) & R(x,y,z) \end{vmatrix} = \mathbf{0} \tag{5.1-19}$$

[예제 5.1-7] 원점을 제외한 평면에서의 벡터장 $\mathbf{F}(x,y) = \frac{-y}{x^2+y^2}\mathbf{i} + \frac{x}{x^2+y^2}\mathbf{j}$에 대하여 단위원 $C : \mathbf{X}(t) = (\cos t,\ \sin t),\ 0 \le t \le 2\pi$ 위에서의 선적분을 구하고 그 결과를 정리 5.1-7과 비교하라.

풀이 먼저 벡터장 $\mathbf{F}$의 적분경로 C에 대한 선적분은 다음과 같다.

$$\int_C \mathbf{F} \cdot d\mathbf{x} = \int_0^{2\pi} (-\sin t,\ \cos t) \cdot (-\sin t, \cos t)\, dt = \int_0^{2\pi} 1\, dt = 2\pi$$

또 벡터장 $\mathbf{F}$에 대하여 다음을 얻는다.

$$\frac{\partial}{\partial y}\left(\frac{-y}{x^2+y^2}\right) = \frac{y^2-x^2}{(x^2+y^2)^2}, \quad \frac{\partial}{\partial x}\left(\frac{x}{x^2+y^2}\right) = \frac{y^2-x^2}{(x^2+y^2)^2}$$

따라서 정리 5.1-7의 식 (5.1-17), 특히 (5.1-18)을 만족시킨다. 그러나 정리 5.1-6에 의해 주어진 벡터장 $\mathbf{F}$는 단위원판을 포함하는 영역에서 포텐샬함수를 가지지 않는다. 이는 벡터장 $\mathbf{F}$가 원점에서 연속이 아니므로 정리 5.1-7에 모순되지 않는다. ✠

만일 집합 Ω가 '좋은 집합'이면 정리 5.1-7의 역이 성립한다. 이를 위해 몇 가지 용어를 정의하자. 영역 $\Omega \subset \mathbb{R}^n$에 있는 임의의 닫힌곡선을 영역 Ω를 벗어나지 않고 연속적으로 Ω 속의 한 점이 되게 '줄일 수 있으면'(contractable) 영역 Ω를 **단순연결영역**(simply connected region)이라고 한다. 한편, 단순연결영역이 아닌 영역을 **다중연결영역**(multiply connected region)이라고 한다. 앞으로 열린집합이면서 단순연결영역을 간단하게 단순연결영역이라 하겠다. 그림 5.1-9는 평면에서 단순연결영역과 다중연결영역의 예를 보여주고 있다.

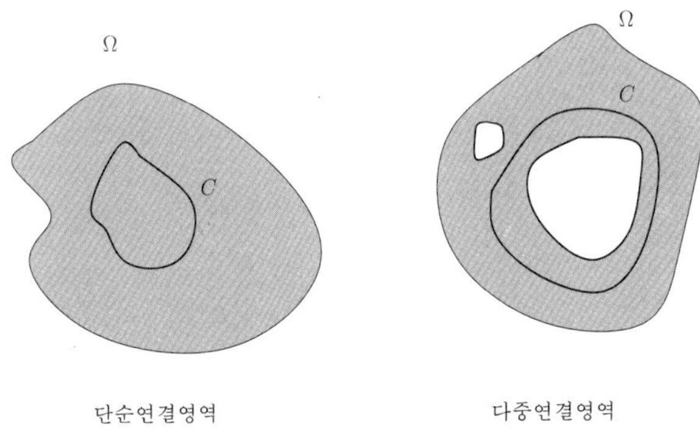

그림 5.1-9 평면의 단순연결영역과 다중연결영역

[정리 5.1-8] 단순연결영역 $\Omega \subset \mathbb{R}^n$에서 정의된 C^1인 벡터장 $\mathbf{F}$가 식 (5.1-17)을 만족시키면 벡터장 $\mathbf{F}$는 Ω에서 포텐샬함수를 가진다.

증명 (스케치) 이 증명은 이 책이 다루는 범위를 벗어나므로 임의의 두 점을 연결하는 집합 Ω 내에 있는 선분으로 연결할 수 있는 집합의 경우에 대하여 증명을 하기로 한다. 이러한 집합을 **볼록집합**(convex set)이라고 한다. 열린집합인 볼록집합은 단순연결영역이다.

먼저 Ω의 한 점 $\mathbf{p}$를 고정하고 임의의 점 $\mathbf{x} \in \Omega$와 $\mathbf{p}$를 연결하는 선분 C의 매개화 $\mathbf{X}(t)$는 다음과 같다.

$$\mathbf{X}(t) = \mathbf{p} + t\,(\mathbf{x} - \mathbf{p}),\ \ 0 \le t \le 1$$

스칼라함수 φ가 벡터장 $\mathbf{F}$의 포텐샬함수이면 $\varphi + c$ (c는 상수이다)도 포텐샬함수이므로 편의상 $\varphi(\mathbf{p}) = 0$이라고 하자. 이제 함수 φ를 다음 식으로 정의하자.

$$\begin{aligned}\varphi(\mathbf{x}) &= \int_C \mathbf{F} \bullet d\mathbf{x} = \int_0^1 \mathbf{F}(\mathbf{p} + t(\mathbf{x} - \mathbf{p})) \bullet (\mathbf{x} - \mathbf{p})\,dt \qquad (5.1\text{-}20)\\ &= \sum_{j=1}^{n} \int_0^1 f_j(\mathbf{p} + t(\mathbf{x} - \mathbf{p}))(x_j - p_j)\,dt\end{aligned}$$

여기서 x_j와 p_j ($j = 1, \ldots, n$)는 각각 $\mathbf{x}$와 $\mathbf{p}$의 j째 성분이다. 이제 $i = 1, \ldots, n$에 대하여

편도함수 $\frac{\partial \varphi}{\partial x_i}$를 계산하면 다음과 같다.

$$\begin{aligned}
\frac{\partial \varphi(\mathbf{x})}{\partial x_i} &= \sum_{j=1}^{n} \int_0^1 \frac{\partial}{\partial x_i} \{f_j(\mathbf{p}+t(\mathbf{x}-\mathbf{p}))(x_j-p_j)\}\, dt \\
&= \sum_{j=1}^{n} \int_0^1 \left\{ \frac{\partial}{\partial x_i} f_j(\mathbf{p}+\, t\,(\mathbf{x}-\mathbf{p})) \right\} t(x_j-p_j)\, dt + \int_0^1 f_i(\mathbf{p}+t(\mathbf{x}-\mathbf{p}))\, dt \\
&= \sum_{j=1}^{n} \int_0^1 \left\{ \frac{\partial}{\partial x_j} f_i(\mathbf{p}+\, t\,(\mathbf{x}-\mathbf{p})) \right\} t(x_j-p_j)\, dt + \int_0^1 f_i(\mathbf{p}+t(\mathbf{x}-\mathbf{p}))\, dt \\
&= \int_0^1 \left[t\frac{d}{dt} \{f_i(\mathbf{p}+t(\mathbf{x}-\mathbf{p}))\} + f_i(\mathbf{p}+t(\mathbf{x}-\mathbf{p})) \right] dt \\
&= \int_0^1 \frac{d}{dt} \{t f_i(\mathbf{p}+t(\mathbf{x}-\mathbf{p}))\}\, dt = f_i(\mathbf{x})
\end{aligned}$$

따라서 $i = 1, \ldots, n$에 대하여 $\frac{\partial \varphi(\mathbf{x})}{\partial x_i} = f_i(\mathbf{x}),\ \mathbf{x} \in \Omega$이므로 함수 φ는 벡터장 $\mathbf{F}$의 포텐샬함수이다. □

[예제 5.1-8] 평면에서 벡터장 $\mathbf{F}(x,y) = (2xy, x^2+1)$이 포텐샬함수를 가짐을 보이고 그것을 구하라.

풀이 벡터장 $\mathbf{F}$는 다음을 만족시키므로 정리 5.1-8에 의해 $\mathbb{R}^2$에서 포텐샬함수를 가진다.

$$\frac{\partial}{\partial x}\left(x^2+1\right) = 2x = \frac{\partial}{\partial y}(2xy)$$

이제 원점 $\mathbf{0}$를 고정하고 평면의 임의의 점을 $\mathbf{p} = (a,b)$라고 하자. 점 $\mathbf{0}$와 $\mathbf{p}$를 잇는 선분 $C : \mathbf{X}(t) = t\mathbf{p}\ (0 \le t \le 1)$에 대해 정리 5.1-8의 증명 중의 식 (5.1-20)을 이용하여 다음과 스칼라함수 φ를 정의하면 이는 벡터장 $\mathbf{F}$의 포텐샬함수이다.

$$\begin{aligned}
\varphi(\mathbf{p}) &= \varphi(\mathbf{0}) + \int_C \mathbf{F} \bullet d\mathbf{x} = \varphi(\mathbf{0}) + \int_0^1 \mathbf{F}(\mathbf{X}(t)) \bullet \mathbf{X}'(t)\, dt \\
&= \varphi(\mathbf{0}) + \int_0^1 (2abt^2, a^2t^2+1) \bullet (a,b)\, dt = \varphi(\mathbf{0}) + \int_0^1 \left(3a^2bt^2 + b\right) dt \\
&= a^2b + b + \varphi(\mathbf{0})
\end{aligned}$$

따라서 $\varphi(\mathbf{x}) = x^2y + y + c,\ (x,y) \in \mathbb{R}^2$이다 (단, c는 상수).

한편, 포텐샬함수 φ는 다음과 같은 방법으로도 구할 수도 있다.

벡터장 $\mathbf{F}$의 포텐샬함수를 φ라고 하면 $\nabla\varphi = \mathbf{F}$이므로 $\frac{\partial\varphi}{\partial x} = 2xy$, $\frac{\partial\varphi}{\partial y} = x^2+1$이 성립한다. 여기서 $\frac{\partial\varphi}{\partial x} = 2xy$를 x에 관하여 적분하면 $\varphi(x,y) = x^2y + g(y)$ (단, g는 도함수가 연속인 함수)를 얻는다. 이제 함수 φ를 y에 대해 미분하면 다음이 성립해야 한다.

$$\frac{\partial\varphi}{\partial y} = x^2 + g'(y) = x^2 + 1$$

그런데 $g'(y) = 1$이어야 하므로 $g(y) = y + c$이다. 이를 종합하면 구하는 포텐샬함수 φ는 $\varphi(x,y) = x^2y + y + c$이며 이는 앞에서 구한 함수와 같은 함수이다. ✠

벡터장이 포텐샬함수를 가지면 얼마나 많이 가지는가는 다음 정리에 의해 알 수 있다. 증명은 연습문제로 남긴다.

[정리 5.1-9] 연결영역 $\Omega \subset \mathbb{R}^n$에서 연속인 벡터장 $\mathbf{F}$의 포텐샬함수가 φ_1과 φ_2라고 하면 모든 $\mathbf{x} \in \Omega$에서 $\varphi_1(\mathbf{x}) = \varphi_2(\mathbf{x}) + c$을 만족시키는 상수 c가 존재한다.

연습 문제 5.1

1. 다음 벡터장의 curl 과 div 를 구하라.
   (1) $\mathbf{F}(x,y,z) = (10xy, 2x^2z, 6x^3)$
   (2) $\mathbf{F}(x,y,z) = \left(x^2\sin(yz), z\cos(xz^3), ye^{5xy}\right)$
   (3) $\mathbf{F}(x,y,z) = \left(xye^x, -x^3yze^z, xy^2e^y\right)$
   (4) $\mathbf{F}(x,y,z) = (yz\ln x, 2x-3yz, xy^2z^3)$
2. 정리 5.1-1를 증명하라.
3. 이계편도함수를 가지는 스칼라함수 $f(x,y,z)$와 $g(x,y)$에 대하여 다음의 두 식이 성립함을 보여라.

$$\nabla\cdot\nabla f = \frac{\partial^2 f}{\partial x^2} + \frac{\partial^2 f}{\partial y^2} + \frac{\partial^2 f}{\partial z^2}, \quad \nabla\cdot\nabla g = \frac{\partial^2 g}{\partial x^2} + \frac{\partial^2 g}{\partial y^2}$$

위의 두 식을 각각 함수 f와 g의 **라플라시안**(Laplacian)이라고 하고 $\nabla^2 f$와 $\nabla^2 g$로 나타내기도 한다.

4. 방정식 $\nabla^2 f = 0$을 만족시키는 스칼라함수 f를 **조화함수**(harmonic function)라고 하고, 그 방정식을 **라플라스방정식**(Laplace's equation)이라고 한다. 다음 함수가 조화함수임을 보여라.
   (1) $f(x,y,z) = (x^2+y^2+z^2)^{-1/2},\ x^2+y^2+z^2 \neq 0$
   (2) $f(x,y) = \tan^{-1}\left(\frac{2y}{x^2+y^2-1}\right),\ x^2+y^2 \neq 1$

5. 평면에서 단위원 주위를 흐르는 유체의 속도장 $\mathbf{F}$가 다음과 같을 때 물음에 답하라.

$$\mathbf{F}(x,y) = A\left(1 - \frac{x^2-y^2}{(x^2+y^2)^2},\ -\frac{2xy}{(x^2+y^2)^2}\right),\ A > 0$$

   (1) 점 (x,y)가 원점에서 충분히 멀면 $\mathbf{F}(x,y) \approx (A,0)$임을 보여라.
   (2) 속도장 $\mathbf{F}$가 비회전적임을 보여라.
   (3) 속도장 $\mathbf{F}$가 비압축적임을 보여라.

6. 벡터장 $\mathbf{F}(x,y,z) = \left(x^2yz, -xy^2z, z+5x\right)$는 다른 벡터장의 curl 이 될 수 없음을 보여라.

7. 다음 스칼라함수 f와 주어진 곡선 C에 대하여 $\int_C f\,ds$를 구하라.
   (1) $f(x,y) = xy^2,\ C: \mathbf{X}(t) = (\cos t, \sin t),\ 0 \le t \le \pi/2$
   (2) $f(x,y) = x + y^2,\ C: \mathbf{X}(t) = (t^2, t^2),\ 0 \le t \le 1$
   (3) $f(x,y) = x^3 + 2xy^2 + 2x,\ C: \mathbf{X}(t) = (2t, t^2),\ 0 \le t \le 1$
   (4) $f(x,y) = x^2/y^3,\ C: \mathbf{X}(t) = (t, \frac{3}{2}t^{2/3}),\ 1 \le t \le 8$
   (5) $f(x,y,z) = 4xyz,\ C: \mathbf{X}(t) = (\frac{1}{3}t^3, t^2, 2t),\ 0 \le t \le 1$
   (6) $f(x,y,z) = z,\ C: \mathbf{X}(t) = (\cos t, \sin t, t),\ 0 \le t \le 2\pi$

8. 다음 벡터장 $\mathbf{F}$와 곡선 C에 대하여 $\int_C \mathbf{F} \cdot d\mathbf{x}$를 구하라.
   (1) $\mathbf{F}(x,y) = \left(x^2, y^2\right)$, C는 점 $(0,0)$에서 $(2,4)$까지의 선분
   (2) $\mathbf{F}(x,y) = (xy, y-x)$, C는 반시계방향의 단위원
   (3) $\mathbf{F}(x,y) = (xy, y-x)$, C는 세 점 $(0,0)$, $(1,0)$, $(1,1)$을 꼭지점으로 가지는 방향이 역시계방향인 삼각형
   (4) $\mathbf{F}(x,y) = \left(y^3, -x^2y\right),\ C: \mathbf{X}(t) = \left(e^{-2t}, e^t\right),\ 0 \le t \le \ln 2$
   (5) $\mathbf{F}(x,y,z) = \left(e^x, xe^{xy}, xye^{xyz}\right),\ C: \mathbf{X}(t) = \left(t, t^2, t^3\right),\ 0 \le t \le 1$
   (6) $\mathbf{F}(x,y,z) = (x\sin x, \cos y, x+y),\ C: \mathbf{X}(t) = (t, t^2, t^4),\ 0 \le t \le 1$
   (7) $\mathbf{F}(x,y,z) = e^{y+2z}(1, x, 2x),\ C: \mathbf{X}(t) = (t,t,t),\ 0 \le t \le 1$
   (8) $\mathbf{F}(x,y,z) = (2y, 3x, x+y),\ C: \mathbf{X}(t) = (\cos t, \sin t, \frac{t}{6}),\ 0 \le t \le 2\pi$

9. 주어진 곡선에 대해 선적분을 계산하라.

(1) $\int_C (6x^2+2y^2)\,dx + 4xy\,dy,\ C: \mathbf{X}(t) = (\sqrt{t}, t),\ 4 \le t \le 9$

(2) $\int_C -y^2\,dx + xy\,dy,\ C: \mathbf{X}(t) = (2t, t^3),\ 0 \le t \le 2$

(3) $\int_C 2x^3\,dx + (3x+y)\,dy$, C는 시점 $(1,-1)$과 종점$(1,1)$를 잇는 포물선 $x = y^2$

(4) $\int_C 4x\,dx + 2y\,dy$, C는 시점 $(0,-1)$과 종점 $(9,2)$를 잇는 곡선 $x = y^3+1$

10. 식 (5.1-14)가 성립함을 보여라.

11. 다음 벡터장이 포텐샬함수를 가지는지 판별하고, 포텐샬함수를 가지면 그것을 구하라.

(1) $\mathbf{F}(x,y) = \frac{1}{(x^2+y^2+1)^2}(x,y)$
(2) $\mathbf{F}(x,y) = \left(y^2\cos xy^2, -2xy\sin xy^2\right)$
(3) $\mathbf{F}(x,y) = \left(2e^{2y}, xe^{2y}\right)$
(4) $\mathbf{F}(x,y) = \left(4x^3y^3+3, 3x^4y^2+1\right)$
(5) $\mathbf{F}(x,y,z) = e^{y+2z}(1, x, 2x)$
(6) $\mathbf{F}(x,y,z) = (y+z, z+x, x+y)$
(7) $\mathbf{F}(x,y,z) = (2z, 3y, 4z)$
(8) $\mathbf{F}(x,y,z) = (y\sin z, x\sin z, xy\cos z)$

12. 다음 선적분이 경로에 독립임을 보이고 그 값을 구하라.

(1) $\displaystyle\int_{(1,0)}^{(3,2)} (x+2y)\,dx + (2x-y)\,dy$

(2) $\displaystyle\int_{(0,0)}^{(\pi/2,0)} \cos x\cos y\,dx + (1-\sin x\sin y)\,dy$

(3) $\displaystyle\int_{(4,1)}^{(4,4)} \frac{-y\,dx + x\,dy}{y^2}$ (단, 경로는 상반평면 내에 있는 경로를 택한다)

(4) $\displaystyle\int_{(-2,0)}^{(1,0)} (2x - y\sin xy - 5y^4)\,dx - (20xy^3 + x\sin xy)\,dy$

(5) $\displaystyle\int_{(1,1,1)}^{(2,4,8)} yz\,dx + xz\,dy + xy\,dz$

(6) $\displaystyle\int_{(1,0,0)}^{(2,\pi/2,1)} (2x\sin y + 3e^{3z}\,dx + x^2\cos y\,dy + (3xe^{3z}+5)\,dz$

(7) $\displaystyle\int_{(1,2,1)}^{(3,4,1)} (2x+1)\,dx + 3y^2\,dy + \tfrac{1}{z}\,dz$

(8) $\displaystyle\int_{(1,1,\ln 3)}^{(2,2,\ln 3)} e^{2z}\,dx + 3y^2\,dy + 2xe^{2z}\,dz$

13. 벡터장 $\mathbf{F}(x,y,z) = (e^x\sin y - yz)\mathbf{i} + (e^x\cos y - xz)\mathbf{j} + (z-xy)\mathbf{k}$에 대해 다음 물음에 답하라.

(1) 벡터장 $\mathbf{F}$가 보존적임을 보이고 그의 포텐샬함수를 구하라.

(2) 시점이 $(0, \frac{1}{2}\pi, -1)$이고 종점이 $(1, \pi, 2)$인 적분경로 C에 대한 선적분 $\int_C \mathbf{F}\cdot d\mathbf{x}$를 구하라.

14. 따름정리 5.1.1을 증명하라.

15. 다음 힘장 $\mathbf{F}$가 곡선 $C : \mathbf{X}(t) = (\cos t, \sin t)$를 따라 $t = 0$에서 $t = \pi$까지 한 일의 양을 구하라.

    (1) $\mathbf{F}(x, y) = (x, y)$ (2) $\mathbf{F}(x, y) = (\frac{3}{4}, \frac{1}{2})$

16. 힘장 $\mathbf{F}(x, y, z) = \left(8xy^3z, 12x^2y^2z, 4x^2y^3\right)$가 나선 $\mathbf{X}(t) = (2\cos t, 2\sin t, t)$를 따라 점 $(2, 0, 0)$부터 $(1, \sqrt{3}, \frac{\pi}{3})$까지 작용하면서 한 일의 양를 구하라.

17. 질량 m인 질점이 매끄러운 곡선 $C : \mathbf{X}(t)$, $a \le t \le b$를 따라 움직인다고 하자. 이 때 힘장 $\mathbf{F} = m\mathbf{X}''(t)$가 한 일의 양 W가 다음과 같음을 보여라.

$$W = \frac{1}{2}m\left|\mathbf{X}'(b)\right|^2 - \frac{1}{2}m\left|\mathbf{X}'(a)\right|^2$$

    여기서 $\frac{1}{2}m\left|\mathbf{X}'\right|^2$을 질점의 **운동에너지**(kinetic energy)라고 한다.

18. 힘장 $\mathbf{F}$에 대하여 다음을 만족시키는 스칼라함수 φ를 $\mathbf{F}$의 **위치에너지함수** 또는 **포텐샬에너지함수**(potential energy function)이라 한다.

$$\mathbf{F}(\mathbf{x}) = -\nabla\varphi(\mathbf{x})$$

    (1) 힘장 $\mathbf{F}$가 포텐샬에너지함수 φ를 가진다면 점 $\mathbf{a}$에서 $\mathbf{b}$를 잇는 임의의 곡선 C를 따라 한 일의 총량 W은 다음과 같음을 보여라.

$$W = \varphi(\mathbf{a}) - \varphi(\mathbf{b})$$

    (2) [**역학에너지보존법칙**(law of conservation of mechanical enery)] 문제 17의 힘장 $\mathbf{F}$의 포텐샬에너지함수 φ가 존재한다면 다음이 성립함을 보여라.

$$\varphi(\mathbf{a}) + \frac{1}{2}m\left|\mathbf{X}'(a)\right|^2 = \varphi(\mathbf{b}) + \frac{1}{2}m\left|\mathbf{X}'(b)\right|^2, \ \mathbf{X}(a) = \mathbf{a}, \mathbf{X}(b) = \mathbf{b}$$

19. 정리 5.1-9를 증명하라.

20. 벡터장 $\mathbf{F}(\mathbf{x}) = (f(\mathbf{x}), g(\mathbf{x}), h(\mathbf{x}))$에 대하여 다음을 만족시키는 스칼라함수 φ가 존재하면 선적분 $\int_C \mathbf{F} \cdot d\mathbf{x} = \int_C f\,dx + g\,dy + h\,dz$는 적분경로에 독립적임을 보여라.

$$d\varphi = \frac{\partial\varphi}{\partial x}dx + \frac{\partial\varphi}{\partial y}dy + \frac{\partial\varphi}{\partial z}dz = f\,dx + g\,dy + h\,dz$$

    이는 미분형식 $f\,dx + g\,dy + h\,dz$가 완전미분이면, 즉 어떤 스칼라함수의 전미분이면 선적분은 경로에 독립적임을 의미한다. 이는 평면의 경우에도 성립한다.

5.2 그린정리

이제 벡터해석에서 가장 중요한 결과 중의 하나인 **그린**[5]**정리**(Green's Theorem)의 내용과 그의 간단한 응용에 대하여 알아보자.

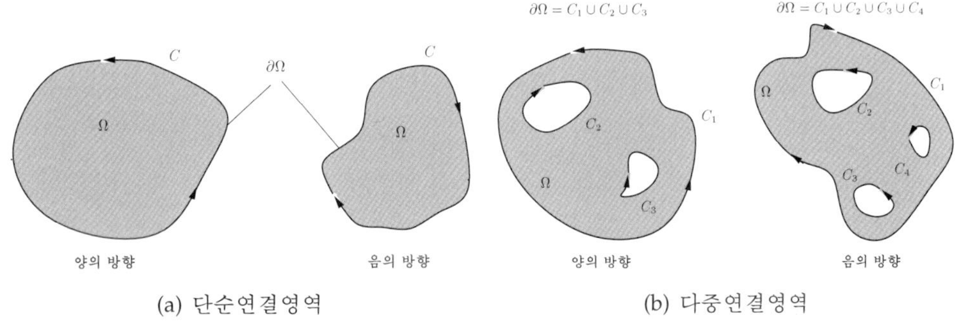

그림 5.2-1 (a) 단순연결영역의 경계의 방향 (b) 다중연결영역의 경계의 방향

평면에서 단순곡선 C는 평면을 곡선 C의 **내부**(유계인 부분)과 곡선 C의 **외부**(유계가 아닌 부분)로 나눈다.[6] 단순곡선 C의 내부를 왼쪽에 두고 C 위를 진행하게 되는 방향을 곡선 C의 **양의 방향**(positive direction) 또는 역시계방향(counterclockwise direction)이라고 하며, 그 반대방향을 C의 **음의 방향**(negative direction) 또는 시계방향(clockwise direction)이라고 한다 (그림 5.2-1(a) 참조).

한편, 그림 5.2-1(b)와 같이 유한 개의 구멍을 가지는 유계인 다중연결영역 Ω에 대하여 경계 $\partial\Omega$를 이루는 각 곡선 C_i로 둘러싸인 영역 Ω를 왼쪽에 두고 진행하는 방향을 경계 $\partial\Omega$의 양의 방향, 그 반대 방향을 음의 방향이라고 한다. 흔히 **닫힌 적분경로**, 즉 닫힌곡선 C에 대한 벡터장 $\mathbf{F}$의 선적분을 다음과 같이 나타낸다.

$$\oint_C \mathbf{F}(x,y) \bullet d\mathbf{x}, \qquad \ointclockwise_C \mathbf{F}(x,y) \bullet d\mathbf{x}, \qquad \oint_C P(x,y)\,dx + Q(x,y)\,dy$$

이때 $\oint$과 $\ointclockwise$는 각각 닫힌 적분경로의 양과 음의 방향에 대한 선적분을 나타낸다.

---

[5]George Green (1793–1841) :영국의 수학자, 물리학자

[6]이를 죠르당정리(Jordan's curve theorem)라 한다. 직관적으로 명백하지만 증명은 매우 어렵다. Camille Jordan(1838-1922): 프랑스의 수학자

5.2.1 그린정리

[정리 5.2-1] (그린정리) 평면에서 집합 Ω가 그림 5.2-2와 같이 조각적으로 매끄러운 단순곡선 $C_i\,(1 \le i \le k)$에 의하여 둘러싸여 있는 유계인 영역이라고 하자. 또한 곡선 C_1의 내부에서 곡선 $C_i\,(2 \le i \le k)$는 서로 분리되어 있다고 하자. 그러면 집합 Ω와 그의 경계 $\partial\Omega = C_1 \cup \cdots \cup C_k$를 포함하고 있는 열린집합에서 C^1인 벡터장 $\mathbf{F}(x,y) = (P(x,y), Q(x,y))$에 대하여 다음이 성립한다.

$$\oint_{\partial\Omega} \mathbf{F} \bullet d\mathbf{x} = \oint_{\partial\Omega} P(x,y)\,dx + Q(x,y)\,dy = \iint_{\Omega} \left(\frac{\partial Q}{\partial x} - \frac{\partial P}{\partial y} \right) dx\,dy \tag{5.2-1}$$

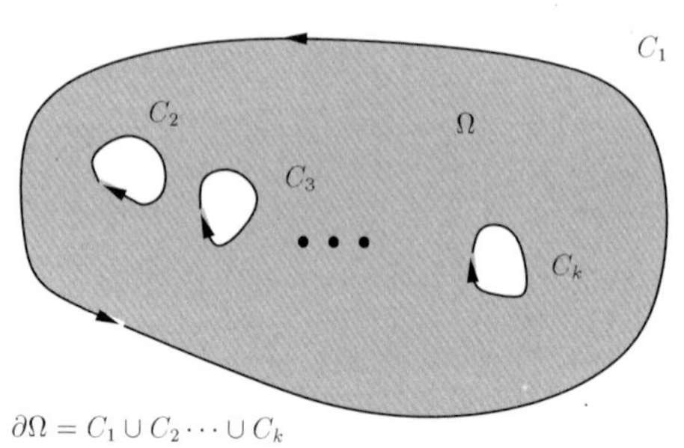

그림 5.2-2 그린정리의 영역

증명 먼저 $k = 1$일 때 집합 Ω가 그림 5.2-3의 (a)에 보인 것처럼 다음과 같이 주어지는 영역인 경우에 대하여 증명한다 .

$$\text{(I)}\ \ \Omega = \{(x,y)\,|\, a \le x \le b,\ f_1(x) \le y \le f_2(x)\} \quad \text{또는}$$

$$\text{(II)}\ \ \Omega = \{(x,y)\,|\, g_1(y) \le x \le g_2(y),\ c \le y \le d\}$$

먼저 (I)의 경우에 다음을 얻는다.

$$-\iint_{\Omega} \frac{\partial P}{\partial y} dxdy = -\int_a^b \int_{f_1(x)}^{f_2(x)} \frac{\partial P}{\partial y} dydx = -\int_a^b \{P(x, f_2(x)) - P(x, f_1(x))\}\,dx$$

$$= \int_a^b P(x, f_1(x))\, dx + \int_b^a P(x, f_2(x)) dx = \oint_{\partial\Omega} P(x,y)\, dx$$

같은 방법으로 (II)에 대하여 다음을 얻는다.

$$\iint_\Omega \frac{\partial Q}{\partial x} dxdy = \int_c^d \int_{g_1(y)}^{g_2(y)} \frac{\partial Q}{\partial x}\, dxdy = \int_c^d \{Q(g_2(y), y) - Q(g_1(y), y)\}\, dy$$
$$= \int_c^d Q(g_2(y), y)\, dy + \int_d^c Q(g_1(y), y)\, dy = \oint_{\partial\Omega} Q(x,y)\, dy$$

두 결과를 더하여 다음 식을 얻으므로 식 (5.2-1)이 성립한다.

$$\oint_{\partial\Omega} P(x,y)\, dx + Q(x,y)\, dy = \iint_\Omega \left(\frac{\partial Q}{\partial x} - \frac{\partial P}{\partial y} \right) dx\, dy$$

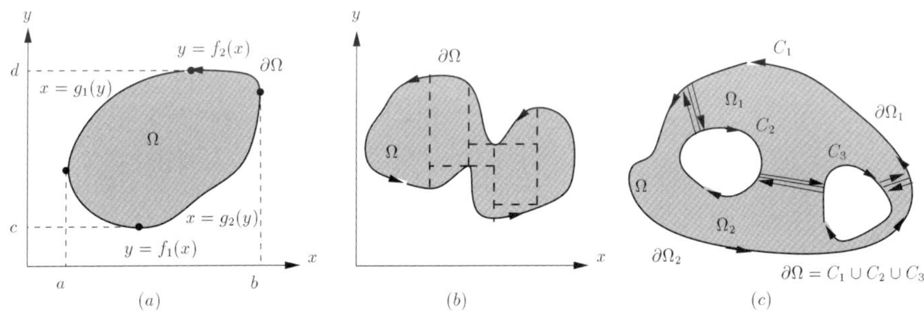

그림 5.2-3 그린정리의 증명

일반적인 영역의 경우는 주어진 영역을 그림 5.2-3의 (b)와 같이 (a)의 형태로 나눌 수 있으므로 각 분할된 영역에 위와 같은 방법으로 증명을 완성할 수 있다. 이제 $k > 1$이라면 그림 5.2-3의 (c)와 같이 각 영역을 단순연결된 영역이 되도록 나누고 각 영역에 대해 그림 5.2-3 (b)의 경우의 방법을 적용한다. 특히, $k = 3$인 경우에 식 (5.1-14)로부터 다음을 얻는다.

$$\iint_\Omega \left(\frac{\partial Q}{\partial x} - \frac{\partial P}{\partial y} \right) dxdy = \iint_{\Omega_1} \left(\frac{\partial Q}{\partial x} - \frac{\partial P}{\partial y} \right) dx\, dy + \iint_{\Omega_2} \left(\frac{\partial Q}{\partial x} - \frac{\partial P}{\partial y} \right) dxdy$$
$$= \oint_{\partial\Omega_1} Pdx + Qdy + \oint_{\partial\Omega_2} P\, dx + Q\, dy$$

$$= \oint_{\partial\Omega} P(x,y)\,dx + Q(x,y)\,dy$$

따라서 식 (5.2-1)이 성립한다. ■

[예제 5.2-1] 곡선 C가 제1 사분면에서 두 개의 함수 $y = x^2$과 $y = x^3$의 그래프로 둘러싸인 영역 Ω의 경계라고 할 때 다음 선적분을 그린정리를 이용하여 구하라.

$$\oint_C \left(x^2 - y^2\right) dx + (2y - x)\,dy$$

풀이 $P(x,y) = x^2 - y^2,\ Q(x,y) = 2y - x$이므로 $\frac{\partial P}{\partial y} = -2y$이고 $\frac{\partial Q}{\partial x} = -1$이다. 따라서 그린정리를 이용하여 다음과 같이 계산하면 구하는 선적분은 $-\frac{11}{420}$이다.

$$\begin{aligned}\oint_C \left(x^2 - y^2\right) dx + (2y - x)\,dy &= \iint_\Omega (-1 + 2y)\,dx\,dy \\ &= \int_0^1 \int_{x^3}^{x^2} (-1 + 2y)\,dy\,dx \\ &= \int_0^1 \left[-y + y^2\right]_{x^3}^{x^2} dx = -\frac{11}{420}\end{aligned}$$ ✠

그린정리를 이용하면 다음 정리와 같이 평면에서 일정한 영역의 면적을 선적분으로 계산할 수 있다. 증명은 독자에게 연습문제로 남긴다.

[따름정리 5.2.1] 조각적으로 매끄러운 단순곡선 $\partial\Omega$로 둘러싸인 영역 $\Omega \subset \mathbb{R}^2$의 면적은 다음과 같다.

$$\iint_\Omega dx\,dy = \frac{1}{2}\oint_{\partial\Omega} -y\,dx + x\,dy = -\oint_{\partial\Omega} y\,dx = \oint_{\partial\Omega} x\,dy \qquad (5.2\text{-}2)$$

[예제 5.2-2] 다음 **안쪽 굴렁쇠선**(hypocycloid)으로 둘러싸인 영역의 면적을 구하라.

$$C : x = a\cos^3 t, \quad y = a\sin^3 t, \qquad 0 \le t \le 2\pi,\ a > 0$$

풀이 따름정리 5.2.1의 식 (5.2-2)를 이용하면 구하는 면적은 다음과 같다.

$$\begin{aligned}
\frac{1}{2}\oint_C -y\,dx + x\,dy &= \frac{1}{2}\int_C -a\sin^3 t\,d(a\cos^3 t) + a\cos^3 t\,d(a\sin^3 t) \\
&= \frac{1}{2}\int_0^{2\pi} -a\sin^3 t(-3a\cos^2 t\sin t)\,dt \\
&\qquad\qquad + a\cos^3 t(3a\sin^2 t\cos t)\,dt \\
&= \frac{1}{2}\int_0^{2\pi} 3a^2(\cos t\sin t)^2(\cos^2 t + \sin^2 t)\,dt \\
&= \frac{3}{8}a^2\int_0^{2\pi} \sin^2 2t\,dt \\
&= \frac{3}{8}a^2\pi
\end{aligned}$$

따라서 구하는 면적은 $\frac{3}{8}a^2\pi$이다. ✠

5.2.2 그린정리의 제1 벡터형식과 순환

평면에서 C^1인 벡터장 $\mathbf{F}(x,y) = (P(x,y), Q(x,y))$의 회전 $\operatorname{curl}\mathbf{F}$는 다음과 같다.

$$\operatorname{curl}\mathbf{F} = \nabla\times\mathbf{F} = \frac{\partial Q}{\partial x} - \frac{\partial P}{\partial y} \qquad \text{[식 (5.1-3)]}$$

매끄러운 곡선 C의 벡터장 $\mathbf{F}$의 선적분은 단위접선벡터 $\mathbf{T}$를 이용하면 다음과 같다.

$$\int_C \mathbf{F}\cdot d\mathbf{x} = \int_C \mathbf{F}\cdot\mathbf{T}\,ds \qquad \text{[식 (5.1-12)]}$$

이를 이용하여 매끄러운 단순곡선 $\partial\Omega$로 둘러싸인 영역 Ω에 대하여 그린정리의 식 (5.2-1)을 다시 쓰면 다음과 같다.

$$\oint_{\partial\Omega} \mathbf{F}\cdot\mathbf{T}\,ds = \iint_\Omega \operatorname{curl}\mathbf{F}\,dx\,dy \qquad (5.2\text{-}3)$$

식 (5.2-3)을 **그린정리의 제1 벡터형식**이라고 하며, 좌변의 선적분을 단순곡선 $\partial\Omega$에 대한 벡터장 $\mathbf{F}$의 **순환**(circulation)이라고 한다. 순환은 공간의 벡터장과 곡선에 대하여도 같은 방식으로 정의된다.

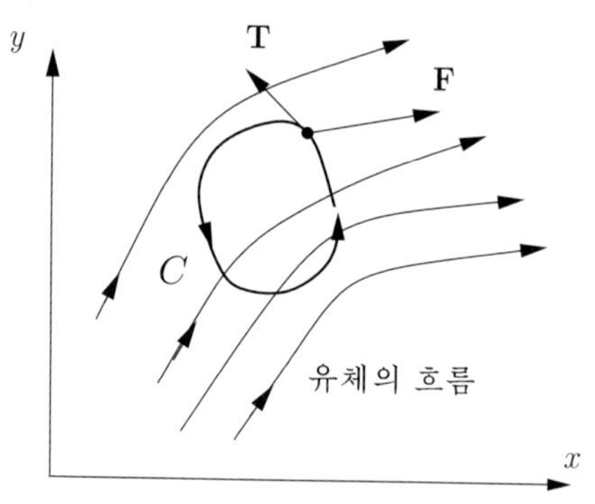

그림 5.2-4 순환

평면 또는 공간의 영역에서 벡터장 **F**가 유체의 속도장이라고 하면 단순곡선 C에 대한 속도장 **F**의 순환은 곡선 C의 접선방향 **T**에 대한 **F**의 선적분으로 유체가 곡선 C를 순환 또는 돌아움직일 때 곡선 C를 회전시키는 정도를 나타낸다 (그림 5.2-4 참조). 특히, 곡선 C 위의 임의의 점에서 $\mathbf{F} \bullet \mathbf{T} = 0$, 즉 두 벡터 **F**와 **T**가 직교하면 $\oint_C \mathbf{F} \bullet \mathbf{T}\, ds = 0$이므로 곡선 C가 회전하지 않음을 뜻한다. 한편, 단순곡선 C에 대한 속도장 **F**의 순환이 양수 또는 음수, 즉 $\oint_C \mathbf{F} \bullet \mathbf{T} ds > 0$ 또는 $\oint_C \mathbf{F} \bullet \mathbf{T} ds < 0$은 각각 유체가 곡선 C를 역시계방향 또는 시계방향으로 회전시킨다는 것을 의미한다.

5.2.3 그린정리의 제2 벡터형식과 유동

벡터장 $\mathbf{F}(x, y) = (P(x, y), Q(x, y))$가 매끄러운 단순곡선 $\partial\Omega$로 둘러싸인 영역 Ω에서 C^1이라고 하자. 이때 단순곡선 $\partial\Omega$에 대한 벡터장 $\mathbf{G}(x, y) = (-Q, P)$의 선적분은 그린정리에 의하여 다음과 같다.

$$\oint_{\partial\Omega} -Q\, dx + P\, dy = \iint_{\Omega} \left(\frac{\partial P}{\partial x} + \frac{\partial Q}{\partial y} \right) dx\, dy \tag{5.2-4}$$

그런데 곡선 $\partial\Omega$를 곡선의 길이 s로 매개화하면 단위접선벡터는 $\mathbf{T} = (\frac{dx}{ds}, \frac{dy}{ds})$이다. 따라서 $\mathbf{n} = \mathbf{T} \times \mathbf{k} = (\frac{dy}{ds}, -\frac{dx}{ds}, 0)$은 $\partial\Omega$의 단위외향법선벡터이다 (그림 5.2-5 참조).

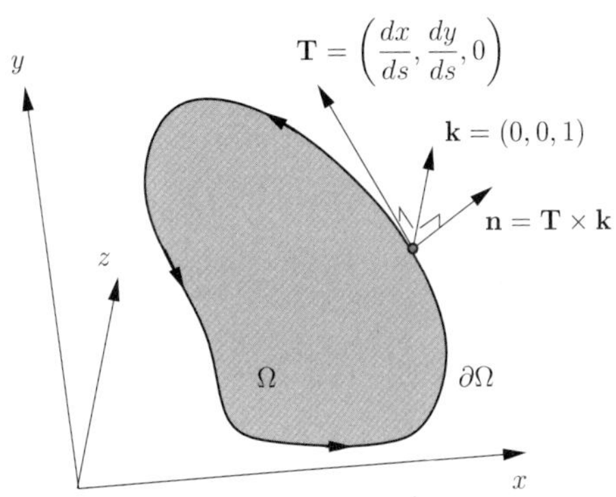

그림 5.2-5 단위외향법선벡터

이를 이용하여 식 (5.2-4)의 좌변을 다시 쓰면 다음과 같다.

$$\begin{aligned}\oint_{\partial\Omega} -Q\,dx + P\,dy &= \oint_{\partial\Omega} (P,\ Q)\bullet(dy,\ -dx) \\ &= \oint_{\partial\Omega} (P,\ Q)\bullet\left(\frac{dy}{ds},\ -\frac{dx}{ds}\right) ds \\ &= \oint_{\partial\Omega} \mathbf{F}\bullet\mathbf{n}\,ds\end{aligned}$$

한편, $\nabla\bullet\mathbf{F} = \frac{\partial P}{\partial x} + \frac{\partial Q}{\partial y}$이므로 위의 식과 식 (5.2-4)로부터 다음과 같은 **그린정리의 제2 벡터형식**[7]을 얻는다.

$$\oint_{\partial\Omega} \mathbf{F}\bullet\mathbf{n}\,ds = \oint_{\partial\Omega} -Q\,dx + P\,dy = \iint_{\Omega} \nabla\bullet\mathbf{F}\,dx\,dy \tag{5.2-5}$$

이제 식 (5.2-5)의 좌변의 선적분 $\oint_{\partial\Omega} \mathbf{F}\bullet\mathbf{n}\,ds$의 의미에 대하여 살펴보자.

벡터장 $\mathbf{F}$가 영역 $\Omega \subset \mathbb{R}^2$에서 유체의 속도장이라고 하고 곡선 C를 영역 Ω의 내부에 있는 조각적으로 매끄러운 곡선이라고 하자. 여기서 벡터 $\mathbf{n}$을 곡선 C의 단위외향법선벡터라고 하면 $\mathbf{F}\bullet\mathbf{n}\,ds$는 (단위시간에) 선소 ds를 통해 흐르는 유량(유체의 체적)을 나타낸다. 따라서 다음의 선적분은 속도장이 $\mathbf{F}$인 유체가 곡선 C를 통하여

[7] 평면에서의 스토크스의 정리 또는 가우스정리(발산정리)라고도 한다 (5.3의 정리 5.4-1과 5.4-2 참조).

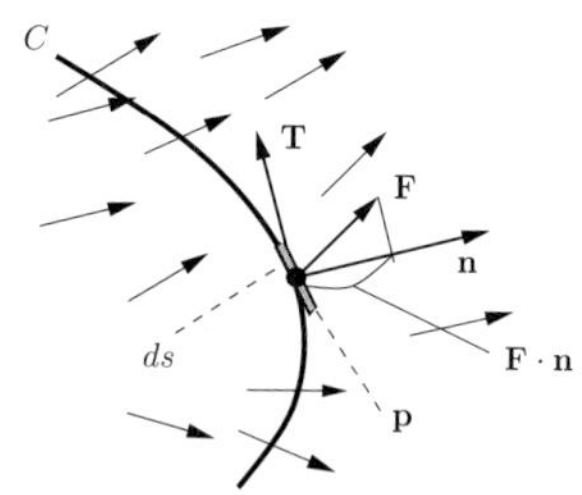

그림 5.2-6 곡선 C에 대한 벡터장의 유동

단위시간에 벡터 **n** 방향으로 흐르는 유량을 나타낸다 (그림 5.2-6 참조).

$$\text{flux} = \int_C \mathbf{F} \bullet \mathbf{n}\, ds \tag{5.2-6}$$

이때 식 5.2-6의 선적분을 곡선 C를 통한 속도장 **F**의 **유동**(flux)이라고 한다. 일반적으로 벡터장 **F**가 유체의 흐름과 관계가 없어도 위의 적분 (5.2-6)을 곡선 C에 대한 **벡터장 F의 유동** 또는 **유동적분**(flux integral)이라고 부른다.

특히, 곡선 C가 단순곡선일 경우에 속도장 **F**의 유동 $\oint_C \mathbf{F} \bullet \mathbf{n}\, ds$가 양수이면 유체가 곡선 C로 둘러싸인 영역에서 곡선 C의 외부로 흘러나감을 의미한다. 만일 유동적분이 음수이면 곡선 C로 둘러싸인 영역으로 유체가 유입된다는 것을 나타낸다.

[예제 5.2-3] 다음의 타원 C에 대한 벡터장 $\mathbf{F}(x, y) = (2x, -3y)$의 유동을 구하라.

$$C : \mathbf{X}(t) = (\cos t,\, 4 \sin t), \quad 0 \le t \le 2\pi$$

풀이 타원으로 둘러싸인 영역을 Ω라고 하자. $\nabla \bullet \mathbf{F} = -1$이므로 그린정리의 제2 벡터형식 (5.2-5)를 써서 다음을 얻는다.

$$\begin{aligned}\text{flux} &= \oint_C \mathbf{F} \bullet \mathbf{n}\, ds = \iint_\Omega \nabla \bullet \mathbf{F}\, dx\, dy \\ &= -\iint_\Omega dx\, dy = -1 \times (\Omega\text{의 면적}) = -4\pi\end{aligned}$$

여기서 음(−)의 부호는 유동이 타원의 내부 방향으로 있음을 의미한다. ✠

유동적분의 개념을 공간의 벡터장과 곡면으로 확장할 수 있다. 이에 대하여는 5.3.2절에서 다룬다. 또 그린정리의 제1 벡터형식과 제2 벡터형식으로부터 순환과 미분연산자 curl, 그리고 유동과 미분연산자 div 는 서로 밀접한 관계가 있다는 것을 알 수 있다. 공간의 경우에 이러한 관계를 5.4절에서 자세히 알아본다.

연습 문제 5.2

1. 다음 선적분에 대해 그린정리가 성립함을 보여라.
   (1) $\oint_C 3x^2y\,dx + (x^2-5y)\,dy$, C는 네 점 $(-1,0),(1,0),\ 1,1),\ (-1,1)$을 꼭지점으로 가지는 사각형
   (2) $\oint_C -2y^2\,dx + x^2\,dy,\ \ C:\mathbf{X}(t) = (3\cos t, 3\sin t),\ \ 0 \le t \le 2\pi$
   (3) $\oint_C e^{2x}\sin 2y\,dx + e^{2x}\cos 2y\,dy,\ \ C: 9(x-1)^2 + 4(y-3)^2 = 36$
   (4) $\oint_C xydx + x^2dy$, C는 $x=0, x^2+y^2=1, x \ge 0$에 의해 결정되는 영역의 경계
   (5) $\oint_C xy^2\,dx + 3\cos y\,dy$, C :는 $y=x^2$, $y=x^3$의 그래프에 의해 결정되는 제1 사분면에 있는 영역의 경계
   (6) $\oint_C -2y^2\,dx + 4xy\,dy$, C :는 $y=0$, $y=\sqrt{x}$, $y=-x+2$의 그래프에 의해 결정되는 제1 사분면에 있는 영역의 경계
2. 두 개의 원 $C_1: x^2+y^2=4$와 $C_2: x^2+y^2=1$에 대하여 다음을 계산하라.
$$\oint_{C_1\cup C_2}(4x^2-y^3)\,dx + (x^3+y^2)\,dy$$
3. 그린정리를 이용하여 다음 영역의 면적을 구하라.
   (1) 타원 $x^2/a^2 + y^2/b^2 = 1\ (a,b>0)$로 둘러싸인 영역
   (2) x축과 굴렁쇠선 $x(t)=a(t-\sin t), y(t)=a(1-\cos t),\ 0 \le t \le 2\pi\ (a>0)$로 둘러싸인 영역
4. 평면에서 벡터장 $\mathbf{F}(x,y) = (-y,x)$가 심장선 $r = 1+\cos\theta\ (0 \le \theta \le 2\pi)$를 따라 한 일을 구하라.
5. 벡터장 $\mathbf{F}(x,y) = (y + e^x\ln y)\mathbf{i} + \frac{e^x}{y}\mathbf{j}$에 대하여 두 곡선 $y = 3-x^2$과 $y = x^4+1$의 그래프에 의해 주어지는 닫힌곡선 C에 대해 다음 선적분 $\oint_C \mathbf{F}\cdot d\mathbf{x}$를 계산하라.

6. 곡선 $C : x^2 + y^2 = 9$에 대하여 다음 선적분을 계산하라.

$$\oint_C (3y - e^{\sin x})dx + \left(7x + \sqrt{y^4 + 1}\right) dy$$

7. 곡선 C가 네 점 $(0,0), (0,\pi), (\pi,0), (\pi,\pi)$를 꼭지점으로 가지는 사각혀의 둘레일 때 다음 선적분을 계산하라.

$$\int_C y \cos x \, dx + x \sin y \, dy$$

8. 일변수함수 f와 g가 모든 점에서 미분가능하면 평면의 임의의 원 C에 대하여 다음이 성립함을 보여라.

$$\oint_C f(x) \, dx + g(y) \, dy = 0$$

9. 스칼라함수 $f(x,y)$가 그린정리의 조건을 만족시키는 영역 Ω에서 연속인 이계편도함수를 가지면 다음이 성립함을 보여라.

$$\oint_{\partial\Omega} \frac{\partial f}{\partial x} dy - \frac{\partial f}{\partial y} dx = \iint_\Omega \left(\frac{\partial^2 f}{\partial x^2} + \frac{\partial^2 f}{\partial y^2} \right) dx \, dy$$

10. 따름정리 5.2.1를 증명하라.

11. 조각적으로 매끄러운 단순곡선 C를 경계로 가지는 영역의 밀도함수가 $\delta = 1$일 때 질량중심의 좌표 $(\bar{x}, \bar{y})$가 다음과 같음을 보여라 (단, A는 주어진 영역의 질량이다).

$$\bar{x} = \frac{1}{2A} \oint_C x^2 \, dy, \quad \bar{y} = -\frac{1}{2A} \oint_C y^2 \, dx$$

12. 평면에서 조각적으로 매끄러운 단순곡선 C_1과 C_2에 대하여, C_1이 C_2의 내부에 놓여 있다고 하자. 그리고 함수 P와 Q가 두 곡선 C_1과 C_2로 둘러싸인 영역 Ω에서 연속인 일계편도함수를 가지고 $\frac{\partial P}{\partial y} = \frac{\partial Q}{\partial x}$를 만족하고, 또한 곡선 C_1과 C_2 위에서 연속이라고 하자. 그린정리를 이용하여 다음이 성립함을 보여라.

$$\oint_{C_1} P \, dx + Q \, dy = \oint_{C_2} P \, dx + Q \, dy$$

13. 문제 12를 이용하여 원점을 내부에 포함하는 임의의 조각적으로 매끄러운 닫힌곡선 C에 대하여 다음이 성립함을 보여라.

$$\oint_C \tfrac{-y}{x^2+y^2} \, dx + \tfrac{x}{x^2+y^2} \, dy = 2\pi$$

5.3 면적분

곡면 Σ에서 정의된 스칼라함수 $\varphi(x,y,z)$와 벡터장 $\mathbf{F}(x,y,z)$의 면적분을 정의하고 스토크스의 정리와 발산정리, 그리고 그의 간단한 응용에 대하여 다룬다. 여기서는 유한 개의 함수 $z = f(x,y)$ 또는 방정식 $F(x,y,z) = 0$을 이용하여 얻어지는 곡면만을 다루기로 한다.

5.3.1 스칼라함수의 면적분

삼변수함수 F의 일계편도함수가 연속일 때, 방정식 $F(x,y,z) = 0$의 그래프 중에 xy 평면의 유계인 닫힌 영역 Ω 위에 있는 부분인 곡면 Σ가 유계이며 닫힌 집합이라고 하자 (그림 4.1-22 참조). 그리고 함수 $\varphi(x,y,z)$를 곡면 Σ에서 정의된 유계인 스칼라함수라고 하자. 이제 곡면 Σ를 4.1.6 절에서와 같이 $\sigma_1, \ldots, \sigma_n$으로 분할하고 분할의 각 부분 σ_k의 면적을 $\Delta\sigma_k$라고 하자. 이때 분할의 각 부분 σ_k에서 점 (x_k, y_k, z_k)를 하나씩 임의로 택하여 다음을 생각하자.

$$\mathcal{S} = \sum_{k=1}^{n} \varphi(x_k, y_k, z_k)\Delta\sigma_k$$

여기서 분할의 크기가 한없이 0에 가까이 가도록 곡면 Σ를 분할하여 갈 때 그에 대응하여 위의 합 $\mathcal{S}$가 점 (x_k, y_k, z_k)를 택하는 방법에 관계없이 수렴하면, 그 극한을 곡면 Σ에서의 스칼라함수 φ의 **면적분**(surface integral) 또는 곡면 Σ 위에서의 함수 φ의 면적분이라고 하고 다음과 같이 나타낸다.

$$\iint_{\Sigma} \varphi(x,y,z)\, d\sigma \tag{5.3-1}$$

이 경우에 곡면의 면적소 $d\sigma$가 다음과 같음은 4.1.6절에서 이미 보았다.

$$d\sigma = \frac{|\nabla F|}{|\nabla F \cdot \mathbf{n}|}$$

또 벡터 $\mathbf{n}$은 xy평면의 영역 Ω에 수직인 단위벡터이다. 따라서 곡면의 면적소 $d\sigma$를 이용하면 곡면 Σ에서의 스칼라함수 φ의 면적분은 다음과 같다.

$$\iint_{\Sigma} \varphi\, d\sigma = \iint_{\Omega} \varphi(x,y,z)\, \frac{|\nabla F|}{|\nabla F \bullet \mathbf{n}|}\, dx\, dy \tag{5.3-2}$$

스칼라함수의 면적분은, 예를 들어 면밀도가 함수 $\varphi(x,y,z)$으로 주어진 얇은 금속으로 이루어진 곡면 Σ에서의 함수 φ의 면적분은 곡면 Σ의 질량을 나타낸다. 또 함수 $\varphi(x,y,z)$가 도체인 곡면 Σ의 전하밀도분포를 나타낸다면 Σ에서의 함수 φ의 면적분은 곡면에 분포되어 있는 총전하량을 나타낸다.

한편, 곡면 Σ가 xy평면의 영역 Ω_{xy}에서 편도함수가 연속인 함수 $z = f(x,y)$의 그래프로 주어지면 $\mathbf{n} = \mathbf{k}$이고 $\nabla f = (\frac{\partial f}{\partial x}, \frac{\partial f}{\partial y}, -1)$이다. 따라서 식 (5.3-2)를 다시 쓰면 다음과 같다.

$$\iint_{\Sigma} \varphi\, d\sigma = \iint_{\Omega_{xy}} \varphi(x,y,f(x,y))\sqrt{f_x^2 + f_y^2 + 1}\, dx\, dy \tag{5.3-3}$$

이와 비슷하게 yz평면의 영역 Ω_{yz}에서 정의된 함수 $x = g(y,z)$의 그래프로 주어지는 곡면 Σ 위에서 함수 φ의 면적분은 다음과 같다.

$$\iint_{\Sigma} \varphi\, d\sigma = \iint_{\Omega_{yz}} \varphi(g(y,z),y,z))\sqrt{1 + g_y^2 + g_z^2}\, dy\, dz \tag{5.3-4}$$

마찬가지 방법으로 xz평면상의 영역 Ω_{xz}에서 정의된 함수 $y = h(x,z)$의 그래프로 주어지는 곡면 Σ 위에서의 함수 φ의 면적분은 다음과 같다.

$$\iint_{\Sigma} \varphi\, d\sigma = \iint_{\Omega_{xz}} \varphi(x,h(x,z),z))\sqrt{h_x^2 + 1 + h_z^2}\, dx\, dz \tag{5.3-5}$$

[예제 5.3-1] xz평면의 영역 Ω가 직선 $x = 0$, $x = 2$, $z = 4$, $z = 8$에 의해 결정되는 사각형 위에서 정의된 함수 $y = h(x,z) = 2x^2 + 1$의 그래프로 주어지는 곡면 Σ 위에서 함수 $\varphi(x,y,z) = xz^2$의 면적분을 구하라 (그림 5.3-1 참조).

풀이 곡면 Σ가 함수 $y = h(x,z)$의 그래프로 주어지므로 식 (5.3-5)를 이용한다. 그런데

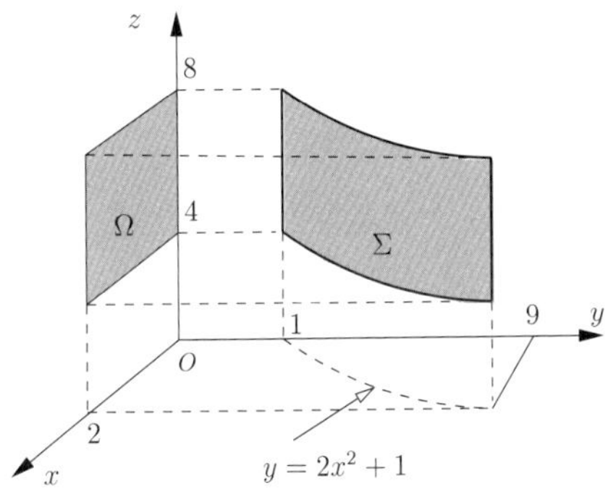

그림 5.3-1 예제 5.3-1의 곡면 $\Sigma : y = 2x^2 + 1$

$h(x,z) = 2x^2 + 1$이므로 $h_x = 4x$이고 $h_z = 0$이다. 따라서 다음을 얻는다.

$$\begin{aligned}\iint_\Sigma xz^2\,d\sigma &= \iint_\Omega xz^2\sqrt{(4x)^2+1+0}\,dx\,dz = \int_0^2\int_4^8 xz^2\sqrt{16x^2+1}\,dz\,dx \\ &= \int_0^2 \left[\tfrac{1}{3}z^3 x\sqrt{16x^2+1}\right]_4^8 dx = \tfrac{448}{3}\int_0^2 x\sqrt{16x^2+1}\,dx \\ &= \tfrac{28}{9}\left(16x^2+1\right)^{3/2}\Big|_0^2 = \tfrac{28}{9}\left(65^{3/2}-1\right)\end{aligned}$$

따라서 구하는 면적분은 $\frac{28}{9}(65^{3/2} - 1)$이다. ✠

5.3.2 벡터장의 면적분

공간에서 매끄러운 곡면 Σ 위의 각 점 (x,y,z)에 단위법선벡터 $\mathbf{n}(x,y,z)$를 정의할 수 있고 벡터장 $\mathbf{n}$이 Σ에서 연속이면, 곡면 Σ에 **(방)향을 줄 수 있다**(orientable)고 하고, 곡면 Σ는 **(방)향 n을 가진 곡면**(oriented surface)라고 한다. 이때 벡터장 $\mathbf{n}$를 곡면 Σ의 **(방)향**(orientation)이라고 한다.

공간의 곡면 위의 점 $\mathbf{p}$에서 단위법선벡터가 $\mathbf{n}(\mathbf{p})$이면 $-\mathbf{n}(\mathbf{p})$도 곡면의 단위법선벡터이다. 따라서 곡면 위의 각 점에 단위법선벡터가 정의되는 곡면에는 두 개의 방향이 있다 (그림 5.3-2의 $(a) - (c)$ 참조).

그러나 모든 곡면이 방향을 가지는 것은 아니다. 예를 들면, 그림 5.3-2 (d)의 **뫼**

비우스[8]**띠**(Möbius strip)에는 방향을 줄 수 없다. 이는 띠상의 한 점 **p**에서 단위법선벡터 **n**이 곡선 C를 따라 한 바퀴 돌아 다시 **p**에 오면 $-\mathbf{n}$이 되므로 벡터장 **n**이 정의되지 않기 때문이다.

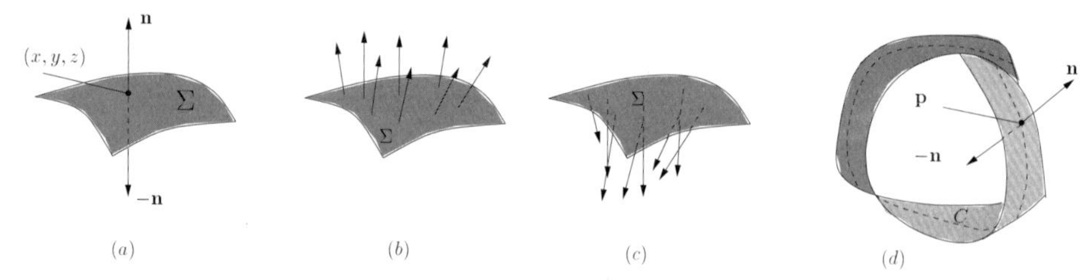

그림 5.3-2 곡면의 방향 (a), (b), (c)와 (d) 뫼비우스띠(Möbius strip)

방정식 $F(x,y,z) = 0$의 그래프로 주어지는 매끄러운 곡면 Σ의 단위법선벡터는 다음과 같으므로 이를 이용하여 곡면 Σ의 방향을 정의할 수 있다 (3.6.2절 참조).

$$\mathbf{n} = \frac{\nabla F}{|\nabla F|} \quad \text{또는} \quad -\frac{\nabla F}{|\nabla F|} \quad (\text{단, } |\nabla F| \neq 0)$$

다음 예제와 같이 **닫힌곡면**(closed surface)에 **외향**(outward) 또는 **바깥쪽 방향**과 **내향**(inward) 또는 **안쪽 방향**을 생각할 수 있다. 여기서 닫힌곡면이란, 예를 들어 구면과 같이 그 곡면으로 둘러싸인 영역이 부피를 가지는 곡면을 말한다 (그림 5.3-3 참조).

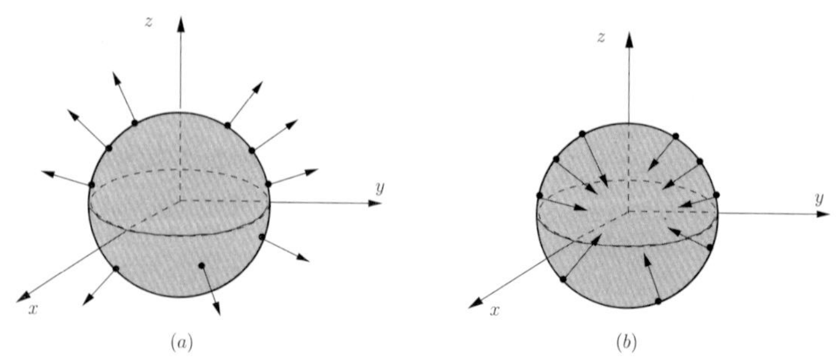

그림 5.3-3 닫힌곡면의 (a) 외향(바깥쪽 방향) (b) 내향(안쪽 방향)

[8]August Möbius (1790-1868): 독일의 천문학자, 수학자

[예제 5.3-2] 중심이 원점이고 반지름이 $r > 0$인 구면 $x^2 + y^2 + z^2 = r^2$은 방정식 $F(x,y,z) = x^2 + y^2 + z^2 - r^2 = 0$의 그래프이므로 다음을 얻는다.

$$\nabla F(x,y,z) = (2x, 2y, 2z), \quad |\nabla F| = 2r$$

따라서 다음과 같은 구면의 각 점에서 두 개의 단위법선벡터로 정의되는 구면의 방향을 생각할 수 있다.

$$\mathbf{n} = \left(\frac{x}{r}, \frac{y}{r}, \frac{z}{r}\right), \quad -\mathbf{n} = -\left(\frac{x}{r}, \frac{y}{r}, \frac{z}{r}\right)$$

벡터장 $\mathbf{n}$는 구면의 외향을 나타내고 $-\mathbf{n}$은 내향을 나타낸다 (그림 5.3-3 참조).

이제, 공간에서 벡터장의 면적분을 유동(flux)의 개념을 이용하여 알아보자.

벡터장 $\mathbf{F}(x,y,z) = (P(x,y,z), Q(x,y,z), R(z,y,z))$가 공간에서 매끄러운 곡면 Σ를 포함한 열린집합에서 연속이라고 하자. 만일 $\mathbf{F}$가 유체의 속도장이라면 단위시간에 곡면의 부분 $\Delta\sigma$를 단위법선방향 $\mathbf{n}$으로 흐르는 유체의 체적 ΔV는 다음과 같다 (그림 5.3-4 참조).

$$\Delta V \approx \text{Proj}_{\mathbf{n}}\mathbf{F}\Delta\sigma = \mathbf{F} \bullet \mathbf{n}\,\Delta\sigma$$

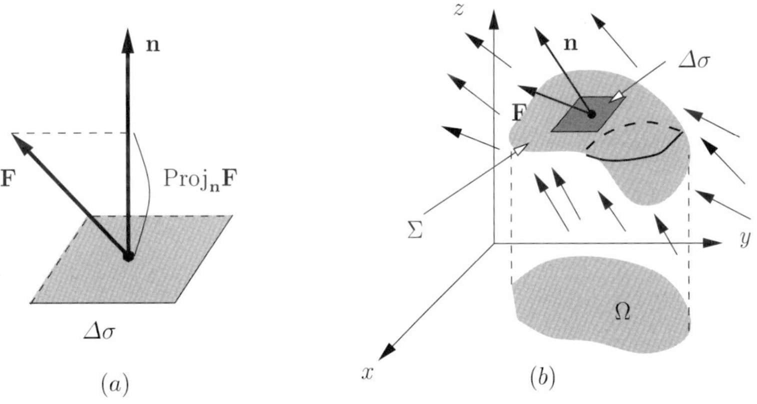

그림 5.3-4 (a) 곡면의 $\Delta\sigma$ 부분을 통한 유동 (b) 곡면 Σ를 통한 유동

따라서 단위시간에 곡면 Σ 전체를 통하여 **n** 방향으로 흐르는 유량(유체의 체적)은 다음 적분과 같다.

$$\iint_{\Sigma} \mathbf{F} \bullet \mathbf{n} \, d\sigma \tag{5.3-6}$$

식 (5.3-6)을 곡면 Σ에서 **n** 방향으로의 벡터장 **F**의 **유동**(flux)이라고 한다. 그러나 적분 (5.3-6)은 벡터장 **F**의 종류에 따라 다른 유동, 예를 들어 열유동(heat flux), 자기량유동(magnetic flux) 또는 전하유동(electric flux) 등을 나타낸다. 그러나 추상적으로 식 (5.3-6)으로 정의되는 적분을 곡면 Σ 위에서의 벡터장 **F**의 **면적분**[9]이라고 한다.

벡터장 **F**가 유체의 속도장, 공간에서 Σ가 닫힌곡면이고 벡터 **n**가 곡면 Σ의 외향[내향]벡터라고 하자. 이때 식 (5.3-6)의 부호가 양(+)이면 면적분은 단위시간에 곡면 Σ를 통해 외부[내부]로 유출[유입]되는 유체의 순유동(net flux)을 나타낸다. 만일 식 (5.3-6)의 부호가 음(−)이면 면적분은 단위시간에 곡면 Σ를 통해 외부[내부]로부터 유입[유출]되는 순유동을 나타낸다. 앞으로 닫힌곡면 Σ에 대한 벡터장 **F**의 면적분을 다음과 같이 나타내기로 하겠다.

$$\oiint_{\Sigma} \mathbf{F} \bullet \mathbf{n}$$

[예제 5.3-3] 공간에서 흐르는 유체의 속도장이 $\mathbf{F}(x, y, z) = (0, yz, z^2)$이라고 할 때 다음 곡면 Σ의 위쪽 방향을 통과하는 유체의 유동을 구하라 (그림 5.3-5 참조).

$$\Sigma : y^2 + z^2 = r^2 \quad (0 \le z,\ 0 \le x \le r,\ r > 0)$$

풀이 곡면 Σ가 xy평면의 영역 $\Omega = \{(x, y) \,|\, 0 \le x \le r,\ -r \le y \le r\}$ 위에서 방정식 $F(x, y, z) = z - \sqrt{r^2 - y^2} = 0$의 그래프이므로 곡면 Σ의 방향 **n**은 다음과 같다.

$$\mathbf{n} = \frac{\nabla F}{|\nabla F|} = \frac{1}{\sqrt{1 + (y/z)^2}} \left(0, \frac{y}{z}, 1\right)$$

[9] 유동적분(flux integral)이라고도 한다.

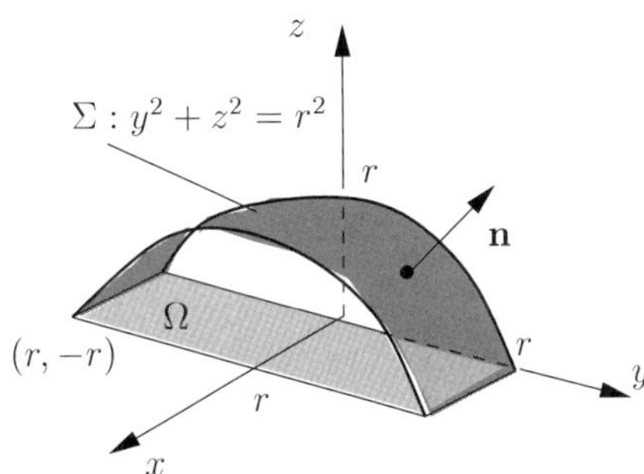

그림 5.3-5 예제 5.3-3의 곡면 $\Sigma : y^2 + z^2 = r^2 \quad (0 \le z,\ 0 \le x \le r,\ r > 0)$

식 (5.3-3)을 스칼라함수 $\mathbf{F}\bullet\mathbf{n}$에 적용하면 구하는 유동은 다음과 같이 $2r^4$이다.

$$\begin{aligned}\iint_\Sigma \mathbf{F}\bullet\mathbf{n}\,d\sigma &= \iint_\Sigma \mathbf{F}\bullet\left(\frac{\nabla F}{|\nabla F|}\right) d\sigma \\ &= \iint_\Omega \left(0, yz, z^2\right)\bullet\left(0, \frac{y}{z}, 1\right) dx\,dy \\ &= \iint_\Omega \left(y^2 + z^2\right) dx\,dy \\ &= \iint_\Omega r^2\,dx\,dy = 2r^4\end{aligned}$$

[별해] 곡면 Σ는 방정식 $G(x, y, z) = y^2 + z^2 - r^2 = 0$의 그래프이므로 문제에서 준 곡면의 방향 $\mathbf{n}$은 다음과 같다.

$$\mathbf{n} = \frac{\nabla G}{|\nabla G|} = \frac{1}{\sqrt{4y^2 + 4z^2}}(0, 2y, 2z) = \left(0, \frac{y}{r}, \frac{z}{r}\right)$$

그리고 주어진 곡면 Σ의 면적소 $d\sigma$는 다음과 같다.

$$d\sigma = \frac{|\nabla G|}{|\nabla G\bullet\mathbf{k}|}\,dx\,dy = \frac{r}{z}\,dx\,dy$$

또 $\mathbf{F}\bullet\mathbf{n}$는 다음과 같다.

$$\mathbf{F}\bullet\mathbf{n} = \left(0, yz, z^2\right)\bullet\left(0, \tfrac{y}{r}, \tfrac{z}{r}\right) = \tfrac{z}{r}(y^2 + z^2) = rz$$

따라서 주어진 유동을 계산하면 다음과 같다.

$$\begin{aligned}\iint_{\Sigma} \mathbf{F}\bullet\mathbf{n}\, d\sigma &= \iint_{\Omega} \mathbf{F}\bullet\mathbf{n} \left(\frac{|\nabla G|}{|\nabla G\bullet\mathbf{k}|}\right) dx\, dy \\ &= \iint_{\Omega} (rz)\frac{r}{z}\, dx\, dy \\ &= r^2 \iint_{\Omega} dx\, dy = 2r^4\end{aligned}$$

이는 앞에서 얻은 결과와 동일하다. ✠

식 (5.3-6)에서 $\mathbf{F}\bullet\mathbf{n}$은 스칼라함수이다. 따라서 벡터장의 면적분은 곡면 Σ에서의 스칼라함수 $\varphi = \mathbf{F}\bullet\mathbf{n}$의 면적분이다 (식 (5.3-1) 참조). 다음은 면적분에 관한 성질이다. 증명은 생략한다.

[정리 5.3-1] (면적분의 성질) 공간의 조각적으로 매끄러운 곡면 Σ에서 연속인 스칼라함수 $\varphi(x,y,z)$와 $\psi(x,y,z)$에 대하여 다음이 성립한다.

(1) $\iint_{\Sigma} (\varphi + \psi)\, d\sigma = \iint_{\Sigma} \varphi\, d\sigma + \iint_{\Sigma} \psi\, d\sigma$

(2) $\iint_{\Sigma} \alpha\varphi\, d\sigma = \alpha \iint_{\Sigma} \varphi\, d\sigma$ (단, α는 임의의 실수)

(3) 곡면 Σ에서 $\varphi \geq \psi$이면, $\iint_{\Sigma} \varphi\, d\sigma \geq \iint_{\Sigma} \psi\, d\sigma$가 성립한다.

(4) 곡면 Σ가 유한 개의 조각적으로 매끄러운 곡면의 경계를 이어 붙인 곡면이면, 즉 $\Sigma = \Sigma_1 \cup \cdots \cup \Sigma_k$라면 다음이 성립한다.

$$\iint_{\Sigma} \varphi\, d\sigma = \iint_{\Sigma_1} \varphi\, d\sigma + \cdots + \iint_{\Sigma_k} \varphi\, d\sigma$$

[예제 5.3-4] 유체의 속도장 $\mathbf{F}(x,y,z) = (z, -x, y)$에 대하여 다음과 주어지는 닫힌 곡면 Σ를 통해 밖으로 유출되는 유동을 구하라 (그림 5.3-6 참조).

$$\Sigma : x^2 + y^2 = 1, \quad z = 0,\ z = 1$$

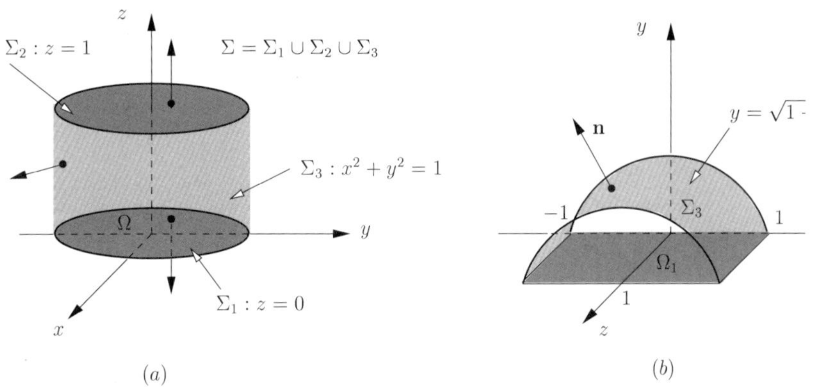

그림 5.3-6 예제 5.3-4의 (a) 곡면 Σ와 (b) 부분 곡면 Σ_3의 $y \geq 0$인 부분

[풀이] 곡면 Σ를 다음과 같이 세 개의 부분 곡면으로 나누어 정리 5.3-1의 (4)를 이용한다.

$$\Sigma_1: \quad z = 0, \; x^2 + y^2 \leq 1$$

$$\Sigma_2: \quad z = 1, \; x^2 + y^2 \leq 1$$

$$\Sigma_3: \quad x^2 + y^2 = 1, \; 0 \leq z \leq 1$$

먼저, 곡면 Σ_1은 xy평면의 단위원판 Ω 위에서 함수 $z = 0$의 그래프이다. 이때 단위외향법선벡터는 $\mathbf{n} = -\mathbf{k}$, $d\sigma = dxdy$이고 $\mathbf{F} \bullet \mathbf{n} = (z, -x, y) \bullet (0, 0, -1) = -y$이다. 따라서 식 (5.3-3)을 이용하여 다음을 얻는다.

$$\begin{aligned}\iint_{\Sigma_1} \mathbf{F} \bullet \mathbf{n}\, d\sigma &= \iint_{\Omega} (-y)(1)\, dx\, dy \\ &= -\int_0^{2\pi} \int_0^1 r \sin\theta\, r\, dr\, d\theta \\ &= -\tfrac{1}{3} \int_0^{2\pi} \sin\theta\, d\theta = 0\end{aligned}$$

비슷한 방법으로 곡면 Σ_2에서의 주어진 벡터장의 면적분은 0임을 알 수 있다. 이제 곡면 Σ_3는 $\Omega = \{(x, z) : -1 \leq x \leq 1, \; 0 \leq z \leq 1\}$에서 함수 $y = \sqrt{1 - x^2}$의 그

래프이므로 단위외향법선벡터 $\mathbf{n}$은 다음과 같다 (그림 5.3-6의 (b) 참조).

$$\mathbf{n} = \frac{1}{\sqrt{x^2+y^2}}(x,y,0) = (x,y,0)$$

따라서 Ω에서 $\mathbf{F}\bullet\mathbf{n} = (z,-x,y)\bullet(x,y,0) = xz - xy = xz - x\sqrt{1-x^2}$이고, 또 곡면 Σ_3의 면적소 $d\sigma$는 다음과 같다.

$$d\sigma = \frac{|\nabla F|}{|\nabla F\bullet\mathbf{j}|}\,dx\,dz = \frac{1}{\sqrt{1-x^2}}\,dx\,dz$$

따라서 $\iint_{\Sigma_3}\mathbf{F}\bullet\mathbf{n}d\sigma$는 다음과 같다.

$$\begin{aligned}\iint_{\Sigma_3}\mathbf{F}\bullet\mathbf{n}\,d\sigma &= \iint_{\Omega}\mathbf{F}\bullet\mathbf{n}\left(\tfrac{|\nabla F|}{|\nabla F\bullet\mathbf{j}|}\right)dz\,dx \\ &= \iint_{\Omega}\left(xz - x\sqrt{1-x^2}\right)\frac{1}{\sqrt{1-x^2}}\,dz\,dx \\ &= \int_{-1}^{1}\int_{0}^{1}\frac{xz}{\sqrt{1-x^2}}\,dz\,dx - \int_{-1}^{1}\int_{0}^{1}x\,dz\,dx \\ &= \frac{1}{2}\int_{-1}^{1}\frac{x}{\sqrt{1-x^2}}\,dx - \int_{-1}^{1}x\,dx = 0\end{aligned}$$

그러므로 $\oiint_{\Sigma}\mathbf{F}\bullet\mathbf{n}\,d\sigma = \iint_{\Sigma_1}\mathbf{F}\bullet\mathbf{n}d\sigma + \iint_{\Sigma_2}\mathbf{F}\bullet\mathbf{n}d\sigma + \iint_{\Sigma_3}\mathbf{F}\bullet\mathbf{n}d\sigma = 0$이다. ✠

연습 문제 5.3

1. 공간에서 곡면 Σ에서 정의된 함수 φ에 대하여 $\iint_{\Sigma}\varphi\,d\sigma$를 구하라.

   (1) $\varphi = x$, Σ는 $x=0$, $y=0$, $y=4$, $z=0$으로 둘러싸인 원기둥면 $z=2-x^2$의 제1 팔분공간 내의 부분

   (2) $\varphi = xz^3$, Σ는 원기둥면 $x^2+y^2=1$의 내부에 놓여있는 원뿔면 $z=\sqrt{x^2+y^2}$의 부분

   (3) $\varphi = (x^2+y^2)z$, Σ는 제1 팔분공간에 있는 구면 $x^2+y^2+z^2=36$의 부분

   (4) $\varphi = xy$, Σ는 $0 \le x \le 1, 0 \le y \le 1$일 때의 포물면 $2z = 4 - x^2 - y^2$의 부분

2. 상반 구면 $\Sigma : x^2 + y^2 + z^2 = a^2 \ (a > 0,\ z \geq 0)$에서 $\iint_\Sigma z\, d\sigma$를 구하라.

3. 공간에서 좌표평면과 평면 $x = 1,\ y = 1,\ z = 1$에 의해 둘러싸인 육면체의 제1 팔분공간에 놓인 표면에서 정의된 함수 $f(x, y, z) = xyz$의 면적분을 구하라.

4. 다음과 같이 밀도가 δ인 금속으로 이루어진 곡면 Σ의 질량을 구하라.

$$\Sigma : z = 1 + x^2 + y^2 \ (1 \leq z \leq 5), \quad \delta(x, y, z) = kz \ (k > 0)$$

5. 다음에 주어진 벡터장 $\mathbf{F}$와 곡면 Σ에 대하여 $\iint_\Sigma \mathbf{F} \bullet \mathbf{n}\, d\sigma$를 구하라.

   (1) $\mathbf{F}(x, y, z) = (x, 2z, y)$, 곡면 Σ는 평면 $x = 0,\ x = 3,\ y = 0$에 둘러싸인 원기둥면 $y^2 + z^2 = 4$의 제1 팔분공간에 놓인 부분

   (2) $\mathbf{F}(x, y, z) = (x, y, z)$, 곡면 Σ는 원기둥면 $x^2 + y^2 = 4$의 내부에 있는 포물면 $z = 5 - x^2 - y^2$

   (3) $\mathbf{F}(x, y, z) = \left(\frac{1}{2}x^2, \frac{1}{2}y^2, z\right)$, 곡면 Σ는 $z = 4 - x^2 - y^2 \ (0 \leq z \leq 4)$인 포물면의 부분

   (4) $\mathbf{F}(x, y, z) = -y\mathbf{i} + x\mathbf{j}$, 곡면 Σ는 구면 $x^2 + y^2 + z^2 = a^2 \ (a > 0)$의 제1 팔분공간에 놓인 부분

6. 원점에 놓여 있는 전하량 q인 전하에 의한 전기장 $\mathbf{E} = kq\mathbf{r}/|\mathbf{r}|^3 \ (k > 0)$의 구면 $\Sigma : x^2 + y^2 + y^2 = a^2$의 외향으로의 유동을 구하라 (단, $\mathbf{r} = x\mathbf{i} + y\mathbf{j} + z\mathbf{k}$).

7. 공간에서 온도분포함수 $T(x, y, z) = x^2 + y^2 + z^2$에 대하여 $\mathbf{F} = -\nabla T$가 열의 흐름(heat flow)를 나타내는 벡터장이라 할 때, 구면 $\Sigma : x^2 + y^2 + z^2 = a^2$의 외향으로의 열의 유동(heat flux)를 구하라.

8. 곡면 Σ가 xy 평면의 영역 Ω에서 연속인 일계편도함수를 가지는 함수 $z = f(x, y)$의 그래프로 주어질 때 Ω에서 연속인 벡터장 $\mathbf{F} = (P, Q, R)$에 대하여 다음 등식이 성립함을 보여라.

$$\iint_\Sigma (\mathbf{F} \bullet \mathbf{n})\, d\sigma = \iint_\Omega \left[-P\frac{\partial z}{\partial x} - Q\frac{\partial z}{\partial y} + R\right] dx\, dy$$

5.4 스토크스정리와 발산정리

5.2.1절에서 그린정리의 제1 벡터형식 (5.2-3)과 제2 벡터형식 (5.2-5)를 보았다. 이 절에서는 이를 공간으로 확장하고자 한다. 이를 위해 먼저 필요한 용어를 정의하자.

공간에서 방정식 $F(x,y,z)=0$가 xy평면의 영역 Ω 위에 매끄럽고 방향을 가지는 곡면 Σ를 정의하고, 또 곡면 Σ의 경계 $\partial\Sigma$의 xy평면으로의 정사영이 영역 Ω의 경계가 된다고 하자 (그림 5.4-1 참조). 이때 오른손의 엄지손가락을 곡면의 방향과 평행하게 세우고 오른손으로 곡선 $\partial\Omega$를 감아 쥘 때, 다른 손가락이 가리키는 방향을 곡선 $\partial\Omega$의 **양의 방향**(positive direction)이라고 한다. 여기서 곡선 $\partial\Sigma$의 양의 방향의 단위접선벡터를 **T**로 나타내기로 한다.

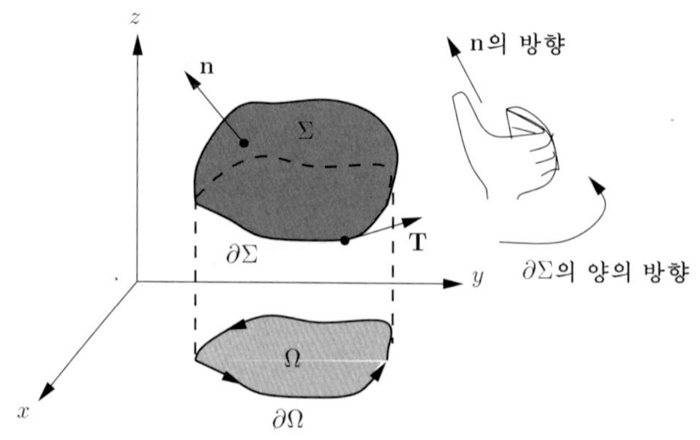

그림 5.4-1 곡면 Σ의 경계 $\partial\Omega$의 방향

5.4.1 스토크스정리

그린정리 5.2-1을 공간으로 확장한 것을 **스토크스**[10]**정리**(Stokes' Theorem)라고 한다. 평면에서의 그린정리는 조각적으로 매끄러운 곡선 $\partial\Omega$를 경계로 가지는 영역 Ω에서의 이중적분과 $\partial\Omega$ 위의 선적분과의 관계에 관한 것이다. 한편, 공간 $\mathbb{R}^3$에서의 그린정리는 조각적으로 매끄러운 단순곡선을 경계로 가지는 곡면 위의 면적분과 그의 경계 위에서의 선적분과의 관계에 관한 것이다.

[10]George Stokes (1819- 1903) : 아일랜드의 수학자, 물리학자

[정리 5.4-1] (스토크스정리) 공간에서 편도함수가 연속인 함수 $g(x,y,z)$에 의해 방정식 $g(x,y,z)=0$의 그래프의 부분이며 방향을 가지는 곡면 Σ가 조각적으로 매끄러운 단순곡선 $\partial\Sigma$을 경계로 가진다고 하자. 그러면 곡면 Σ와 경계 $\partial\Sigma$를 포함하는 영역에서 C^1인 벡터장 $\mathbf{F}=(P,Q,R)$에 대하여 다음이 성립한다.

$$\oint_{\partial\Sigma}\mathbf{F}\bullet d\mathbf{x}=\oint_{\partial\Sigma}\mathbf{F}\bullet\mathbf{T}\,ds=\iint_{\Sigma}\operatorname{curl}\mathbf{F}\bullet\mathbf{n}\,d\sigma \tag{5.4-1}$$

여기서 벡터 $\mathbf{n}$은 곡면 Σ의 방향을 나타내는 단위법선벡터이다.

증명 (스케치) 이 정리의 증명은 이 책이 다루는 범위를 벗어나므로 이계편도함수가 연속인 함수 $z=f(x,y)$의 그래프로 주어지는 곡면 Σ에 대한 증명을 하기로 한다. 여기서 곡면의 방향 $\mathbf{n}$은 $g(x,y,z)=z-f(x,y)=0$으로 놓았을 때 다음과 같이 정의되는 경우를 생각하기로 한다.

$$\mathbf{n}(x,y,z)=\frac{\nabla g(x,y,z)}{|\nabla g(x,y,z)|}=\frac{1}{\sqrt{1+f_x^2+f_y^2}}(-f_x,\ -f_y,\ 1)$$

먼저 식 (5.3-3)을 이용하여 다음을 얻는다.

$$\iint_{\Sigma}\operatorname{curl}\mathbf{F}\bullet\mathbf{n}\,d\sigma=$$
$$\iint_{\Omega}\left\{-\left(\frac{\partial R}{\partial y}-\frac{\partial Q}{\partial z}\right)f_x-\left(\frac{\partial P}{\partial z}-\frac{\partial R}{\partial x}\right)f_y+\left(\frac{\partial Q}{\partial x}-\frac{\partial P}{\partial y}\right)\right\}dx\,dy \tag{5.4-2}$$

이제 식 (5.4-1)의 좌변이 식 5.4-2의 우변과 같음을 보이면 증명이 끝난다. 곡선 $\partial\Sigma$의 매개화를 $\mathbf{X}(t)=(x(t),\ y(t),\ z(t))$, $a\le t\le b$라고 하고, 그를 xy평면으로 정사영하여 얻어지는 곡선을 $\partial\Omega$라고 하자. 그러면 연쇄법칙과 그린정리를 차례로 적용하여 다음을 얻는다.

$$\begin{aligned}\oint_{\partial\Sigma}\mathbf{F}\bullet d\mathbf{x}&=\oint_{\partial\Sigma}P dx+Q dy+R dz\\&=\int_a^b\left\{P\frac{dx}{dt}+Q\frac{dy}{dt}+R\left(f_x\frac{dx}{dt}+f_y\frac{dy}{dt}\right)\right\}dt\\&=\oint_{\partial\Omega}(P+Rf_x)\,dx+(Q+Rf_y)\,dy\\&=\iint_{\Omega}\left\{\frac{\partial}{\partial x}(Q+Rf_y)-\frac{\partial}{\partial y}(P+Rf_x)\right\}dx\,dy\end{aligned} \tag{5.4-3}$$

마지막 적분에서 첫째 피적분함수에 연쇄법칙과 곱의 미분법을 적용하여 다음을 얻는다.

$$\begin{aligned}\frac{\partial}{\partial x}(Q + R f_y) &= \frac{\partial}{\partial x}\{Q(x,y,f(x,y)) + R(x,y,f(x,y))f_y\}\\ &= \frac{\partial Q}{\partial x} + \frac{\partial Q}{\partial z} f_y + R f_{yx} + f_y\left(\frac{\partial R}{\partial x} + \frac{\partial R}{\partial z} f_x\right)\\ &= \frac{\partial Q}{\partial x} + \frac{\partial Q}{\partial z} f_x + R f_{yx} + f_y \frac{\partial R}{\partial x} + \frac{\partial R}{\partial z} f_x f_y\end{aligned}$$

두번째 피적분함수에 대하여 마찬가지 방법으로 다음을 얻는다.

$$\frac{\partial}{\partial y}(P + R f_x) = \frac{\partial P}{\partial y} + \frac{\partial P}{\partial z} f_y + R f_{xy} + f_x \frac{\partial R}{\partial y} + \frac{\partial R}{\partial z} f_x f_y$$

이제 함수 f가 연속인 이계편도함수를 가지므로 $f_{xy} = f_{yx}$이다. 따라서 위의 두 식을 빼어 식 (5.4-3)에 대입하면 식 (5.4-2)와 식 (5.4-3)이 같다. □

[예제 5.4-1] 곡면 Σ가 다음과 같이 주어졌을 때, 벡터장 $\mathbf{F} = (xy, yz, xz)$에 대하여 스토크스정리가 성립함을 보여라 (그림 5.4-2 참조). 단, 곡면 Σ의 방향 $\mathbf{n}$은 양의 z축 방향으로 향하는 곡면 Σ의 단위법선벡터이다.

$$\Sigma \; : \; z = 1 - x^2 \quad (0 \le x \le 1, \; -2 \le y \le 2)$$

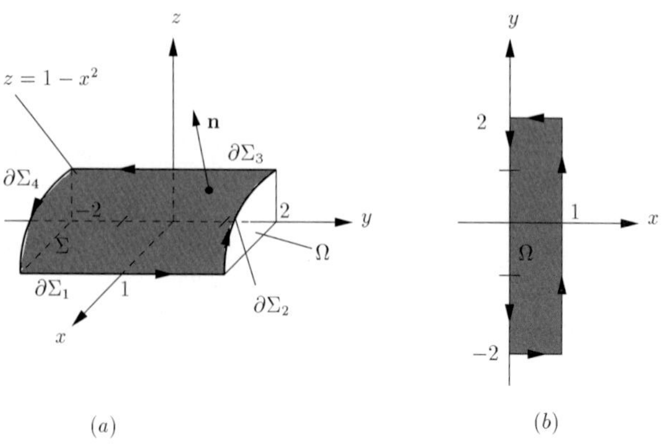

그림 5.4-2 예제 5.4-1의 곡면 $\Sigma \; : \; z = 1 - x^2 \quad (0 \le x \le 1, \; -2 \le y \le 2)$

풀이 곡면 Σ가 함수 $z = 1 - x^2$의 그래프이므로 방정식 $F(x,y,z) = z - (1 - x^2) = 0$을

이용하면 곡면의 주어진 방향을 나타내는 단위법선벡터 $\mathbf{n}$은 다음과 같다.

$$\mathbf{n} = \frac{\nabla F}{|\nabla F|} = \frac{1}{\sqrt{4x^2+1}}(2x,\ 0, 1)$$

먼저 스토크스정리의 면적분을 계산하자. 벡터장 $\mathbf{F}$에 대해 $\nabla \times \mathbf{F}$는 다음과 같다.

$$\nabla \times \mathbf{F} = \begin{vmatrix} \mathbf{i} & \mathbf{j} & \mathbf{k} \\ \dfrac{\partial}{\partial x} & \dfrac{\partial}{\partial y} & \dfrac{\partial}{\partial z} \\ xy & yz & xz \end{vmatrix} = -(y,\ z,\ x)$$

스토크스정리에서 면적분은 다음과 같다.

$$\iint_\Sigma \operatorname{curl} \mathbf{F} \bullet \mathbf{n}\, d\sigma = -\iint_\Sigma \frac{2xy+x}{\sqrt{4x^2+1}}\, d\sigma$$

그런데 곡면 Σ는 xy평면의 집합 $\Omega = \{(x,y) \,|\, 0 \le x \le 1,\ -2 \le y \le 2\}$에서의 함수 $z = 1 - x^2$의 그래프이므로 식 5.3-3을 이용하면 다음을 얻는다.

$$\begin{aligned} -\iint_\Sigma \frac{2xy+x}{\sqrt{4x^2+1}}\, d\sigma &= -\iint_\Omega (2xy+x)\, dx\, dy \\ &= \int_0^1 \int_{-2}^2 (-2xy - x)\, dy\, dx \\ &= \int_0^1 (-4x)\, dx = -2 \end{aligned}$$

이제 벡터장 $\mathbf{F}$의 곡면 Σ의 경계 $\partial\Sigma$에 대한 선적분을 생각하자. 곡면 Σ의 방향을 $F(x,y,z) = z - (1 - x^2) = 0$의 경사도를 이용하여 정의했으므로 그의 경계 $\partial\Sigma$의 양의 방향은 그림 5.4-2의 (a)에 보인 화살표 방향과 같다. 경계 $\partial\Sigma$를 그림 5.4-2의 (a)와 같이 네 개의 부분 곡선으로 나누면 선적분의 성질에 의하여 다음을 얻는다.

$$\oint_{\partial\Sigma} \mathbf{F} \bullet d\mathbf{x} = \int_{\partial\Sigma_1} \mathbf{F} \bullet d\mathbf{x} + \int_{\partial\Sigma_2} \mathbf{F} \bullet d\mathbf{x} + \int_{\partial\Sigma_3} \mathbf{F} \bullet d\mathbf{x} + \int_{\partial\Sigma_4} \mathbf{F} \bullet d\mathbf{x}$$

먼저, 경계 $\partial\Sigma_1$는 $x = 1, z = 0$의 그래프의 부분이므로 $dx = 0, dz = 0$이다. 따라

서 다음을 얻는다.

$$\int_{\partial\Sigma_1} \mathbf{F} \bullet d\mathbf{x} = \int_{\partial\Sigma_1} (0)ydx + y(0)dy + (0)1dz = 0$$

또 경계 $\partial\Sigma_2$는 방정식 $y = 2, z = 1 - x^2$ $(0 \leq x \leq 1)$의 그래프이므로 $dy = 0$이고 $dz = -2x\,dx$이다. 그러므로 다음을 얻는다.

$$\begin{aligned}\int_{\partial\Sigma_2} \mathbf{F} \bullet d\mathbf{x} &= \int_{\partial\Sigma_2} 2xdx + 2(1-x^2)dy + x(1-x^2)dz \\ &= \int_{\partial\Sigma_2} 2xdx + 2(1-x^2)(0) - 2x^2(1-x^2)\,dx \\ &= \int_1^0 (2x - 2x^2 + 2x^4)\,dx = -\tfrac{11}{15}\end{aligned}$$

위와 비슷한 방법으로 경계 $\partial\Sigma_3$에 대하여 $x = 0, z = 1, dx = 0, dz = 0$을 얻는다. 따라서 다음을 얻는다.

$$\int_{\partial\Sigma_3} \mathbf{F} \bullet d\mathbf{x} = \int_{\partial\Sigma_3} (0)ydx + y(1)dy + (0)1dz = \int_2^{-2} y\,dy = 0$$

마지막으로 경계 $\partial\Sigma_4$에 대하여 $y = -2, z = 1 - x^2, dy = 0, dz = -2xdx$이므로 다음을 얻는다.

$$\begin{aligned}\int_{\partial\Sigma_4} \mathbf{F} \bullet d\mathbf{x} &= \int_{\partial\Sigma_4} -2xdx - 2(1-x^2)dy + x(1-x^2)dz \\ &= \int_{\partial\Sigma_2} -2xdx - 2(1-x^2)(0) - 2x^2(1-x^2)\,dx \\ &= \int_0^1 (-2x - 2x^2 + 2x^4)\,dx = -\tfrac{19}{15}\end{aligned}$$

이제 각 부분 경계에서의 선적분을 더하여 다음을 얻는다.

$$\oint_{\partial\Sigma} \mathbf{F} \bullet d\mathbf{x} = 0 - \tfrac{11}{15} + 0 - \tfrac{19}{15} = -2$$

따라서 스토크스정리의 식 (5.4-1)이 성립한다. ✠

스토크스정리는 곡면에서의 벡터장의 curl의 면적분의 값은 오직 그의 경계에만 의존한다는 것을 말하고 있다. 따라서 이는 곡면의 생김새에 따라 면적분의 값이 변하지 않는다는 것이다. 즉, 스토크스정리를 만족시키는 벡터장 **F**와 두 곡면 Σ_1과 Σ_2에 대하여 Σ_1과 Σ_2가 같은 경계 C와 같은 방향을 가진다면 다음이 성립한다.

$$\oint_C \mathbf{F} \bullet d\mathbf{x} = \iint_{\Sigma_1} \nabla \times \mathbf{F} \bullet \mathbf{n}\, d\sigma = \iint_{\Sigma_2} \nabla \times \mathbf{F} \bullet \mathbf{n}\, d\sigma$$

[예제 5.4-2] 평면 $z = 2$에서 경계가 단위원 C인 아래와 같이 주어지는 반구면 Σ를 생각하자 (그림 5.4-3 참조).

$$\Sigma \ : \ \ z - 2 = \sqrt{1 - x^2 - y^2} \quad (z \geq 2)$$

이때 양의 z축 위에서 보았을 때 방향이 역시계방향으로 주어진 경계 C에 대한 벡터장 $\mathbf{F}(x, y, z) = (z - 2y)\mathbf{i} + (3x + 4y)\mathbf{j} + (z + 3y)\mathbf{k}$의 선적분을 스토크스정리를 이용하여 구하라.

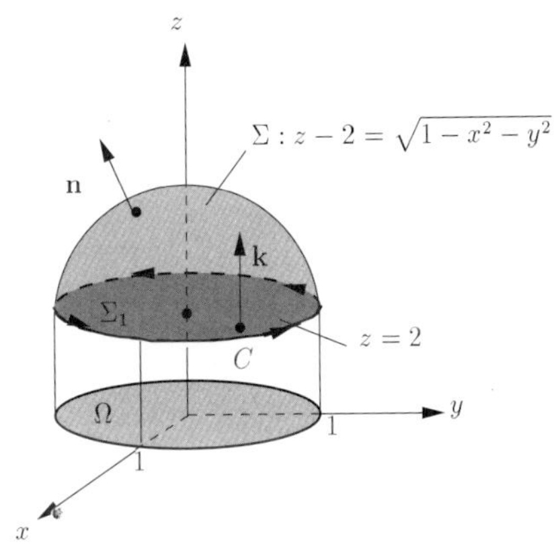

그림 5.4-3 예제 5.4-2의 곡면 $\Sigma : z - 2 = \sqrt{1 - x^2 - y^2} \quad (z \geq 2)$

풀이 스토크스정리로부터 벡터장 **F**의 C에서의 선적분은 Σ 위에서의 $\nabla \times \mathbf{F} \bullet \mathbf{n}$의 면적분과 같다. 그런데 주어진 곡면 Σ의 경계 C는 $z = 2$인 평면상의 단위원판 Σ_1과 같은 경계를 가진다 (그림 5.4-3 참조). 따라서 스토크스정리를 이용하면 구하는 선적분의 값은 같은 방향을 가지는 Σ_1에 대한 면적분과 같으므로 계산이 상대적으로 쉬운 Σ_1을 이용한다. 먼저 $\nabla \times \mathbf{F}$는 다음과 같다.

$$\nabla \times \mathbf{F} = \begin{vmatrix} \mathbf{i} & \mathbf{j} & \mathbf{k} \\ \dfrac{\partial}{\partial x} & \dfrac{\partial}{\partial y} & \dfrac{\partial}{\partial z} \\ z-2y & 3x+4y & z+3y \end{vmatrix} = (3,1,5)$$

그런데 곡선 C의 방향이 역시계방향이 되도록 하는 곡면 Σ_1의 단위외향법선벡터 $\mathbf{n}$은 벡터 $\mathbf{k}$이므로 $\operatorname{curl}\mathbf{F}\cdot\mathbf{n} = (3,1,5)\cdot(0,0,1) = 5$이다. 따라서 다음을 얻는다.

$$\oint_C \mathbf{F}\cdot d\mathbf{x} = \iint_\Sigma \nabla \times \mathbf{F}\cdot\mathbf{n}d\sigma = \iint_{\Sigma_1} \nabla \times \mathbf{F}\cdot\mathbf{n}d\sigma = 5\iint_{\Sigma_1} d\sigma$$

여기서 $\iint_{\Sigma_1} d\sigma$는 Σ_1의 면적이므로 구하는 선적분은 $\oint_C \mathbf{F}\cdot d\mathbf{x} = 5\pi$이다. ✠

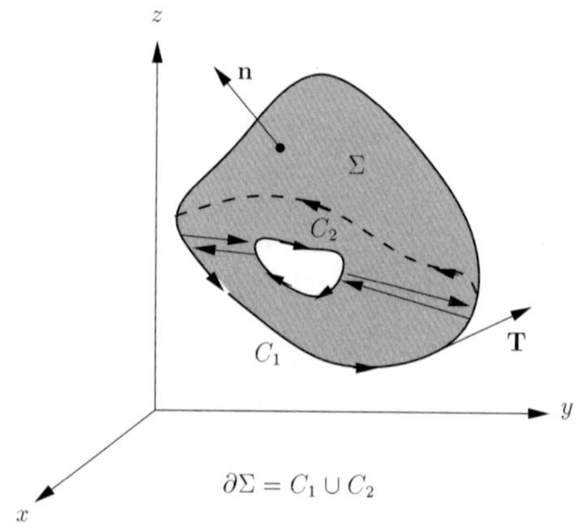

그림 5.4-4 스토크스정리가 성립하는 곡면

스토크스정리는 그린정리와 마찬가지로 유한 개의 구멍을 가진 곡면에 대하여도 성립한다. 그림 5.4-4와 같이 곡면 Σ의 방향에 의하여 주어지는 곡면의 경계 $\partial\Sigma$을 적분경로로 하는 벡터장 $\mathbf{F}$의 선적분은 $\operatorname{curl}\mathbf{F}$의 곡면의 방향 $\mathbf{n}$에 대한 성분의 곡면

Σ 위에서의 면적분과 같다. 예를 들어 그림 5.4-4의 경우에 다음과 같다.

$$\oint_{\partial\Sigma} \mathbf{F} \cdot d\mathbf{x} = \oint_{C_1} \mathbf{F} \cdot d\mathbf{x} + \oint_{C_2} \mathbf{F} \cdot d\mathbf{x} = \iint_{\Sigma} \nabla \times \mathbf{F} \cdot \mathbf{n} d\sigma$$

5.2.1절에서 벡터장 $\mathbf{F}$가 유체의 속도장인 경우에 선적분 $\oint_C \mathbf{F} \cdot d\mathbf{x}$를 곡선 C에 대한 벡터장 $\mathbf{F}$의 순환이라고 하였다. 스토크스정리는 벡터장 $\mathbf{F}$의 순환과 $\nabla \times \mathbf{F}$와 밀접한 관계가 있음을 말하고 있다. 이 관계에 대하여 살펴보자.

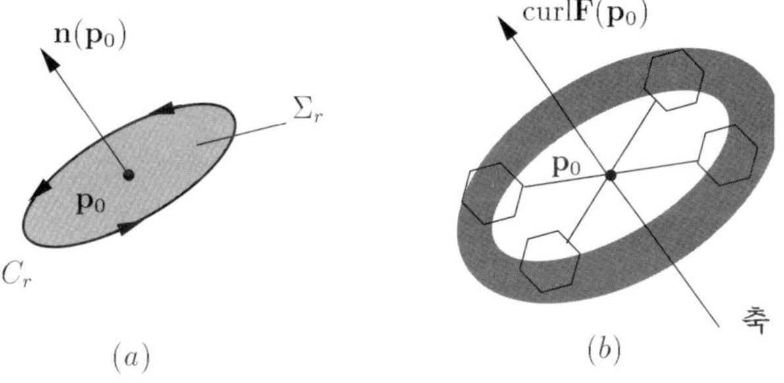

그림 5.4-5 벡터장 $\mathbf{F}$의 순환 curl $\mathbf{F}$

유체가 있는 영역 내의 한 점 $\mathbf{p}_0$가 중심이고 반지름이 $r > 0$인 원 C_r을 포함하는 원판 Σ_r에 대한 스토크스정리는 다음과 같다 (그림 5.4-5 (a) 참조).

$$\oint_{C_r} \mathbf{F} \cdot d\mathbf{x} = \iint_{\Sigma_r} \nabla \times \mathbf{F} \cdot \mathbf{n} d\sigma$$

여기서 속도장 $\mathbf{F}$가 C^1인 벡터장이면 제4장의 다중적분의 평균값정리 4.2-1로부터 다음을 만족시키는 점 $\mathbf{p}^*$가 원판 Σ_r에 존재한다.

$$\begin{aligned}\oint_{C_r} \mathbf{F} \cdot d\mathbf{x} &= \iint_{\Sigma_r} \operatorname{curl} \mathbf{F}(\mathbf{p}) \cdot \mathbf{n}(\mathbf{p})\, d\sigma \\ &= \{\operatorname{curl} \mathbf{F}(\mathbf{p}^*) \cdot \mathbf{n}(\mathbf{p}^*)\}\ (\Sigma_r \text{ 의 면적}) \\ &= \pi r^2 \{\operatorname{curl} \mathbf{F}(\mathbf{p}^*) \cdot \mathbf{n}(\mathbf{p}^*)\}\end{aligned}$$

그런데 벡터장 $\mathbf{F}$가 연속이므로 다음이 성립한다.

$$\operatorname{curl}\mathbf{F}(\mathbf{p}_0)\bullet\mathbf{n}(\mathbf{p}_0)=\lim_{r\to 0}\frac{1}{\pi r^2}\oint_{C_r}\mathbf{F}\bullet d\mathbf{x}$$

이로부터 충분히 작은 r에 대하여 다음을 얻는다.

$$\operatorname{curl}\mathbf{F}(\mathbf{p}_0)\bullet\mathbf{n}(\mathbf{p}_0)\approx\frac{1}{\pi r^2}\oint_{C_r}\mathbf{F}\bullet d\mathbf{x}\tag{5.4-4}$$

따라서 $\operatorname{curl}\mathbf{F}\bullet\mathbf{n}$은 단위시간에 단위면적에 대한 순환이라고 할 수 있다. 이를 축 $\mathbf{n}$에 대한 벡터장 $\mathbf{F}$의 **회전**(rotation)이라고도 한다.

이제 $\operatorname{curl}\mathbf{F}(\mathbf{p}_0)\neq 0$이면 식 (5.4-4)의 좌변은 $\mathbf{n}(\mathbf{p}_0)$가 $\operatorname{curl}\mathbf{F}(\mathbf{p}_0)$와 같은 방향이 될 때 최대가 되며, 이는 벡터장 $\mathbf{F}$의 곡선 C_r에 대한 순환이 최대가 되는 때이다. 따라서 그림 5.4-5의 (b)와 같이 점 $\mathbf{p}_0$에서 '바람개비'의 축이 벡터 $\operatorname{curl}\mathbf{F}(\mathbf{p}_0)$와 같은 방향이 되도록 놓으면 바람개비가 가장 빨리 회전할 것이다. 만일 바람개비의 축을 벡터 $\operatorname{curl}\mathbf{F}(\mathbf{p}_0)$에 수직인 되도록 놓으면 바람개비는 돌지 않을 것이다.

5.4.2 발산정리

5.2.1절에서 그린정리는 제2 벡터형식 (5.2-4)로 쓸 수 있음을 보았다. 이 절에서는 그린정리를 공간으로 확장한다. 그린정리는 다음 **발산정리**(Divergence Theorem) 또는 **가우스[11]정리** (Gauss' Theorem)의 특별한 경우이다.

[정리 5.4-2] (발산정리) 공간에서 유계이고 닫힌영역 D가 조각적으로 매끄러운 외향의 방향 $\mathbf{n}$을 가지는 닫힌곡면 Σ에 의해 둘러싸여 있다고 하자. 그러면 영역 D를 포함하는 공간의 영역에서 C^1인 벡터장 $\mathbf{F}=(P,Q,R)$에 대하여 다음이 성립한다.

$$\oiint_{\Sigma}\mathbf{F}\bullet\mathbf{n}\,d\sigma=\iiint_D\operatorname{div}\mathbf{F}\,dV\tag{5.4-5}$$

[11]Karl Gauss (1777–1855) : 독일의 수학자, 수학 신동, 수학의 황제

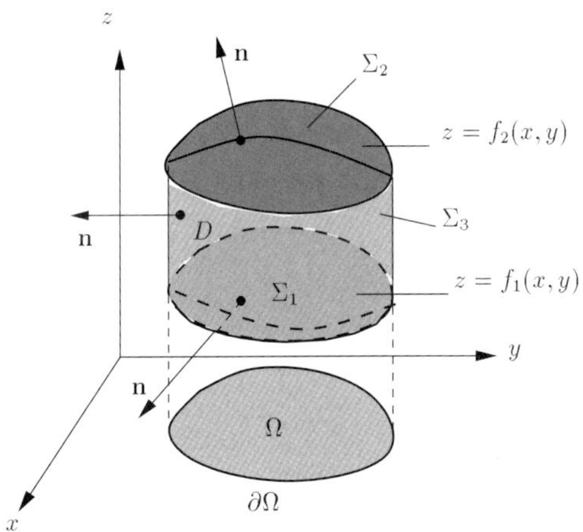

그림 5.4-6 발산정리의 영역

증명 **(부분)** 일반적인 경우에 대한 증명은 이 과정에서 다루는 범위를 벗어나므로 영역 D가 그림 5.4-6에 보인 것과 같이 세 개의 곡면으로 둘러싸여 있는 경우에 대하여만 증명하기로 한다. 이때 $\Sigma = \Sigma_1 \cup \Sigma_2 \cup \Sigma_3$이다.

$$\Sigma_1 : z = f_1(x, y), \ \ (x, y) \in \Omega$$
$$\Sigma_2 : z = f_2(x, y), \ \ (x, y) \in \Omega$$
$$\Sigma_3 : f_1(x, y) \leq z \leq f_2(x, y), \ \ (x, y) \in \partial\Omega$$

여기서 Ω는 영역 D의 xy평면 위로의 정사영인 평면의 영역이고, 곡선 $\partial\Omega$는 Ω의 경계이다 (그림 5.4-6참조). 그런데 $\operatorname{div}\mathbf{F}$와 $\mathbf{F}\bullet\mathbf{n}$은 다음과 같다.

$$\operatorname{div}\mathbf{F} = \nabla\bullet\mathbf{F} = \frac{\partial P}{\partial x} + \frac{\partial Q}{\partial y} + \frac{\partial R}{\partial z}, \ \ \mathbf{F}\bullet\mathbf{n} = P(\mathbf{i}\bullet\mathbf{n}) + Q(\mathbf{j}\bullet\mathbf{n}) + R(\mathbf{k}\bullet\mathbf{n})$$

그러므로 식 (5.4-5)의 좌변과 우변을 각각 다음과 같이 쓸 수 있다.

$$\oiint_\Sigma \mathbf{F}\bullet\mathbf{n}\,d\sigma = \oiint_\Sigma P\,(\mathbf{i}\bullet\mathbf{n})\,d\sigma + \oiint_\Sigma Q\,(\mathbf{j}\bullet\mathbf{n})\,d\sigma + \oiint_\Sigma R\,(\mathbf{k}\bullet\mathbf{n})\,d\sigma$$

$$\iiint_D \operatorname{div}\mathbf{F}\,dV = \iiint_D \frac{\partial P}{\partial x}\,dV + \iiint_D \frac{\partial Q}{\partial y}\,dV + \iiint_D \frac{\partial R}{\partial z}\,dV$$

따라서 위의 두 식의 우변의 항이 각각 같음을 보이면 된다. 여기서는 위의 두 식의 마지막

항이 서로 같다는 것을 보이기로 한다. 즉, 다음 등식이 성립함을 보이기로 한다.

$$\iiint_D \frac{\partial R}{\partial z}\, dV = \oiint_\Sigma R\,(\mathbf{k}\bullet\mathbf{n})\, d\sigma$$

나머지 두 개의 항이 각각 같다는 것은 비슷한 방법으로 증명된다. 먼저 삼중적분의 반복적분을 이용하여 다음을 얻는다.

$$\begin{aligned}\iiint_D \frac{\partial R}{\partial z}\, dV &= \iint_\Omega \int_{f_1(x,y)}^{f_2(x,y)} \frac{\partial R}{\partial z}\, dz\, dx\, dy \\ &= \iint_\Omega \{R(x,y,f_2(x,y)) - R(x,y,f_1(x,y))\}\, dx\, dy \qquad (5.4\text{-}6)\end{aligned}$$

이제 면적분의 성질을 이용하면 다음을 얻는다.

$$\oiint_\Sigma R\,(\mathbf{k}\bullet\mathbf{n})\, d\sigma = \iint_{\Sigma_1} R\,(\mathbf{k}\bullet\mathbf{n})\, d\sigma + \iint_{\Sigma_2} R\,(\mathbf{k}\bullet\mathbf{n})\, d\sigma + \iint_{\Sigma_3} R\,(\mathbf{k}\bullet\mathbf{n})\, d\sigma$$

각 부분 곡면에서 위의 적분을 계산하자. 먼저, 곡면 Σ_1이 $z = f_1(x,y)$에 의해 주어지므로 방정식 $g(x,y,z) = f_1(x,y) - z = 0$으로부터 Σ_1에서 단위외향법선벡터 $\mathbf{n}$은 다음과 같다.

$$\mathbf{n} = \frac{1}{\sqrt{1 + (\partial f_1/\partial x)^2 + (\partial f_1/\partial y)^2}} \left(\frac{\partial f_1}{\partial x}, \frac{\partial f_1}{\partial y}, -1\right)$$

따라서 $\mathbf{k}\bullet\mathbf{n} = -1/\sqrt{1 + (\frac{\partial f_1}{\partial x})^2 + (\frac{\partial f_1}{\partial y})^2}$이고 식 (5.3-3)을 이용하면 다음을 얻는다.

$$\iint_{\Sigma_1} R\,(\mathbf{k}\bullet\mathbf{n})\, d\sigma = -\iint_\Omega R(x,y,f_1(x,y))\, dx\, dy \qquad (5.4\text{-}7)$$

비슷하게 곡면 $z = f_2(x,y)$로 주어지는 곡면 Σ_2의 단위외향법선벡터 $\mathbf{n}$은 다음과 같다.

$$\mathbf{n} = \frac{1}{\sqrt{1 + (\partial f_2/\partial x)^2 + (\partial f_2/\partial y)^2}} \left(-\frac{\partial f_2}{\partial x}, -\frac{\partial f_2}{\partial y}, 1\right)$$

그러므로 $\mathbf{k}\bullet\mathbf{n} = 1/\sqrt{1 + (\frac{\partial f_2}{\partial x})^2 + (\frac{\partial f_2}{\partial y})^2}$이고 식 (5.3-3)을 이용하여 다음을 얻는다.

$$\iint_{\Sigma_2} R\,(\mathbf{k}\bullet\mathbf{n})\, d\sigma = \iint_\Omega R(x,y,f_2(x,y))\, dx\, dy \qquad (5.4\text{-}8)$$

마지막으로 Σ_3는 xy평면에 수직인 곡면이므로 $\mathbf{k}\cdot\mathbf{n} = 0$이다. 따라서 다음을 얻는다.

$$\iint_{\Sigma_3} R\,(\mathbf{k}\cdot\mathbf{n})\,d\sigma = 0 \tag{5.4-9}$$

그러므로 식 (5.4-7), (5.4-8)과 (5.4-9)를 더하여 다음 등식을 얻는다.

$$\oiint_{\Sigma} R\,(\mathbf{k}\cdot\mathbf{n})\,d\sigma = \iint_{\Omega} \{R(x,y,f_2(x,y)) - R(x,y,f_1(x,y))\}\,dx\,dy$$

이는 식 (5.4-6)과 같으므로 등식 $\iiint_D \frac{\partial R}{\partial z}\,dV = \oiint_{\Sigma} R\,(\mathbf{k}\cdot\mathbf{n})\,d\sigma$이 성립함을 보였으므로 증명이 끝났다. □

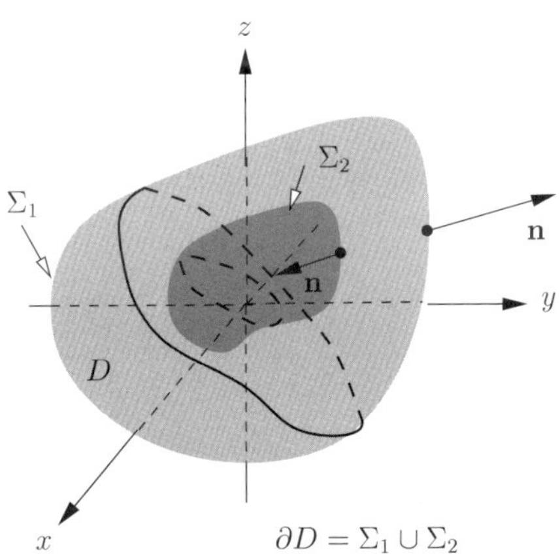

그림 5.4-7 발산정리와 두 개의 닫힌곡면으로 이루어진 영역

발산정리는 두 개의 닫힌곡면으로 둘러싸인 영역에 대하여도 성립한다. 예를 들어 영역 D가 그림 5.4-7과 같이 주어진다면 다음이 성립한다.

$$\begin{aligned}\oiint_{\partial D} \mathbf{F}\cdot\mathbf{n}\,d\sigma &= \oiint_{\Sigma_1} \mathbf{F}\cdot\mathbf{n}\,d\sigma + \oiint_{\Sigma_2} \mathbf{F}\cdot\mathbf{n}\,d\sigma \\ &= \iiint_D \operatorname{div}\mathbf{F}\,dV\end{aligned}$$

여기서 $\mathbf{n}$은 곡면 ∂D의 외향방향이다. 즉, 그림에서 Σ_1에서는 $\mathbf{n}$이 원점에서 바깥쪽으로 멀어지는 방향이고, Σ_2에서는 원점으로 향하는 방향이다.

[예제 5.4-3] 공간에서 다음에 주어진 곡면 Σ를 통해 밖으로 유출되는 유체의 속도장 $\mathbf{F}(x, y, z) = (z, -x, y)$의 유동을 구하라 (예제 5.3-4와 그림 5.3-6 참조).

$$\Sigma : x^2 + y^2 = 1, \quad z = 0, \ z = 1$$

풀이 곡면 Σ에 의해 둘러싸인 영역 D는 다음과 같다.

$$D = \left\{ (x, y, z) \in \mathbb{R}^3 \mid x^2 + y^2 \leq 1, 0 \leq z \leq 1 \right\}$$

발산정리에 의하면 Σ를 통하여 유출되는 유동은 다음과 같다.

$$\oiint_{\Sigma} \mathbf{F} \bullet \mathbf{n} d\sigma = \iiint_D \operatorname{div} \mathbf{F} \, dV$$

그런데 벡터장 **F**의 발산은 다음과 같다.

$$\operatorname{div} \mathbf{F}(x, y, z) = \left(\frac{\partial}{\partial x}, \frac{\partial}{\partial y}, \frac{\partial}{\partial z} \right) \bullet (z, -x, y) = \frac{\partial}{\partial x} z + \frac{\partial}{\partial y}(-x) + \frac{\partial}{\partial z} y = 0$$

따라서 구하는 유동은 0이다. ✠

위의 예제에서 보듯이 발산정리는 종종 복잡한 면적분을 삼중적분을 이용하여 간단히 계산할 수 있게 해준다.

[예제 5.4-4] 벡터장 $\mathbf{F}(x, y, z) = (xy, y^2, z^3)$에 대하여 다음에 주어지는 단위정육면체 D의 면 ∂D에 대한 면적분 $\oiint_{\partial D} \mathbf{F} \bullet \mathbf{n} \, d\sigma$를 구하라.

$$D \ : \quad 0 \leq x \leq 1, \ 0 \leq y \leq 1, \ 0 \leq z \leq 1$$

풀이 육면체 D의 여섯 개의 면에 대해 면적분을 계산하지 않고 발산정리를 이용하여 삼중적분의 값을 구하자. 여기서 $\operatorname{div} \mathbf{F} = y + 2y + 3z^2$이므로 다음 결과를 얻는다.

$$\oiint_{\partial D} \mathbf{F} \bullet \mathbf{n} \, d\sigma = \iiint_D (y + 2y + 3z^2) \, dV$$

$$\begin{aligned}
&= \int_0^1 \int_0^1 \int_0^1 (y + 2y + 3z^2)\, dx\, dy\, dz \\
&= \int_0^1 \int_0^1 (y + 2y + 3z^2)\, dy\, dz \\
&= \int_0^1 \left[\frac{y^2}{2} + y^2 + 3z^2 y \right]_0^1 dz \\
&= \int_0^1 \left(\frac{1}{2} + 1 + 3z^2 \right) dz \\
&= \left[\frac{1}{2}z + z + z^3 \right]_0^1 = \frac{5}{2}
\end{aligned}$$

따라서 구하는 면적분은 $\frac{5}{2}$이다. ✠

5.2.1절에서 벡터장 **F**가 유체 흐름(fluid flow)의 속도장이라고 할 때 곡면에 대한 벡터장 **F**의 유동은 단위시간에 그 곡면을 통해 흐르는, 즉 유출 또는 유입되는 유체의 체적을 나타낸다고 하였다. 그리고 발산은 5.1.1절에서 보았듯이 단위부피당 시간에 대한 유체의 체적의 변화률이다. 여기서 발산정리를 이용하여 발산과 유동과의 관계를 살펴보자.

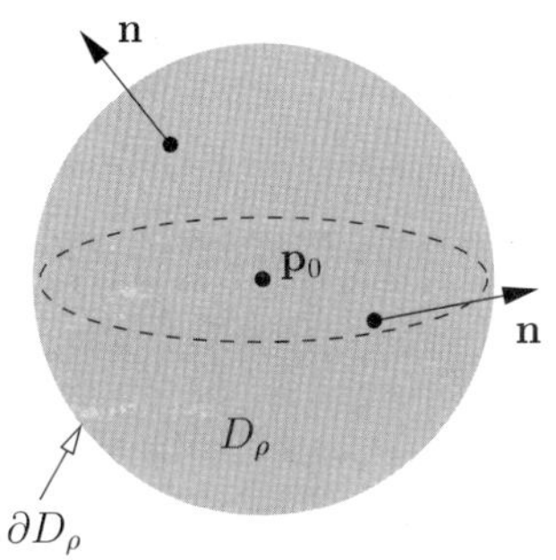

그림 5.4-8 발산정리와 유동

공간에서 유체의 흐름을 나타내는 C^1인 속도장 **F**가 주어졌다고 하고 점 $\mathbf{p}_0$가 유체가 흐르는 영역 내의 한 점이라 하자. 이때 점 $\mathbf{p}_0$을 중심으로 하는 반경이 ρ인 구면 ∂D_ρ와 구면의 경계와 내부로 이루어진 입체 D_ρ를 생각하자 (그림 5.4-8 참조).

그러면 발산정리에 의하여 다음이 성립한다.

$$\oiint_{\partial D_\rho} \mathbf{F} \bullet \mathbf{n}\, d\sigma = \iiint_{D_\rho} \operatorname{div} \mathbf{F}\, dV$$

이제 삼중적분의 평균값정리 4.2-1에 의해 다음을 만족시키는 점 $\mathbf{p}^*$가 D_ρ 내에 존재한다.

$$\oiint_{\partial D_\rho} \mathbf{F} \bullet \mathbf{n}\, d\sigma = \operatorname{div} \mathbf{F}(\mathbf{p}^*)\,(D_\rho\text{의 체적 }) = \frac{4}{3}\pi\rho^3 \operatorname{div} \mathbf{F}(\mathbf{p}^*)$$

여기서 $\rho \to 0$이 되도록 하면 다음을 얻는다.

$$\operatorname{div} \mathbf{F}(\mathbf{p}_0) = \lim_{\rho \to 0} \frac{3}{4\pi\rho^3} \oiint_{\partial D_\rho} \mathbf{F} \bullet \mathbf{n}\, d\sigma$$

따라서 ρ가 충분히 작으면 다음이 성립한다.

$$\operatorname{div} \mathbf{F}(\mathbf{p}_0) \approx \frac{3}{4\pi\rho^3} \oiint_{\partial D_\rho} \mathbf{F} \bullet \mathbf{n}\, d\sigma$$

그러므로 속도장 $\mathbf{F}$의 발산 $\operatorname{div}\mathbf{F}$는 단위시간에 단위체적 당 벡터장 $\mathbf{F}$의 닫힌곡면 ∂D_ρ에 대한 유동이다.

발산정리는 전자기학, 유체역학 등의 분야에서 근본적이고 중요한 현상을 기술하고 관련 편미분방정식 등을 유도하는 데 유용하다.

연습 문제 5.4

1. 다음 곡면 Σ과 벡터장 $\mathbf{F}$에 대하여 스토크스정리가 성립함을 보여라.

   (1) $\mathbf{F}(x, y, z) = (x - y, y - z, z - x)$, Σ는 평면 $x + y + z = 1$의 제1 팔분 공간에 있는 부분

   (2) $\mathbf{F}(x, y, z) = (x + y, y + z, z + x)$, Σ는 평면 $z = 0$와 $z = 1$ 사이에 있는 원뿔면 $z^2 = x^2 + y^2$의 부분

2. 스토크스정리를 이용하여 $\oint_C \mathbf{F} \bullet d\mathbf{x}$를 계산하라 (단, 곡선 C의 방향은 양의 z축 쪽에서 보았을 때 반시계방향으로 한다).

   (1) $\mathbf{F} = (2z + x, y - z, x + y)$, C는 세 점 $(1,0,0)$, $(0,1,0)$, $(0,0,1)$을 꼭지점으로 가지는 삼각형의 둘레

   (2) $\mathbf{F} = (z^2 y \cos xy, z^2 x(1 + \cos xy), 2z \sin xy)$, C는 평면 $z = 1 - y$가 좌표평면, 평면 $x = 2$와 만나서 이루는 사각형의 둘레, 즉 네 점 $(0,0,1)$, $(2,0,1)$, $(2,1,0)$, $(0,1,0)$을 꼭지점으로 가지는 사각형의 둘레

   (3) $\mathbf{F} = (y^3, -x^3, z^3)$, C는 평면 $x + y + z = 1$과 원기둥면 $x^2 + y^2 = 1$의 교선

   (4) $\mathbf{F} = (x, x^3 y^2, z)$, C는 평면 $z = 0$과 반 타원면 $z = \sqrt{4 - 4x^2 - y^2}$이 만나서 이루는 곡선

3. 방향이 위쪽으로 주어진 곡면 Σ와 벡터장 $\mathbf{F}$에 대하여 $\iint_\Sigma (\nabla \times \mathbf{F}) \bullet \mathbf{n}\, d\sigma$를 스토크스정리를 이용하여 계산하라.

   (1) $\mathbf{F} = (6yz, 5x, yze^{x^2})$, Σ는 $0 \leq z \leq 4$인 포물면 $z = \frac{1}{4}x^2 + y^2$의 부분

   (2) $\mathbf{F} = (3x^2, 8x^3 y, 3x^2 y)$, Σ는 $x = 0$, $y = 0$, $x = 2$, $y = 2$로 주어지는 사각기둥면 내부에 놓이는 평면 $z = x$의 부분

4. 곡면 Σ가 공간에서 원기둥 $x^2 + y^2 = 1$과 포물면 $z = 4 - x^2 - y^2$이 만나서 이루는 곡면일 때, 벡터장 $\mathbf{F}(x,y,z) = (\cos x + z, \sin y + x, e^z + y)$에 대한 선적분 $\oint_{\partial\Sigma} \mathbf{F} \bullet d\mathbf{x}$를 스토크스정리를 이용하여 구하라.

5. 다음의 벡터장 $\mathbf{F}$와 영역 D에 대하여 발산정리가 성립함을 보여라.

   (1) $\mathbf{F} = (xy, yz, zx)$, D는 $0 \leq x, y, z \leq 1$로 둘러싸인 정육면체

   (2) $\mathbf{F} = (x + y, y + z, z + x)$, D는 공간의 세 좌표평면과 평면 $x + y + z = 1$로 둘러싸인 사면체

   (3) $\mathbf{F} = (6xy, 4yz, xe^{-y})$, D는 좌표평면과 평면 $x + y + z = 1$로 둘러싸인 사면체

6. 발산정리를 이용하여 $\oiint_\Sigma \mathbf{F} \bullet \mathbf{n}\, d\sigma$를 계산하라 (단, $\mathbf{n}$은 곡면 Σ의 단위외향법선벡터).

   (1) $\mathbf{F} = (y^2, xz^3, (z-1)^2)$, Σ는 원기둥면 $x^2 + y^2 = 16$과 평면 $z = 1$과 $z = 5$로 둘러싸인 영역 D의 경계면

   (2) $\mathbf{F} = (x^2 + \sin y, z^2, xy^3)$, Σ는 $y = x^2$, $z = 9 - y$, $z = 0$으로 둘러싸인 영역 D의 경계면

   (3) $\mathbf{F} = \frac{1}{x^2+y^2+z^2}(x, y, z)$, Σ는 구면 $x^2 + y^2 + z^2 = a^2$과 $x^2 + y^2 + z^2 = b^2$로 둘러싸인 영역 D의 경계면 (단, $a < b$)

(4) $\mathbf{F} = (2x^2y^2, y, -6zxy^2)$, Σ는 포물면 $z = x^2 + y^2$과 평면 $z = 2y$로 둘러싸인 영역 D의 경계면

7. 공간에서 유체의 속도장 $\mathbf{F} = -k(x, y, z)$의 구면 $x^2 + y^2 + z^2 = a^2$ $(a > 0)$의 외향 방향으로의 유동을 구하라 (단, $k > 0$).

8. 다음에 주어진 원기둥면 Σ에 대하여 벡터장 $\mathbf{F}(x, y, z) = xz\mathbf{i} + yz\mathbf{j} + xy\mathbf{k}$의 면적분 $\oiint_\Sigma \mathbf{F} \bullet \mathbf{n}\, d\sigma$를 계산하라. 단, $\mathbf{n}$은 원기둥면 Σ의 단위외향법선벡터이다.

$$\Sigma : x^2 + y^2 = 1, \ z = 0, \ z = 1$$

9. 공간에서 구면 $x^2 + y^2 + z^2 = 9$와 원추면 $z = \sqrt{x^2 + y^2}$으로 둘러싸인 영역 D를 포함하는 영역에서 정의된 벡터장 $\mathbf{F}(x, y, z) = (yz, zx, xy + z^2)$을 생각하자. 이때 ∂D를 통해 D 외부로 유출되는 $\mathbf{F}$의 유동을 구하라.

10. 벡터 $\mathbf{n}$이 구면 $\Sigma : x^2 + y^2 + z^2 = a^2$ $(a > 0)$의 외향법선단위벡터라고 하자. 만일 벡터장 $\mathbf{F}$의 성분함수가 연속인 이계편도함수를 모두 가지면 다음이 성립함을 보여라.

$$\oiint_\Sigma (\nabla \times \mathbf{F}) \bullet \mathbf{n}\, d\sigma = 0$$

11. 발산정리를 성립하게 하는 영역 D와 곡면 Σ에 대하여 연속인 이계편도함수를 가지는 스칼라함수 f와 g에 대하여 다음 등식이 성립함을 보여라.

(1) $\iiint_D \left(f\nabla^2 g + \nabla f \bullet \nabla g\right) dV = \oiint_\Sigma (f\nabla g) \bullet \mathbf{n}\, d\sigma$
[그린의 제1 공식(Green's first formula)]

(2) $\iiint_D \left(f\nabla^2 g - g\nabla^2 f\right) dV = \oiint_\Sigma (f\nabla g - g\nabla f) \bullet \mathbf{n}\, d\sigma$
[그린의 제2 공식(Green's second formula)]

(3) $\iiint_D \nabla f\, dV = \oiint_\Sigma f\mathbf{n}\, d\sigma$
[도움말: $f\mathbf{a}$에 발산정리를 적용하라 (단, $\mathbf{a}$는 상수벡터).]

A 행렬과 행렬식

행렬의 정의와 연산, 행렬식, 그리고 그와 관련된 기본적인 성질에 대하여 간단히 다룬다. 행렬에 대한 보다 자세한 사항은 관련 서적을 참고하라.

A.1 행렬의 정의

두 자연수 m과 n에 대하여 mn개의 실수 a_{ij} $(1 \le i \le m,\ 1 \le j \le n)$를 다음과 같이 직사각형 모양으로 나열하여 나타낸 것을 실수집합 $\mathbb{R}$ 위의 $m \times n$ **행렬**(matrix)이라고 한다.

$$A = \begin{pmatrix} a_{11} & a_{12} & \cdots & a_{1n} \\ a_{21} & a_{22} & \cdots & a_{2n} \\ \vdots & \vdots & \ddots & \vdots \\ a_{m1} & a_{m2} & \cdots & a_{mn} \end{pmatrix}$$

이때 $m \times n$을 행렬 A의 **차수**(order)라고 한다. 또 실수 a_{ij}를 행렬 A의 (i,j) **성분**(entry)이라고 한다. 종종 행렬 A를 그의 성분을 써서 간단히 $A = (a_{ij})_{m\times n}$과 같이 나타내기도 한다. 그리고 $m \times n$ 행렬 A에 대하여 다음에 주어진 벡터 A_i를 행렬 A의 i 번째 **행**(row) 또는 **행벡터**(row vector), 벡터 A_j를 행렬 A의 j 번째 **열**(column) 또는 **열벡터**(column vector)라고 한다.

$$A_i = \begin{pmatrix} a_{i1} & a_{i2} & \cdots & a_{in} \end{pmatrix}, \quad A^j = \begin{pmatrix} a_{1j} \\ a_{2j} \\ \vdots \\ a_{mj} \end{pmatrix}$$

모든 성분이 0인 행렬을 **영행렬**(zero matrix)이라고 하고 O로 나타낸다. 또 행의 수와 열의 수가 같은 행렬을 **정사각행렬**(square matrix) 또는 **정방행렬**이라고 하며, 이때 정방행렬의 행 또는 열의 개수가 n개이면 n차 정사각행렬 또는 n차 정방행렬이라고도 한다.

실수집합 위에서의 모든 $m \times n$ 행렬의 집합을 다음과 같이 나타내기로 하자.

$$M_{m\times n}(\mathbb{R}) = \{(a_{ij})_{m\times n} \mid a_{ij} \in \mathbb{R}, 1 \le i \le m, 1 \le j \le n\}$$

두 개의 $m \times n$ 행렬 $A = (a_{ij})_{m\times n}$과 $B = (b_{ij})_{m\times n}$의 대응하는 성분이 서로 같

으면, 즉 모든 $i = 1, \ldots, m, j = 1, \ldots, n$에 대하여 $a_{ij} = b_{ij}$이면 행렬 A와 B는 서로 **같다**고 하고 $A = B$로 나타낸다. 차수가 서로 다른 행렬의 상등은 말하지 않는다.

이제 행렬의 덧셈과 스칼라곱을 정의하자.

A.2 행렬의 연산

두 $m \times n$ 행렬 $A = (a_{ij})_{m\times n}$, $B = (b_{ij})_{m\times n}$과 실수 α에 대하여 덧셈과 스칼라 곱을 각각 다음 식으로 정의한다.

$$A + B = (a_{ij} + b_{ij})_{m\times n} = \begin{pmatrix} a_{11}+b_{11} & a_{12}+b_{12} & \cdots & a_{1n}+b_{1n} \\ a_{21}+b_{21} & a_{22}+b_{22} & \cdots & a_{2n}+b_{2n} \\ \vdots & \vdots & \ddots & \vdots \\ a_{m1}+b_{m1} & a_{m2}+b_{m2} & \cdots & a_{mn}+b_{mn} \end{pmatrix}$$

$$\alpha A = (\alpha a_{ij})_{m\times n} = \begin{pmatrix} \alpha a_{11} & \alpha a_{12} & \cdots & \alpha a_{1n} \\ \alpha a_{21} & \alpha a_{22} & \cdots & \alpha a_{2n} \\ \vdots & \vdots & \ddots & \vdots \\ \alpha a_{m1} & \alpha a_{m2} & \cdots & \alpha a_{mn} \end{pmatrix}$$

[예제 A.2-1] 다음 두 행렬에 대하여 $2A + B$를 구하라.

$$A = \begin{pmatrix} 2 & 1 & -5 \\ 4 & 0 & 7 \end{pmatrix}, \quad B = \begin{pmatrix} -3 & 0 & 2 \\ 0 & 5 & 9 \end{pmatrix}$$

풀이 정의에 의하여 계산하면 다음과 같다.

$$2A + B = \begin{pmatrix} 4-3 & 2+0 & -10+2 \\ 8+0 & 0+5 & 14+9 \end{pmatrix} = \begin{pmatrix} 1 & 2 & -8 \\ 8 & 5 & 23 \end{pmatrix}$$ ✠

행렬의 덧셈과 스칼라곱이 정의되어 있는 집합 $M_{m\times n}(\mathbb{R})$에 대하여 다음 정리가 성립함을 알 수 있다.

[정리 A.2-1] 임의의 $A, B, C \in M_{m\times n}(\mathbb{R})$, $\alpha, \beta \in \mathbb{R}$에 대하여 다음이 성립한다.

(1) [교환법칙] $A+B=B+A$

(2) [결합법칙] $(A+B)+C=A+(B+C)$

(3) [항등원의 존재] 모든 $A \in M_{m\times n}(\mathbb{R})$에 대하여 다음 식을 만족시키는 행렬 $\mathrm{O} \in M_{m\times n}(\mathbb{R})$가 존재한다.

$$A+\mathrm{O}=\mathrm{O}+A=A$$

(4) [역원의 존재] 임의의 $A \in M_{m\times n}(\mathbb{R})$에 대하여 다음 식을 만족시키는 행렬 $-A \in M_{m\times n}(\mathbb{R})$가 존재한다.

$$A+(-A)=(-A)+A=\mathrm{O}$$

(5) $\alpha(A+B)=\alpha A+\alpha B$

(6) $(\alpha+\beta)A=\alpha A+\beta A$

(7) $(\alpha\beta)A=\alpha(\beta A)$

(8) $1A=A$

증명 여기서 (2), (5)만을 증명한다. 먼저 $A=(a_{ij})_{m\times n}$, $B=(b_{ij})_{m\times n}$, $C=(c_{ij})_{m\times n}$라고 하자. 그러면 다음 계산에 의하여 (2)가 성립한다.

$$\begin{aligned}(A+B)+C &= (a_{ij}+b_{ij})_{m\times n}+(c_{ij})_{m\times n} = \big((a_{ij}+b_{ij})+c_{ij}\big)_{m\times n}\\ &= \big(a_{ij}+(b_{ij}+c_{ij})\big)_{m\times n} = (a_{ij})_{m\times n}+\big(b_{ij}+c_{ij}\big)_{m\times n}\\ &= A+(B+C)\end{aligned}$$

또 다음이 성립하므로 (5)가 증명된다.

$$\alpha(A+B)=\alpha(a_{ij}+b_{ij})_{m\times n}=(\alpha a_{ij}+\alpha b_{ij})_{m\times n}$$

$$= (\alpha a_{ij})_{m\times n} + (\alpha b_{ij})_{m\times n}$$
$$= \alpha A + \alpha B \qquad \blacksquare$$

두 행렬 $A = (a_{ij})_{m\times n} \in M_{m\times n}(\mathbb{R})$과 $B = (b_{ij})_{n\times p} \in M_{n\times p}(\mathbb{R})$의 **곱** AB를 다음 식으로 정의한다.

$$AB = \left(\sum_{k=1}^{n} a_{ik}b_{kj}\right)_{m\times p} = (c_{ij})_{m\times p} \in M_{m\times p}(\mathbb{R})$$

참고 (1) 정리 A.2-1에 의하여 집합 $M_{m\times n}(\mathbb{R})$은 $\mathbb{R}$ 위의 벡터공간이다 (1.2.7절 참조).
(2) 두 행렬 A, B의 곱 AB의 (i,j) 성분 c_{ij}는 행렬 A의 i 번 째 행벡터 A_i와 행렬 B의 j 번 째 열벡터 B^j를 이용하여 나타내면 다음과 같다.

$$c_{ij} = A_i \bullet B^j = (a_{i1}\ a_{i2}\ \cdots\ a_{in}) \bullet (b_{1j}\ b_{2j}\ \cdots\ b_{nj}) = \sum_{k=1}^{n} a_{ik}b_{kj}$$

여기서 열벡터 B^j를 행벡터로 생각하여 벡터의 내적을 이용했다.

[예제 A.2-2] 다음 두 행렬 A와 B에 대하여 AB와 BA를 구하라.

$$A = \begin{pmatrix} 2 & 1 \\ -1 & 0 \end{pmatrix}, \quad B = \begin{pmatrix} -3 & 4 \\ 0 & 5 \end{pmatrix}$$

풀이 정의에 따라 구하면 각각 다음과 같다.

$$AB = \begin{pmatrix} 2 & 1 \\ -1 & 0 \end{pmatrix}\begin{pmatrix} -3 & 4 \\ 0 & 5 \end{pmatrix} = \begin{pmatrix} -6 & 13 \\ 3 & -4 \end{pmatrix}$$

$$BA = \begin{pmatrix} -3 & 4 \\ 0 & 5 \end{pmatrix}\begin{pmatrix} 2 & 1 \\ -1 & 0 \end{pmatrix} = \begin{pmatrix} -10 & -3 \\ -5 & 0 \end{pmatrix}$$ ✠

예제 A.2-2로부터 행렬의 곱셈에 대한 교환법칙은 성립하지 않음을 알 수 있다. 그러나 행렬의 곱이 정의되면 곱에 대한 결합법칙과 배분법칙이 성립한다. 다음 정리의 증명은 생략한다.

[정리 A.2-2] 행렬 $A = (a_{ij})_{m \times n}$, $B = (b_{ij})_{n \times p}$에 대하여 다음이 성립한다.

(1) [결합법칙] $A(BC) = (AB)C$ (단, $C = (c_{ij})_{p \times q}$)

(2) [배분법칙] $A(B + C) = AB + AC$ (단, $C = (c_{ij})_{n \times p}$)

다음 n차 정방행렬 I_n을 n차 **항등행렬**(identity matrix)이라고 한다.

$$I_n = \left(\delta_{ij}\right)_{n \times n} = \begin{pmatrix} 1 & 0 & \cdots & 0 \\ 0 & 1 & \cdots & 0 \\ \vdots & \vdots & \ddots & \vdots \\ 0 & 0 & \cdots & 1 \end{pmatrix}$$

여기서 δ_{ij}는 $i = j$일 때 1이고, $i \neq j$일 때 0으로 정의되는 함수로서 크로네커[1)]의 **델타함수**(Kronecker's delta function)라고 한다.

항등행렬 I_n은 n차 정방행렬 A에 대하여 다음을 만족시킨다.

$$AI_n = I_n A$$

일반적으로 다음 정리가 성립한다. 증명은 생략한다.

[정리 A.2-3] 임의의 행렬 $A \in M_{m \times n}(\mathbb{R})$에 대하여 다음 식이 성립한다.

$$AI_n = A = I_m A$$

A.3 정칙행렬과 역행렬

정방행렬 $A \in M_{n \times n}(\mathbb{R})$에 대하여 다음 식을 만족시키는 행렬 $B \in M_{n \times n}(\mathbb{R})$가 존

[1)] Leopold Kronecker (1823-1891): 프러시아 태생의 독일 수학자, 논리학자

재하면 행렬 A는 **정칙행렬**(invertible matrix)이라고 한다.

$$AB = I_n = BA$$

이때 행렬 B를 행렬 A의 **역행렬**(inverse matrix)이라고 하며, A^{-1}로 나타낸다.

[예제 A.3-1] 다음의 행렬 A와 B에 대하여 B는 A의 역행렬임을 보여라.

$$A = \begin{pmatrix} 3 & 1 \\ -1 & 0 \end{pmatrix}, \quad B = \begin{pmatrix} 0 & -1 \\ 1 & 3 \end{pmatrix}$$

풀이 행렬의 곱의 정의에 따라 직접 AB와 BA를 계산하면 다음과 같다.

$$AB = \begin{pmatrix} 3 & 1 \\ -1 & 0 \end{pmatrix}\begin{pmatrix} 0 & -1 \\ 1 & 3 \end{pmatrix} = \begin{pmatrix} 1 & 0 \\ 0 & 1 \end{pmatrix}$$
$$= \begin{pmatrix} 0 & -1 \\ 1 & 3 \end{pmatrix}\begin{pmatrix} 3 & 1 \\ -1 & 0 \end{pmatrix} = BA$$

따라서 행렬 A와 B는 서로의 역행렬이다. ✠

역행렬의 정의에 의하여 다음 정리가 성립함을 알 수 있다.

[정리 A.3-1] 정칙행렬 A와 B에 대하여 다음이 성립한다.

(1) A^{-1}는 유일하다.

(2) A^{-1}도 정칙행렬이고 $(A^{-1})^{-1} = A$이다.

(3) AB도 정칙행렬이고 $(AB)^{-1} = B^{-1}A^{-1}$이다.

증명 (1) 두 행렬 C와 D가 A의 역행렬이라고 하면 다음이 성립한다.

$$C = CI_n = C(AD) = (CA)D = I_nD = D$$

따라서 $C = D$이므로 A의 역행렬은 유일하다.

(2) A가 정칙행렬이므로 다음이 성립한다.

$$AA^{-1} = I_n = A^{-1}A$$

따라서 역행렬의 정의에 의해 A^{-1}도 정칙행렬이고 $(A^{-1})^{-1} = A$이다.

(3) 실제로 다음이 성립한다.

$$(AB)(B^{-1}A^{-1}) = A(BB^{-1})A^{-1} = AI_nA^{-1} = AA^{-1} = I_n$$
$$(B^{-1}A^{-1})(AB) = B^{-1}(A^{-1}A)B = B^{-1}I_nB = B^{-1}B = I_n$$

따라서 AB는 정칙행렬이고 $(AB)^{-1} = B^{-1}A^{-1}$이다. ■

행렬 $A = (a_{ij})_{m\times n} \in M_{m\times n}(\mathbb{R})$의 행과 열을 서로 바꾸어 얻게 되는 $n \times m$ 행렬, 즉 $(a_{ji})_{n\times m}$을 행렬 A의 **전치행렬**(transpose)이라고 하고 A^T로 나타낸다.

다음은 전치행렬의 성질이다. 증명은 생략한다.

[정리 A.3-2] 행렬 $A, B \in M_{m\times n}(\mathbb{R})$와 실수 a에 대하여 다음이 성립한다.

(1) $(A^T)^T = A$

(2) $(A+B)^T = A^T + B^T$

(3) $(aA)^T = aA^T$

A.4 행렬식

이제 정방행렬 A의 **행렬식**(determinant)에 대하여 살펴보자.

먼저 크기가 1×1 인 정사각행렬 $A = (a)$의 행렬식 $\det(A)$ 또는 $|A|$를 다음과 같이 정의한다.

$$\det(A) = a$$

이를 이용하여 일반적인 정사각행렬의 행렬식을 다음과 같이 귀납적으로 정의한다.

정사각행렬 $A = (a_{ij})_{n \times n}$의 i 번째 행 A_i와 j 번째 열 A^j를 삭제하여 얻게 되는 $(n-1) \times (n-1)$ 행렬의 행렬식 M_{ij}를 성분 a_{ij}의 **소행렬식**(minor)이라고 한다. 또 다음 식으로 주어지는 실수 A_{ij}를 행렬 A의 성분 a_{ij}의 **여인수**(cofactor)라고 한다.

$$A_{ij} = (-1)^{i+j} M_{ij}, \quad 1 \leq i, j \leq n)$$

이제 i 번째 행(제i행)에 대한 정사각행렬 $A = (a_{ij})_{n \times n}$의 행렬식 $\det(A)$를 다음과 같이 정의한다.

$$\det(A) = \sum_{k=1}^{n} a_{ik} A_{ik} \quad i = 1, \ldots, n \tag{A.4-1}$$

또 j 번째 열(제j열)에 대한 정사각행렬 $A = (a_{ij})_{n \times n}$의 행렬식 $\det(A)$ 또는 $|A|$를 다음과 같이 정의한다.

$$\sum_{k=1}^{n} a_{kj} A_{kj} \quad j = 1, \ldots, n \tag{A.4-2}$$

여기에서 임의의 열 또는 행을 택하여 행렬 A의 행렬식을 구하더라도 그 값이 일정하다는 것이 알려져 있다.

[예제 A.4-1] 2×2 행렬 $A = \left(a_{ij}\right)_{2 \times 2}$ $(1 \leq i, j \leq 2)$의 행렬식을 구하라.

풀이 제1행에 대한 여인수를 구하면 다음과 같으므로 $\det(A) = a_{11}a_{22} - a_{12}a_{21}$이다.

$$A_{11} = a_{22}, \ A_{12} = -a_{21}$$ ✠

또 다음의 3×3 행렬 A의 행렬식은 정의에 따라 다음과 같이 구할 수 있다.

$$A = \begin{pmatrix} a_{11} & a_{12} & a_{13} \\ a_{21} & a_{22} & a_{23} \\ a_{31} & a_{32} & a_{33} \end{pmatrix}$$

제1행에 대한 여인수를 모두 구하면 다음과 같다.

$$A_{11} = a_{22}a_{33} - a_{23}a_{32},\ A_{12} = -(a_{21}a_{33} - a_{23}a_{31}),\ A_{13} = a_{21}a_{32} - a_{22}a_{31}$$

따라서 정의에 의하여 $\det(A)$는 다음과 같다.

$$\begin{aligned}\det(A) &= \sum_{k=1}^{3} a_{1k}A_{1k} = \sum_{k=1}^{3} a_{1k}(-1)^{1+k}A_{1k} \\ &= a_{11}(a_{22}a_{33} - a_{23}a_{32}) + a_{12}(a_{23}a_{31} - a_{21}a_{33}) + a_{13}(a_{21}a_{32} - a_{22}a_{31})\end{aligned}$$

[예제 A.4-2] 행렬 $A = \begin{pmatrix} 1 & 4 & 1 \\ 0 & -3 & 9 \\ 0 & 0 & 12 \end{pmatrix}$ 의 행렬식은 제1열에 대하여 전개하면 다음과 같이 쉽게 구할 수 있다.

$$\det(A) = \sum_{k=1}^{3} a_{k1}A_{k1} = 1 \cdot A_{11} + 0 \cdot A_{21} + 0 \cdot A_{31} = 1 \times (-3) \times 12 = -36$$

다음은 행렬식의 기본적인 성질이다.

[정리 A.4-1] 정사각행렬 A에 대하여 다음이 성립한다.

(1) A가 영벡터인 행벡터 또는 열벡터를 가지면 $\det(A) = 0$이다.

(2) A의 임의의 두 행 또는 열을 바꾼 행렬을 B라고 하면 다음이 성립한다.

$$\det(B) = -\det(A)$$

(3) A의 두 개 이상의 행 또는 열이 같으면 $\det(A) = 0$이다.

증명 (1) A의 i 번째 행벡터가 영벡터라고 가정하자. A의 행렬식을 i 번째 행에 대하여 전개하면 $\det(A) = 0$이 된다. 열벡터에 대하여도 같은 방법으로 증명된다.

(2) 행렬 B를 A의 i 번째 행과 j 번째 행을 바꾸어서 얻은 행렬이라 하자. A의 i 번째 행에 대하여 전개하여 $\det(A)$를 구하고 B의 j 번째 행에 대하여 전개하여 $\det(B)$를 구하여 서로 비교하면 $\det(B) = -\det(A)$이 됨을 알 수 있다.

(3) 두 개의 행이 같은 경우만 증명하면 충분하다. 서로 같은 행을 서로 바꾼 행렬을 B라고 하면 (2)에 의하여 $\det(B) = -\det(A)$ 이다. 그런데 $A = B$ 이므로 $\det(A) = 0$이다. 열벡터에 대하여도 같은 방법으로 증명된다. ■

[예제 A.4-3] 행렬 $A = \begin{pmatrix} 1 & -11 & 4 \\ 0 & 0 & 0 \\ -9 & 2 & 7 \end{pmatrix}$ 에서 제2행의 성분이 모두 0이므로 정리 A.4-1의 성질 (1)에 의하여 $\det(A) = 0$이다.

다음은 행렬의 열벡터와 행벡터의 조작과 관련된 행렬식의 성질이다.

[정리 A.4-2] 정사각행렬 $A = (a_{ij})_{n\times n}$에 대하여 다음이 성립한다.

(1) A의 i 번째 행 또는 열에 실수 a를 곱한 행렬을 B라고 하면 다음이 성립한다.

$$\det(B) = a\ \det(A)$$

(2) 정사각행렬 B의 i 번째 행(열)을 제외한 모든 성분이 A의 성분과 같고, 정사각행렬 C의 i 번째 행(열)이 행렬 A와 B의 i 번째 행(열)을 더한 행과 같으며 i 번째 행(열)을 제외한 모든 성분은 행렬 A의 성분과 같다고 하자. 그러면 다음이 성립한다.

$$\det(C) = \det(A) + \det(B)$$

(3) A의 i 번째 행(열)에 실수 a를 곱하여 j번째 행(열)에 더한 행렬을 B라고 하면 $\det(B) = \det(A)$이다.

증명 행렬의 열에 관한 성질의 증명은 행렬의 행에 관한 부분과 비슷하게 할 수 잇으므로 행에 관한 성질에 대해서만 증명하기로 한다.

(1) 행렬 B의 행렬식을 제i행에 대하여 전개하면 다음과 같으므로 증명이 끝난다.

$$\det(B) = \sum_{k=1}^{n} a a_{ik} A_{ik} = a \sum_{k=1}^{n} a_{ik} A_{ik} = a \ \det(A)$$

(2) 행렬 B의 i 번째 행의 성분을 $b_{i1}, \ldots, b_{in}$이라고 놓고 행렬 C의 행렬식을 i 번째 행에 대하여 전개하면 다음을 얻으므로 증명이 끝난다.

$$\det(C) = \sum_{k=1}^{n} (a_{ik} + b_{ik}) A_{ik} = \sum_{k=1}^{n} a_{ik} A_{ik} + \sum_{k=1}^{n} b_{ik} A_{ik} = \det(A) + \det(B)$$

(3) 행렬 B의 j 번째 행의 성분은 $aa_{i1} + a_{j1}, \ldots, aa_{in} + a_{jn}$이므로 행렬 C를 행렬 A의 j 번째 성분이 A의 i 번째 성분과 같고 나머지 성분은 A의 대응하는 성분과 같은 행렬이라고 하면 (1)과 (2)에 의하여 다음을 얻는다.

$$\det(B) = a\det(C) + \det(A) = 0 + \det(A) = \det(A)$$

따라서 $\det(B) = \det(A)$이다. ■

[예제 A.4-4] 두 개의 3×3 행렬 A와 B가 각각 다음과 같다고 하자.

$$A = \begin{pmatrix} 6 & 3 & -4 \\ 0 & -9 & 12 \\ -12 & -6 & 8 \end{pmatrix}, \quad B = \begin{pmatrix} 6 & 3 & -4 \\ 0 & -9 & 12 \\ 6 & 3 & -4 \end{pmatrix}$$

행렬 A의 세 번째 행은 B의 세 번째 행에 -2를 곱한 것과 같다. 따라서 정리 A.4-2의 성질 (1)에 의하여 $\det(A) = -2\det(B)$이다. 그런데 행렬 B의 제1행과 제3행이 같으므로 $\det(B) = 0$이다. 그러므로 $\det(A) = 0$이다.

[예제 A.4-5] 다음의 두 행렬 A와 B에 대하여 생각하자.

$$A = \begin{pmatrix} 1 & 4 \\ 7 & 0 \end{pmatrix}, \quad B = \begin{pmatrix} 2 & 4 \\ -7 & 1 \end{pmatrix}$$

먼저 $\det(A) = -28$이고 $\det(B) = 30$이다. 또 두 행렬 A와 B의 합은 다음과 같다.

$$A + B = \begin{pmatrix} 3 & 8 \\ 0 & 1 \end{pmatrix}$$

이로부터 행렬 $A + B$의 행렬식을 구하면 $\det(A + B) = 3$이다. 따라서 일반적으로 $\det(A + B) \neq \det(A) + \det(B)$이다.

위의 예제 A.4-5로부터 행렬의 덧셈에 대한 행렬식은 각 행렬식의 합과 같지 않음을 알 수 있다. 그러나 행렬의 곱의 행렬식에 대하여 다음이 성립한다.

[정리 A.4-3] 정사각행렬 A와 B에 대하여 다음이 성립한다. 증명은 생략한다.

$$\det(AB) = \det(A)\det(B)$$

정리 A.4-3으로부터 $\det(AB) = \det(A)\det(B) = \det(B)\det(A) = \det(BA)$이므로 두 행렬의 곱의 행렬식에 대하여 다음을 얻는다.

$$\det(AB) = \det(BA)$$

또 $\det(I_n) = 1$이므로 정리 A.4-3으로부터 다음을 얻는다.

[정리 A.4-4] 정칙행렬 $A \in M_{n\times n}(\mathbb{R})$에 대하여 다음이 성립한다.

$$\det(A^{-1}) = \frac{1}{\det(A)}$$

증명 위의 정리 A.4-4에 의하여 다음이 성립한다.

$$\det(A)\det(A^{-1}) = \det(AA^{-1}) = \det(I_n) = 1$$

따라서 $\det(A) \neq 0$이고 $\det(A^{-1}) = \frac{1}{\det(A)}$이다. ■

정사각행렬 $A \in M_{n\times n}(\mathbb{R})$의 여인수 A_{ij}를 (i,j) 성분으로 가지는 다음 행렬을 A의 **여인수행렬**(cofactor matrix)이라고 한다.

$$\mathrm{cof}\,(A) = \begin{pmatrix} A_{11} & A_{12} & \cdots & A_{1n} \\ A_{21} & A_{22} & \cdots & A_{2n} \\ \vdots & \vdots & \ddots & \vdots \\ A_{n1} & A_{n2} & \cdots & A_{nn} \end{pmatrix}$$

행렬 A의 여인수행렬 $\mathrm{cof}\,(A)$의 전치행렬 $\mathrm{cof}\,(A)^T$를 행렬 A의 **수반행렬**(adjoint)이라고 하고 $\mathrm{adj}\,(A)$로 나타낸다. 즉, $\mathrm{adj}\,(A)$는 다음과 같다.

$$\mathrm{adj}\,(A) = \begin{pmatrix} A_{11} & A_{21} & \cdots & A_{n1} \\ A_{12} & A_{22} & \cdots & A_{n2} \\ \vdots & \vdots & \ddots & \vdots \\ A_{1n} & A_{2n} & \cdots & A_{nn} \end{pmatrix}$$

[예제 A.4-6] 다음 행렬의 수반행렬을 구하라.

$$A = \begin{pmatrix} 2 & 4 & 3 \\ 0 & 1 & -1 \\ 3 & 5 & 7 \end{pmatrix}$$

풀이 행렬 A의 여인수는 $A_{11} = 12, A_{12} = -3, A_{13} = -3, A_{21} = -13, A_{22} = 5, A_{23} = 2, A_{31} = -7, A_{32} = 2, A_{33} = 2$이므로 A의 수반행렬은 다음과 같다.

$$\mathrm{adj}(A) = \begin{pmatrix} 12 & -13 & -7 \\ -3 & 5 & 2 \\ -3 & 2 & 2 \end{pmatrix}$$ ✠

정사각행렬에 대하여 다음이 성립한다. 이에 대한 증명은 생략한다.

[정리 A.4-5] 정사각행렬 $A \in M_{n\times n}(\mathbb{R})$에 대하여 다음이 성립한다.

$$A\,\mathrm{adj}\,(A) = \det(A) I_n$$

정리 A.4-5로부터 $\det(A) \neq 0$이라면 행렬 A는 정칙행렬이고 그의 역행렬 A^{-1}은 다음과 같이 주어진다.

$$A^{-1} = \frac{1}{\det(A)}\,\mathrm{adj}(A)$$

따라서 이를 정리 A.4-4와 결합하면 다음을 얻는다.

[정리 A.4-6] 정사각행렬 A가 정칙행렬일 필요충분조건은 $\det(A) \neq 0$이다.

[예제 A.4-7] 다음 행렬의 역행렬을 구하라.

$$A = \begin{pmatrix} 2 & 4 & 3 \\ 0 & 1 & -1 \\ 3 & 5 & 7 \end{pmatrix}$$

풀이 위의 예제 A.4-6으로부터 A의 수반행렬은 다음과 같다.

$$\mathrm{adj}(A) = \begin{pmatrix} 12 & -13 & -7 \\ -3 & 5 & 2 \\ -3 & 2 & 2 \end{pmatrix}$$

또 $\det(A) = 3$이므로 A의 역행렬은 다음과 같다.

$$A^{-1} = \frac{1}{3}\begin{pmatrix} 12 & -13 & -7 \\ -3 & 5 & 2 \\ -3 & 2 & 2 \end{pmatrix}$$ ✠

연습 문제 A

1. 다음의 두 행렬 A와 B에 대하여 $A+B, 2A-3B, AB, BA$를 구하라.

$$A = \begin{pmatrix} 7 & 9 \\ -4 & 3 \end{pmatrix}, \quad B = \begin{pmatrix} 6 & 0 \\ 0 & 2 \end{pmatrix}$$

2. 다음의 두 행렬 A와 B에 대하여 $2A-B, AB, BB$를 구하라.

$$A = \begin{pmatrix} 0 & -3 & 7 \\ 4 & 5 & 0 \\ 3 & 0 & 1 \end{pmatrix}, \quad B = \begin{pmatrix} 0 & 7 & 1 \\ 0 & 5 & 3 \\ 0 & 0 & 4 \end{pmatrix}$$

3. 정리 A.2-1과 A.2-2를 증명하라.

4. 다음 행렬에 대하여 물음에 답하라.

$$A = \begin{pmatrix} 1 & 2 & 0 \\ 0 & 4 & 7 \\ 5 & 0 & 3 \end{pmatrix}$$

   (1) A의 수반행렬을 구하라.

   (2) A의 행렬식을 구하라.

   (3) A의 역행렬을 구하라.

5. k차 정방행렬 B에 대하여 $B^0 = I_k, B^1 = B, \ldots, B^n = B^{n-1}B$이라고 하자 (단, $n \geq 1$). 다음 행렬 A에 대하여 A^n을 구하라.

$$A = \begin{pmatrix} 1 & 2 \\ 0 & 1 \end{pmatrix}$$

6. 정리 A.3-2를 증명하라.

7. 정칙행렬 $A \in M_{n\times n}(\mathbb{R})$에 대하여 다음을 증명하라.

   (1) A^T 는 정칙행렬이다.

   (2) $(A^T)^{-1} = (A^{-1})^T$

8. 정사각행렬 $A = (a_{ij})_{n\times n}$에 대하여 A의 **트레이스**(trace)는 다음과 같이 정의되는 실수이다.

$$\mathrm{tr}(A) = \sum_{i=1}^{n} a_{ii}$$

정사각행렬 $A = (a_{ij})_{n\times n}$, $B = (b_{ij})_{n\times n}$과 실수 a에 대하여 다음이 성립함을 보여라.

(1) $\mathrm{tr}(A^T) = \mathrm{tr}(A)$

(2) $\mathrm{tr}(A+B) = \mathrm{tr}(A) + \mathrm{tr}(B)$

(3) $\mathrm{tr}(aA) = a \quad \mathrm{tr}(A)$

9. 공간의 세 벡터 $\mathbf{u} = (a_1, a_2, a_3), \mathbf{v} = (b_1, b_2, b_3), \mathbf{w} = (c_1, c_2, c_3)$을 행벡터로 가지는 다음 행렬 $A = \begin{pmatrix} a_1 & a_2 & a_3 \\ b_1 & b_2 & b_3 \\ c_1 & c_2 & c_3 \end{pmatrix}$의 $\det(A)$에 대하여 다음이 성립함을 보여라.

$$\det(A) = (\mathbf{v} \times \mathbf{w}) \bullet \mathbf{u} = (\mathbf{u} \times \mathbf{v}) \bullet \mathbf{w} = (\mathbf{w} \times \mathbf{u}) \bullet \mathbf{v}$$

10. (크래머[2)]의 법칙: Cramer's rule) 다음과 같은 일차연립방정식을 생각하자.

$$\begin{aligned} a_{11}x_1 + a_{12}x_2 + a_{13}x_3 &= b_1 \\ a_{21}x_1 + a_{22}x_2 + a_{23}x_3 &= b_2 \\ a_{31}x_1 + a_{32}x_2 + a_{33}x_3 &= b_3 \end{aligned}$$

행렬 $A = (a_{ij})_{3\times 3}$가 정칙행렬일 때 위 연립방정식의 해 x_1, x_2, x_3는 다음과 같음을 보여라 (단, H_i는 행렬 A의 i 번째 열을 행렬 $B = (b_1, b_2, b_3)^T$로 대체시킨 행렬이다).

$$x_i = \frac{\det(H_i)}{\det(A)} \quad (i = 1, 2, 3)$$

[2)]Gabriel Cramer (1704-1752): 스위스의 수학자

B 수학 공식과 평면 곡선

여기에 자주 쓰이는 간단한 도형의 면적과 체적, 역삼각함수 및 쌍곡선함수, 함수의 부정적분, 정적분 등에 관한 여러 공식과 간단한 평면 곡선 몇 가지를 모았다. 보다 더 다양한 수학 공식이나 표, 그리고 평면 곡선에 관한 것은, 예를 들어 다음과 같은 책들을 참고하라.

- M. Abramowitz & I. Stegun, "Handbook of Mathematical Functions with Formulas, Graphs, and Mathematical Table", Dover Publications, 1965
- Murray Spiegel, "Mathematical Handbook of Formulas and Tables", in Schaum's Outline Series, McGraw-Hill, NY, 1998
- D. Zwillinger, "CRC Standard Mathematical Tables and Formulae", 31 edition, Chapman & Hall/CRC, 2002

특히 평면 곡선과 공간 곡선에 관한 것은 다음의 인터넷 웹페이지를 참고하라.

- http://mathworld.wolfram.com/topics/Curves.html

B.1 면적, 체적, 삼각함수, 쌍곡선함수

기 하

아래에서 r은 원 또는 구의 반지름, h는 높이, l은 빗변 또는 모선의 길이, b는 밑변의 길이, B는 밑면의 면적, θ는 호도법으로 나타낸 각도이다. 그리고 A는 면적 또는 표면적, V는 체적를 나타낸다.

1. **삼각형**: $A = \frac{1}{2}bh$
2. **직사각형**: $A = bh$, 대각선의 길이 $= \sqrt{b^2 + h^2}$
3. **사다리꼴**: $A = \frac{1}{2}h(b_1 + b_2)$ (b_1과 b_2는 각각 밑변과 윗변의 길이)
4. **원**: 호의 길이 $= r\theta$, 원주의 길이 $= 2\pi r$, $A = \pi r^2$
5. **부채꼴**: $A = \frac{1}{2}r^2\theta$
6. **활꼴**: $A = \frac{1}{2}r^2(\theta - \sin\theta)$
7. **직육면체**: $V = abc$, 대각선의 길이 $= \sqrt{a^2 + b^2 + c^2}$
   (세 변의 길이가 각각 a, b, c)
8. **각기둥**: $V = Bh$
9. **각뿔**: $V = \frac{1}{3}Bh$
10. **원기둥**: $A = 2\pi rh + 2\pi r^2$, $V = \pi r^2 h$
11. **원뿔**: $A = \pi rl + \pi r^2$, $V = \frac{1}{3}\pi r^2 h$
12. **구**: $A = 4\pi r^2$, $V = \frac{4}{3}\pi r^3$
13. **각뿔대**: $V = \frac{1}{3}h(B_1 + B_2 + \sqrt{B_1 B_2})$ (밑면과 윗면의 면적이 각각 B_1, B_2)
14. **원뿔대**: $A = \pi l(r_1 + r_2) + \pi r_1^2 + \pi r_2^2$, $V = \frac{1}{3}\pi h(r_1^2 + r_2^2 + \sqrt{r_1 r_2})$
    (밑면과 윗면의 원의 반지름이 각각 r_1, r_2)

대 수

1. **이차방정식의 근의 공식**: $ax^2+bx+c=0,\ a\neq 0$

$$x=\frac{-b\pm\sqrt{b^2-4ac}}{2a}$$

2. **로그의 성질**:

(a) $\ln(ab)=\ln a+\ln b$ (2) $\ln\frac{a}{b}=\ln a-\ln b$ (3) $\ln a^n=n\ln a$

(4) $\ln\sqrt[n]{a}=\frac{1}{n}\ln a$ (5) $\log_a b=\frac{\ln b}{\ln a}$ (6) $\ln 1=0$

3. **계승**: $n!=1\cdot 2\cdots(n-1)\cdot n,\ n\in\mathbb{N},\quad 0!=1$

4. **이항전개**:

$$(a+b)^n=a^n+\binom{n}{1}a^{n-1}b+\cdots+\binom{n}{k}a^{n-k}b^k+\cdots+b^n,\ \binom{n}{k}=\frac{n!}{k!(n-k)!}$$

5. **다항전개**:

$$(x_1+x_2+\cdots+x_p)^n=\sum_{n_1+n_2+\cdots+n_p=n}\frac{n!}{n_1!n_2!\cdots n_p!}x_1^{n_1}x_2^{n_2}\cdots x_p^{n_p}$$

여기서 $\displaystyle\sum_{n_1+n_2+\cdots+n_p=n}$ 은 $n_1+n_2+\cdots+n_p=n$을 만족시키는 음이 아닌 정수의 조합 $n_1,n_2,\ldots,n_p$의 모든 경우에 대한 합을 나타냄.

6. **등차수열**: 초항이 a_1이고 공차가 d인 수열 $\langle a_n\rangle$

$$a_n=a_1+(n-1)d,\quad S_n=a_1+\cdots+a_n=\tfrac{1}{2}n(a_1+a_n)=\tfrac{1}{2}n\{2a_1+(n-1)d\}$$

7. **등비수열**: 초항이 a_1이고 공비가 r인 수열 $\langle a_n\rangle$

(a) $a_n=a_1r^{n-1},\quad S_n=a_1+\cdots+a_n=a_1\frac{1-r^n}{1-r}=\frac{a_1-ra_n}{1-r}$

(b) $S=a_1+a_2+\cdots+a_n+\cdots=\frac{a_1}{1-r}\quad(|r|<1)$

삼각법과 삼각함수

1. **호도**(rad)**와 도**(°): $1^\circ = \frac{\pi}{180}$ rad, $\quad 1$ rad $= \left(\frac{180}{\pi}\right)^\circ$

2. **특수각에 대한 삼각함수의 값**:

각(rad)	sin	cos	tan	cot	sec	csc	각(°)
0	0	1	0	$\mp\infty$	1	$\mp\infty$	0°
$\frac{1}{6}\pi$	$\frac{1}{2}$	$\frac{1}{2}\sqrt{3}$	$\frac{1}{2}\sqrt{3}$	$\sqrt{3}$	$\frac{2}{3}\sqrt{3}$	2	30°
$\frac{1}{4}\pi$	$\frac{1}{2}\sqrt{2}$	$\frac{1}{2}\sqrt{2}$	1	1	$\sqrt{2}$	$\sqrt{2}$	45°
$\frac{1}{3}\pi$	$\frac{1}{2}\sqrt{3}$	$\frac{1}{2}$	$\sqrt{3}$	$\frac{1}{3}\sqrt{3}$	2	$\frac{2}{3}\sqrt{3}$	60°
$\frac{1}{2}\pi$	1	0	$\pm\infty$	0	$\pm\infty$	1	90°
π	0	-1	0	$\mp\infty$	-1	$\pm\infty$	180°
$\frac{2}{3}\pi$	-1	0	$\pm\infty$	0	$\mp\infty$	-1	270°
2π	0	1	0	$\mp\infty$	1	$\mp\infty$	360°

3. **항등식**:

$\csc x = \frac{1}{\sin x}$ $\qquad$ $\sec x = \frac{1}{\cos x}$ $\qquad$ $\cot x = \frac{1}{\tan x}$

$\tan x = \frac{\sin x}{\cos x}$ $\qquad$ $\cot x = \frac{\cos x}{\sin x}$ $\qquad$ $\sin^2 x + \cos^2 x = 1$

$1 + \tan^2 x = \sec^2 x$ $\qquad$ $1 + \cot^2 x = \csc^2 x$

4. **환원관계**:

$\sin(-x) = -\sin x$ $\qquad$ $\sin(\frac{1}{2}\pi \pm x) = \cos x$ $\qquad$ $\sin(\pi \pm x) = \mp \sin x$

$\cos(-x) = \cos x$ $\qquad$ $\cos(\frac{1}{2}\pi \pm x) = \mp \sin x$ $\qquad$ $\cos(\pi \pm x) = -\cos x$

$\tan(-x) = -\tan x$ $\qquad$ $\tan(\frac{1}{2}\pi \pm x) = \mp \cot x$ $\qquad$ $\tan(\pi \pm x) = \pm \tan x$

5. **삼각함수의 덧셈정리**:

$$\sin(x \pm y) = \sin x \cos y \pm \cos x \sin y$$

$$\cos(x \pm y) = \cos x \cos y \mp \sin x \sin y$$

$$\tan(x \pm y) = \frac{\tan x \pm \tan y}{1 \mp \tan x \tan y}$$

6. **이배각공식**:

$$\sin 2x = 2\sin x\cos y, \quad \cos 2x = \cos^2 x - \sin^2 x, \quad \tan 2x = \frac{2\tan x}{1-\tan^2 x}$$

7. **반각공식**:

$$\sin\tfrac{x}{2} = \pm\sqrt{\frac{1-\cos x}{2}}, \qquad \cos\tfrac{x}{2} = \pm\sqrt{\frac{1+\cos x}{2}}$$

$$\tan\tfrac{x}{2} = \pm\sqrt{\frac{1-\cos x}{1+\cos x}} = \frac{1-\cos x}{\sin x} = \frac{\sin x}{1+\cos x}$$

8. **삼배각공식**:

$$\sin 3x = 3\sin x - 4\sin^3 x$$

$$\cos 3x = 4\cos^3 x - 3\cos x$$

$$\tan 3x = \frac{3\tan x - \tan^3 x}{1-3\tan^2 x}$$

9. n**배각공식**:

$$\sin nx = \sin\left\{(2\cos x)^{n-1} - \binom{n-2}{1}(2\cos x)^{n-3} + \binom{n-3}{2}(2\cos x)^{n-5} - \cdots\right\}$$

$$\sin nx = \frac{1}{2}\left\{(2\cos x)^n - \frac{n}{1}(2\cos x)^{n-2} + \frac{n}{2}\binom{n-3}{1}(2\cos x)^{n-4} - \frac{n}{3}\binom{n-4}{2}(2\cos x)^{n-6} + \cdots\right\}$$

10. **합의 공식**:

$$\sin x + \sin y = 2\sin(\tfrac{x+y}{2})\cos(\tfrac{x-y}{2})$$

$$\sin x - \sin y = 2\cos(\tfrac{x+y}{2})\sin(\tfrac{x-y}{2})$$

$$\cos x + \cos y = 2\cos(\tfrac{x+y}{2})\cos(\tfrac{x-y}{2})$$

$$\cos x - \cos y = 2\sin(\tfrac{x+y}{2})\sin(\tfrac{y-x}{2})$$

11. **곱의 공식**:

$$\sin x \cos y = \frac{1}{2}\{\sin(x-y)+\sin(x+y)\}$$
$$\cos x \cos y = \frac{1}{2}\{\cos(x-y)+\cos(x+y)\}$$
$$\sin x \sin y = \frac{1}{2}\{\cos(x-y)-\cos(x+y)\}$$

12. **삼각함수와 역삼각함수**:

$$y=\sin x \quad \left(-\frac{\pi}{2}\le x\le\frac{\pi}{2}\right) \Leftrightarrow \quad y=\sin^{-1}x \quad (-1\le x\le 1)$$
$$y=\cos x \quad (0\le x\le\pi) \Leftrightarrow y=\cos^{-1}x \quad (-1\le x\le 1)$$
$$y=\tan x \quad \left(-\frac{\pi}{2}< x<\frac{\pi}{2}\right) \Leftrightarrow y=\tan^{-1}x \quad (-\infty< x<\infty)$$
$$y=\cot x \quad (0< x<\pi) \Leftrightarrow y=\cot^{-1}x \quad (-\infty< x<\infty)$$
$$y=\sec x \left(-\pi\le x<-\frac{\pi}{2}, 0\le x<\frac{\pi}{2}\right) \Leftrightarrow y=\sec^{-1}x \quad (x\le -1, x\ge 1)$$
$$y=\csc x \left(-\pi< x\le-\frac{\pi}{2}, 0< x\le\frac{\pi}{2}\right) \Leftrightarrow y=\csc^{-1}x \quad (x\le -1, x\ge 1)$$

13. **역삼각함수의 성질**: x와 y는 $x>0,\ y>0$이며 각 역함수의 정의역의 원소

$$\sin^{-1}(-x)=-\sin^{-1}x, \qquad \cot^{-1}(-x)=\pi-\tan^{-1}\left(\frac{1}{x}\right)$$
$$\cos^{-1}(-x)=\pi-\cos^{-1}x, \qquad \sec^{-1}(-x)=\cos^{-1}\left(\frac{1}{x}\right)-\pi$$
$$\tan^{-1}(-x)=-\tan^{-1}x, \qquad \csc^{-1}(-x)=\sin^{-1}\left(\frac{1}{x}\right)-\pi$$
$$\sin^{-1}x=\cos^{-1}\sqrt{1-x^2}, \qquad \cos^{-1}x=\sin^{-1}\sqrt{1-x^2}$$
$$\sin^{-1}x-\sin^{-1}y=\sin^{-1}(x\sqrt{1-y^2}-y\sqrt{1-x^2})$$
$$\tan^{-1}x\tan^{-1}y=\tan^{-1}\frac{x-y}{1+xy}$$

$$\cos^{-1}x+\cos^{-1}y=\begin{cases}\cos^{-1}\{xy-\sqrt{(1-x^2)(1-y^2)}\} & (x^2+y^2>1)\\ \frac{\pi}{2} & (x^2+y^2=1)\\ \pi-\cos^{-1}\{\sqrt{(1-x^2)(1-y^2)}-xy\} & (x^2+y^2<1)\end{cases}$$

$$\tan^{-1}x+\tan^{-1}y=\begin{cases}\tan^{-1}\frac{x+y}{1-xy} & (xy<1)\\ \frac{\pi}{2} & (x=y)\\ \pi-\tan^{-1}\frac{x+y}{xy-1} & (xy>1)\end{cases}$$

14. **역삼각함수의 도함수**:

$$\frac{d}{dx}\sin^{-1}x=\frac{1}{\sqrt{1-x^2}},\qquad \frac{d}{dx}\cos^{-1}x=\frac{-1}{\sqrt{1-x^2}}$$

$$\frac{d}{dx}\tan^{-1}x=\frac{1}{1+x^2},\qquad \frac{d}{dx}\cot^{-1}x=\frac{-1}{1+x^2}$$

$$\frac{d}{dx}\sec^{-1}x=\frac{1}{x\sqrt{x^2-1}},\qquad \frac{d}{dx}\csc^{-1}x=\frac{-1}{x\sqrt{x^2-1}}$$

15. **삼각형과 삼각함수**: 각 변의 길이 a,b,c; 각 변의 대각 A,B,C; $s=\frac{1}{2}(a+b+c)$; 외접원의 반지름 R; 내접원의 반지름 r; 삼각형의 면적 S.

사인법칙: $\dfrac{a}{\sin A}=\dfrac{b}{\sin B}=\dfrac{c}{\sin C}=2R$

제1 코사인법칙: $a=b\cos C+c\cos B$

제2 코사인법칙: $a^2=b^2+c^2-2bc\cos A$

탄젠트법칙: $\dfrac{a+b}{a-b}=\dfrac{\tan\frac{1}{2}(A+B)}{\tan\frac{1}{2}(A-B)}$

$$\sin A=\frac{2}{bc}\sqrt{s(s-a)(s-b)(s-c)}$$

$$R=\frac{abc}{4}\sqrt{s(s-a)(s-b)(s-c)}$$

$$r=\sqrt{\frac{(s-a)(s-b)(s-c)}{s}}$$

$$S=\frac{1}{2}bc\sin A=\sqrt{s(s-a)(s-b)(s-c)}=\frac{a^2\sin B\sin C}{2\sin(B+C)}$$

쌍곡선함수

1. **쌍곡선함수의 정의**:

$$\sinh x = \frac{e^x - e^{-x}}{2}, \quad \cosh x = \frac{e^x + e^{-x}}{2}, \quad \tanh x = \frac{e^x - e^{-x}}{e^x + e^{-x}}$$

$$\operatorname{csch} x = \frac{2}{e^x - e^{-x}}, \quad \operatorname{sech} x = \frac{2}{e^x + e^{-x}}, \quad \operatorname{coth} x = \frac{e^x + e^{-x}}{e^x - e^{-x}}$$

2. **쌍곡선함수의 항등식**:

$$\operatorname{csch} x = \frac{1}{\sinh x}, \qquad \operatorname{sech} x = \frac{1}{\cosh x}, \qquad \operatorname{coth} x = \frac{1}{\tanh x}$$

$$\cosh^2 x - \sinh^2 x = 1, \quad 1 - \tanh^2 x = \operatorname{sech}^2 x, \quad \operatorname{coth}^2 x - 1 = \operatorname{csch}^2 x$$

3. **쌍곡선함수의 성질**:

$$\sinh(-x) = -\sinh x, \qquad \cosh(-x) = \cosh x, \quad \tanh(-x) = -\tanh x$$

$$\operatorname{csch}(-x) = -\operatorname{csch} x, \qquad \operatorname{sech}(-x) = \operatorname{sech} x, \quad \operatorname{coth}(-x) = -\operatorname{coth} x$$

4. **쌍곡선함수의 덧셈정리**:

$$\sinh(x \mp y) = \sinh x \cosh y \pm \cosh x \sinh y$$

$$\cosh(x \pm y) = \cosh x \cosh y \pm \sinh x \sinh y$$

$$\tanh(x \pm y) = \frac{\tanh x \pm \tanh y}{1 \pm \tanh x \tanh y}$$

$$\operatorname{coth}(x \pm y) = \frac{1 \pm \operatorname{coth} x \operatorname{coth} y}{\operatorname{coth} y \pm \operatorname{coth} x}$$

5. **쌍곡선함수의 배각공식**:

$$\sinh 2x = 2 \sinh x \cosh y$$

$$\cosh 2x = \cosh^2 x + \sinh^2 x$$

$$\tanh 2x = \frac{2 \tanh x}{1 + \tanh^2 x}$$

6. **쌍곡선함수의 반각공식:**

$$\sinh \tfrac{x}{2} = \pm\sqrt{\frac{\cosh x - 1}{2}}$$

$$\cosh \tfrac{x}{2} = \pm\sqrt{\frac{\cosh x + 1}{2}}$$

$$\tanh \tfrac{x}{2} = \pm\sqrt{\frac{\cosh x - 1}{\cosh x + 1}} = \frac{\cosh x - 1}{\sinh x} = \frac{\sinh x}{\cosh x + 1}$$

7. **쌍곡선함수의 삼배각공식:**

$$\sinh 3x = 3\sinh x + 4\sinh^3 x$$

$$\cosh 3x = 4\cosh^3 x - 3\cosh x$$

$$\tanh 3x = \frac{3\tanh x + \tanh^3 x}{1 + 3\tanh^2 x}$$

8. **쌍곡선함수의 합의 공식:**

$$\sinh x + \sinh y = 2\sinh(\tfrac{x+y}{2})\cosh(\tfrac{x-y}{2})$$

$$\sinh x - \sinh y = 2\cosh(\tfrac{x+y}{2})\sinh(\tfrac{x-y}{2})$$

$$\cosh x + \cosh y = 2\cosh(\tfrac{x+y}{2})\cosh(\tfrac{x-y}{2})$$

$$\cosh x - \cosh y = 2\sinh(\tfrac{x+y}{2})\sinh(\tfrac{x-y}{2})$$

9. **쌍곡선함수의 곱의 공식:**

$$\sinh x \cosh y = \tfrac{1}{2}\{\sinh(x+y) + \sinh(x-y)\}$$

$$\cosh x \cosh y = \tfrac{1}{2}\{\cosh(x+y) + \cosh(x-y)\}$$

$$\sinh x \sinh y = \tfrac{1}{2}\{\cosh(x+y) - \cosh(x-y)\}$$

10. **역쌍곡선함수**:

$$\sinh^{-1} x = \ln(x + \sqrt{x^2+1}) \qquad (-\infty < x < \infty)$$

$$\cosh^{-1} x = \ln(x + \sqrt{x^2-1}) \qquad (x \geq 1)$$

$$\tanh^{-1} x = \tfrac{1}{2}\ln\left(\tfrac{1+x}{1-x}\right) \qquad (-1 < x < 1)$$

$$\coth^{-1} x = \tfrac{1}{2}\ln\left(\tfrac{x+1}{x-1}\right) \qquad (|x| > 1)$$

$$\operatorname{sech}^{-1} x = \ln\left(\tfrac{1+\sqrt{1-x^2}}{x}\right) \qquad (0 < x \leq 1)$$

$$\operatorname{csch}^{-1} x = \ln\left(\tfrac{1}{x} + \tfrac{\sqrt{1+x^2}}{|x|}\right) \qquad (x \neq 0)$$

11. **역쌍곡선함수의 성질**:

$$\operatorname{csch}^{-1} x = \sinh^{-1}(\tfrac{1}{x}), \qquad \operatorname{sech}^{-1} x = \cosh^{-1}(\tfrac{1}{x}), \qquad \coth^{-1} x = \tanh^{-1}(\tfrac{1}{x})$$

$$\sinh^{-1}(-x) = -\sinh^{-1} x, \quad \tanh^{-1}(-x) = -\tanh^{-1} x$$

$$\coth^{-1}(-x) = -\coth^{-1} x, \quad \operatorname{csch}^{-1}(-x) = -\operatorname{csch}^{-1} x$$

12. **역쌍곡선함수의 도함수**:

$$\frac{d\sinh^{-1} x}{dx} = \frac{1}{\sqrt{x^2+1}} \ (x \in \mathbb{R}), \qquad \frac{d\cosh^{-1} x}{dx} = \frac{1}{\sqrt{x^2-1}} \ (x > 1)$$

$$\frac{d\tanh^{-1} x}{dx} = \frac{1}{1-x^2} \ (|x| < 1), \qquad \frac{d\coth^{-1} x}{dx} = \frac{1}{1-x^2} \ (|x| > 1)$$

$$\frac{d\operatorname{sech}^{-1} x}{dx} = \frac{-1}{x\sqrt{1-x^2}} \ (0 < x < 1), \qquad \frac{d\operatorname{csch}^{-1} x}{dx} = \frac{-1}{|x|\sqrt{1+x^2}} \ (x \neq 0)$$

B.2 부정적분(적분상수 생략)과 특이적분

$a + bu$ 형

1. $\int (a+bu)^n du = \frac{(a+bu)^{n+1}}{b(n+1)}, \quad (n \neq -1)$

2. $\int \frac{du}{a+bu} = \frac{1}{b} \ln(a+bu)$

3. $\int \frac{udu}{a+bu} = \frac{1}{b^2}\{(a+bu) - a\ln(a+bu)\}$

4. $\int \frac{u^2du}{a+bu} = \frac{1}{b^3}\{\frac{1}{2}(a+bu)^2 - 2a(a+bu)^2 - 2(a+bu) + a^2\ln(a+bu)\}$

5. $\int \frac{du}{u(a+bu)} = -\frac{1}{a}\ln\frac{a+bu}{a}$

6. $\int \frac{du}{u^2(a+bu)} = -\frac{1}{au} + \frac{b}{a^2}\ln\frac{a+bu}{u}$

7. $\int \frac{udu}{(a+bu)} = \frac{1}{b^2}\{\frac{a}{a+bu} + \ln(a+bu)\}$

8. $\int \frac{u^2du}{(a+bu)^2} = \frac{1}{b^2}\{(a+bu) - \frac{a^2}{a+bu} - 2a\ln(a+bu)\}$

9. $\int \frac{du}{u(a+bu)^2} = \frac{1}{a(a+bu)} - \frac{1}{a^2}\ln\frac{a+bu}{u}$

10. $\int \frac{du}{u^2(a+bu)^2} = -\frac{a+2bu}{a^2u(a+bu)} + \frac{2b}{a^3}\ln\frac{a+bu}{u}$

$\sqrt{a+bu}$ 형

11. $\int u\sqrt{a+bu}\,du = -\frac{2(2a-3bu)(a+bu)^{\frac{3}{2}}}{15b^2}$

12. $\int u^n\sqrt{a+bu}\,du = \frac{2u^n(a+bu)^{\frac{3}{2}}}{(2n+3)b} - \frac{2an}{(2n+3)b}\int u^{n-1}\sqrt{a+bu}\,du$

13. $\int \frac{udu}{\sqrt{a+bu}} = -\frac{2(2a-bu)}{3b^2}\sqrt{a+bu}$

14. $\displaystyle\int \frac{u^n du}{\sqrt{a+bu}} = \frac{2u^n\sqrt{a+bu}}{(2n+1)b} - \frac{2na}{(2n+1)b}\int \frac{u^{n-1}du}{\sqrt{a+bu}}$

15. $\displaystyle\int \frac{du}{u\sqrt{a+bu}} = \begin{cases} \dfrac{1}{\sqrt{a}}\ln\dfrac{\sqrt{a+bu}-\sqrt{a}}{\sqrt{a+bu}+\sqrt{a}}, & (a>0) \\ \dfrac{2}{\sqrt{-a}}\tan^{-1}\sqrt{\dfrac{a+bu}{-a}}, & (a<0) \end{cases}$

16. $\displaystyle\int \frac{du}{u^n\sqrt{a+bu}} = -\frac{\sqrt{a+bu}}{(n-1)au^{n-1}} - \frac{(2n-3)b}{2(n-1)a}\int \frac{du}{u^{n-1}\sqrt{a+bu}}$

17. $\displaystyle\int \frac{\sqrt{a+bu}}{u}du = 2\sqrt{a+bu} + a\int \frac{du}{u\sqrt{a+bu}}$

18. $\displaystyle\int \frac{\sqrt{a+bu}}{u^n}du = -\frac{(a+bu)^{\frac{3}{2}}}{(n-1)au^{n-1}} - \frac{(2n-5)b}{2(n-1)a}\int \frac{\sqrt{a+bu}}{u^{n-1}}du$

$\sqrt{u^2 \pm a^2}$ 형

19. $\displaystyle\int \frac{du}{u^2+a^2} = \frac{1}{a}\tan^{-1}\frac{u}{a}$

20. $\displaystyle\int \frac{du}{u^2-a^2} = \frac{1}{2a}\ln\frac{u-a}{u+a}$

21. $\displaystyle\int \frac{du}{\sqrt{u^2\pm a^2}} = \ln(u+\sqrt{u^2\pm a^2})$

22. $\displaystyle\int \frac{u^2du}{\sqrt{u^2\pm a^2}} = \frac{1}{2}u\sqrt{u^2\pm a^2} \mp \frac{1}{2}a^2\ln(u+\sqrt{u^2\pm a^2})$

23. $\displaystyle\int \frac{du}{u\sqrt{u^2+a^2}} = -\frac{1}{a}\ln\frac{a+\sqrt{u^2+a^2}}{u}$

24. $\displaystyle\int \frac{du}{u\sqrt{u^2-a^2}} = \frac{1}{a}\sec^{-1}\frac{u}{a}$

25. $\displaystyle\int \frac{du}{u^2\sqrt{u^2\pm a^2}} = \mp\frac{\sqrt{u^2\pm a^2}}{a^2u}$

26. $\displaystyle\int \sqrt{u^2\pm a^2}du = \frac{1}{2}u\sqrt{u^2\pm a^2} \pm \frac{1}{2}a^2\ln(u+\sqrt{u^2\pm a^2})$

27. $\displaystyle\int u^2\sqrt{u^2\pm a^2}\,du = \frac{1}{4}u(u^2\pm a^2)^{\frac{3}{2}} \mp \frac{1}{8}a^2u\sqrt{u^2\pm a^2} - \frac{1}{8}a^4\ln(u+\sqrt{u^2\pm a^2})$

28. $\int \frac{\sqrt{u^2+a^2}}{u}du = \sqrt{u^2+a^2} - a\ln\frac{a+\sqrt{u^2+a^2}}{u}$

29. $\int \frac{\sqrt{u^2-a^2}}{u}du = \sqrt{u^2-a^2} - a\sec^{-1}\frac{u}{a}$

30. $\int \frac{\sqrt{u^2\pm a^2}}{u^2}du = -\frac{\sqrt{u^2\pm a^2}}{u} + \ln(u\pm\sqrt{u^2+a^2})$

31. $\int (u^2\pm a^2)^{\frac{3}{2}}du = \frac{1}{4}u(u^2\pm a^2)^{\frac{3}{2}} \pm \frac{3}{8}a^2u\sqrt{u^2\pm a^2} + \frac{3}{8}a^4\ln(u+\sqrt{u^2\pm a^2})$

32. $\int \frac{(u^2+a^2)^{\frac{3}{2}}}{u}du = \frac{1}{3}(u^2+a^2)^{\frac{3}{2}} + a^2\sqrt{u^2+a^2} - a^3\ln\frac{a+\sqrt{u^2+a^2}}{u}$

33. $\int \frac{(u^2-a^2)^{\frac{3}{2}}}{u}du = \frac{1}{3}(u^2-a^2)^{\frac{3}{2}} - a^2\sqrt{u^2-a^2} - a^3\sec^{-1}\frac{u}{a}$

34. $\int \frac{du}{(u^2\pm a^2)^{\frac{3}{2}}} = \pm\frac{u}{a^2\sqrt{u^2\pm a^2}}$

35. $\int \frac{u^2du}{(u^2\pm a^2)^{\frac{3}{2}}} = -\frac{u}{\sqrt{u^2\pm a^2}} + \ln(u+\sqrt{u^2\pm a^2})$

36. $\int \frac{du}{u(u^2+a^2)^{\frac{3}{2}}} = \frac{1}{a^2\sqrt{u^2+a^2}} - \frac{1}{a^3}\ln\frac{a+\sqrt{u^2+a^2}}{u}$

37. $\int \frac{du}{u(u^2-a^2)^{\frac{3}{2}}} = -\frac{1}{a^2\sqrt{u^2-a^2}} - \frac{1}{a^3}\sec^{-1}\frac{u}{a}$

$\sqrt{a^2-u^2}$ 형

38. $\int \frac{du}{a^2-u^2} = \frac{1}{2a}\ln\frac{a+u}{a-u}$

39. $\int \frac{du}{\sqrt{a^2-u^2}} = \sin^{-1}\frac{u}{a}$

40. $\int \frac{u^2du}{\sqrt{a^2-u^2}} = -\frac{1}{2}u\sqrt{a^2-u^2} + \frac{1}{2}a^2\sin^{-1}\frac{u}{a}$

41. $\int \frac{du}{u\sqrt{a^2-u^2}} = -\frac{1}{a}\ln\frac{a+\sqrt{a^2-u^2}}{u}$

42. $$\int \frac{du}{u^2\sqrt{a^2-u^2}} = -\frac{\sqrt{a^2-u^2}}{a^2u}$$

43. $$\int \sqrt{a^2-u^2}\,du = \frac{1}{2}u\sqrt{a^2-u^2} + \frac{1}{2}a^2\sin^{-1}\frac{u}{a}$$

44. $$\int u^2\sqrt{a^2-u^2}\,du = -\frac{1}{4}u(a^2-u^2)^{\frac{3}{2}} + \frac{1}{8}a^2u\sqrt{a^2-u^2} + \frac{1}{8}a^4\sin^{-1}\frac{u}{a}$$

45. $$\int \frac{\sqrt{a^2-u^2}}{u}\,du = \sqrt{a^2-u^2} - a\ln\frac{a+\sqrt{a^2-u^2}}{u}$$

46. $$\int \frac{\sqrt{a^2-u^2}}{u^2}\,du = -\frac{\sqrt{a^2-u^2}}{u} - \sin^{-1}\frac{u}{a}$$

47. $$\int \frac{du}{(a^2-u^2)^{\frac{3}{2}}} = \frac{u}{a^2\sqrt{a^2-u^2}}$$

48. $$\int \frac{u^2du}{(a^2-u^2)^{\frac{3}{2}}} = \frac{u}{\sqrt{a^2-u^2}} - \sin^{-1}\frac{u}{a}$$

49. $$\int \frac{du}{u(a^2-u^2)^{\frac{3}{2}}} = \frac{1}{a^2\sqrt{a^2-u^2}} - \frac{1}{a^3}\ln\frac{a+\sqrt{a^2-a^2}}{u}$$

50. $$\int \frac{du}{u^2(a^2-u^2)^{\frac{3}{2}}} = -\frac{\sqrt{a^2-u^2}}{a^4u} + \frac{u}{a^4\sqrt{a^2-u^2}}$$

51. $$\int (a^2-u^2)^{\frac{3}{2}}\,du = \frac{1}{4}u(a^2-u^2)^{\frac{3}{2}} + \frac{3}{8}a^2u\sqrt{a^2-a^2} + \frac{3}{8}a^4\sin^{-1}\frac{u}{a}$$

52. $$\int \frac{(a^2-u^2)^{\frac{3}{2}}}{u}\,du = \frac{1}{3}(a^2-u^2)^{\frac{3}{2}} + a^2\sqrt{a^2-u^2} - a^3\ln\frac{a+\sqrt{a^2-u^2}}{u}$$

삼각함수형

53. $$\int \sin u\,du = -\cos u$$

54. $$\int \sin^2 u\,du = \frac{1}{2}u - \frac{1}{2}\sin u\,\cos u$$

55. $$\int \sin^3 u\,du = -\cos u + \frac{1}{3}\cos^3 u$$

56. $$\int \sin^n u\,du = -\frac{1}{n}\sin^{n-1}u\,\cos u + \frac{n-1}{n}\int \sin^{n-2}u\,du$$

57. $\int \cos u \, du = \sin u$

58. $\int \cos^2 u \, du = \frac{1}{2}u + \frac{1}{2}\sin u \cos u$

59. $\int \cos^3 u \, du = \sin u - \frac{1}{3}\sin^3 u$

60. $\int \cos^n u \, du = \frac{1}{n}\cos^{n-1} u \, \sin u + \frac{n-1}{n}\int \cos^{n-2} u \, du$

61. $\int \tan u \, du = \ln \sec u$

62. $\int \tan^n u \, du = \frac{1}{n-1}\tan^{n-1} u - \int \tan^{n-2} u \, du$

63. $\int \cot u \, du = \ln \sin u$

64. $\int \cot^n u \, du = -\frac{1}{n-1}\cot^{n-1} u - \int \cot^{n-2} u \, du$

65. $\int \sec u \, du = \ln(\sec u + \tan u)$

66. $\int \sec^2 u \, du = \tan u$

67. $\int \sec^n u \, du = \frac{1}{n-1}\sec^{n-2} u \, \tan u + \frac{n-2}{n-1}\int \sec^{n-2} u \, du$

68. $\int \csc u \, du = \ln(\csc u - \cot u)$

69. $\int \csc^2 u \, du = -\cot u$

70. $\int \csc^n u \, du = -\frac{1}{n-1}\csc^{n-1} u \, \cot u + \frac{n-2}{n-1}\int \csc^{n-2} u \, du$

71. $\int \sec u \, \tan u \, du = \sec u$

72. $\int \csc u \, \cot u \, du = -\csc u$

73. $\int \sin au \, \cos bu \, du = \frac{1}{2(a-b)}\sin(a-b)u - \frac{1}{2(a+b)}\sin(a+b)u$

74. $\int \sin au \, \cos bu \, du = -\frac{1}{2(a-b)}\cos(a-b)u - \frac{1}{2(a+b)}\cos(a+b)u$

75. $\displaystyle\int \cos au \cos bu\, du = \frac{1}{2(a-b)}\sin(a-b)u + \frac{1}{2(a+b)}\sin(a+b)u$

76. $\displaystyle\int \sin^m u \cos^n u\, du = \frac{1}{m+n}\sin^{m+1} u \cos^{n-1} u + \frac{n-1}{m+n}\int \sin^m u \cos^{n-2} u\, du$

77. $\displaystyle\int \sin^m u \cos^n u\, du = \frac{1}{m+n}\sin^{m-1} u \cos^{n+1} u + \frac{m-1}{m+n}\int \sin^{m-2} u \cos^{n} u\, du$

여러 가지 형

78. $\displaystyle\int e^u\, du = e^u$

79. $\displaystyle\int a^u\, du = \frac{1}{\ln a}a^u$

80. $\displaystyle\int ue^{au}\, du = \frac{1}{a^2}(au-1)\, e^{au}$

81. $\displaystyle\int u^n e^{au}\, du = \frac{u^n e^{au}}{a} - \frac{n}{a}\int u^{n-1}e^{au}\, du$

82. $\displaystyle\int \ln u\, du = u\ln u - u$

83. $\displaystyle\int \frac{\ln u}{u}\, du = \frac{1}{2}(\ln u)^2$

84. $\displaystyle\int \frac{du}{u\ln u} = \ln(\ln u)$

85. $\displaystyle\int (\ln u)^n\, du = u(\ln u)^n - n\int (\ln u)^{n-1}\, du$

86. $\displaystyle\int u^n \ln u\, du = \frac{u^{n+1}}{n+1}\left(\ln u - \frac{1}{n+1}\right), \quad n \neq -1$

87. $\displaystyle\int u \sin u\, du = \sin u - u\cos u$

88. $\displaystyle\int u^2 \sin u\, du = 2u\sin u - (u^2-2)\cos u$

89. $\displaystyle\int u \cos u\, du = \cos u + u\sin u$

90. $\displaystyle\int u^2 \cos u\, du = (u^2-2)\sin u + 2u\cos u$

91. $\int e^{au}\sin bu\,du = \frac{1}{a^2+b^2}(a\sin bu - b\cos bu)e^{au}$

92. $\int e^{au}\cos u\,du = \frac{1}{a^2+b^2}(a\cos bu + b\sin bu)e^{au}$

93. $\int \sin^{-1}u\,du = u\sin^{-1}u + \sqrt{1-u^2}$

94. $\int \cos^{-1}u\,du = u\cos^{-1}u - \sqrt{1-u^2}$

95. $\int \tan^{-1}u\,du = u\tan^{-1}u - \frac{1}{2}\ln(1+u^2)$

96. $\int \sinh u\,du = \cosh u$

97. $\int \cosh u\,du = \sinh u$

98. $\int \tanh u\,du = \ln(\cosh u)$

99. $\int \coth u\,du = \ln(\sinh u)$

100. $\int \mathrm{sech} u\,du = \tan^{-1}(\sinh u)$

101. $\int \mathrm{csch} u\,du = \ln(\tanh\frac{1}{2}u)$

Wallis의 공식

102. $\int_0^{\frac{\pi}{2}} \sin^n x\,dx = \int_0^{\frac{\pi}{2}} \cos^n x\,dx = \begin{cases} \frac{1}{2}\cdot\frac{3}{4}\cdots\frac{2n-1}{2n}\cdot\frac{\pi}{2}, & (n\text{은 짝수}) \\ \frac{2}{3}\cdot\frac{4}{5}\cdots\frac{2n}{2n+1}, & (n>1, n\text{은 홀수}) \end{cases}$

103. $\int_0^{\frac{\pi}{2}} \sin^m x\cos^n x\,dx = \begin{cases} \frac{2\cdot4\cdot6\cdots(n-1)}{(m+1)(m+3)\cdots(m+n)}, & (n>1, n\text{은 홀수}) \\ \frac{2\cdot4\cdot6\cdots(m-1)}{(n+1)(n+3)\cdots(n+m)}, & (m>1, m\text{은 홀수}) \\ \frac{1\cdot3\cdots(m-1)\cdot1\cdot3\cdots(n-1)}{2\cdot4\cdot6\cdots(m+n)}\frac{\pi}{2}, & (n, m\text{은 짝수}) \end{cases}$

정적분과 특이적분

104. $\int_0^\infty \frac{dx}{x^2+a^2} = \frac{\pi}{2a}$

105. $\int_0^\infty \frac{x^{p-1}}{1+x}\,dx = \frac{\pi}{\sin p\pi}, \quad 0 < p < 1$

106. $\int_0^a \frac{dx}{\sqrt{a^2-x^2}} = \frac{\pi}{2}$

107. $\int_0^a \sqrt{a^2-x^2}\,dx == \frac{a^2\pi}{4}$

108. $\int_0^\infty \frac{\sin x}{x}\,dx = \frac{\pi}{2}$

109. $\int_0^\infty \frac{\sin^2 px}{x^2}\,dx = \frac{p\pi}{2}$

110. $\int_0^\infty \frac{1-\cos px}{x^2}\,dx = \frac{p\pi}{2}$

111. $\int_0^\infty \frac{\cos mx}{x^2+a^2}\,dx = \frac{\pi}{2a}e^{-ma}$

112. $\int_0^\infty \frac{x\sin mx}{x^2+a^2}\,dx = \frac{\pi}{2}e^{-ma}$

113. $\int_0^\infty \frac{\cos px - \cos qx}{x}\,dx = \ln\frac{q}{p}$

114. $\int_0^{2\pi} \frac{dx}{1-2a\cos x+a^2} = \frac{2\pi}{1-a^2}, \quad 0 < a < 1$

115. $\int_0^\infty \sin(ax^2)\,dx = \int_0^{2\pi} \cos(ax^2) = \frac{1}{2}\sqrt{\frac{\pi}{2a}}$

116. $\int_0^\infty \frac{\sin x}{\sqrt{x}}\,dx = \int_0^\infty \frac{\cos x}{\sqrt{x}}\,dx = \sqrt{\frac{\pi}{2}}$

117. $\int_0^\infty e^{-ax^2}\,dx = \frac{1}{2}\sqrt{\frac{\pi}{a}}, \quad a > 0$

118. $\int_0^{\frac{\pi}{2}} \ln(\sin x)\,dx = \int_0^{\frac{\pi}{2}} \ln(\cos x)\,dx = -\frac{\pi}{2}\ln 2$

119. $\int_0^\infty x^{-\frac{1}{2}}e^{-x}\,dx = \sqrt{\pi}$

B.3 평면 곡선

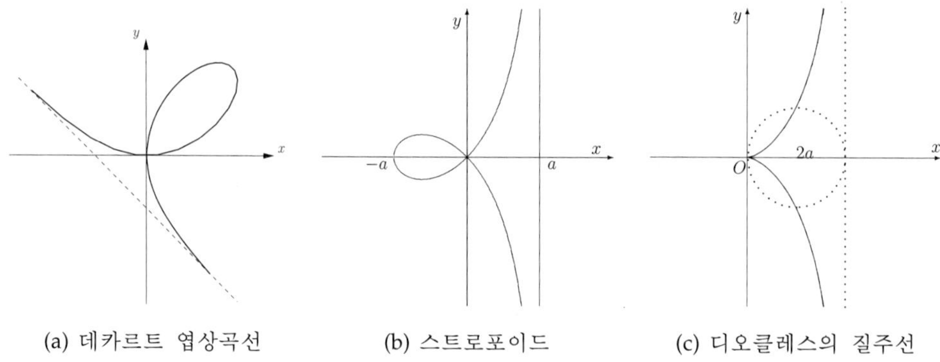

그림 B.3-1 (a) Folium of Descartes: $x^3 + y^3 = 3axy$ (b) Strophoid: $y^2 = x^2 \frac{a+x}{a-x}$ (c) Cissoid of Diocles: $y^2 = \frac{x^3}{2a-x}$

- 그림 B.3-1의 곡선 (a)와 (c)을 매개방정식으로 나타내면 각각 다음과 같다.

$$(a) \quad \begin{cases} x = \dfrac{3at}{1+t^3} \\ y = \dfrac{3at^2}{1+t^3} \end{cases} \qquad (c) \quad \begin{cases} x = 2a\sin^2\theta \\ y = \dfrac{2a\sin^3\theta}{\cos\theta} \end{cases} \tag{B.3-1}$$

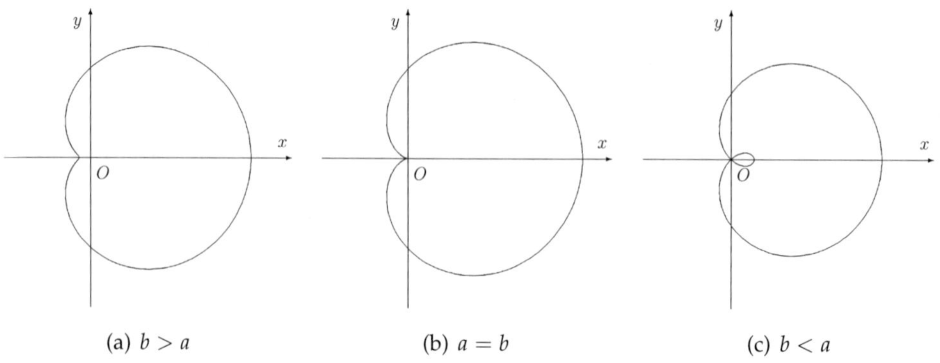

그림 B.3-2 파스칼의 달팽이선(Limaçon of Pascal): $r = b + a\cos\theta$

- 그림 B.3-2(b)의 곡선을 심장형(cardioid) 곡선이라고도 한다.

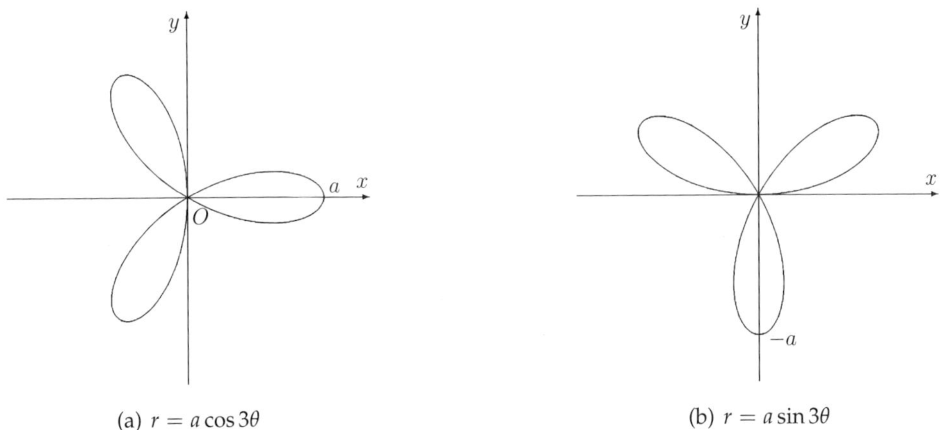

(a) $r = a\cos 3\theta$　　(b) $r = a\sin 3\theta$

그림 B.3-3 삽엽장미선

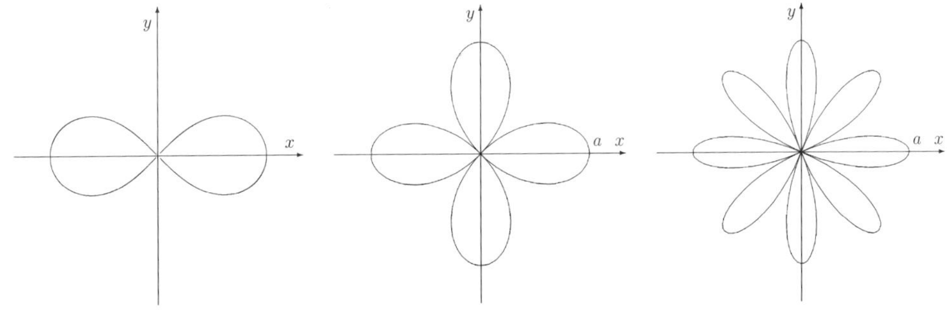

(a) 렘니스케이트: $r^2 = a^2\cos 2\theta$　(b) 사엽장미선: $r = a\cos 2\theta$　(c) 팔엽장미선: $r = a\cos 4\theta$

그림 B.3-4 렘니스케이트(lemniscate)와 잎이 짝수 개인 장미선

- 극방정식 $r^2 = a^2\sin 2\theta$, $r = a\sin 2\theta$, $r = a\sin 4\theta$가 나태내는 곡선은 그림 B.3-3에서와 같이 그림 B.3-4의 각 곡선을 시계 바늘이 도는 방향과 반대 방향으로 45° 만큼 회전한 것과 같다.
- n이 1 보다 큰 홀수이면 극방정식 $r = a\sin n\theta$와 $r = a\cos n\theta$이 나타내는 곡선은 잎이 n 개인 장미선이다 (그림 B.3-3 참조).
- n이 짝수이면 극방정식 $r = a\sin n\theta$와 $r = a\cos n\theta$가 나타내는 곡선은 잎이 $2n$ 개인 장미선이다 (그림 B.3-4(b)와 B.3-4(c) 참조).

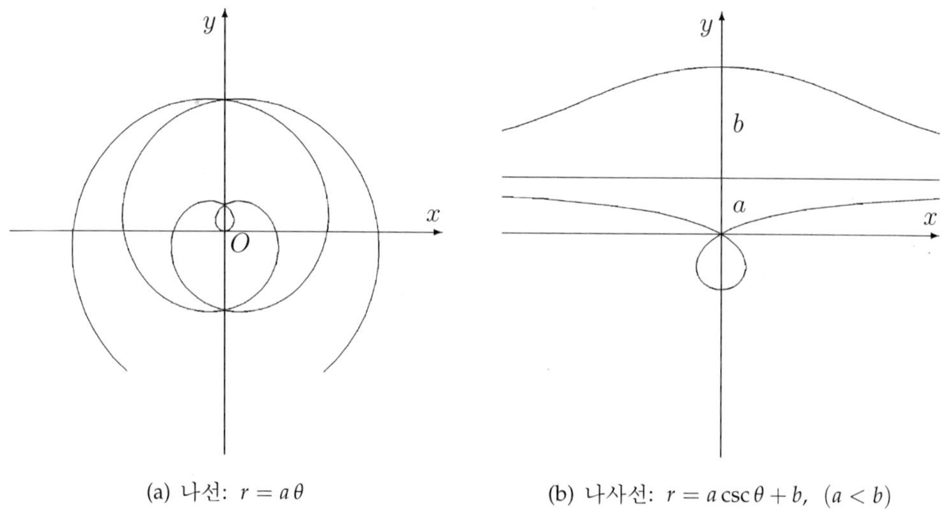

(a) 나선: $r = a\theta$ (b) 나사선: $r = a\csc\theta + b,\ (a < b)$

그림 B.3-5 나선(Spiral of Archimedes)과 나사선(Conchoid of Nicomedes)

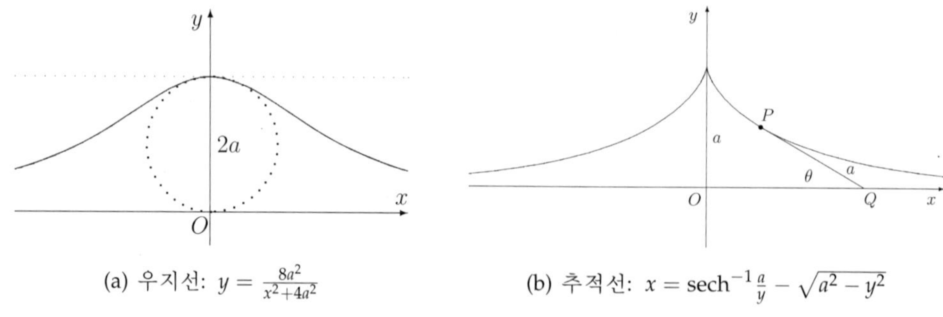

(a) 우지선: $y = \frac{8a^2}{x^2+4a^2}$ (b) 추적선: $x = \operatorname{sech}^{-1}\frac{a}{y} - \sqrt{a^2-y^2}$

그림 B.3-6 우지선(Witch of Agnesi)과 추적선(Tractrix)

- 그림 B.3-6의 곡선 (a)와 (b)를 매개방정식으로 나타내면 각각 다음과 같다.

$$(a)\quad \begin{cases} x = 2a\cot\theta \\ y = a(1-\cos 2\theta) \end{cases} \qquad (b)\quad \begin{cases} x = a(\ln\cot\frac{1}{2}\theta - \cos\theta) \\ y = a\sin\theta \end{cases} \qquad \text{(B.3-2)}$$

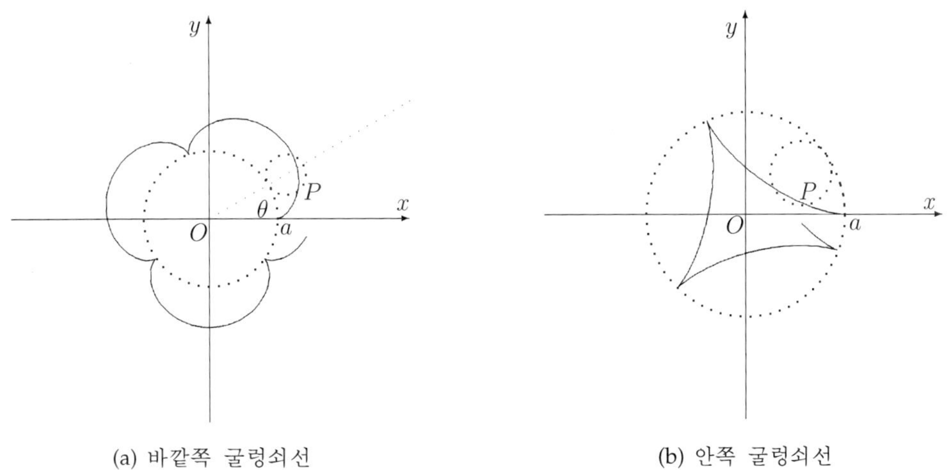

(a) 바깥쪽 굴렁쇠선 (b) 안쪽 굴렁쇠선

그림 B.3-7 바깥쪽 굴렁쇠선(Epicycloid)과 안쪽 굴렁쇠선(Hypocycloid). 여기서 θ는 두 원의 중심을 잇는 선분이 양의 x축과 이루는 각이다.

- 반지름이 a인 원 바깥에서 원 위를 구르는 반지름이 b인 원 위의 한 점 P가 만드는 곡선을 바깥쪽 굴렁쇠선이라고 한다 (그림 B.3-7(a) 참조). 이때 바깥쪽 굴렁쇠선을 매개방정식으로 나타내면 다음과 같다.

$$\begin{cases} x = (a+b)\cos\theta - b\cos\left(\dfrac{a+b}{b}\right)\theta \\ y = (a+b)\sin\theta - b\sin\left(\dfrac{a+b}{b}\right)\theta \end{cases} \tag{B.3-3}$$

- 반지름이 a인 원의 안쪽에 접하며 구르는 반지름이 b $(a > b)$인 원 위의 한 점 P가 만드는 곡선을 안쪽 굴렁쇠선이라고 한다 (그림 B.3-7(b) 참조). 이때 안쪽 굴렁쇠선을 매개방정식으로 나타내면 다음과 같다.

$$\begin{cases} x = (a-b)\cos\theta + b\cos\left(\dfrac{a-b}{b}\right)\theta \\ y = (a-b)\sin\theta - b\sin\left(\dfrac{a-b}{b}\right)\theta \end{cases} \tag{B.3-4}$$

- $a = b$인 경우의 바깥쪽 굴렁쇠선은 그림 B.3-2(b)의 심장형 곡선이다.

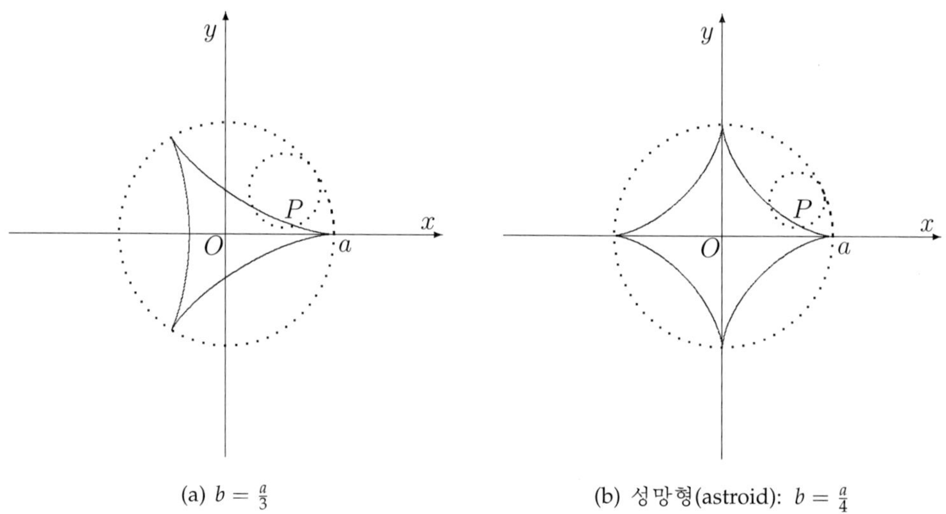

(a) $b = \frac{a}{3}$ (b) 성망형(astroid): $b = \frac{a}{4}$

그림 B.3-8 안쪽 굴렁쇠선의 특별한 경우: (a) $b = \frac{a}{3}$ (b) $b = \frac{a}{4}$

- 그림 B.3-8의 곡선 (a)와 (b)는 안쪽 굴렁쇠선으로 매개방정식 (B.3-3)에서 각각 $b = \frac{a}{3}$과 $b = \frac{a}{4}$의 경우에 해당한다.

- 특히 그림 B.3-8(b)의 곡선을 성망형(astroid)라고도 한다. 이를 나타내는 직교방정식은 다음과 같다.

$$x^{\frac{2}{3}} + y^{\frac{2}{3}} = a^{\frac{2}{3}}$$

한편, 그림 B.3-8(b)의 성망형 곡선을 매개방정식으로 나타내면 다음과 같다.

$$\begin{cases} x = a\cos^3\theta \\ y = a\sin^3\theta \end{cases} \tag{B.3-5}$$

- 일반적으로 $b = \frac{a}{n}$이면 첨점이 n개인 성망형과 같은 곡선을 얻는다.

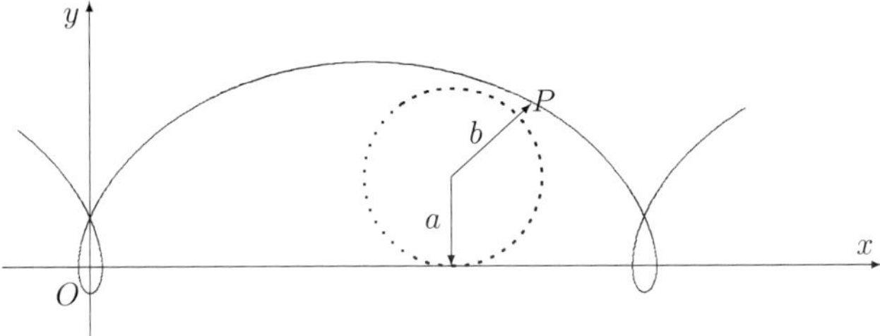

(a) Prolate cycloid: $b > a$

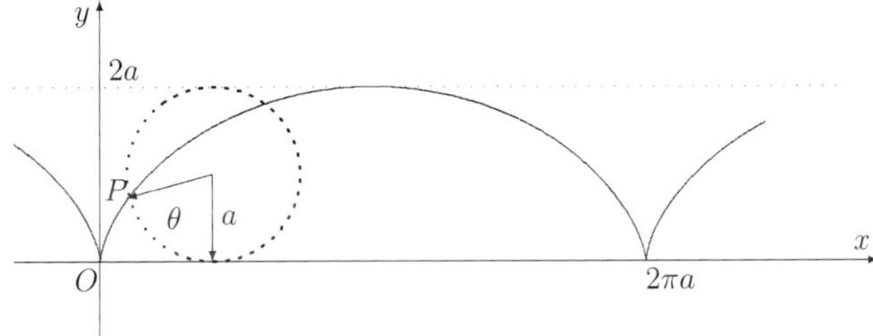

(b) Cycloid: $a = b$

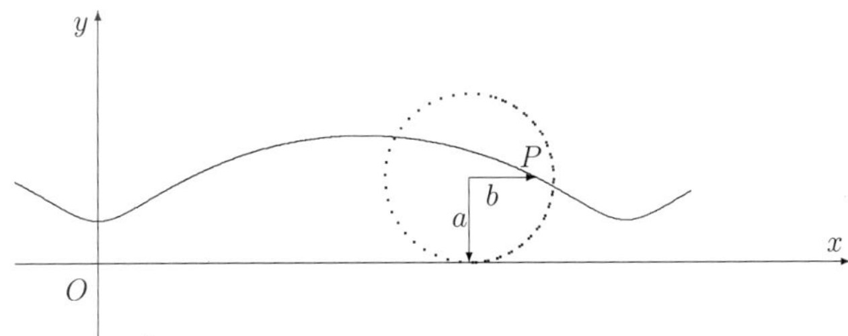

(c) Curtate cycloid: $b < a$

그림 B.3-9 굴렁쇠선(Cycloid)

- 그림 B.3-9의 굴렁쇠선(Cycloid)은 반지름이 a인 원이 직선 위를 미끄러지지 않고 구를 때 원의 중심에서 거리가 b인 점이 만드는 곡선으로 그의 매개방정식은 다음과 같다.

$$\begin{cases} x = a\theta - b\sin\theta \\ y = a - b\cos\theta \end{cases} \tag{B.3-6}$$

C 연습 문제 해답

제 1 장 벡터와 해석기하

연습 문제 1.1

1. (1) 평면 $y=3$ 위에 있는 직선 $x=z$
(2) 평면 $y=3$ 위에 있는 중심이 $(0,3,0)$인 반지름이 2인 원 $x^2+z^2=4$
(3) 점 $(1,0,1)$을 지나고 y 축에 평행인 직선
(4) xy 평면에 있는 포물선 $x=y^2$
(5) 평면 $z=1$위의 타원 $x^2+\frac{1}{4}y^2=1$
(6) 평면 $x=5$ 위에 있는 쌍곡선 $y^2-z^2=1$

2. (1) 평면 $z=2$ 위의 중심이 $(0,0,2)$이고 반지름이 1인 원
(2) 방위각이 $\frac{\pi}{3}$인 반평면 위에 있는 원점을 지나고 양의 z축으로부터 xy평면의 1사분면으로 잰 각이 $\frac{\pi}{4}$가 되는 직선
(3) 대칭축이 z축, 반지름 3, 높이가 2π인 xy평면 위에 놓여 있는 원기둥면 위의 곡선 $z=\theta$ (그림 A 참조)

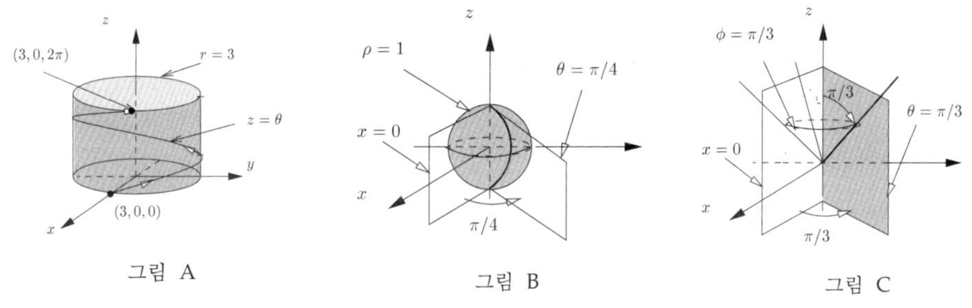

그림 A　　그림 B　　그림 C

3. (1) 방위각이 $\frac{\pi}{4}$인 반평면 위에 있는 원점이 중심이고 반지름이 1인 반원 (그림 B 참조)
(2) 평면 $z=\frac{3}{2}$ 위에 있는 중심이 $(0,,0,2)$이고 반지름이 $\frac{3}{2}\sqrt{3}$인 원
(3) 방위각이 $\frac{\pi}{3}$인 반평면 위에 있는 원점을 지나고 천정각이 $\frac{\pi}{3}$인 직선 (그림 C 참조)
(4) 반지름이 1인 구면 S 위의 두 점 $(0,0,1)$과 $(0,1,0)$을 잇는 S 위의 곡선 $\phi=\theta$
(5) yz평면 위에 있는 중심이 $(0,0,\frac{1}{2})$이고 반지름이 $\frac{1}{2}$인 원 $y^2+(z-\frac{1}{2})^2=\frac{1}{4}$
(6) 원점인 중심인 반지름이 2인 구에서 반지름이 1의 내부를 제외한 입체

5. (1) 원주: $(2, \frac{\pi}{3}, 2)$, 구면: $(2\sqrt{2}, \frac{\pi}{3}, \frac{\pi}{4})$ (2) 직교: $(0, 1, 1)$, 구면: $(\sqrt{2}, \frac{\pi}{2}, \frac{\pi}{4})$
(3) 원주: $(2\sqrt{2}, \frac{3}{2}\pi, 0)$, 직교: $(0, -2\sqrt{2}, 0)$

6. (1) 원주: $r^2 + z^2 = 1$, 구면: $\rho = 1$ (2) 원주: $r^2 + z^2 = 4z$, 직교: $x^2 + y^2 + z^2 = 4z$
(3) 구면: $\theta = 0$, 직교: $y = 0$ (4) 원주: $z = -3$, 구면: $\rho\cos\phi = -3$
(5) 원주: $r = 0$, 직교: $x = 0, y = 0$ (6) 원주: $\theta = \frac{\pi}{4}$, 구면: $\theta = \frac{\pi}{4}$

7. (1) $z = 1$ (2) $x^2 + y^2 = z$

연습 문제 1.2

1. (1) $(2\sqrt{3}, -4)$ (2) 2 (3) 2 (4) $\frac{\pi}{3}$ (5) $(0,1)$

2. (1) 7 (2) $(-17, -5, 1)$ (3) 0 (4) $(-26, 85, -17)$ (5) $\sqrt{14}$ (6) $\frac{1}{\sqrt{26}}(0,1,5)$

4. (1) $-\frac{3}{2}$ (2) 6 (3) $1, -9$ **5.** (1) 15 (2) $(-7, 4, 5)$ (3) $\frac{3}{7}(3, -1.5)$

6. (1) $\overrightarrow{BD} = \frac{9}{17}(4,1)$, $\overrightarrow{BA} - \overrightarrow{BD} = (-\frac{19}{17}, \frac{76}{17})$ (2) $\frac{19}{2}$

연습 문제 1.3

1. $x = 1 - 2t, y = 2 - 2t, z = t$ 또는 $\frac{1-x}{2} = \frac{2-y}{2} = z$ **2.** (5, 15, 10)

3. $x = 3 + 2t, y = 2 - 3t, z = -1 + 6t$ 또는 $\frac{x-3}{2} = \frac{2-y}{3} = \frac{z+1}{6}$

4. $x + y - 4z = 25$ **5.** $6x - 5y + 4z = 0$

6. $x - 3y - 2z = 0$ **7.** $x + 6y + 5z = 12$ **8.** $2x - y + 3z = -4$ **9.** $\frac{16}{9}$

10. (1) $x = 2t, y = \frac{5}{6} + 3t, z = -\frac{5}{3} + 4t$ (3) $17x - 26y + 11z + 40 = 0$

12. $x^2 + y^2 + z^2 = 4$

13. (1) 타원면 (2) 음의 x 축에 대해 대칭인 타원포물면
(3) 반지름이 $\sqrt{2}$이고 직선 $(1, 1, z)$을 축으로 가지는 원기둥면
(4) 중심이 $(2, 0, 0)$이고 직선 $(2, y, 0)$을 축으로 가지는 단엽쌍곡면

19. $9x - 14y + 21z = 0$

제 2 장 벡터함수와 곡선

연습 문제 2.1

1. (1) $(1,0)$ (2) $(0,1,2)$ (3) $(1,0)$ (4) $(0,1,-1)$ **2.** (1) $(0,3,7)$ (2) $(0,-2,0)$

3. (1) $t \in \mathbb{R}$ (2) $t \neq -1$ (3) $-1 \leq t \leq 1$ (4) $t \neq 1, 2, 3$

4. (1) $-1 < t < 1$ (2) $-\frac{1}{2} < t < \frac{1}{2}$, $t \neq 0$ (3) $-\frac{1}{2} < t < \frac{1}{2}$ (4) $t < -\frac{1}{3}$, $t > \frac{1}{3}$

5. (1) $\mathbf{f}'(t) = \left(1 + \ln t, \frac{1}{t \ln t}\right)$ (2) $\mathbf{f}'(t) = (\exp(e^t + t)(1 + e^t), 1)$

6. (1) $\mathbf{f}'(s) = \left(-\frac{1}{4(s-1)^{5/4}}, \frac{\cos\sqrt{s-1}}{2\sqrt{s-1}}, \frac{1}{s}\right)$

(2) $\mathbf{f}'(s) = \left(-2(s+1)\sin(s^2 + 2s + 1), \frac{2(s+1)}{s^4+4s^3+6s^2+4s+2}, \frac{1}{(s+2)^2}\right)$

7. $\mathbf{f}'(s) = \frac{d\mathbf{f}(t)}{ds} = (t^2 \cos t)\mathbf{i} + (t^2 \sin t)\mathbf{j}$

8. (1) $\mathbf{f}''(t) = (0, 20t^3)$ (2) $\mathbf{f}''(t) = \left(-\frac{1}{t^2}, 9e^{3t}\right)$

10. (1) $\sin t\mathbf{p} - \cos t\mathbf{q} + C$(단, C는 적분상수) (2) $\frac{\pi}{4}\mathbf{p} + \frac{\pi}{2}\mathbf{q}$

연습 문제 2.2

1. (1) $x - 1 = \frac{y-2}{2} = \frac{z-2}{2}$ (2) $\frac{x-e^3}{3e^3} = \frac{y-e^{-3}}{-3e^{-3}} = \frac{z-3\sqrt{2}}{3\sqrt{2}}$ **2.** $90°$

3. (2, 0, 4), (18, 4, 12)

4. (1) $\mathbf{v} = \frac{a\omega}{2}\left(-\sqrt{3}, 1\right), \mathbf{a} = -\frac{a\omega^2}{2}\left(1, \sqrt{3}\right), v = a\omega$

(2) $\mathbf{v} = (1, 4), \mathbf{a} = (0, 2), v = \sqrt{17}$

(3) $\mathbf{v} = \left(-\frac{\sqrt{6}}{3}, 2\right), \mathbf{a} = \left(-2 + 2\frac{\sqrt{2}}{3}, -4\frac{\sqrt{6}}{3}\right), v = \frac{\sqrt{42}}{3}$

(4) $\mathbf{v} = (3, 0), \mathbf{a} = (0, 2), v = 3$

(5) $\mathbf{v} = (0, 2), \mathbf{a} = (-2, 0), v = 2$

(6) $\mathbf{v} = (\frac{1}{2}, 2), \mathbf{a} = (-\frac{1}{4}, 2), v = \frac{\sqrt{17}}{2}$

5. (1) $t = 1$ (2) 항상 직교한다

9. (1) $\frac{8}{3}$ (2) $\frac{1}{4}\left(2\sqrt{5} + \ln(\sqrt{5} + 2)\right)$ (3) $10\sqrt{109} + 9\ln\left(\frac{1}{3}(\sqrt{109} + 10)\right)$

(4) $\frac{1}{2}(\sqrt{6} + \ln(\sqrt{2} + \sqrt{3}))$ (5) $7\alpha^3$ (6) e^2 (7) $(\sqrt{3} - 1)e^{\beta}$ (8) $\sqrt{13}\pi$

11. (1) $\frac{\sqrt{b^2c^2\sin^2 t + a^2c^2\cos^2 t + a^2b^2}}{\left(a^2\sin^2 t + b^2\cos^2 t + c^2\right)^{3/2}}$ (2) $\frac{ab}{\left(a^2\sin^2 t + b^2\cos^2 t\right)^{3/2}}$ (3) $\frac{2\sqrt{9t^4+9t^2+1}}{(9t^4+4t^2+1)^{3/2}}$

12. (1) $\mathbf{T} = (\cos t, \sin t)$, $\mathbf{N} = (-\sin t, \cos t)$, $\kappa = \frac{1}{t}$

(2) $\mathbf{T} = \frac{1}{\sqrt{2}}(\cos t - \sin t, \sin t + \cos t), \mathbf{N} = -\frac{1}{\sqrt{2}}(\sin t + \cos t, \sin t - \cos t)$,
$\kappa = \frac{1}{\sqrt{2}}e^{-t}$

(3) $\mathbf{T} = \frac{1}{\sqrt{2}}\left(\sqrt{1 - \cos t}, \frac{\sin t}{\sqrt{1-\cos t}}\right)$, $\mathbf{N} = \frac{1}{\sqrt{2}}\left(\frac{\sin t}{\sqrt{1-\cos t}}, -\frac{\sin^2 t}{(1-\cos t)^{3/2}} + \frac{\cos t}{\sqrt{1-\cos t}}\right)$,
$\kappa = \frac{1}{4a\sqrt{1-\cos t}}\sqrt{2}$

(4) $\mathbf{T} = \sin(2t)|\csc(2t)|\left(-\cos t, \sin t\right)$, $\kappa = \frac{2}{3}|\csc 2t|$

13. (1) $\mathbf{T} = \frac{1}{\sqrt{3}}\left((1+t)^{1/2}, -(1-t)^{1/2}, 1\right)$, $\kappa = \frac{\sqrt{2}}{3}(1 - t^2)^{-1/2}$,
$\mathbf{N} = \frac{1}{\sqrt{2}}\left((1+t)^{1/2}, (1-t)^{1/2}, 0\right)$, $\mathbf{B} = \frac{1}{\sqrt{6}}\left(-(1+t)^{1/2}, (1-t)^{1/2}, 2\right)$

(2) $\mathbf{T} = \frac{\sqrt{2}}{2}\left(\tanh(2t), 1, \operatorname{sech}(2t)\right)$, $\kappa = \frac{1}{6\cosh^2(2t)}$,
$\mathbf{N} = \left(\cosh(2t) - \tanh(2t)\sinh(2t), 0, -\tanh(2t)\right)$,

$\mathbf{B} = \frac{\sqrt{2}}{2}(-\tanh(2t), 1, \tanh(2t)\sinh(2t) - \cosh(2t))$

(3) $\mathbf{T} = \frac{\sqrt{2}}{2}(-\sin(2t), \cos(2t), 1)$, $\kappa = \frac{1}{2}$
$\mathbf{N} = (-\cos(2t), -\sin(2t), 0)$, $\mathbf{B} = \frac{\sqrt{2}}{2}(\sin(2t), -\cos(2t), 1)$

(4) $\mathbf{T} = \frac{\sqrt{10}}{10}(-3\sin(3t), 3\cos(3t), 1)$, $\kappa = \frac{9}{10}$
$\mathbf{N} = (-\cos(3t), -\sin(3t), 0)$, $\mathbf{B} = \frac{\sqrt{10}}{10}(\sin(3t), -\cos(3t), 3)$

(5) $\mathbf{T} = \frac{\sqrt{13}}{13}(2\cos t, 2\sin t, 3)$, $\kappa = \frac{2}{13}$
$\mathbf{N} = (-\sin t, -\cos t, 0)$, $\mathbf{B} = \frac{\sqrt{13}}{13}(3\cos t, -3\sin t, -2)$

(6) $\mathbf{T} = \frac{\sqrt{3}}{3}(\cos t - \sin t, \sin t + \cos t, 1)$, $\kappa = \frac{1}{3}\sqrt{2}e^{-t}$
$\mathbf{N} = \frac{\sqrt{2}}{2}(-\cos t - \sin t, -\sin t + \cos t, 0)$, $\mathbf{B} = \frac{\sqrt{6}}{6}(\cos t - \sin t, \sin t - \cos t, 2)$

14. (1) $\mathbf{v} = \frac{1}{2}(-\sqrt{3}, \sqrt{2})$, $\mathbf{a} = \frac{1}{2}(1, \sqrt{6})$, $v = \frac{1}{2}\sqrt{5}$, $a_T = \frac{1}{10}\sqrt{15}$, $a_N = \frac{2}{5}\sqrt{10}$

(2) $\mathbf{v} = (1,2,2)$, $\mathbf{a} = (0,0,2)$, $v = 3$, $a_T = \frac{4}{3}$, $a_N = \frac{2}{3}\sqrt{5}$

(3) $\mathbf{v} = (1,1,\sqrt{2})$, $\mathbf{a} = (0,2,\sqrt{2})$, $v = 2$, $a_T = 2$, $a_N = \sqrt{2}$

(4) $\mathbf{v} = (1,0,1)$, $\mathbf{a} = (0,2,0)$, $v = \sqrt{2}$, $a_T = 0$, $a_N = 2$

(5) $\mathbf{v} = 2(-\sin 1, \cos 1)$, $\mathbf{a} = -2(2\cos 1 + \sin 1, 2\sin 1 - \cos 1)$,
$v = \sqrt{2}$, $a_T = 2$, $a_N = 4$

(6) $\mathbf{v} = (-\frac{3}{4}\sqrt{2}a, -\frac{3}{4}\sqrt{2}a, 1)$, $\mathbf{a} = -\frac{3}{4}\sqrt{2}a(1,1,0)$,
$v = \frac{1}{2}\sqrt{4+9a^2}$, $a_T = 0$, $a_N = \frac{2}{3}|a|$

15. $\mathbf{T} = \frac{a}{\sqrt{a^2+b^2}}(-\sin t, \cos t, b)$, $\kappa = \frac{a}{a^2+b^2}$, $\mathbf{N} = (-\cos t, -\sin t, 0)$,
$\mathbf{B} = \frac{1}{\sqrt{a^2+b^2}}(b\sin t, -b\cos t, a)$, $\tau = \frac{b}{a^2+b^2}$,

20. (1) $\mathbf{T}(0) = \frac{\sqrt{5}}{5}(2,0,1)$ (2) $\kappa(0) = \frac{4}{5}$ (3) $\mathbf{N}(0) = (0,-1,0)$ (4) $\mathbf{B}(0) = \frac{\sqrt{5}}{5}(1,0,-2)$

21. $\kappa = \frac{1}{3}\sqrt{3}$, $\tau = 0$

제 3 장 다변수함수

연습 문제 3.1

1. (1) 정의역: x축과 y축을 제외한 평면, 치역: $\mathbb{R}\setminus\{0\}$, 등위곡선: 쌍곡선 $xy = c\,(c \neq 0)$

(2) 정의역: $\{(x,y) \in \mathbb{R}^2 \,|\, x+y \geq 0\}$, 치역: $[0,\infty)$, 등위곡선: 직선 $x+y=c$ $(c \geq 0)$

(3) 정의역: $\{(x,y) \in \mathbb{R}^2 \,|\, x+y > 0\}$, 치역: $\mathbb{R}$, 등위곡선: 직선 $x+y=c$ $(c > 0)$

(4) 정의역: $\{(x,y) \in \mathbb{R}^2 \,|\, y \geq 0, x \neq 0\}$, 치역: $\mathbb{R}$, 등위곡선: 포물선 $y = cx^2, c \geq 0$

(5) 정의역: $\mathbb{R}^2$, 치역: $\mathbb{R}$, 등위곡선: $x = ce^y$ $(c \in \mathbb{R})$

(6) 정의역: $\mathbb{R}^2$, 치역: $[-1,1]$, 등위곡선: 쌍곡선 $xy = c$, $c \in [-1,1]$

(7) 정의역: y축을 제외한 평면, 치역: $(-\frac{\pi}{2}, \frac{\pi}{2})$, 등위곡선: 직선 $y = cx, c \in \mathbb{R}$

(8) 정의역: $\mathbb{R}^2$, 치역: $[0,\infty)$, 등위곡선: 원 $x^2+y^2=c$ $(c \geq 0)$

(9) 정의역: $\mathbb{R}^2 \setminus \{(0,0)\}$, 치역: $\mathbb{R}$, 등위곡선: 원 $x^2+y^2=c$ $(c>0)$

(10) 정의역: $\{(x,y) \in \mathbb{R}^2 \mid y > -x^2\}$, 치역: $\mathbb{R}$, 등위곡선: 포물선 $y=-x^2+c$ $(c>0)$

(11) 정의역: $\{(x,y) \in \mathbb{R}^2 \mid |xy| \leq 1\}$, 치역: $[-\frac{\pi}{2}, \frac{\pi}{2}]$,
등위곡선: 쌍곡선 $xy=c$, $c \in [-\frac{\pi}{2}, \frac{\pi}{2}]$

(12) 정의역: $\{(x,y) \in \mathbb{R}^2 \mid y \neq x\}$, 치역: $\mathbb{R}$,
등위곡선: 직선 $(1+c)y=(c-1)x$, $c \in \mathbb{R}$

2. (1) 정의역: $\{(x,y) \in \mathbb{R}^2 \mid y \neq \pm x\}$, 치역: $\mathbb{R}$)
(2) 정의역: $\mathbb{R}^3 \setminus \{(0,0,0)\}$, 치역: $[0,\infty)$
(3) 정의역: $\mathbb{R}^3$, 치역: $\mathbb{R}$

3. (2) yz평면에 평행인 평면 $x=c$ $(c \in \mathbb{R})$
(4) 곡면 $xy=c$, $c \in \mathbb{R}$)
(6) 원기둥면 $x^2+y^2=c$ $(c \geq 0)$
(8) 꼭지점이 $(0,0,-c)$에 있는 타원포물면 $z=x^2+y^2-c$, $c \geq 0$
(10) 구면 $x^2+y^2+z^2=c$ $(c>0)$

연습 문제 3.2

1. (1) 1 (2) $\frac{1}{2}$ **2.** $\frac{1-c^2}{1+c^2}$

3. (1) 존재하지 않는다. (2) 0 (3) 존재하지 않는다. (4) 0

4. 집합 $\{(x,y) \in \mathbb{R}^2 \mid y=x, x \in [1,4]\}$에서 불연속 **5.** 불연속 **6.** 불연속

9. (1) 내점의 집합: 공집합, 경계점의 집합: $\{(0,0)\} \bigcup \{(\frac{1}{n},0) | n \in \mathbb{N}\}$
(2) 내점의 집합: $\{(x,y) \in \mathbb{R}^2 \mid x^2+y^2<1, x<0\}$,
경계점의 집합: $\{(x,y) \in \mathbb{R}^2 \mid x^2+y^2=1, x<0\} \cup \{(x,y) \mid -1 \leq y \leq 1, x=0\}$
(3) 내점의 집합: 공집합, 경계점의 집합: $\mathbb{R}^2$
(4) 내점의 집합: 공집합, 경계점의 집합: $\{(x,y) \in \mathbb{R}^2 \mid y=x^2\}$

10. (1) $\sqrt{x^2+y^2}<0.1$ (2) $|x|<0.005, |y|<0.005$ (3) $\sqrt{x^2+y^2}<\frac{\epsilon}{2}$
(4) $|x|, |y|<0.005$ (5) $|x|<0.005, |y|<0.005, |z|<0.005$ (6) $\sqrt{x^2+y^2}<0.1$
(7) $\sqrt{x^2+y^2+z^2}<0.1$ (8) $|x|, |y|, |z|<0.1$ (힌트: $\tan^2\theta = \frac{\sin^2\theta}{1-\sin^2\theta}$이다. 또한 $|\frac{\sin^2\theta}{1-\sin^2\theta}|<\eta$이면 $\sin^2\theta<\frac{\eta}{1+\eta}$이다. 이때 부등식 $|\sin\theta| \leq |\theta|$를 이용하라.)

연습 문제 3.3

1. (1) $\frac{\partial u}{\partial x} = \frac{2y}{(x+y)^2}$, $\frac{\partial u}{\partial y} = \frac{-2x}{(x+y)^2}$

(2) $\frac{\partial z}{\partial x} = (1-x)\{\sin(y-x)+\cos(y-x)\}$, $\frac{\partial z}{\partial y} = x\{\cos(y-x)+\sin(y-x)\}$

4. -1 **5.** $\frac{\partial^2 f(1,-1,1)}{\partial y \partial z} = -24$, $\frac{\partial^3 f(1,-1,1)}{\partial x \partial y \partial z} = -48$, $\frac{\partial^3 f(1,-1,1)}{\partial y \partial^2 x} = -36$

8. (1) $\sqrt{x^2+y^2}$, (2) 1, (3) 0 (12)존재하지 않는다 (정리 3.3-1 참조).

연습 문제 3.4

1. (1) $df = 2dx + 2dy$, 0.8 (2) $df = dx + dy$, 0.03 **2.** 11.07

3. (1) $z = 1$ (2) $z = 1 + \frac{1}{4}\pi^2 + \frac{1}{4}\pi^2(x-1) + \pi\left(y - \frac{1}{2}\pi\right)$

4. (1) $dz = (9x^2+8xy)dx + (4x^2-6y^2)dy$ (2) $6x(x^2-y^2)^2dx - 6y(x^2-y^2)^2dy$

5. $\frac{41}{30}$% 또는 1.36667% **7.** 4.5%

연습 문제 3.5

1. (1) $\frac{du}{dt} = 32t$ (2) 1 (3) $4t^3\cos\frac{1}{t} + t^2\sin\frac{1}{t} + 2t\cos\frac{1}{t} + \sin\frac{1}{t}$

2. (1) $\frac{du}{dx} = \frac{2}{x}$ (2) $\frac{du}{dx} = \frac{2(1-\ln x)}{(x-\ln x)^2}$ **3.** (1) $\frac{\partial u}{\partial x} = 4x$, $\frac{\partial u}{\partial y} = 4y$ (2) $\frac{\partial u}{\partial x} = 2y$, $\frac{\partial u}{\partial y} = 2x$

4. $\frac{\partial f(-1,2)}{\partial s} = -\frac{1}{2} + \tan 1$, $\frac{\partial f(-1,2)}{\partial t} = \frac{1}{4}$ **14.** (1) $4s$ (2) $-2\cos s$ (3) $\frac{2}{s}\sinh x$

15. $\cot^{-1}\alpha$ **16.** (1) 4α (2) $-2\ln(t+\alpha) + 2(\ln\alpha+1) - 2\frac{\alpha}{t+\alpha}$

19. (1) $\frac{3}{4} - \frac{1}{4}(x-y)$ (2) $1+2x-y$ (3) $1+x$ (4) $2-z$ (5) $\frac{\pi}{4} - \frac{3}{2} + \frac{1}{2}(x+y+z)$

20. (1) 1 (2) $1 - y + \frac{1}{2}\left\{(y-1)^2 - x^2\right\}$ **21.** (1) $\frac{1}{s}$ (2) $\ln 3$

연습 문제 3.6

1. (1) $2\mathbf{i} + 2\mathbf{j} - 4\mathbf{k}$ (2) $-2\mathbf{i}$ (3) $5\mathbf{k}$

2. (1) $\frac{9}{10}\sqrt{10}$ (2) $-\frac{5}{52}\sqrt{13}$ (3) $2\sqrt{3}$ (4) $-3\sqrt{2}$

4. (1) 내려감. (2) 벡터 $\mp 120\mathbf{i} \pm 40\mathbf{j}$의 방향

5. 벡터 $\mathbf{i}$, 즉, 양의 x축 방향

7. (1) $\frac{x-2}{2} = \frac{y-3}{3} = \frac{z-6}{6}$, $2x+3y+6z = 49$

(2) $\frac{x-1}{5} = \frac{y-2}{4} = \frac{z-3}{3}$, $5x+4y+3z = 22$

(3) $\frac{x-1}{2} = y-2 = z-2$, $2x+y+z = 6$

(4) $\sqrt{3}(y-1) = \frac{1}{\sqrt{3}}(z - \frac{1}{3}\pi), x = \frac{1}{2}\pi$, $\frac{\sqrt{3}}{3}(y-1) + \sqrt{3}(z - \frac{1}{3}\pi) = 0$

8. $ax_1(x-x_1) + by_1(y-y_1) + cz_1(z-z_1) = 0$

10. $f_x(x_0,y_0)(x-x_0) + f_y(x_0,y_0)(y-y_0) = 0$

11. $F(x,y,z) = \frac{x^2}{12}+\frac{y^2}{12}+\frac{z^2}{3}=1$, $\mathbf{k}=(0,0,1)$이므로 다음을 얻는다.

$$\cos\theta = \frac{\nabla F(2,2,1)\cdot\mathbf{k}}{|\nabla F(2,2,1)|} = \frac{2/3}{\sqrt{(1/3)^2+(1/3)^2+(2/3)^2}} = \frac{\sqrt{6}}{3}$$

따라서 $\theta \doteq 35.3^\circ$이다.

12. (1) $\frac{1}{\sqrt{2}}(1,1)$ (2) $\frac{1}{\sqrt{2}}(\pm 1, \mp 1)$ (3) $\frac{1}{\sqrt{2}}$ (4) 0.1

연습 문제 3.7

1. (1) $(1,1),(-1,-1)$에서 극대값 2; $(0,0,0)$ 안장점

(2) $(-1,0)$에서 극대값 2 , $(1,0)$에서 극소값 -2

(3) $(0,\pm\frac{1}{2})$에서 극대값 $\sqrt{e}$; $(\pm\frac{1}{2}\sqrt{6},0)$에서 극소값 $-\frac{1}{\sqrt{e}}$; $(0,0,\frac{1}{2})$ 안장점

(4) $(0,\pm 1)$에서 극대값 4; $(0,0$에서 극소값 0; $(\pm 1,0,1)$ 안장점

(5) $(\pm\frac{1}{2},\pm\frac{1}{2})$에서 극대값 $\frac{1}{8}$; $(\pm\frac{1}{2},\mp\frac{1}{2})$에서 극소값 $-\frac{1}{8}$;

$(0,0,0),(\pm 1,0,0),(0,\pm 1,0)$ 안장점

(6) $(1,1)$에서 극소값 -1; $(0,0,0)$ 안장점

2. $(0,0,1)$ **3.** 밑면의 정사각형 한 변의 길이: 20 cm, 직육면체의 높이: 40 cm

4. $a=-\frac{1}{4}, b=-\frac{1}{2}, c=\frac{3}{2}$ **5.** 8 **6.** 단면의 밑변의 폭: 6cm, 90°

7. (1) $f(2,2)=8$ (2) $f(2,2)=e^4$ **8.** 최대값: 1, 최소값 -1

9. 점 $\left(-\frac{1}{2},\pm\frac{\sqrt{3}}{2}\right)$에서 최대값: $\frac{9}{4}$, 점 $\left(\frac{1}{2},0\right)$에서 최소값: $-\frac{1}{4}$

10. $\frac{81}{4}$ **11.** 24

12. 점 $(\pm 1,0,0),(0,\pm 1,0),(0,0,\pm 1)$에서 최고온도 1,

점 $\frac{1}{\sqrt{3}}(1,1,\pm 1), \frac{1}{\sqrt{3}}(1,-1,\pm 1), \frac{1}{\sqrt{3}}(-1,1,\pm 1), \frac{1}{\sqrt{3}}(-1,-1,\pm 1)$에서 최저온도 $\frac{1}{3}$

14. $A(-1-\sqrt{\frac{1}{2}},-1-\sqrt{\frac{1}{2}},-1-\sqrt{\frac{1}{2}})$, $B(-1+\sqrt{\frac{1}{2}},-1+\sqrt{\frac{1}{2}},-1+\sqrt{\frac{1}{2}})$

15. $(3,3,3)$ **16.** 2억원

17. (2) 최대값을 가지지 않는다. $f(2,0) > f(0,0)$이다.

연습 문제 3.8

1. (1) $J_{\mathbf{T}}(1,1) = \begin{pmatrix} 2 & 2 \\ e & e \end{pmatrix}$ (2) $J_{\mathbf{S}}(\pi,\frac{1}{2}\pi) = \begin{pmatrix} \frac{1}{2}\pi & \pi \\ -1 & 0 \\ \pi^2 & \pi^2 \end{pmatrix}$

2. (1) r (2) $r\cos^2\theta$ (3) e^{2r} (4) $-\rho^2\sin\phi$

3. (1) $\frac{\partial z}{\partial x} = (2\sin x - 3\cos x)(2\cos x - \sin y) + 3,$

$\frac{\partial z}{\partial y} = (3\sin x + 2\cos x - 2\sin y)\cos y$

(2) $\frac{\partial z}{\partial x} = (3x - \frac{1}{2})\cos(3x^2 + x - 4y) + (3x + \frac{1}{2})\cos(3x^2 - x + 2y),$

$\frac{\partial z}{\partial y} = -2\cos(3x^2 + x - 4y) + \cos(3x^2 - x + 2y)$

4. (1) $\begin{pmatrix} 2t & 2s \\ -4t^3 & 4s^3 \end{pmatrix}$

(2) $\begin{pmatrix} (2t-s)\cos(t^2 - s^2 - st) & -(2t+s)\cos(t^2 - s^2 - st) \\ -(2t+s)\sin(t^2 - s^2 + st) & (2t-s)\sin(t^2 - s^2 + st) \end{pmatrix}$

(3) $4\begin{pmatrix} t & s \\ s & t \end{pmatrix}$

5. (1) C^1 가역 (2) C^1 가역 (3) C^1 가역

6. (1) $\phi'(1) = -\frac{1}{3}$ (2) $\phi'(1) = -\frac{\pi}{2}$ (3) $\phi'(1) = -\frac{1}{3}$ (4) $\phi'(0) = -1$

7. (1) $\phi_x(0,0) = 1,\ \phi_y(0,0) = 1$ (2) $\phi_x(1,1) = \frac{4}{9},\ \phi_y(1,1) = \frac{1}{3}$

(3) $\phi_x(1,1) = -\frac{3}{2},\ \phi_y(1,1) = 2$

제 4 장 다중적분

연습 문제 4.1

1. (1) 모름 (2) 가능 (3) 가능 (4) 가능

2. (1) $\frac{1}{7}$ (2) $\frac{1}{3}$ (3) 8 (4) $\frac{1}{2}$ (5) 2 (6) $2 + \frac{\pi^2}{2}$ (7) $\frac{\pi}{2} - 1$ (8) $\frac{1}{5}$

3. (1) $\frac{\sqrt{2}-1}{2}$ (2) $\frac{1}{4}(e^2+1)$ (3) $\frac{1}{2}(e^2-3)$ (4) $\sqrt{2}-1$ **4.** (1) $\frac{1}{2}$ (2) $\frac{1}{4}$

5. (1) $\frac{1}{2}\sin 1$ (2) $1 - \frac{1}{e}$ (3) $1 - \cos 1$ **6.** (2) $\int_{-2}^{2}\int_{0}^{\sqrt{4-x^2}} y\sqrt{x^2+y^2}\,dy\,dx$ (3) 8

7. $\frac{2}{3}$ **8.** $\frac{2}{3}$ **10.** (1) πa^2 (2) $\frac{3}{2}a^2\pi$ (3) 2π (4) a^2

11. $(\frac{5}{6}, 0)$ **13.** $\frac{1}{6}(5\sqrt{5}-1)\pi$ **14.** $\frac{49}{3}\pi$ **15.** $\frac{2}{a^2}(\pi - 2)$ **16.** (1) $\frac{3}{2}$ (2) $\frac{2}{3}$

17. 16 **19.** $\frac{\sqrt{2}}{4}\pi$ **21.** (3) $\ln 3$

연습 문제 4.2

1. $\int_0^1\int_0^{1-x}\int_0^{1-x-y} dz\,dy\,dx$ **2.** $\int_0^2\int_0^{1-y}\int_0^2 dx\,dz\,dy,\ \int_0^1\int_0^2\int_0^{1-x} dy\,dx\,dz,$

$\int_0^2\int_0^1\int_0^{1-z} dy\,dz\,dx,\ \int_0^1\int_0^2\int_0^{1-y} dz\,dx\,dy,\ \int_0^2\int_0^1\int_0^{1-y} dz\,dy\,dx$

3. (1) $\frac{1}{36}$ (2) $\frac{7}{12}$ **4.** $8\sqrt{2}\pi$ **5.** $\frac{1}{3}$ **6.** (1) $\frac{4\pi}{3}(8-3\sqrt{3})$ (2) $\frac{1}{4}\pi-\frac{2}{3}$

7. $\frac{1}{12}\pi$ **8.** (1) 3π (2) $\frac{1}{2}a\pi$ **9.** $\frac{4}{3}a^3\pi$ **10.** $\frac{5}{12}a^3\pi$ **11.** $\frac{2}{3}a^3(1-\cos\alpha)\pi$

12. $\frac{\pi}{6}(8\sqrt{2}-7)a^3$ **15.** $m=\frac{1}{4}ka^4\pi$, 질량중심 $=(0,0,\frac{8}{15}a)$, $I_z=\frac{1}{3}ma^2$

16. $m=8\pi(4-\pi)$, 질량중심 $=\frac{1-\ln 2}{4-\pi}(1,1,1)$, $I_z=\frac{1}{36}(3\pi-8)\pi$

연습 문제 4.3

1. (1) -2 (2) $4(u^2+v^2)$ (3) $(1-uv)\,e^{u+v}$ (4) $\left(\frac{1}{v}-\frac{1}{u}\right)\frac{1}{u+v}$

2. (1) $2(1-e^{-2})$ (2) $\frac{32}{9}(2\sqrt{2}-1)$ **3.** (1) $\frac{1}{8}$ (2) $\frac{128}{15}$ (3) $e-1$

제 5 장 벡터해석

연습 문제 5.1

1. (1) $\operatorname{curl}\mathbf{F}=(-2x^2,-18x^2,4xz-10x)$, $\operatorname{div}\mathbf{F}=10y$

(2) $\operatorname{curl}\mathbf{F}=\big(e^{5xy}(1+5xy)-\cos(xz^3)+3z^3x\sin(xz^3),x^2y\cos(yz)-5y^2e^{5xy},$
$-z^4\sin(xz^3)-x^2z\cos(yz)\big)$, $\operatorname{div}\mathbf{F}=2x\sin(yz)$

(3) $\operatorname{curl}\mathbf{F}=\big(xy\{(2+y)e^y+x^2(1+z)e^z\},-y^2e^y,-x(3xyze^z+e^x)\big)$,
$\operatorname{div}\mathbf{F}=ye^x+xye^x-x^3ze^z$

(4) $\operatorname{curl}\mathbf{F}=(2xyz^3+3y,y\ln x-y^2z^3,2-z\ln x)$, $\operatorname{div}\mathbf{F}=\frac{yz}{x}-3z+3xy^2z^2$

7. (1) $\frac{1}{3}$ (2) $\frac{5}{6}\sqrt{2}$ (3) $\frac{8}{7}(8\sqrt{2}-1)$ (4) $\frac{1}{27}(40\sqrt{5}-16\sqrt{2})$ (5) $\frac{200}{189}$ (6) $2\sqrt{2}\pi^2$

8. (1) 24 (2) $-\pi$ (3) $-\frac{5}{6}$ (4) $-\frac{19}{8}$ (5) $\frac{13}{6}(e-1)$ (6) $2\sin 1-\cos 1+\frac{22}{15}$
(7) e^3 (8) π **9.** (1) 460 (2) $\frac{512}{7}$ (3) 2 (4) 165

11. (1) $\frac{1}{2}\ln(x^2+y^2+1)+c$ (2) 가지지 않음 (3) 가지지 않음 (4) $x^4y^3+3x+y+c$
(5) $xe^{y+2z}+c$ (6) $xy+yz+xz+c$ (7) 가지지 않음 (8) $xy\sin z+c$

12. (1) 14 (2) 1 (3) 3 (4) -3 (5) 63 (7) 66 (8) 16

13. (1) $e^x\sin y-xyz+\frac{1}{2}z^2+C$ (C는 상수) (2) $\frac{1}{2}-2\pi$

15. (1) 1 (2) $-\frac{3}{2}$ **16.** $4\sqrt{3}\pi$

연습 문제 5.2

1. (1) -2 (2) 0 (3) 0 (4) $\frac{2}{3}$ (5) $-\frac{1}{24}$ (6) $\frac{59}{15}$ **2.** $\frac{45}{2}\pi$

3. (1) $ab\pi$ (2) $3a^2\pi$ **4.** 3π **5.** $\frac{44}{15}$ **6.** 16π **7.** 2π

연습 문제 5.3

1. (1) $\frac{26}{3}$ (2) 0 (3) 972π (4) $\frac{1}{15}(3^{5/2}-2^{7/2}+1)$ **2.** $a^3\pi$ **3.** $\frac{3}{4}$
4. $\frac{k\pi}{2}\left(\frac{5}{12}17^{3/2}-\frac{1}{120}17^{5/2}-\frac{3}{40}\right)$ **5.** (1) 18 (2) 28π (3) 8π (4) 0
6. $4\pi q$ **7.** $-8a^3\pi$

연습 문제 5.4

1. (1) $\frac{3}{2}$ (2) π **2.** (1) $\frac{3}{2}$ (2) $-\frac{2}{3}$ (3) $-\frac{3}{2}\pi$ (4) π **3.** (1) -152π (2) 112
4. π **5.** (1) $\frac{3}{2}$ (2) $\frac{1}{2}$ (3) $\frac{5}{12}$ **6.** (1) 256π (2) 486 (3) $4\pi(b-a)$ (4) $\frac{1}{2}\pi$
7. $-4ka^3\pi$ **8.** π **9.** $\frac{81}{4}\pi$

부록 A 행렬과 행렬식

연습 문제 A

1. $A+B=\begin{pmatrix} 13 & 9 \\ -4 & 5 \end{pmatrix}$, $2A-3B=\begin{pmatrix} -4 & 18 \\ -8 & 0 \end{pmatrix}$, $AB=\begin{pmatrix} 42 & 18 \\ -24 & 6 \end{pmatrix}$,

$BA=\begin{pmatrix} 42 & 63 \\ -8 & 6 \end{pmatrix}$

2. $2A-B=\begin{pmatrix} 0 & -13 & 13 \\ 8 & 5 & -3 \\ 6 & 0 & -2 \end{pmatrix}$, $AB=\begin{pmatrix} 0 & -15 & 19 \\ 0 & 53 & 19 \\ 0 & 21 & 7 \end{pmatrix}$,

$BB=\begin{pmatrix} 0 & 35 & 25 \\ 0 & 25 & 27 \\ 0 & 0 & 16 \end{pmatrix}$

4. (1) $\begin{pmatrix} 12 & -6 & 14 \\ 35 & 3 & -7 \\ -20 & 10 & 4 \end{pmatrix}$ (2) 82 (3) $\frac{1}{82}\begin{pmatrix} 12 & -6 & 14 \\ 35 & 3 & -7 \\ -20 & 10 & 4 \end{pmatrix}$ **5.** $\begin{pmatrix} 1 & 2n \\ 0 & 1 \end{pmatrix}$

찾아보기

【ㄴ】

【ㄷ】

벡터해석

2006년 8월 10일 1판 1쇄 발행
2012년 1월 5일 1판 3쇄 발행

저 자 / 송영권 · 송형수 · 이종우
이홍수 · 지은숙 · 허 민
발행자 / 오판근
발행처 / 교우사

주 소 / 서울 동대문구 제기2동 148-19
전 화 / 925-2861(代), 편집부 / 925-2825
팩 스 / 925-2860

E-mail / kyowoo@kyowoo.co.kr
http://www.kyowoo.co.kr

등록 / 1994. 3. 24 제6-0256호

ISBN 978-89-8172-626-3 (93410)

값 19,000 원